普通高等教育"十四五"规划新形态系列教材

Pro/ENGINEER Wildfire 5.0 机械设计及应用

JIXIE SHEJI JI YONGYING

◎ 主 编：龙东平 龚 俊 陈海锋

◎ 副主编：李 实 文跃兵 刘 煜

U0742984

中南大学出版社
www.csupress.com.cn
·长沙·

内容简介

本书详细地介绍了 Pro/ENGINEER Wildfire 5.0 系统简介、二维草图绘制、基准特征、零件建模基础、工程特征建模、高级特征建模、特征编辑和特征操作、参数化零件建模、曲面特征、零件的装配、工程图、Pro/ENGINEER 运动仿真分析、Pro/Engigneer 中的有限元分析等内容。

全书共分 14 章，内容由浅入深，条理清晰，实用性强，范例经典。全书既考虑初学者的学习特点，重点内容结合典型操作实例进行讲解，从而帮助初学者快速掌握软件的基本用法并学习相关的设计技巧。又考虑专业设计者高级设计的需求，介绍了机构分析、动画制作及设计过程中对简单零件的强度分析和优化设计，有限元分析对简单机械零件的结构，强度和优化设计提供的指导。本书既可以作为高等学校机械设计类相关专业的教学用书，又可以作为从事工业设计、机械设计等相关行业设计人员的参考资料。

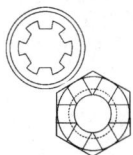

普通高等教育机械工程学科"十四五"规划新形态系列教材编委会

总序 F⚙REWORD.

　　机械工程学科作为连接自然科学与工程行为的桥梁，是支撑物质社会的重要基础，在国家经济发展与科学技术发展布局中占有重要的地位，21 世纪的机械工程学科面临诸多重大挑战，其突破将催生社会重大经济变革。当前机械工程学科进入了一个全新的发展阶段，总的发展趋势是：以提升人类生活品质为目标，发展新概念产品、高效高功能制造技术、功能极端化装备设计制造理论与技术、制造过程智能化和精准化理论与技术、人造系统与自然世界和谐发展的可持续制造技术等。这对担负机械工程人才培养任务的高等学校提出了新挑战：高校必须突破传统思维束缚，培养能适应国家高速发展需求的具有机械学科新知识结构和创新能力的高素质人才。

　　为了顺应机械工程学科高等教育发展的新形势，湖南省机械工程学会、湖南省机械原理教学研究会、湖南省机械设计教学研究会、湖南省工程图学教学研究会、湖南省金工教学研究会与中南大学出版社一起积极组织了高等学校机械类专业系列教材的建设规划工作，成立了规划教材编委会。编委会由各高等学校机电学院院长及具有较高理论水平和教学经验的教授、学者和专家组成。编委会组织国内近 20 所高等学校长期在教学、教改第一线工作的骨干教师召开了多次教材建设研讨会和提纲讨论会，充分交流教学成果、教改经验、教材建设经验，把教学研究成果与教材建设结合起来，并对教材编写的指导思想、特色、内容等进行了充分的论证，统一认识，明确思路。在此基础上，经编委会推荐和遴选，近百名具有丰富教学实践经验的教师参加了这套教材的编写工作。历经两年多的努力，这套教材终于与读者见面了，它凝结了全体编写者与组织者的心血，是他们集体智慧的结晶，也是他们教学教改成果的总结，体现了编写者对教育部"质量工程"精神的深刻领悟和对本学科教育规律的把握。

　　这套教材包括了高等学校机械类专业的基础课和部分专业基础课教材。整体看来，这套教材具有以下特色。

（1）根据教育部高等学校教学指导委员会相关课程的教学基本要求编写。遵循"重基础、宽口径、强能力、强应用"的原则，注重科学性、系统性、实践性。

（2）注重创新。本套教材不但反映了机械学科新知识、新技术、新方法的发展趋势和研究成果，还反映了其他相关学科在与机械学科的融合与渗透中产生的新前沿，体现了学科交叉对本学科的促进；教材与工程实践联系密切，应用实例丰富，体现了机械学科应用领域在不断扩大。

（3）注重质量。本套教材编写组对教材内容进行了严格的审定与把关，教材力求概念准确、叙述精练、案例典型、深入浅出、用词规范，采用最新国家标准及技术规范，确保了教材的高质量与权威性。

（4）教材体系立体化。为了方便教师教学与学生学习，本套教材还提供了电子课件、教学指导、教学大纲、考试大纲、题库、案例素材等教学资源支持服务平台。大部分教材采用"互联网+"的形式出版，读者扫描书中"二维码"，即可阅读丰富的工程图片、演示动画、操作视频、三维模型、工程案例；部分教材采用了AR增强现实技术，扫描二维码可查看360°任意旋转，无限放大、缩小的三维模型。

教材要出精品，而精品不是一蹴而就的，我将这套书推荐给大家，请广大读者对它提出意见与建议，以便进一步提高。也希望教材编委会及出版社能做到与时俱进，根据高等教育改革发展形势、机械工程学科发展趋势和使用中的新体验，不断对教材进行修改、创新、完善，精益求精，使之更好地适应高等教育人才培养的需要。

衷心祝愿这套教材能在我国机械工程学科高等教育中充分发挥它的作用，也期待着这套教材能哺育新一代学子，使其苗壮成长。

中国工程院院士　钟　掘

前言 PREFACE.

Pro/ENGINEER Wildfire 5.0 是 PTC 公司发布的优秀产品，它广泛应用于汽车、航天航空、电子、模具、玩具、工业设计和机械制造等行业。在目前的三维造型软件中占据重要的地位，熟练掌握该软件对于机械产品设计、产品分析具有重要的意义，对于高校学生设计能力的培养和提升具有较大的作用。当前 Pro/ENGINEER Wildfire 5.0 的书很多，部分教材偏重软件操作入门和基础，与机械设计结合的实例不典型、不紧密，鉴于此特编写此书。

本书是一本利用 Pro/Engineer wildfire 5.0 进行机械设计及分析的指导书，书中以实际的机械零件的设计为背景，循序渐进地介绍了 Pro/ENGINEER Wildfire 5.0 入门概述、二维草图绘制、基准特征、基础特征、工程特征、编辑特征等内容，也包括高级特征建模、曲面设计、修饰特征、装配设计和工程图设计等高级设计内容。通过学习本书中的设计方法以及在零件设计中的应用，发挥设计人员的主观能动性，充分挖掘 Pro/Engineer wildfire 5.0 的各种功能，把它作为提高技术水平和操作技能的有力工具，可以轻松地完成用计算机对机械零件的辅助设计。此外，本书还针对机械专业对于机构设计部分的需求，介绍了机构分析、动画制作，可以结合相关知识实现对所设计的产品的运动和动力学分析，有限元分析可对简单机械零件的结构、强度和优化设计提供指导。

本书由湖南科技大学龙东平、龚俊、陈海锋，湖南理工学院李实，湖南工业职业技术学院文跃兵，长沙学院唐勇，湖南农业大学黄梅芳编写。此外在编书过程中湖南科技大学机械制造系教研室，长沙学院机械系教研室的各位老师也给予了大量的帮助，在此表示衷心的感谢。

本书疏漏之处，恳请读者批评指正。

编者

CONTENTS. 目录

1

第 1 章
Pro/ENGINEER Wildfire 5.0 系统简介

Pro/ENGINEER 是美国 PTC（Parametric Technology Corporation，参数技术公司）开发的优秀 CAD/CAE/CAM 一体化的三维软件，简称 Pro/E。Pro/ENGINEER 软件以参数化著称，是参数化技术的最早应用者，在目前的三维造型软件领域中占有重要地位。Pro/ENGINEER 作为当今世界机械 CAD/CAE/CAM 领域的新标准而得到业界的认可和推广，是现今主流的 CAD/CAM/CAE 软件之一，特别是在国内产品设计领域占据重要位置。它涵盖了零件设计、产品装配、模具开发、工程图制作、NC 加工、钣金件设计、结构设计、机构仿真和产品数据库管理等功能，可用于机械、汽车、模具、工业设计、家电和玩具等行业。本章主要介绍 Pro/ENGINEER Wildfire 5.0 的基础知识，为了叙述方便，以下将 Pro/ENGINEER Wildfire 5.0 简称为 Pro/E 5.0。

1.1　Pro/ENGINEER Wildfire 5.0 的主要特性

安装程序采用模块化方式，用户可以根据自身的需要选择模块安装，如草图绘制、零件制作、装配设计、钣金设计、加工处理等模块。Pro/E 5.0 采用参数化设计，用单一数据库来解决特征的相关性问题，能够将从设计至生产的全部过程集成到一起，实现并行设计。

1.1.1　参数化设计

Pro/E 5.0 中可以把产品看成几何模型。无论多么复杂的几何模型，都可以分解成有限数量的构成特征，而每一种构成特征，都可以用有限的参数完全约束，这就是参数化的基本概念。

1.1.2　基于特征建模

Pro/E 5.0 是基于特征的实体模型化系统，将一些具有代表性的几何形体定义为特征，并将其所有尺寸作为可变参数，如实体特征、曲面特征、圆孔特征、基准平面特征等。在实体特征中的拉伸、旋转、扫描、孔、倒圆角和壳等是建模的基础，是组成模型的基本单元。实体模型的创建过程实质上就是多个特征的叠加过程。工程设计人员采用具有智能特性的基于特征的功能去生成模型，如腔、壳、倒角及圆角。设计产品时，可以将模型分解为有限数量的特征，并且每个特征都可以用有限的参数去约束。此功能特性给工程设计者提供了在设计上从未有过的简易和灵活。

1.1.3　单一数据库

Pro/E 5.0 是建立在统一基层上的数据库，不像一些传统的 CAD/CAM 系统建立在多个数据库基础之上。所谓单一数据库,是指工程中的资料全部来自一个库,若在整个设计过程的任何一处发生改动,则会前后反应在整个设计过程的相关环节上。例如,一旦工程详图数据有改变,NC(数控)工具路径也会自动更新;组装工程图如有任何变动,也完全同样反应在整个三维模型上。这种独特的数据结构与工程设计的完整结合,可以保证设计数据的统一性和准确性,并极大缩短资料转换时间,提高设计效率。

1.1.4 全尺寸约束

在 Pro/E 中,特征的形状与尺寸完全结合在一起,可通过对尺寸的约束来完成对特征形状的控制。在造型过程中必须有完整的尺寸,不能多标尺寸,也不能漏标尺寸。

1.2 Pro/ENGINEER Wildfire 5.0 的启动与退出方法

1.2.1 Pro/ENGINEER 的启动

启动 Pro/ENGINEER 软件的方法有多种,分别说明如下:
(1)双击桌面上的 Pro/ENGINEER Wildfire 快捷方式图标🔲。
(2)单击任务栏上的"开始"→"程序"→PTC→Pro ENGINEER→Pro ENGINEER。
(3)找到 Pro/ENGINEER 的安装文件夹 Pro/ENGINEER 5.0,打开 bin 文件夹,双击其下的🔲 proe. exe 图标。

1.2.2 Pro/ENGINEER 的退出

退出 Pro/ENGINEER 的方法如下:
(1)选择主菜单中的"文件"→"退出"命令。
(2)单击 Pro/ENGINEER Wildfire 5.0 系统窗口右上角的"关闭"按钮。
(3)按 Alt + F4 组合键。
(4)双击标题栏左侧的🔲图标,或者单击标题栏左侧的🔲图标,打开系统菜单,选择"关闭"。

系统弹出"确认"对话框,若单击"是"按钮,则退出系统;若单击"否"按钮,则返回系统。

1.3 Pro/ENGINEER Wildfire 5.0 工作界面及鼠标功能

1.3.1 Pro/ENGINEER 工作界面

启动 Pro/E 5.0 软件后,系统进入初始界面如图 1 - 1。打开一个文件,进入完整的工作界面如图 1 - 2 所示。如图 1 - 2 所示为零件模块的工作界面,界面主要由标题栏、主菜单栏、工具栏、导航区、工作区、信息提示区等组成。

1. 标题栏
在此区域,主要显示模型文件名、文件类型及文件的激活状态。

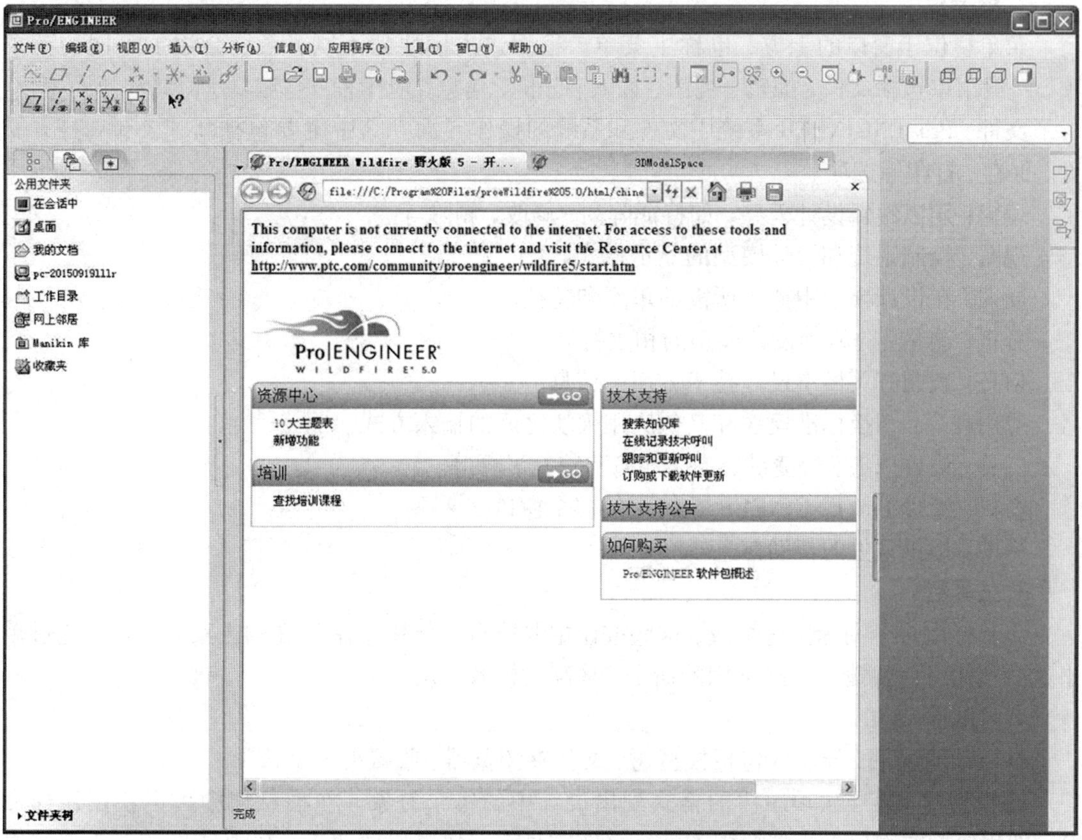

图 1 - 1　打开 Pro/ENGINEER 的初始界面

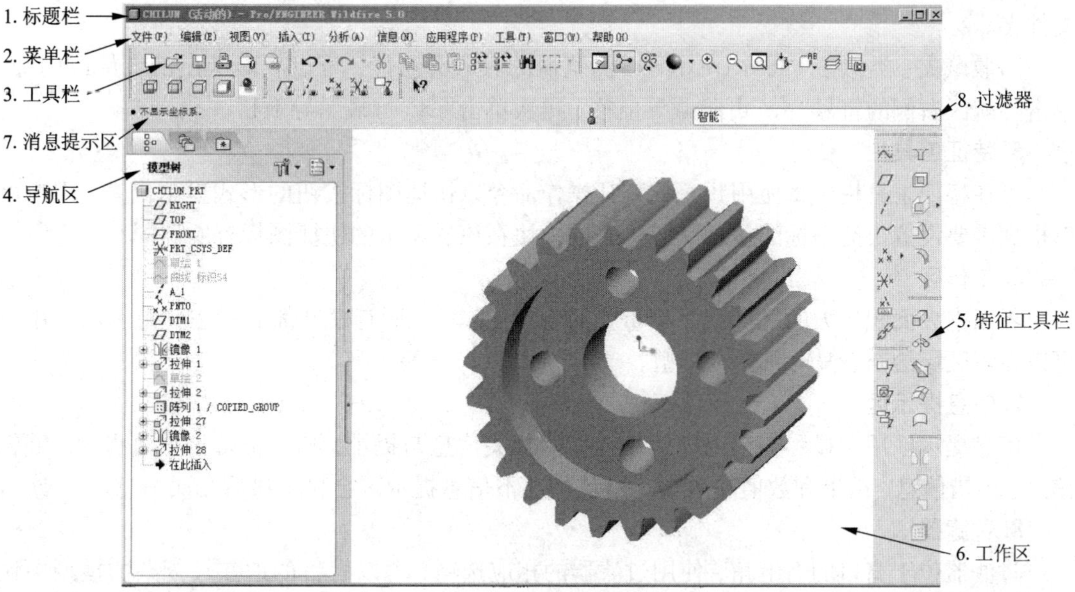

图 1 - 2　Pro/E 工作界面

2. 菜单栏

菜单栏位于窗口的上方，也称主菜单。根据进入模块的不同，系统会添加不同的菜单项，一般菜单包括文件、编辑、视图、插入、分析、信息、应用程序、工具、窗口和帮助等。

文件：Pro/ENGINEER 系统中文件和系统的操作界面。其中主要包括新建文件、打开文件、保存、打印等选项。

编辑：用以编辑设计模型，如特征阵列、修改、删除等。

视图：控制系统和设计模型的显示模式。

插入：在设计模型中插入所需的单元和特征。

分析：测量、分析和设计模型的相关特性。

信息：查阅有关模型设计技术方面的信息。

应用程序：切换标准模块和其他应用模块之间的输入方式。

工具：设置选项、快捷键、工作环境和定制屏幕等。

窗口：管理 Pro/ENGINEER 系统下的多个窗口。

帮助：提供常见的帮助信息。

3. 工具栏

工具栏由多个图标按钮组成，这些按钮主要取自于使用频率较高的主菜单选项，通过单击这些按钮可以快捷地选择常用的命令，提高建模效率。

4. 导航区

在默认情况下，导航区包括模型树、文件夹浏览器、收藏夹 3 个选项。

1）模型树：以层次顺序树的格式列出设计中的每个对象。在模型树中可以使用快捷命令，即用鼠标右键单击模型树中的特征名或零件名，弹出快捷菜单，从中选择相对于选定对象的特定操作命令。

2）文件夹浏览器：类似于 Windows 的资源管理器，可以方便地打开和查看某一个文件或文件夹。

3）收藏夹：类似于 Internet Explorer 浏览器的收藏夹功能，可以收藏常用的文件或网址。单击导航区右侧的符号"＜"可隐藏导航栏，再次单击"＞"可显示导航栏。

5. 特征工具栏

可在特征工具栏中将使用频繁的特征操作命令以快捷图标按钮的形式显示出来，用户可以根据需要设置快捷图标的显示状态。不同模块在该栏显示的快捷图标有所不同。

6. 工作区

界面中央面积最大的区域就是最重要的设计工作区，所有模型都显示在此范围内。用户可以在该区域绘制、编辑和显示模型。

7. 信息提示区

信息提示区用于显示在当前窗口中操作的相关信息与提示，如特征常见方法提示、警告信息、出错信息、结果和数值输入等。默认情况下信息提示区会显示最后几次信息。

8. 过滤器

过滤器位于窗口的右上角，使用过滤器的相应选项，可以有目的地在较复杂的模型中快速选择要操作的对象。单击其右侧按钮，弹出下拉菜单，从中选取需要选择的对象类型，操作完成。该操作只能在模型上选取该类对象，其他对象则被过滤。不同模块、不同工作阶段过滤器下拉列表中的内容会有所不同。

过滤器中几个选项的用途如下：

智能：自动识别模型上的各组成单元，被选中的单元用高亮度显示。

零件：选取模型上的单个零件，在组件模式下才可使用该选项。

特征：选取组成模型的各个特征。

几何：选取模型上的点、线、面等几何要素。

基准：选取模型上的基准特征。

面组：选取模型上的曲面和面组。

注释：选取模型上的注释。

1.3.2　Pro/ENGINEER 鼠标功能

三键鼠标是操作 Pro/ENGINEER 的必备工具，在设计中，使用鼠标的三个功能键可以完成不同的操作。将三个功能键与键盘上的 Ctrl 和 Shift 键配合使用，可以在 Pro/E 系统中定义不同的快捷键，使操作更加方便。

左键：在显示区域中，选取对象；选取时，与 Ctrl 键结合，可以多选；在草绘器中，画图元。

中键：在显示区域中，滚动滚轮实现缩放，或按住中键与 Ctrl 键结合进行缩放；按住中键与 Shift 键结合，实现平移；相当于回车键（Enter 键），起到确定作用；结束草绘图；接受；在草绘器中，中止命令或放置尺寸线；关闭指定参照对话框。

右键：查询式选法；在草绘器中，弹出菜单或切换高亮约束的开与关；弹出快捷菜单。

1.4　文件的管理

单击主菜单中的"文件"选项，弹出下拉菜单，如图 1 - 3 所示。点击文件菜单中的命令选项，可对图形文件进行相应操作。

1.4.1　新建文件

在工具条中单击"新建"图标，或者选择主菜单中的"文件"→"新建"命令，系统弹出"新建"新建对话框，如图 1 - 4 所示。在此对话框中可以选择不同的模块，系统默认"零件"模块。

1.4.2　打开文件

单击"打开"图标，或者选择主菜单"文件"→"打开"命令，系统弹出如图 1 - 5 所示的"文件打开"对话框，利用此命令可以打开已保存的文件。打开零件文件和组件文件，单击文件打开对话框右下角的"预览功能"，预览模型的形状。

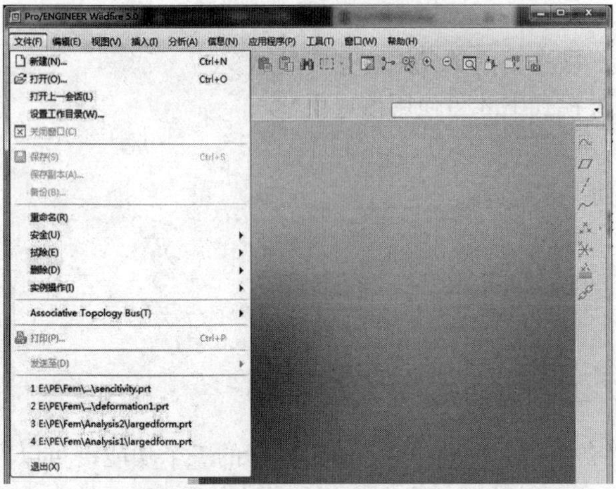

图 1-3 文件菜单

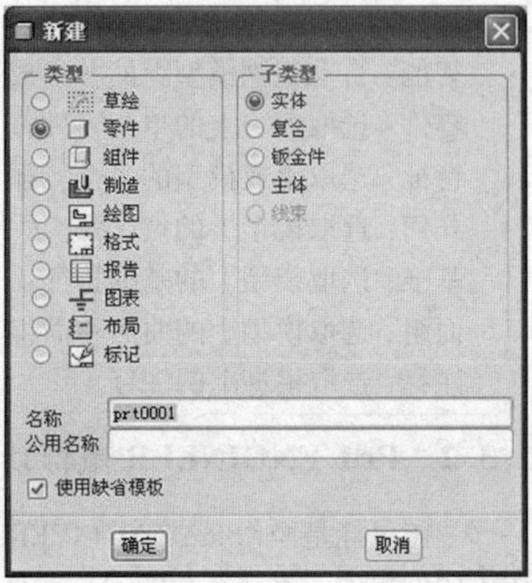

图 1-4 新建对话框

图 1-5 打开文件

1.4.3 设置工作目录

在工作界面下,选择主菜单中的"文件"→"设置工作目录"命令,系统弹出"选取工作目录"对话框。在对话框中选取所需的工作目录,或在"文件名称"文本框中直接输入工作目录的路径。如图 1-6 所示。此命令主要用于根据设计者的使用习惯以及本地计算机的资源状

6

况重新设置工作目录。

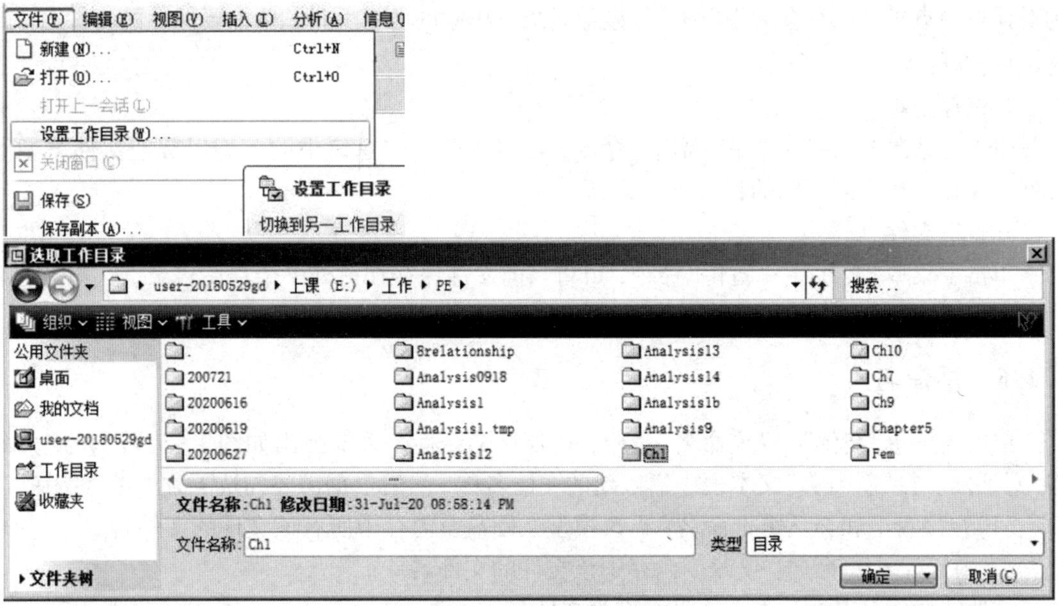

图 1-6　设置工作目录

1.4.4　关闭窗口

单击主菜单"文件"→"关闭窗口"命令，或单击主菜单"窗口"中的"关闭"命令，可关闭当前模型的工作窗口，并且不会退出 Pro/E 系统。

1.4.5　保存和备份文件

1. 保存文件

单击主菜单"文件"→"保存"命令，或单击工具栏"保存"按钮 ![save]，可将当前工作窗口中模型用原名保存，并将文件保存在原有目录下或当前设定的工作目录下。

保存文件时，应注意以下几点：

（1）新建文件后，仅在第一次保存时可以自由选择保存路径，一旦保存文件后，再次保存只能保存在原来位置。如果需要更换文件保存路径，可以使用"保存副本"命令。

（2）保存文件时不允许更改文件名，如果要更改文件名，可使用"重命名"命令，如图 1-7 所示。

（3）第一次保存文件时，系统自动生成文件的第一个版本，如 ABC.part.1；再

图 1-7　重命名对话框

次保存文件时，系统不替换原先保存的文件，而是生成新的版本，如 ABC. part. 2，以此类推。

（4）当关闭了未保存的文件后，此时需要对文件进行保存，可单击"打开"按钮，在打开的对话框中点击"▣在会话中"命令，显示系统进程中的所有文件，单击要保存的文件名，此时即可打开保存。

2. 保存副本

单击主菜单"文件"→"保存副本"命令，可将当前工作窗口中的模型以其他文件类型和文件名保存在相同或不同的目录下。

3. 备份文件

单击主菜单"文件"→"备份"命令，可将当前文件保存在另外一个存储目录，但备份时不能更改文件名。

1.4.6 重命名

单击主菜单"文件"→"重命名"命令，选择该命令后，系统弹出如图 1-7 所示的"重命名"对话框。在"新名称"文本框中输入新的文件名称，然后根据需要勾选下方的单选按钮。

（1）在磁盘上和会话中重命名：更改模型在硬盘及内存中所有该文件的文件名。

（2）在会话中重命名：仅改变内存中该文件的文件名。

需要注意的是 Pro/E 不支持汉字作为文件名，文件名中也不允许有空格，只能用英文字母、数字和下划线的组合来命名文件。

1.4.7 拭除和删除文件

1. 拭除文件

"拭除"命令用于释放内存中 Pro/E 文件所占有的空间，即将窗口中的模型从内存中删除，以减小内存负担，但仍然保存在硬盘中。其中有以下两种选择，如图 1-8 所示。

（1）当前：从进程中清除当前打开的文件，同时该模型的设计界面被关闭，但文件仍然保留在磁盘上。

（2）不显示：清除系统曾经打开，现在已经关闭但还保留在进程中的文件。

2. 删除文件

"删除"命令用于将文件从硬盘中永久删除。其中有以下两种选择。

（1）旧版本：系统将保留该文件最新版本，删除其余所有旧版本。

（2）所有版本：将彻底删除该模型文件的所有版本。

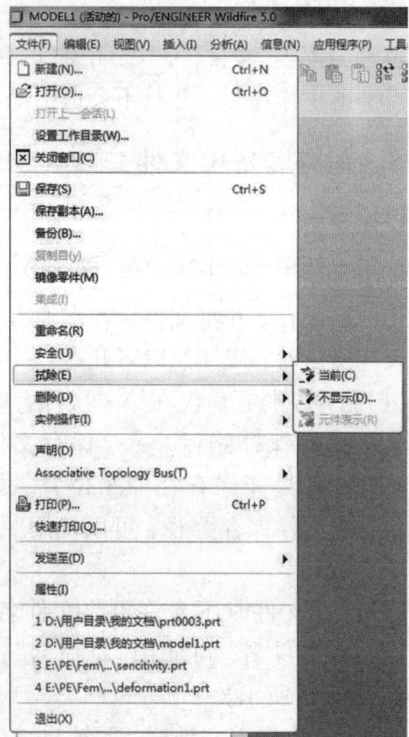

图 1-8 拭除文件

1.5　模型操作

新建零件文件后，系统将进入三维建模界面。在此界面中可对模型进行相应操作，包括模型显示、视图、定向等。

1.5.1　系统颜色的控制

在默认情况下，绘图区背景颜色是淡蓝色。选择"视图"→"显示设置"→"系统颜色"命令，弹出"系统颜色"对话框，如图 1-9 所示。在该对话框中单击"布置"选项卡，选择系统默认的背景颜色；也可单击"背景"或"混合背景"颜色按钮，弹出"颜色编辑器"对话框，如图 1-10 所示，在此可自定义背景颜色。单击"确定"按钮，则绘图区背景颜色改变为刚才设置的颜色。在系统颜色对话框中也可对基准颜色、曲线颜色、草绘颜色等其他系统颜色进行设置。

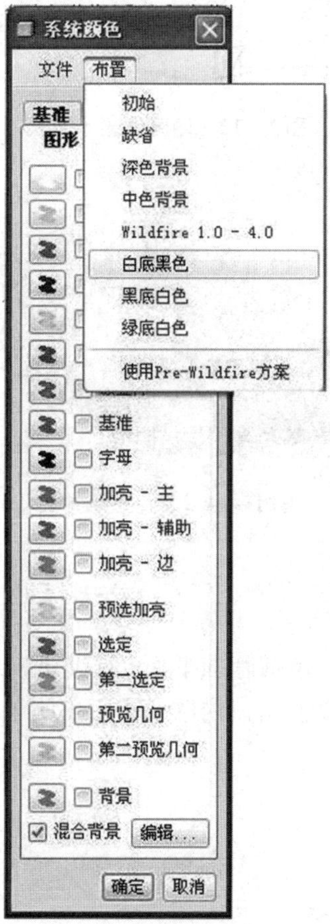

图 1-9　系统颜色对话框

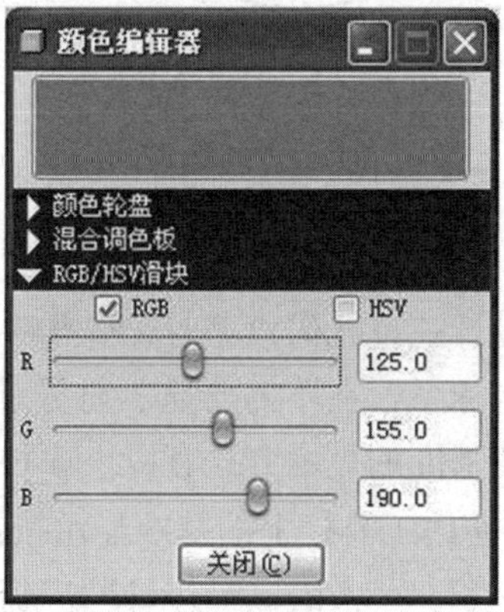

图 1-10　颜色编辑器对话框

1.5.2　模型显示方式

Pro/E 中模型的显示方式有 4 种，可单击系统工具栏中模型显示工具栏图标按钮

9

□ □ □ □来控制；也可单击下拉菜单"视图"→"显示设置"→"模型显示"命令，在"模型显示"对话框中的"显示样式"选项中控制。4 种显示方式效果分别如下：

- □ 线框：模型中的隐藏线以实线显示，如图 1 – 11 所示。
- □ 隐藏线：模型中的隐藏线以暗灰实线显示，如图 1 – 12 所示。
- □ 消隐：模型中的隐藏线不显示，如图 1 – 13 所示。
- □ 着色：模型着色显示，如图 1 – 14 所示。

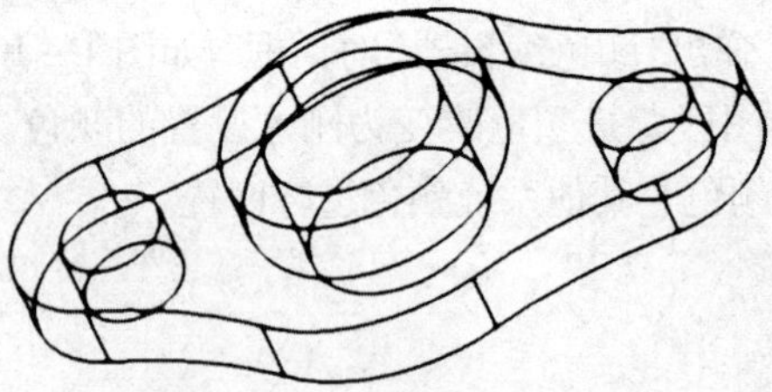

图 1 – 11   线框显示方式

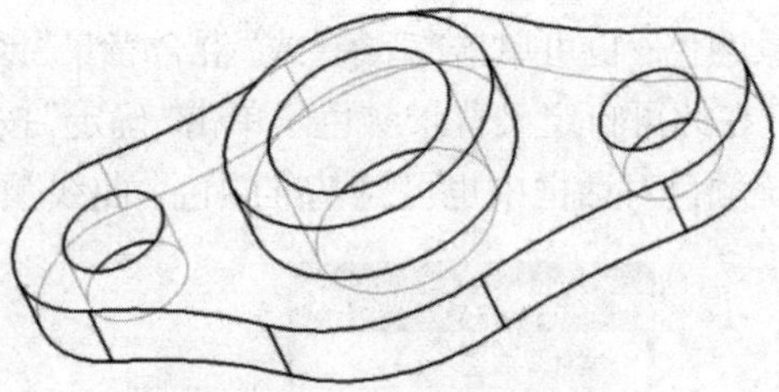

图 1 – 12   隐藏线显示方式

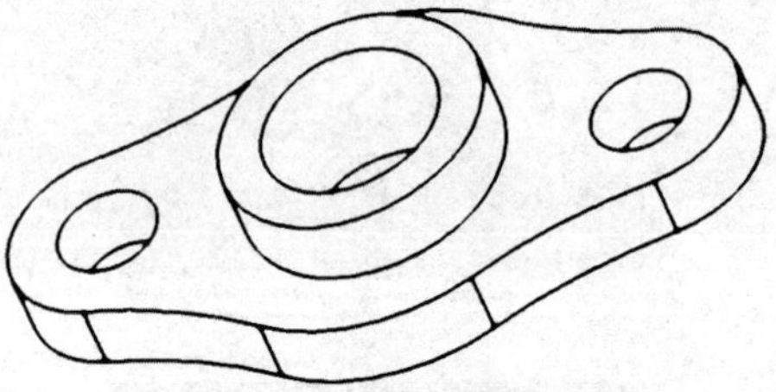

图 1 – 13   消隐显示方式

图 1 – 14   着色显示方式

1.5.3   基准显示

在设计三维几何模型时，基准特征是一种几何参考，包括基准平面、基准轴向、基准点和基准坐标系。在不需要显示时尽量将其关闭，这样可以使窗口内的线条简单明了，便于设计。控制基准的显示方式有以下 3 种：

(1)使用工具栏上的基准显示按钮 □ □ □ □ 。

(2)选择"视图"→"显示设置"命令。

(3)选择菜单栏"工具"→"环境"命令。

1.5.4   模型视图

在建立模型的过程中，需要从不同角度、距离、方式观察模型的细节，有时还需要从特定的视角观察模型，这就需要对模型进行缩放、平移、选择操作。视图工具条包括各种视角控制，如图 1 – 15 所示。

图 1 - 15　视图工具条

（1）重画 [图标]：刷新绘图区，清理屏幕。

（2）旋转中心 [图标]：控制绘图区旋转中心 [图标] 的显示与隐藏。显示时，旋转模型以 [图标] 为中心。隐藏时，旋转模型以鼠标所在位置为中心。

（3）定向模式 [图标]：使用鼠标中键确定视图旋转中心，按下鼠标中键在绘图区中移动模型，以方便观察；此时右键快捷菜单提供 4 种模式：动态、固定、延迟和速度。

（4）外观库 [图标]：单击外观库 [图标] 按钮后的小三角 ▼ 按钮可打开外观库对话框，如图 1 - 16 所示。在此对话框中可对模型颜色进行设置：在"我的外观"或"库"中选择需要的颜色，此时系统会弹出"选取"对话框，如果是对整个零件上色，则在模型树中选取零件名，然后在"选取"对话框中单击"确定"按钮即可。如果是对零件模型的面设定颜色，则系统弹出"选取"对话框后，选取零件表面，或选取时按住键盘上的 Ctrl 键，选取多重几何。点击外观库对话框下方的"更多外观"按钮，弹出外观编辑器对话框，如图 1 - 17 所示，在此可设置新外观。

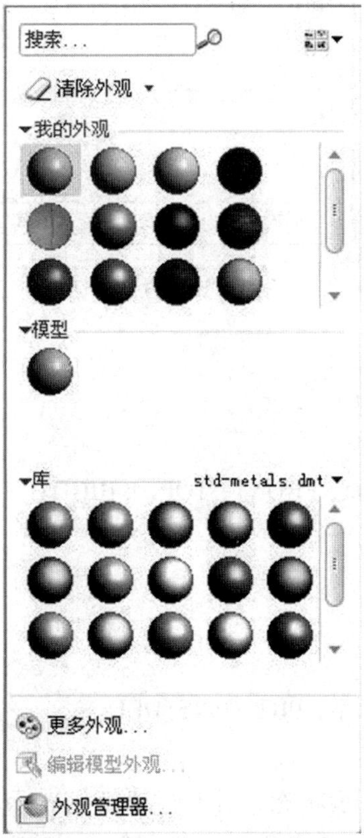

图 1 - 16　外观库对话框

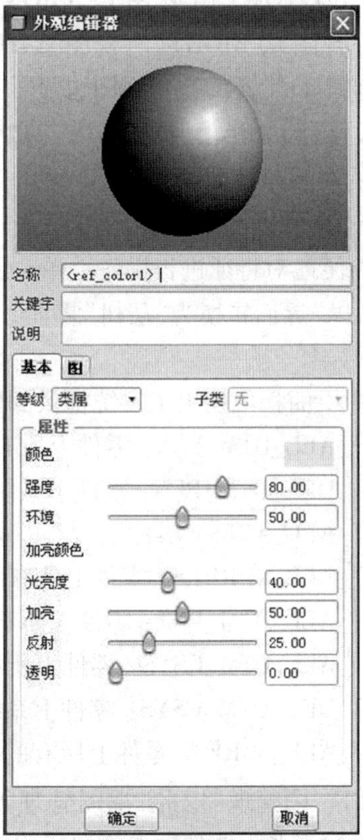

图 1 - 17　外观编辑器对话框

11

(5)放大 ：窗口放大模型，框选需要放大的模型区域，将该区域放大显示。

(6)缩小 ：窗口缩小模型，框选需要缩小的模型区域，将该区域缩小显示。

(7)重新调整 ：重新调整对象的大小，使其完全显示在屏幕上。

(8)重定向 ：根据自己需要定义观察模型的视角。单击工具栏中的重定向 按钮，系统弹出方向对话框，如图 1－18 所示。

在此方向对话框中可根据需要设置模型的视图。具体操作是：在模型上指定两个相互垂直的平面作为参照，并指定这两个平面的方向。把模型方向设置好后，在"保存的视图"面板中输入模型视图名称并保存，完成自设模型视图的设定。则此视角被保存在视图列表中，通过视图列表可观察在此视角的模型。

(9)视图列表 ：视图列表中提供了几种常见视角的视图，包括标准方向、缺省方向、BACK（后视图）、BOTTOM（俯视图）、FRONT（前视图）、LEFT（左视图）、RIGHT（右视图）、TOP（仰视图）。在重定向中自定义的视角视图也显示在此列表中。

(10)层 ：当模型复杂时，可以使用图层管理将不同的对象或特征放置在不同的图层中，放在图层中的对象可以随图层显示或隐藏。通过图层管理，可方便地对特征进行操作。单击层 按钮，系统"模型树"界面转换为"层树"界面，如图 1－19 所示。

图 1－18　方向对话框

在图层面板中列出了系统提供的默认图层，其含义如下。

PRT_ALL_DTM_PLN：零件上所有的基准面。

PRT_DEF_DTM_PLN：零件上系统初始设定的基准面，FRONT、TOP 和 RIGHT。

PRT_ALL_AXES：零件上所有的基准轴。

PRT_ALL_CURVES：零件上所有的基准曲线。

PRT_ALL_DTM_PNT：零件上所有的基准点。

PRT_ALL_DTM_CSYS：零件上所有的坐标系。

PRT_DEF_DTM_CSYS：零件上系统初始设定的坐标系，PRT_CSYS_DEF。

PRT_ALL_SURFS：零件上所有的曲面。

(11)视图管理器 ：视图管理器是管理模型的显示状态，用于管理简化表示、剖面、层、定向等。单击此按钮系统弹出"视图管理器"对话框，如图 1－20 所示。

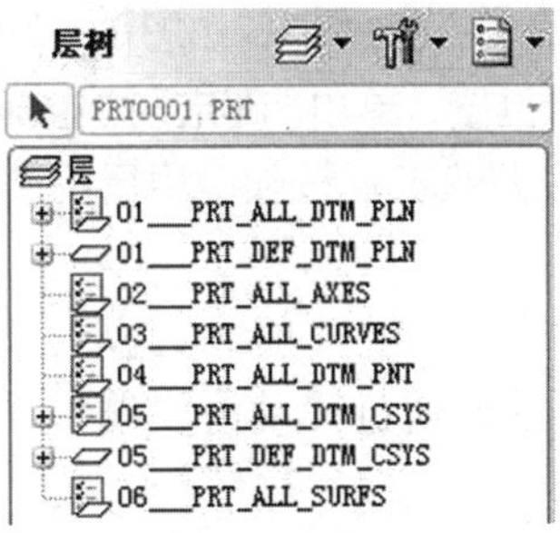

图 1 - 19　层树界面

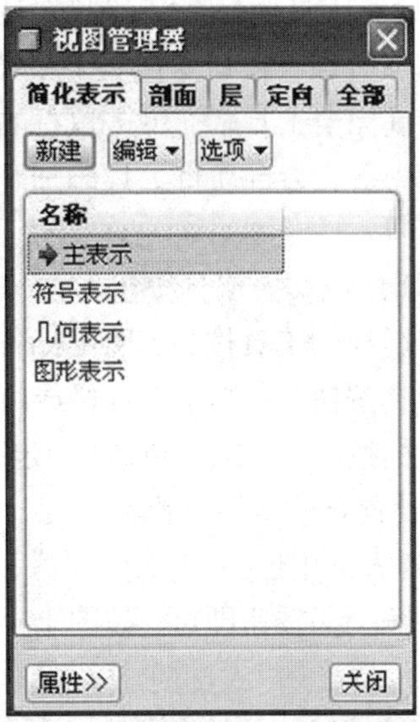

图 1 - 20　视图管理器对话框

1.6　定置用户界面

　　Pro/ENGINEER Wildfire 系统中界面及各种工具、按钮和图标的设置友好，一般情况下使用默认设置即可满足要求，还可依据自己的偏好进行重新设定。工具栏、增加或移去工具按钮、导航器的位置及宽度、IE 浏览器的宽度、信息提示区的位置和大小等，操作方法如下：

　　(1)如图 1 - 21 在菜单中选择"工具"→"定制屏幕"命令，系统显示如图 1 - 22 所示的"定制"对话框。

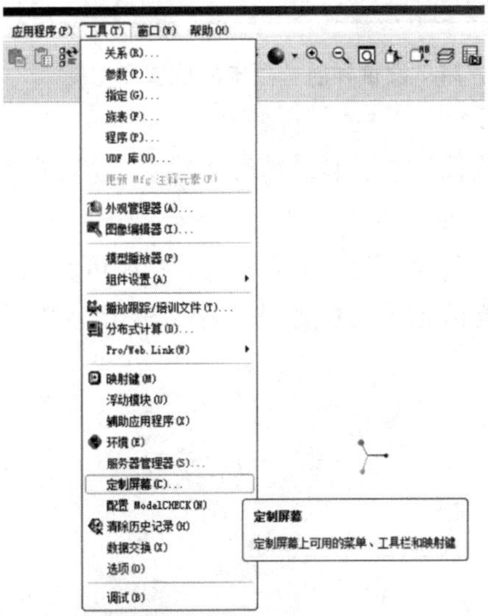

图 1 - 21　"定制屏幕"命令

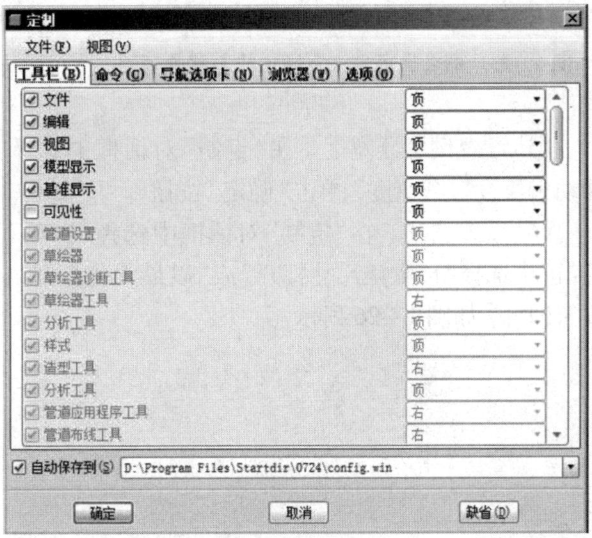

图 1 - 22　"定制屏幕"对话框

（2）设置工具栏。在"定制"对话框中选择"工具栏"选项卡，如图 1－22 所示，然后选取要显示的工具和在窗口中的位置，单击"确定"按钮即可。另外，还有设置工具栏的快速方法：移动鼠标至工具栏，单击鼠标右键，系统会以菜单的方式显示工具栏的名称，选取要开启的工具，系统会自动将工具添加至鼠标所处的位置；当选取前面有符号的工具时，系统会关闭此工具。

（3）增加或移去工具按钮。在"定制"对话框中选择"命令"选项卡，如图 1－23 所示，然后选取要增加的工具按钮，用鼠标将其拖至在工具栏中的位置，单击"确定"按钮即可。如果要移去工具按钮，在模型工具栏或特征工具栏中选取要移去的工具按钮，用鼠标将其拖至对话框中图标按钮的位置，单击"确定"按钮即可。

（4）设置导航器的位置和宽度。在"定制"对话框中选择"导航选项卡"选项，然后在"放置"下拉列表框中选择"左"或"右"，确定导航器的位置。还可通过移动滑块设置导航器的宽度，单击"确定"按钮即可，如图 1－24 所示。

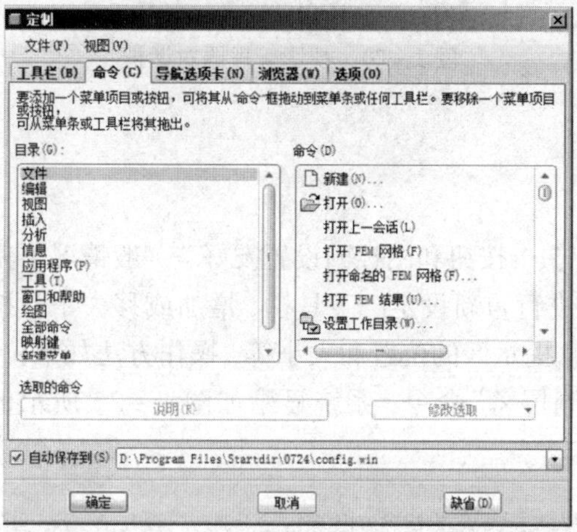

图 1－23　命令选项目卡及增加或者移除项目 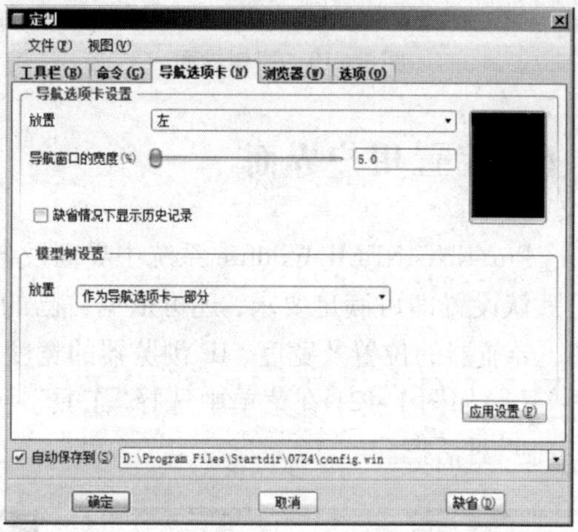　　　　图 1－24　设置导航选项卡的位置和宽度

（5）设置浏览器宽度。在"定制"对话框中选择"浏览器"选项卡，然后在"窗口宽度"中移动滑块设置其宽度，单击"确定"按钮即可，如图 1－25 所示。

（6）设置选项。在"定制"对话框中选择"选项"选项卡，确定导航器的位置；还可在"次窗口"中选择"以默认尺寸打开"或"以最大化打开"，设置信息区的位置和大小，单击"确定"按钮即可，如图 1－26 所示。

14

图 1 – 25　设置浏览器宽度

图 1 – 26　设置选项

练习题

1. 三键鼠标各键的功能是什么？
2. 如何实现旋转、平移和缩放的操作？
3. 如何设置工作目录？
4. 新建 Pro/E 文件时有哪几种文件类型？不同类型文件对应的扩展名有什么不同？
5. 删除和拭除的区别是什么？

第2章
二维草图绘制

Pro/E 5.0 特征建模是采用二维草图生成三维实体的造型方法,所绘制的二维截面图形称为草图。草图是与实体模型关联的二维图形,用户可以在三维空间的任何一个平面内建立草图平面,并在该平面内绘制草图。草图绘制过程中要经常使用"约束"的功能,通过添加几何约束与尺寸约束控制草图中的图形,用户可以方便地实现参数化建模。应用草图工具,用户可以绘制近似的曲线轮廓,再添加或减少精确的约束定义后就可以完整表达设计的意图。

在 Pro/E 5.0 中,进入二维草绘环境即草绘器有两种方式。

2.1 草绘器工具栏与绘图工具栏

第一种,在绘制类型的选项中,选择"草绘"直接进入绘制平面图的界面。在这种模式下只能进行平面图的绘制,完成绘制后保存为".sec"的文件格式,供以后设计实体模型时调用。

打开 Pro/E 5.0 软件,选择"文件"→"新建"命令(或单击工具栏中的"新建" 按钮,或按 Ctrl + N 组合键),如图 2 - 1 所示。系统弹出"新建"对话框,在"类型"选项中选择"草绘"类型,输入文件名,单击"确定"按钮,进入二维草绘界面。通过此方式进入草绘模式,只能得到草图。绘制完成后可将其保存为单独的" *.sec"文件,可供三维实体建模时使用。

第二种,在三维零件创建过程中,需要绘制特征截面时,根据提示选择草绘平面和参照平面后系统将自动进入草绘模式。按此种方式所绘制的草图从属于特征的某个截面,但用户同样可以将其保存为单独的" *.sec"文件,供建模时使用。

(1)草绘器工具栏如图 2 - 2 所示。按下按钮为"开",否则为"关"。 用于切换尺寸显示的开与关, 用于切换约束显示的开与关, 用于切换网格显示的开与关, 用于切换剖面顶点显示的开与关。

(2)绘图工具栏如图 2 - 3 所示。此工具栏提供了绘制二维草图的几何图元创建与编辑命令,并将功能相近的功能组合在一起,通过单击工具右侧的 按钮可打开更多的选项。

16

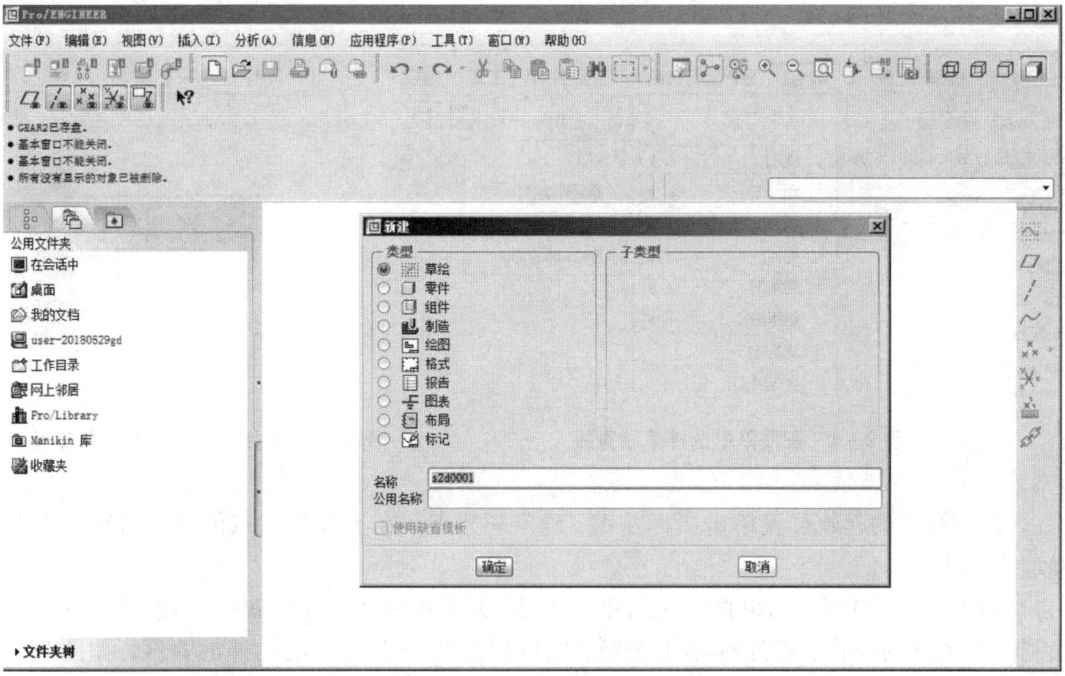

图 2 - 1　新建草绘界面

图 2 - 2　草绘器工具栏

图 2 - 3　绘图工具栏

2.2　二维草图的绘制

2.2.1　绘制直线

1. 绘制两点直线

单击 ＼ 按钮右侧的小三角，打开直线的类型按钮。该命令组可用于创建直线段 ＼、两图元相切线 ✕、构造中心线 ┆ 和中心线 ┆。通常直线段和相切线用于绘制截面，中心线用于定义轴线。

（1）在菜单中选择"草绘"→"线"→"线"命令，如图 2 - 4 所示；或者单击工具栏中的"创建 2 点直线"按钮 ＼，如图 2 - 5 所示；或者在绘图区长按鼠标右键，在弹出的快捷菜单中选择"线"命令。

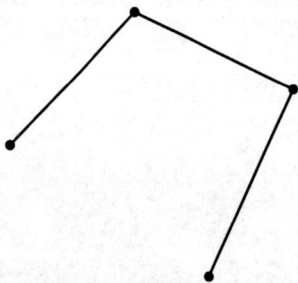

图 2-4 在菜单中选择草绘直线   图 2-5 在草绘工具条中选择草绘直线

（2）在直线的起始位置单击鼠标左键，确定初始点。在直线的终点位置单击鼠标左键，确定终止点。

（3）单击鼠标中键，结束直线的创建。此时，如果连续两次单击鼠标中键，则可以结束绘制两点直线的操作；若连续单击左键，则可以绘制一系列首尾相连的直线，如图 2-6 所示。

2. 相切线

（1）单击"草绘"→"线"→"直线相切"（或者单击 ▼ ，然后单击 ⟍ ）。

（2）鼠标左键依次选择两个圆弧，生成与两圆弧相切的直线，如图 2-7 所示，相切线的位置由选择圆弧时的鼠标拾取点位置决定。

（3）单击鼠标中键，结束相切线的创建。

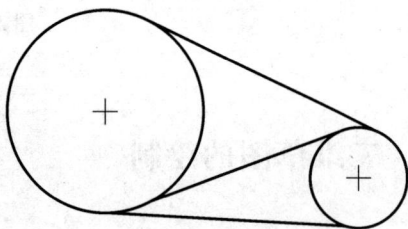

图 2-6 绘制直线   图 2-7 相切线画法

3. 绘制中心线

中心线是无限长，并且不用来创建特征几何。常用于辅助绘图，如定义一个旋转特征的旋转轴、对称轴线或几何图形的镜像参考等。绘制方法可参照两点直线的绘制。

2.2.2　创建矩形

该命令组可以创建矩形■、斜矩形◇和平行四边形▱。

1.绘制矩形

(1)单击"草绘"→"矩形"→"矩形";或者从工具栏选取"矩形"□,如图 2 - 8 所示;还可以在草绘窗口中长按鼠标右键,然后从弹出的快捷菜单中选取"矩形",如图 2 - 9 所示。

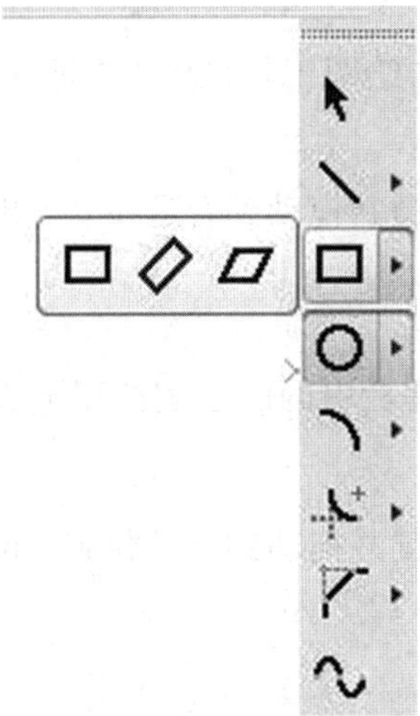

图 2 - 8　在绘图工具条中选择绘制矩形 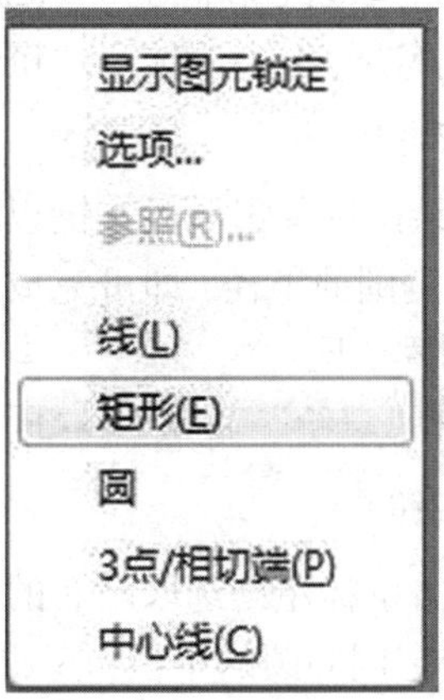　　　　图 2 - 9　常按右键选择绘制矩形命令

(2)单击鼠标左键以确定放置矩形的一个顶点,然后将该矩形拖至所需大小,单击鼠标左键确定另一放置顶点,即可成功绘制矩形,如图 2 - 10(a)所示。

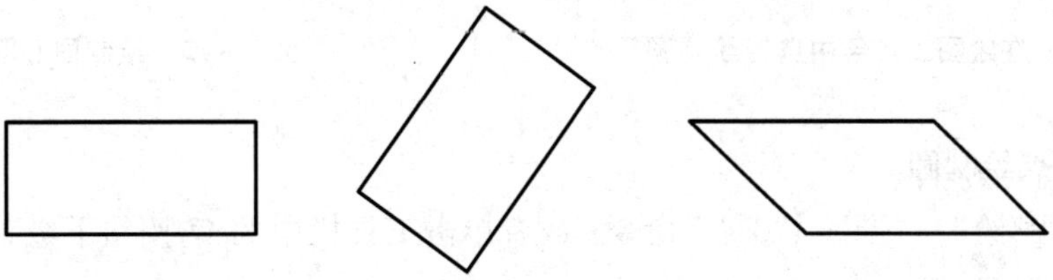

　　(a)矩形　　　　　　　(b)斜矩形　　　　　　　(c)平行四边形

图 2 - 10　绘制矩形、斜矩形及平行四边形

2.绘制斜矩形

(1)单击"草绘"→"矩形"→"斜矩形";或者从工具栏选取"斜矩形"◇,如图 2 - 8 所示。

(2)单击鼠标左键确定斜矩形的第一个点,移动鼠标出现斜矩形的第一条边;在合适位置单击左键,确定第一条边的位置;再移动鼠标出现斜矩形,将该矩形拖至所需大小,单击鼠标左键确定其位置,如图 2 - 10(b)所示。

19

3. 平行四边形

（1）单击"草绘"→"矩形"→"平行四边形"；或者从工具栏选取"平行四边形" □，如图2 – 8所示。

（2）平行四边形的绘制方法与斜矩形的绘制方法相同，如图2 – 10（c）所示。

2.2.3 绘制圆

可以通过以下5种不同的方法绘制圆及椭圆。

1. 通过拾取圆心和圆上一点绘制圆

（1）选择"草绘"→"圆"→"圆心和点"命令；或者单击绘图工具栏中的"圆心和点"按钮 ○。如图2 – 11所示。

（2）在绘图区单击鼠标左键以确定圆心；松开鼠标左键并拖动到合适位置，再次单击鼠标左键，确定圆的半径，即可完成圆的绘制。

2. 绘制同心圆

（1）选择"草绘"→"圆"→"同心"命令；或者单击工具栏中的圆绘制按钮下级菜单中的"同心圆"按钮 ◎。

（2）单击鼠标左键选取已有的圆（圆弧），松开鼠标左键并拖动到合适位置，再次单击鼠标左键以确定同心圆的半径，完成同心圆的绘制，如图2 – 12所示。

图2 – 11 在绘图工具条中选择绘制圆　　　　图2 – 12 绘制同心圆

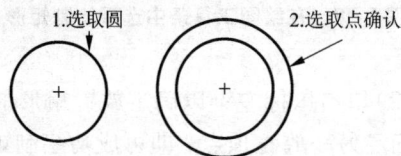

3. 通过三点绘制圆

（1）选择"草绘"→"圆"→"3点"命令；或者单击工具栏中的 ○ 按钮下级菜单中的"3点圆"按钮 ○。

（2）依次单击鼠标左键选取圆上的第一、第二、第三点，即完成圆的绘制。

4. 绘制三点相切圆

绘制三点相切圆是通过三个可以提供切点的图形（如直线、圆等）来确定圆上三点，实现三点圆的建立，其原理与三点绘制圆类似。

（1）选择"草绘"→"圆"→"3相切"命令；或者单击工具栏中的 ○ 按钮下面的"3相切"按钮 ○。

（2）分别在不同图元上单击鼠标左键以确定三个点，此时，三个图元间产生一个与该三图元都相切的圆，如图2 – 13所示。

分别选取3个图元

图 2 – 13　绘制相切圆

5. 绘制椭圆

在 Pro/E 5.0 中有两种方法绘制椭圆

(1)选择"草绘"→"圆"→"轴端点椭圆"命令，如图 2 – 14 所示；或者单击工具栏中 ⊙ 按钮下面的"轴端点椭圆"按钮 ⊘ 。单击鼠标左键，选取第一个轴端点的位置，将轴移动至所需长度和方向，并选择第二个端点，动指针以定义第二个轴的长度并选择一个端点，即创建椭圆。

(2)选择"草绘"→"圆"→"中心和轴椭圆"命令，如图 2 – 15 所示；或者单击工具栏中 ⊙ 按钮下面的"中心和轴端椭圆"按钮，单击 ⊘ 。单击鼠标左键确定椭圆的中心，松开鼠标左键并拖动至所需方向和位置，再次单击鼠标左键，移动指针以定义第二个轴的长度并选择第二个轴的一个端点将轴完成，椭圆的绘制成功。

图 2 – 14　在菜单栏中选择绘制轴端点椭圆

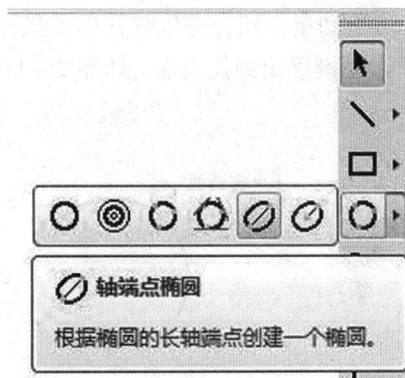

图 2 – 15　在工具条中选择绘制轴端点椭圆

2.2.4 绘制圆弧

圆弧的绘制与圆的绘制类似，以下是 5 种绘制圆弧的方法。

1. 通过三点绘制圆弧

（1）选择"草绘"→"弧"→"3 点/相切端"命令；或者单击工具栏中的"通过 3 点/相切端"按钮 。

（2）单击鼠标左键确定圆弧的两端点，松开鼠标左键并拖动到合适位置，选择确定圆弧的第三点，即可完成圆弧的绘制。如果此时圆弧起点定在直线、圆弧或曲线的端点，则产生与这些线条相切的圆弧，如图 2－16 所示。

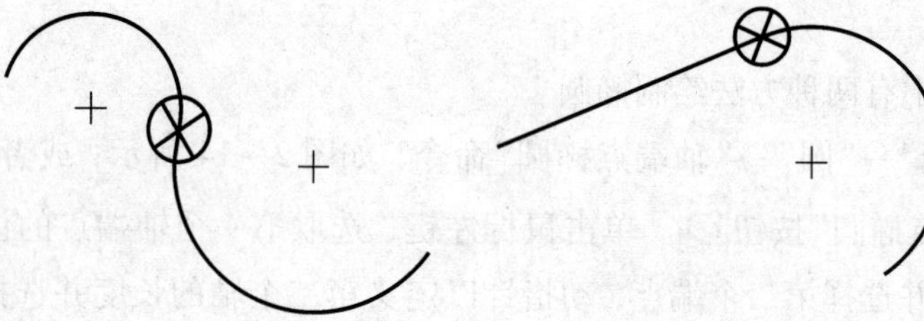

图 2－16　绘制相切圆弧

2. 绘制同心圆弧

同心圆弧的绘制原理与同心圆的生成原理相同，所不同的是圆弧的圆心角可以通过鼠标的拖动来控制。

（1）选择"草绘"→"弧"→"同心"命令；或者单击工具栏中的圈按钮下面的"同心弧"按钮 。

（2）选择用来作为参照的圆（圆弧）以确定圆心。

（3）拖动鼠标到合适位置并单击鼠标左键以确定圆弧的起始点；再次移动鼠标到适当位置，单击左键确定圆弧终点，如图 2－17 所示。

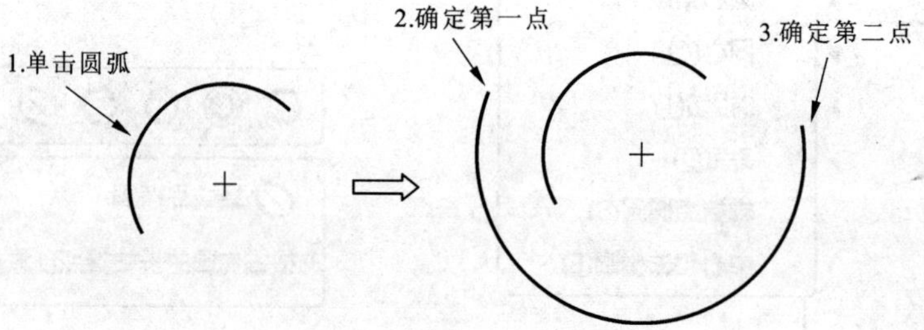

图 2－17　绘制同心圆弧

3. 通过圆心/端点绘制圆弧

（1）选择"草绘"→"弧"→"圆心和端点"命令；或者单击工具栏中的圆弧按钮下面的"圆心和端点"按钮 。

（2）在绘图区中任意位置单击鼠标左键，确定圆弧中心。

（3）拖动鼠标到合适位置以确定圆弧半径；单击鼠标左键确定圆弧起点和终点。

4. 通过 3 点相切绘制圆弧

（1）选择"草绘"→"弧"→"3 相切"命令；或者单击工具栏中的圆弧按钮 ⌒ 下面的"3 相切"按钮 ✈。

（2）鼠标左键依次选择三个相切的图元；完成三点相切圆弧的绘制，如图 2 – 18 所示。

5. 绘制锥形弧

（1）选择"草绘"→"弧"→"圆锥"命令；或者单击工具栏中的圆弧按钮 ⌒ 下面的"圆锥"按钮 ⌒。

（2）在绘图区任意两个位置分别单击鼠标左键，确定圆锥的两个端点。

（3）再次单击鼠标左键，确定弧的尖点，即可完成锥形弧的绘制，如图 2 – 19 所示。

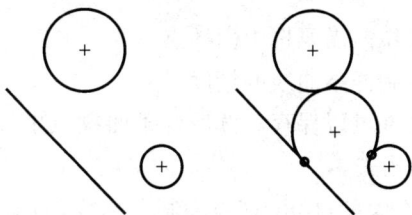

图 2 – 18　绘制三相切圆弧　　　　　　　　图 2 – 19　绘制圆椎弧

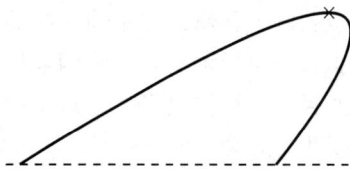

2.2.5　倒圆角

Pro/E 5.0 可以实现除两平行线之外的所有倒圆角。

1. 绘制圆形圆角

（1）选择"草绘"→"圆角"→"圆形"命令；或者单击工具栏中的"圆形"按钮 ⌐。

（2）单击鼠标左键分别选取要相切的两个图元，在这两个图元间创建倒圆角，如图 2 – 20 所示。

2. 绘制椭圆形圆角

（1）选择"草绘"→"圆角"→"椭圆形"命令；或者单击工具栏中的圆角按钮下面的"椭圆形"按钮 ⌐。

（2）单击鼠标左键分别选取要相切的两个图元，在这两个图元间创建椭圆倒圆角。

2.2.6　样条曲线

1. 样条曲线的绘制

样条曲线是指用户指定一系列的点，由系统通过这些点自动生成的一条平滑曲线。

（1）选择"草绘"→"样条"命令；或者单击工具栏中的"创建样条曲线"按钮 ∿。

（2）在绘图区单击鼠标左键分别选取一系列的点，系统将通过这些点自动生成样条曲线，单击鼠标中键结束绘制，如图 2 – 21 所示。

直线间倒圆角　　　　　　　　　　　直线与圆弧间倒圆角

图 2 - 20　倒圆角

2. 样条曲线的修改

样条曲线上的点为曲线形状内插点，曲线两端点为控制点。画好样条曲线后，双击样条曲线或点击"修改尺寸"按钮 ，系统出现如图 2 - 22 所示的属性面板。属性面板各项内容含义如下：

- 点：显示和修改样条曲线内插点的坐标值，操作前需要选中内插点。
- 拟合：包括稀疏和平滑两项拟合类型，用于控制样条曲线的精度。
- 文件：系统提供了一个点文件，利用这个点文件可以保存和读取样条曲线点坐标，在操作前需要先选取一个坐标系，使内插点与该坐标系相关。
- ：创建和修改控制多边形。样条曲线除了有内插点外，还有控制点参数，两项都可控制样条曲线的形状。控制点不在曲线上，它能更方便地对样条曲线进行控制，由控制点形成的多边形叫控制多边形。
- ：对内插点进行增加、删除和移动操作。用鼠标指向样条曲线要插入点的位置，点击鼠标右键并按住，出现增加点菜单；用鼠标拾取插入点，然后点击鼠标右键并按住，出现增加点和删除点菜单。
- ：显示控制多边形，使用控制点修改样条曲线。
- ：显示样条曲线曲率变化趋势，通过调整比例和密度两项，可更清楚地显示曲率变化情况。

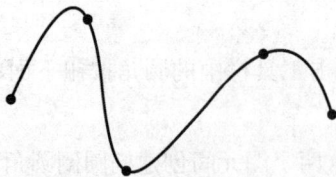

图 2 - 21　绘制样条曲线

图 2 - 22　样条曲线属性面板

2.2.7　绘制点和坐标系

 从左到右依次是绘制点、创建坐标系。

使用方法：选择点或坐标系的命令，再在绘图区域适当位置单击鼠标左键即可。

24

2.2.8 创建文本

选择创建文本命令 Ⓐ，在绘图区用鼠标左键拉一条直线来确定文字的起点、高度和方向。在弹出的"文本"对话框内输入文本内容，即可产生文本，如图 2 - 23 所示，可以通过"文本"对话框来编辑文本的字体、长宽比及斜角等样式。

图 2 - 23 文本对话框及文本

2.2.9 调色板

调色板用于调用系统预先绘制好的多边形、轮廓、形状及星形图形。选择调色板命令 ⊙ 后可弹出"草绘器调色板"对话框，如图 2 - 24 所示。用鼠标双击所需的图形，然后在绘图区点选图形摆放的中心位置，即可弹出"移动和调整大小"对话框，如图 2 - 25 所示。在此对话框内可对图形进行半移、选择及缩放操作，操作完成后点击 ✓ 按钮，关闭对话框。

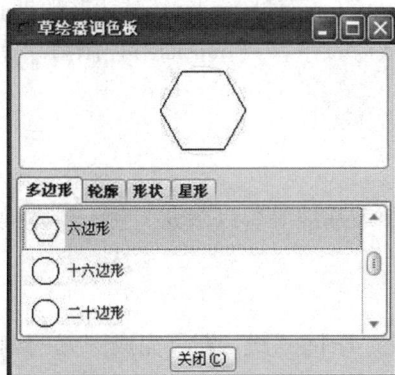

图 2 - 24 草绘器调色板对话框

图 2 - 25 移动和调整大小对话框

25

2.3 二维草图的编辑

在草图图元绘制完成之后，需要对其进行编辑，Pro/E 5.0提供了镜像、修剪和分割等编辑工具。

2.3.1 图元的选择

此功能用于选择图元、尺寸、文字等。选取草绘图元有以下4种方法。

(1)单击鼠标左键并按住拖曳选择区域，则区域内的所有图元被选中。

(2)单击鼠标左键选中单个图元。

(3)按住 Ctrl 键不放，再用鼠标一一选取多个图元。

(4)按下 Ctrl + Alt + A 组合键可选取全部图元。

图元选中后会变成红色，这时可以进行复制、删除等操作。

2.3.2 图元的移动

图元位置的移动可以利用选择工具对图元进行拖动来实现。

1. 直线的移动

(1)在选择 ▶ 前提下，把鼠标移动到直线上，按住左键不放的同时拖移鼠标，直线将绕某一端点旋转。

(2)在选择 ▶ 前提下，把鼠标移动到直线上，按住左键不放并拖移鼠标，直线将被移动。移动到适当位置，松开鼠标，完成对直线的拖移。

2. 圆(圆弧)的移动

在选择 ▶ 前提下，把鼠标移动到圆心上，按住左键不放并拖移鼠标，圆(圆弧)将被移动。移动到适当位置，松开鼠标，完成对圆(圆弧)的拖移。

利用工具对图元进行移动，单击工具条中的 ▣，如图 2 - 26 所示；或选择"编辑"(edit)→"移动和调整大小"(move & resize)，"移动和调整大小"(move & resize) 对话框随即打开。此外，在选取时，会出现"缩放"(scale)、"旋转"(rotate)和"平移"(translate)控制滑块，如图 2 - 27 所示。

2.3.3 图元的删除

删除命令包括删除所有的草绘图元、约束或草绘参考基准等。以图元为例，具体操作方法如下：

(1)选中图元。

(2)选择"编辑"→"删除"命令；或者按下键盘上的"Delete"键，即可完成图元的删除或者单击鼠标右键选择"删除"即可。

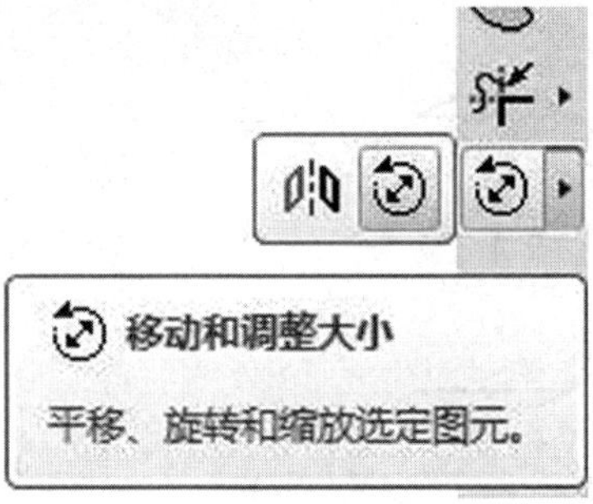

图 2－26 工具条中选择移动和调整图元大小

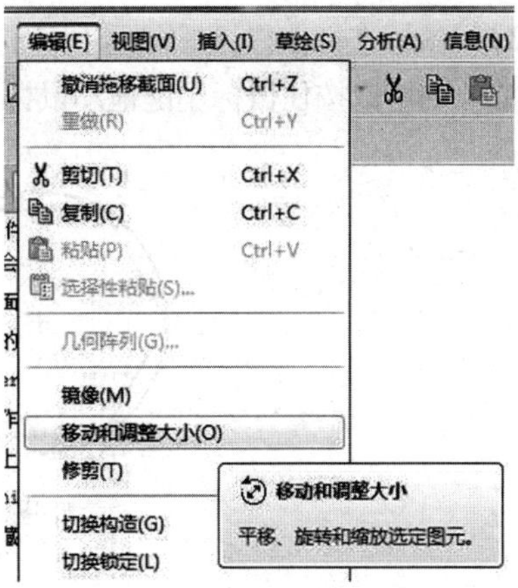

图 2－27 编辑菜单中选择移动和调整图元大小

2.3.4 图元的复制

具体操作方法如下：

（1）选中图元。

（2）选择"编辑"→"复制"命令；或者使用快捷键"Ctrl + C"。

（3）选择"编辑"→"粘贴"命令；或者使用快捷键"Ctrl + V"，用鼠标左键选择图形中心的放置点，系统将复制的图形显示在绘图区，同时系统将自动弹出如图 2－25 所示的"移动和调整大小"对话框。

（4）单击"移动和调整大小"对话框下方的按钮✔，即可完成图元的复制。若单击"移动和调整大小"对话框下方的按钮✘，则放弃本次复制操作。

2.3.5 图元的缩放和旋转

（1）选中图元。

（2）选择"编辑"→"移动和调整大小"命令，或单击镜像按钮 下的旋转、缩放按钮 。

（3）在"移动和调整大小"对话框中设置好合适的平移尺寸、缩放比例及旋转角度。

（4）单击"移动和调整大小"对话框下方的✔按钮，即可完成图元的缩放或旋转。若单击"移动和调整大小"对话框下方的✘钮，则放弃本次操作。

2.3.6 图元的修剪

修剪图元包括删除图元上选定的线段、将单一图元分割成多个图元以及将图元延伸至指定的参照等。Pro/E 5.0 提供了 3 种修剪方法——删除段 、拐角 和分割 。

1. 删除段 （动态修剪剖面图元）

段的删除是通过选择删除边界来完成的，即被鼠标选中的部分是需要删除的部分。如果线条是独立的，则整体被删除。

（1）选择"编辑"→"修剪"→"删除段"命令；或单击工具栏中的"删除段"按钮。

（2）用鼠标左键依次选择图元中需要去掉的部分，可将选中的图元删除。如果需要删除的图元段较多，则可以按住鼠标左键拖动鼠标，鼠标滑过轨迹上的图元将被删除，如图 2 - 28 所示。

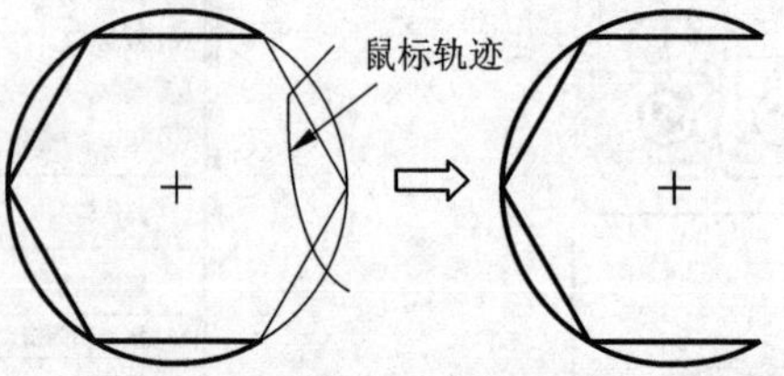

图 2 - 28　删除图元段

2. 拐角 （边界修剪）

拐角的删除操作是通过鼠标选择来确定需要保留的图形，如果两个线条之间没有交错，采用边界修剪命令后，会将两个线条自动延长。

（1）选择"编辑"→"修剪"→"拐角"命令，或者单击工具栏中的修剪按钮下的"将图元修剪（剪切或延伸）到其他图元或几何"按钮。

（2）用鼠标左键依次单击图元要保留的部分，系统完成修剪，如图 2 - 29 所示。

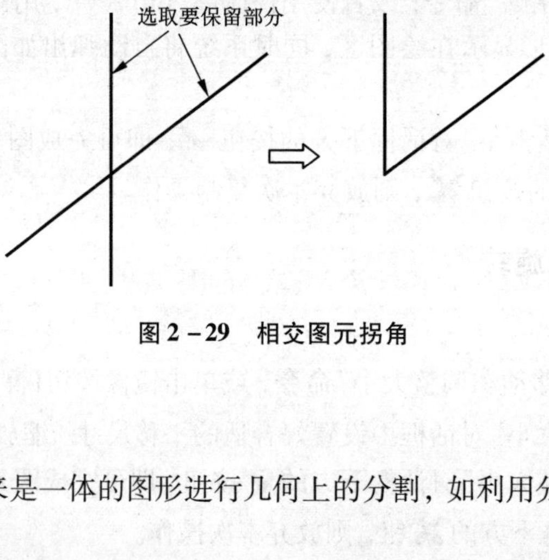

图 2 - 29　相交图元拐角

**3. 分割 **

分割的作用是将本来是一体的图形进行几何上的分割，如利用分割工具将一条直线划分成两条直线，操作如下：

（1）选择"编辑"→"修剪"→"分割"命令，或者单击工具栏中的修剪按钮下的"在选取点的位置处分割图元"按钮。

（2）用鼠标左键依次选择要分割图元的分割点，系统完成修剪，如图 2 - 30 所示。

2.3.7　图元的镜像

"镜像"命令可以生成与原图元草绘中心线对称的新图元，新图元与原图元的几何尺寸完全一致，并且原图元上的约束也会镜像到新图元上。执行该命令前需要先做一条中心线。具

28

体操作步骤如下：

（1）单击鼠标，选择（或框选）要镜像的图元，选取如图 2 - 31 所示的左侧图形。

（2）选择"编辑"→"镜像"命令，或者单击工具栏中的镜像工具按钮 ◨ 。

（3）系统将在消息区显示"选取一条中心线"。按照提示信息，单击鼠标选择中心线，系统将自动生成镜像图元，如图 2 - 31 所示，生成右侧的图形。

图 2 - 30　图元分割　　　　　　　图 2 - 31　镜像图元

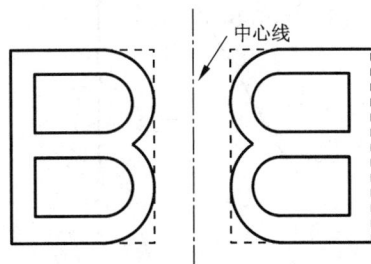

2.4　约束操作

约束是指构成图形的各图元之间的特殊关系，如垂直、平行、对称和相切等。Pro/E 5.0 具有自动约束功能，即在草绘截面时系统自动添加约束并显示约束条件。有时系统提供的约束并不符合设计者的要求，这就需要设计者进行约束操作。约束操作包括增加约束、删除约束、禁用约束和锁定约束。约束的条件越多，图形尺寸标注就越少。

2.4.1　增加约束

1. 约束种类

鼠标左键单击约束按钮 + 右侧的小三角，系统弹出所有"约束"按钮，如图 2 - 32 所示。系统提供了 9 种约束类型，其含义分别如下：

图 2 - 32　约束按钮

- 竖直 + 。使直线或两点竖直放置。符号：V。
- 水平 + 。使直线或两点水平放置。符号：H。
- 垂直 ⊥ 。使两图元相互垂直。符号：⊥。
- 相切 ⌒ 。使两图元相切。符号：T。
- 中点 ＼ 。使点位于线的中点处，符号：M。
- 对齐 ⊙ 。使两条直线共线、点在线上或两点共点。符号：根据约束功能的不同而不同。
- 对称 ⤚⤙ 。使两点关于中心线对称分布。符号→ ←。
- 相等 ＝ 。使两条直线长度相等或两圆弧直径相等。符号：Ln 或 Rn，n 为序号。
- 平行 ∥ 。使两条直线相互平行。符号：∥n，n 为序号。

2. 增加约束

（1）竖直约束。

点击竖直约束按钮 ＋ 后，用鼠标左键单击需要添加竖直约束的直线使之成为竖直直线，同时直线旁出现竖直符号 V。同样，竖直约束也可将两点约束在同一竖直方向上。如图 2－33 所示。

图 2－33　竖直约束

（2）水平约束。

点击水平约束按钮 ＋ 后，用鼠标左键单击需要添加水平约束的直线使之成为水平直线，同时直线旁出现水平符号 H。同样，水平约束也可将两点约束在同一水平方向上。如图 2－34 所示。

图 2－34　水平约束

（3）垂直约束。

点击垂直约束按钮 ⊥ 后，用鼠标左键单击需要添加垂直约束的两条直线使两直线相互垂直，同时直线旁出现垂直符号 ⊥。垂直约束还可以用于直线和圆弧，使直线处于圆弧的法线方向，如图 2－35 所示。

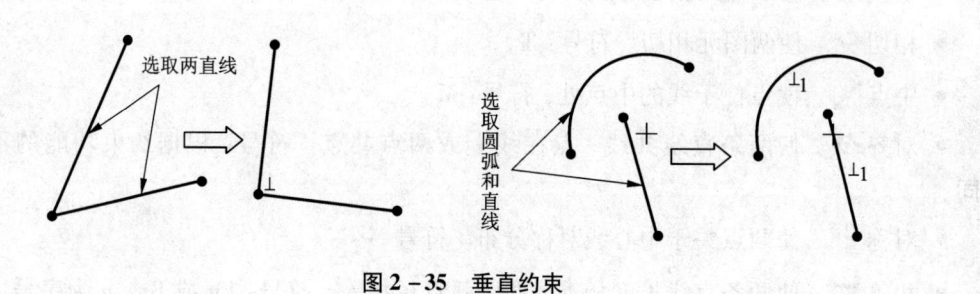

图 2－35　垂直约束

30

4）相切约束。

点击相切约束按钮 ✎ 后，用鼠标左键单击需要添加相切约束的两图元使之相切，同时图元旁出现相切符号 T，如图 2-36 所示。使用相切约束的图元之间不一定相交。

图 2-36　相切约束

（5）中点约束。

点击中点约束按钮 ✎ 后，用鼠标左键单击需要约束的点和图元，将选定点放在所选图元的中点，同时图元中点出现符号 M，如图 2-37 所示。

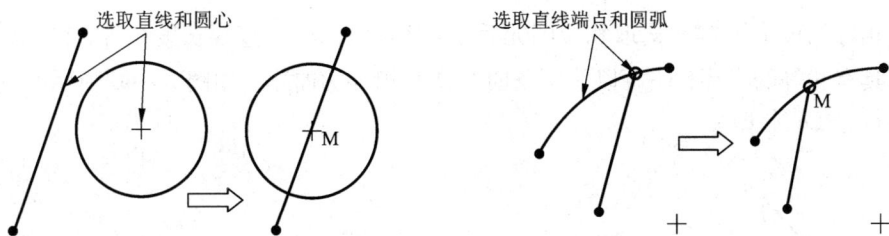

图 2-37　中点约束

（6）对齐约束。

点击对齐约束按钮 ◎ 后，用鼠标左键选取需要对齐的两点、两线或点和线，可使所选的图元对齐，如图 2-38 所示。

图 2-38　对齐约束

31

(7)对称约束。

点击对称约束按钮 ✛后，用鼠标左键先选取需要对称的两个点，然后选择中心线，可使所选的两个点关于中心线对称，同时显示对称约束符号→ ←，如图2-39所示。在进行对称约束前需要首先绘制对称中心线。

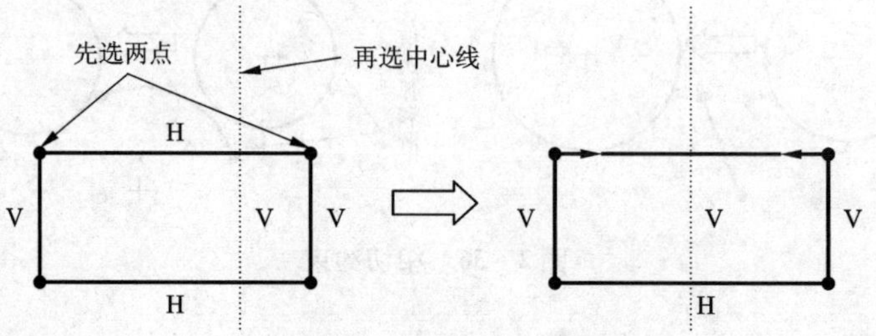

图2-39 对称约束

(8)相等约束。

点击相等约束按钮 ▇，选取相应图元后，可使选中的两条直线长度相等，也可以使两圆或两圆弧具有相等的半径，还可以使两条曲线具有相等的曲率，如图2-40所示。同时显示相等约束符号 Ln 或 Rn。

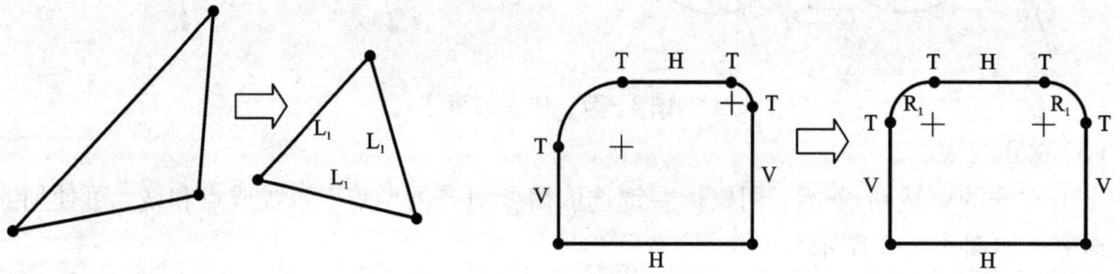

图2-40 相等约束

(9)平行约束。

点击平行约束按钮 ∥后，可以在选定的两条直线之间添加平行约束，同时显示平行约束符号∥n，如图2-41所示。

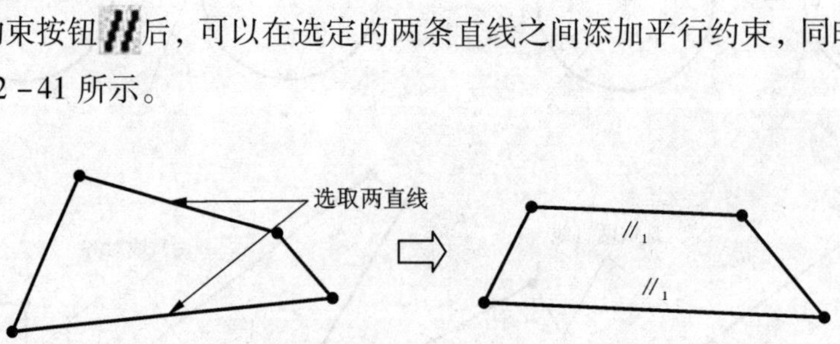

图2-41 平行约束

2.4.2　删除约束

删除不需要的几何约束,其操作方法是在选取按钮 ➤ 激活的状态下,在图形中选取需要删除的约束符号,使其符号变为红色,然后按下键盘上的"Delete"键,即可将该几何约束删除。

2.4.3　锁定、禁用约束

由于"草绘器首选项"的作用,当绘制近似符合几何约束的图元时,系统会自动捕捉该约束,同时在图元旁显示约束符号。如图 2－42 所示,已有直线 1,新增直线 2 时,系统会出现某些约束条件,如平行、相等或水平等。若满意该约束,可将该约束进行锁定,锁定该约束后图元只能在约束所规定的方向内移动。若该约束不符合设计者的意图,可将这些约束禁用。锁定、禁用约束的操作方法是:系统自动捕捉约束,并显示约束符号时,按下鼠标右键,约束符号上增加"○"符号,此时该约束被锁定。再次点击鼠标右键,约束符号上增加"/"符号,此时该约束被禁用。这时若再次按下鼠标右键则可取消锁定、禁用约束。按"Tab"键,可以在多个约束间切换。

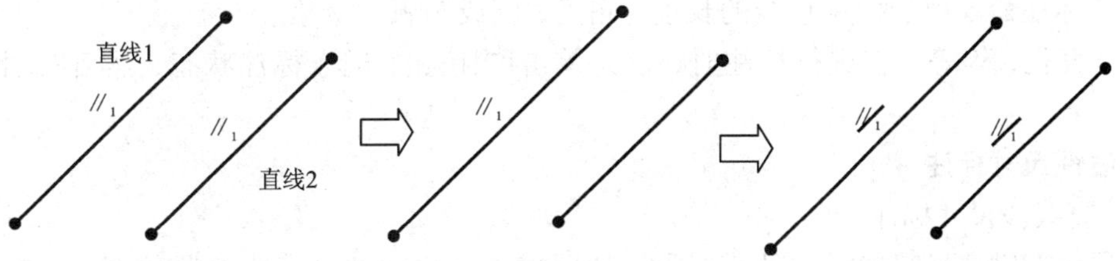

图 2－42　锁定、禁用约束示意图

2.5　尺寸标注

Pro/E 5.0 是由尺寸参数来控制图形的,所以在绘图时只需绘制出图形的大致形状,然后通过修改尺寸值来精确控制图形形状。因此,尺寸标注和尺寸修改是二维草绘过程中的一个重要环节。

2.5.1　草绘器首选项

1. 草绘器首选项

绘制截面过程中,系统会自动跟踪设计者的绘图过程,自动为图形添加尺寸标注。这些尺寸称为"弱尺寸",以灰色显示。但这类尺寸往往不能满足设计者的要求,需要修改或重新标注。修改或重新标注后的尺寸称为"强尺寸",以亮色显示。重新标注尺寸时,系统会删除不必要的"弱尺寸"和约束。图形上所标注的尺寸和约束能唯一确定图形的几何形状和相对位置,过多或不足的尺寸和约束都无法定义截面,系统会发出警告。

草绘器首选项的设定,可以大大减少设计者的工作量,提高绘图效率,但图形较为复杂时也会导致一定的混乱。因此,在草绘过程中应该根据需要临时关闭或打开草绘器首选项的设定项。其操作方法如下:点击"草绘"→"选项"弹出"草绘器首选项"对话框,如图 2－43

所示。在此对话框中可设定"约束"、"尺寸"及"顶点"等选项的打开或关闭。例如：当关闭"弱尺寸"选项后，草绘时系统将不再自动添加尺寸。

2. 强、弱尺寸间的转换

● 弱尺寸转强尺寸

（1）选中所需转换的尺寸，选中"编辑"→"转换到"→"强"。

（2）选中所需转换的尺寸，按 Ctrl + T 组合键。

（3）选中所需转换的尺寸，长按鼠标右键，在快捷菜单中选择"强"。

● 强尺寸转弱尺寸

选中所需转换的尺寸，长按鼠标右键，在快捷菜单中选择"删除"，完成转换。

2.5.2　尺寸标注

尺寸标注命令用于标注直线的长度、角度，圆或圆弧的半径、直径，等等。在进行标注时，首先单击 ⊢⊣ 按钮，进入标注状态，然后对图元进行标注。

1. 线性尺寸标注

（1）直线段尺寸标注。

用鼠标左键选择需要标注的直线段，然后把光标移动到尺寸线放置位置，单击鼠标中键，完成尺寸标注，如图 2-44 所示。

（2）点到线距离尺寸标注。

用鼠标左键分别单击点和线，然后把光标移动到尺寸线放置位置，单击鼠标中键，完成尺寸标注，如图 2-45 所示。

图 2-43　草绘器首选项对话框

图 2-44　直线段尺寸标注示例

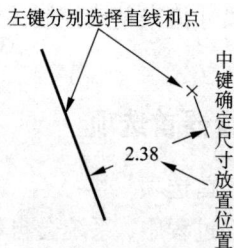

图 2-45　点到线距离尺寸标注

（3）平行线距离尺寸标注。

用鼠标左键分别单击两平行线，然后把光标移动到尺寸线放置位置，单击鼠标中键，完成尺寸标注。

（4）点到点距离尺寸标注。

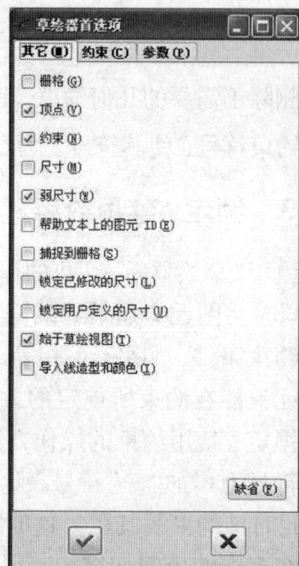

用鼠标左键分别单击两个点,然后把光标移动到尺寸线放置位置,单击鼠标中键,完成尺寸标注。根据尺寸线放置位置的不同,可分别产生水平尺寸、竖直尺寸及两点间距离尺寸。其位置分布如下:过两点分别作水平和竖直线,这四条线可划分出 9 个区域,分别为 1、2…9,如图 2−46 所示。在 1、3、5、7、9 区域单击鼠标中键时得到两点间的直线距离,在 2、8 区

图 2−46　两点划分区域

域单击鼠标中键时得到两点间的水平距离,在 4、6 区域单击鼠标中键时得到两点间的竖直距离,如图 2−47 所示。

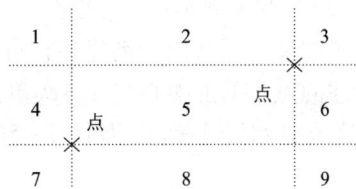

图 2−47　点到点距离标注示例

(5)两圆周之间距离的尺寸标注。

用鼠标左键分别选择两圆周,然后把光标移动到尺寸线放置位置,单击鼠标中键,完成尺寸标注。根据选取圆周位置的不同,可分别标注水平和竖直尺寸。一般情况下,若选取两圆的左右圆周部分,可得到水平尺寸;若选取两圆的上下圆周部分,可得到竖直尺寸。如图 2−48 所示。

图 2−48　圆周之间尺寸标注示例

2. 圆或圆弧尺寸标注

(1)半径标注。

用鼠标左键单击圆或圆弧,移动光标到尺寸线放置位置,单击鼠标中键,完成半径尺寸标注,如图 2−49 左图所示。

(2)直径标注。

用鼠标左键双击圆或圆弧,移动光标到尺寸线放置位置,单击鼠标中键,完成直径尺寸标注,如图 2−49 右图所示。

35

(3)对称尺寸标注。

对称尺寸通常用于创建旋转特征时旋转剖面直径的标注。具体操作：用鼠标左键单击需要标注的点，单击中心线，再次单击该点，然后把光标移动到尺寸线放置位置，单击鼠标中键，完成对称尺寸标注，如图2-50所示。

图2-49 半径、直径尺寸标注示例

图2-50 对称尺寸标注示例

3. 角度标注

(1)两直线夹角。

用鼠标左键分别拾取两直线，然后把光标移动到尺寸线放置位置，单击鼠标中键，完成角度尺寸标注。根据单击中键的位置不同，可得到两直线所夹的锐角或钝角，如图2-51所示。

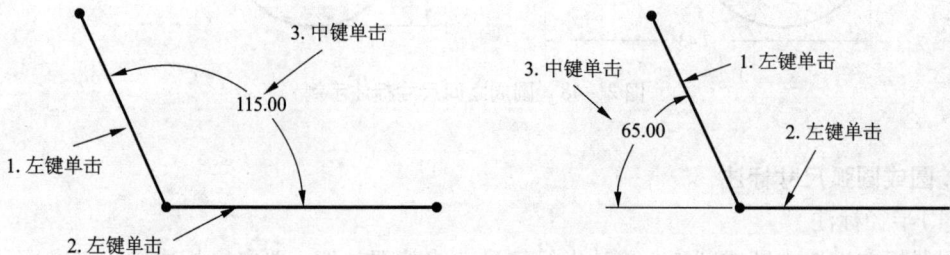

图2-51 两直线夹角标注示例

(2)圆弧角度。

首先用鼠标左键拾取圆弧的一个端点，再拾取圆弧圆心，单击左键拾取圆弧另一端点，

36

然后把光标移动到尺寸线放置位置，单击鼠标中键，完成圆弧角度尺寸标注，如图 2-52 所示。

图 2-52 圆弧角度标注示例

4. 周长尺寸标注

（1）弧长。

首先用鼠标左键分别拾取圆弧的两个端点，再拾取圆弧，然后把光标移动到尺寸线放置位置，单击鼠标中键，完成弧长尺寸标注（或用周长尺寸的标注方法也可标注弧长），如图 2-53 所示。

（2）周长。

用左键选取封闭轮廓，然后选择周长 按钮，拾取封闭轮廓上的一个尺寸作为被周长驱动的尺寸，当周长发生变化时，该尺寸相应调整。完成周长标注，如图 2-54 所示。

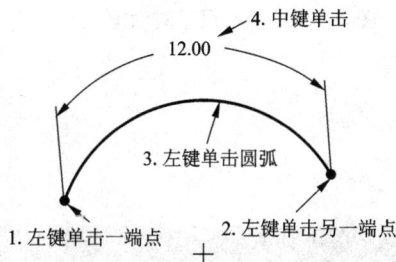

图 2-53 弧长标注示例

图 2-54 周长标注示例

5. 样条曲线标注

画出样条曲线后，左键依次拾取样条曲线、样条曲线端点和中心线；把光标移动到尺寸线放置位置，单击鼠标中键，完成样条曲线尺寸标注，如图 2-55 所示。

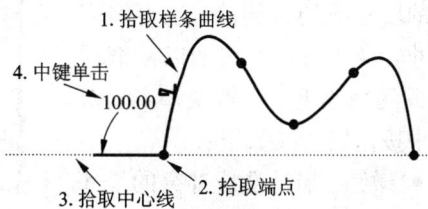

图 2-55 样条曲线标注示例

2.5.3 尺寸编辑

1. 尺寸的移动

尺寸标注完成后，如果对尺寸线的位置不满意，可将光标放在尺寸线数值上，用左键拖动尺寸，实现尺寸的移动。

2. 尺寸数值修改

尺寸数值修改通常有以下两种方法。

(1)双击尺寸数值。

在选取 ![指针] 状态下，左键双击尺寸数值，系统弹出编辑框，在编辑框内输入新数值，按回车键或点击鼠标中键即可。修改后图形会根据新数值进行再生。此方法可以快速修改单一尺寸数值，但无法同时修改多个尺寸。用此方法修改多个尺寸时，由于每修改一个尺寸，图形都会重新再生，有可能造成图形的失真。

(2)使用修改工具 ![修改工具图标]。

单击修改工具按钮 ![修改工具图标]，在图形中选取需要修改的尺寸(或先选取尺寸再单击按钮)，系统弹出"修改尺寸"对话框，如图 2-56 所示。可以选择多个需要修改的尺寸，在编辑框中输入新数值，单击 ![对勾] 按钮，完成修改。

若修改尺寸时，"修改尺寸"对话框中的"再生"被勾选，则每修改一个尺寸值，图形会再生一次，这样可能会引起图形的失真，造成图形的变形。因此，通常不勾选"再生"选项，这样在修改过程中图形不会变形。

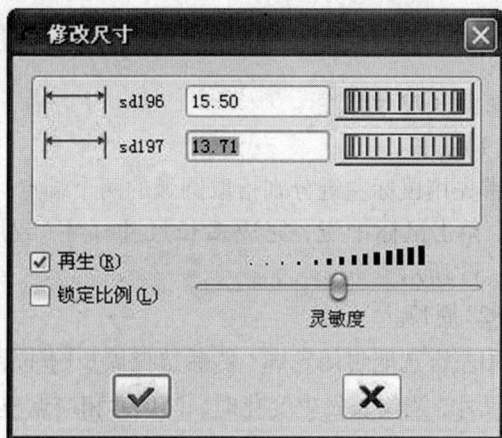

图 2-56　修改尺寸对话框

2.6　尺寸与约束的冲突

绘制截面过程中，当手动添加的尺寸或约束与系统现有的尺寸或约束条件相冲突时，会出现"解决草绘"对话框，并列出冲突的尺寸或约束，如图 2-57 所示。这时需要把多余的尺寸或约束删除，也可将多余尺寸转换为参考尺寸，以使截面尺寸或约束合理。"解决草绘"对话框中按钮的含义如下：

● 撤销：撤销造成冲突的尺寸或约束，恢复原来状态。

● 删除：删除多余的尺寸或约束。

图 2-57　解决草绘对话框

● 尺寸>参照：将某一多余尺寸变为参考尺寸，变为参考尺寸后，尺寸数值后加 REF。

● 解释：在信息区显示所选尺寸或约束的功能。

38

2.7　草绘实例

2.7.1　草绘步骤

二维草绘的具体步骤如下：

(1)绘制组成草图几何图元。绘制几何图元时二维草绘最基本的步骤，几何图元包括以下几种。

● 点、直线、圆、圆弧和曲线等线条，在绘制的同时，系统会自动标注尺寸，此类尺寸为"弱尺寸"。

● 绘制中心线或构建线。中心线可以作为对称轴或旋转轴，也可作为辅助线。构建线由图元转化而来，通常作为辅助线使用。

● 绘制坐标系或文字。

(2)添加几何约束。草绘完成后，设计者可以手动添加几何约束条件，以控制图元之间的几何关系，如水平、竖直、相切等。添加几何约束后会减少"弱尺寸"。

(3)根据图形需要手动添加尺寸，此类尺寸为"强尺寸"。同样，添加"强尺寸"会减少"弱尺寸"。

(4)修改尺寸值。通过修改尺寸值来达到精确控制图形的目的。

在绘图过程中，绘图步骤不是一成不变的，应该根据需要灵活穿插进行，这样对绘图更为有利。

2.7.2　草绘实例

实例 1

绘制如图 2 - 58 所示的草图。

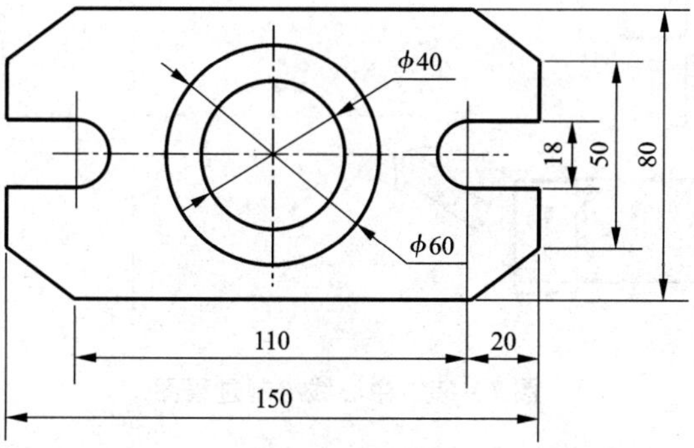

图 2 - 58　实例 1

具体步骤如下。

1. 新建文件

在工具栏中点击新建"▯"按钮，系统弹出"新建"对话框，在类型复选框中选择"草绘"

"名称，公用名称"中默认文件名"szd001"，此处可以修改文件名，点击"确定"按钮，完成新件文件，其过程如图 2-59 所示。

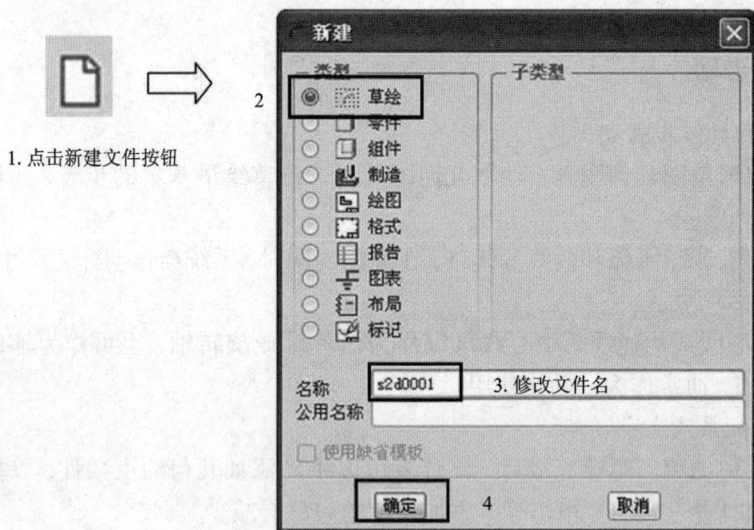

图 2-59　新建文件流程图

2. 绘制图元

（1）绘制中心线。点击草绘器工具条中的"直线"按钮，选择"中心线"按钮，绘制两条相互垂直的中心线，如图 2-60 所示。

图 2-60　中心线绘制过程图

（2）绘制连续直线段。如图 2-61 所示。

（3）绘制圆弧。注意圆弧圆心落在水平中心线上，圆弧的一端与中心线垂直，各一端与直线相切，如图 2-62 所示。

（4）镜像图形。用鼠标左键框选中图 2-62 所画的图，在草绘工具条中选择"镜像 "按钮，鼠标左键点击竖直中心线，完成图形的一半继续镜像完成整个图形，如图 2-63 所示。

40

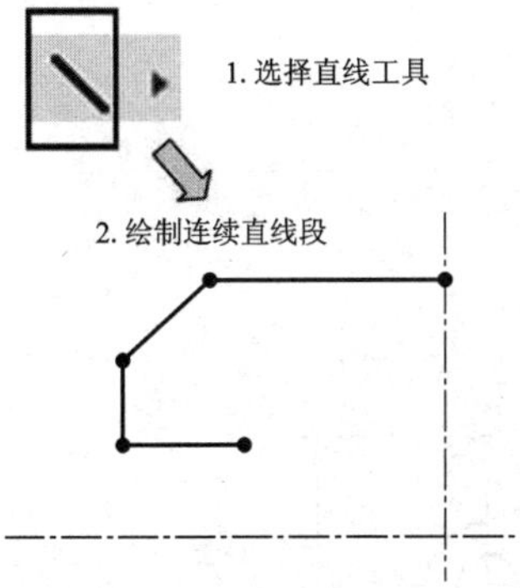

1. 选择直线工具

2. 绘制连续直线段

图 2-61　直线段绘制过程图

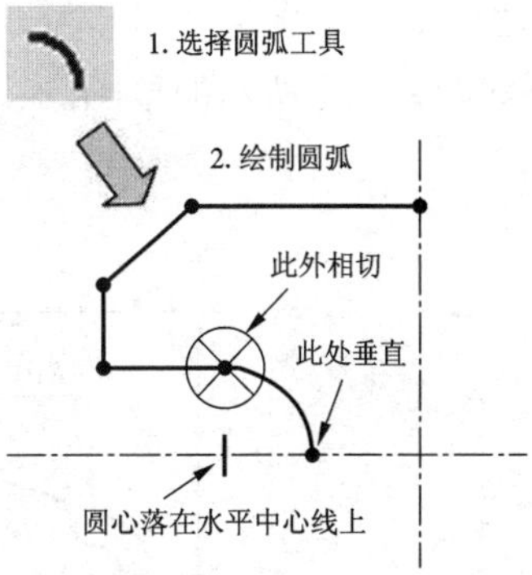

1. 选择圆弧工具

2. 绘制圆弧

此处相切

此处垂直

圆心落在水平中心线上

图 2-62　圆弧绘制过程图

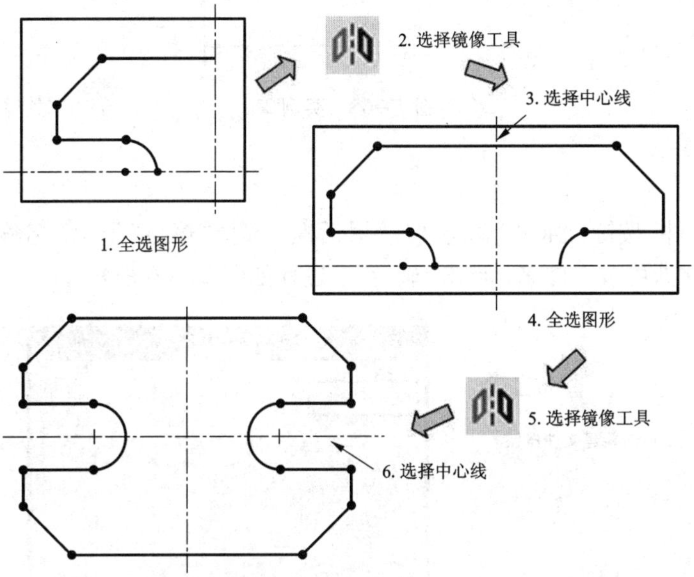

1. 全选图形

2. 选择镜像工具

3. 选择中心线

4. 全选图形

5. 选择镜像工具

6. 选择中心线

图 2-63　镜像过程图

（5）绘制圆。点击草绘器工具条中的"圆"按钮，以中心线交点为圆心绘制两个同心圆。如图 2-64 所示。

（6）标注及编辑尺寸。按照图 2-58 所示标注并编辑尺寸值。

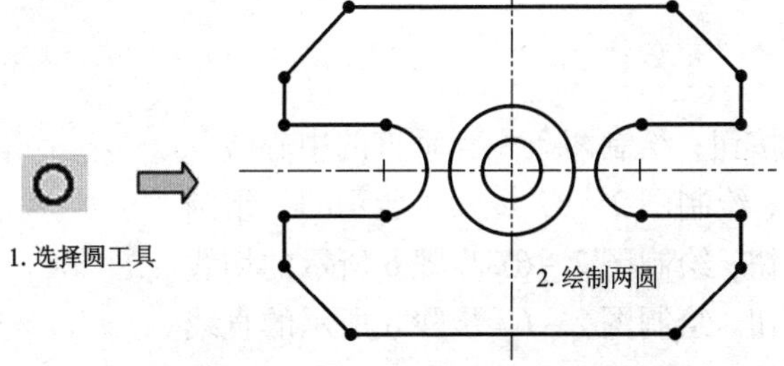

1. 选择圆工具

2. 绘制两圆

图 2-64　绘制圆过程图

实例 2

绘制如图 2 – 65 所示的草图。

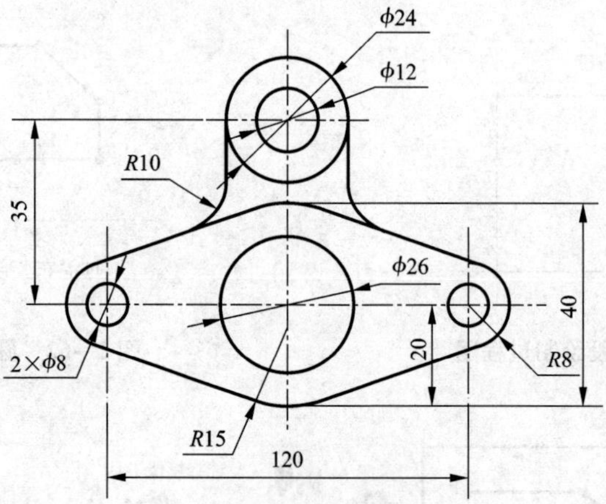

图 2 – 65 实例 2

1. 新建文件

点击"新建文件"按键,弹出"新建文件"对话框,选择"草绘"类型,名称公用名称中默认文件名"szd001"此处可改文件名,点击"确定",过程如图 2 – 66 所示。

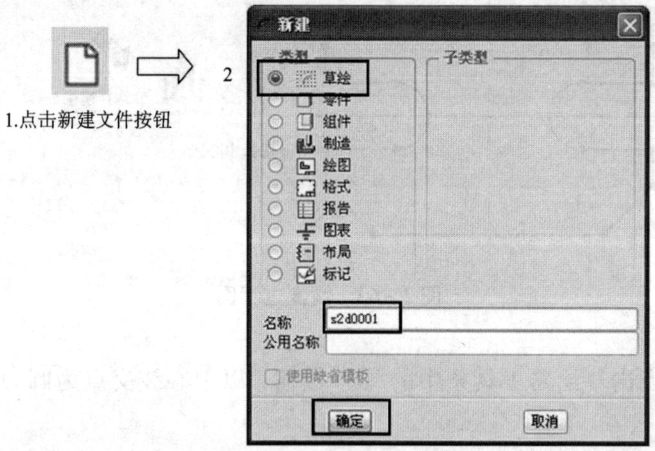

1.点击新建文件按钮

图 2 – 66 新建文件流程图

2. 绘制图元

(1)选择"中心线"按钮,绘制两条相互垂直的中心线。

(2)选择"圆"按钮,绘制图 2 – 67 步骤 4 所示的一组圆。

(3)选择"切线"按钮,绘制图 2 – 67 步骤 6 所示的切线。

(4)选择"直线"按钮,绘制图 2 – 67 步骤 8 所示的直线。

(5)选择"圆弧"按钮,绘制图 2 – 67 步骤 10 所示的圆弧。

选择"相切"约束按钮,使圆弧两端与直线段相切,如图 2 – 67 步骤 12 所示。

42

（6）选择"修剪"按钮，删除多余线条，其图形如图 2 - 67 步骤 14 所示。

（7）用鼠标左键框选中上步中的所有图形，再选择"镜像"按钮，单击竖直中心线完成图形镜像，如图 2 - 67 步骤 16 所示。

（8）选择"标注"按钮，参照图 2 - 65 所示尺寸标注图形尺寸。

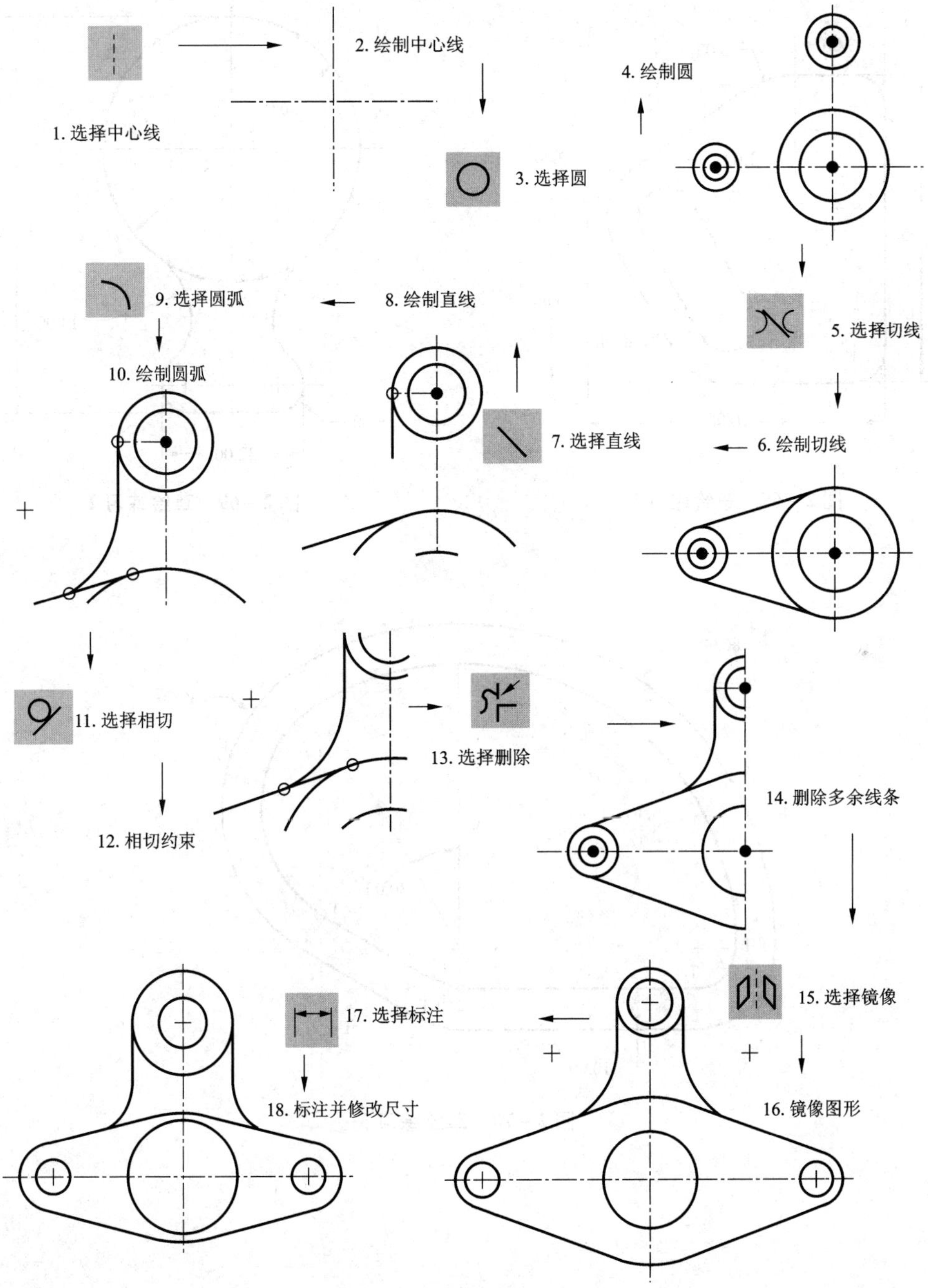

图 2 - 67　图形绘制过程

练习题

1. 使用 Pro/E 5.0 绘出如下图 2-68 ~ 2-74 所示图形。

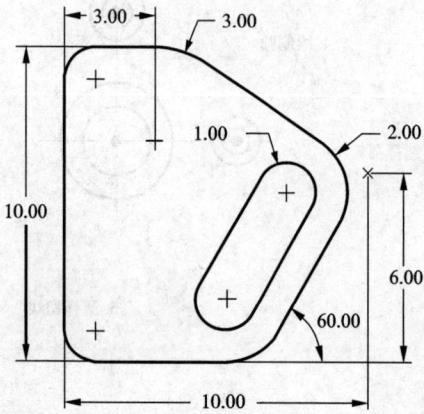

图 2-68　草绘练习 1

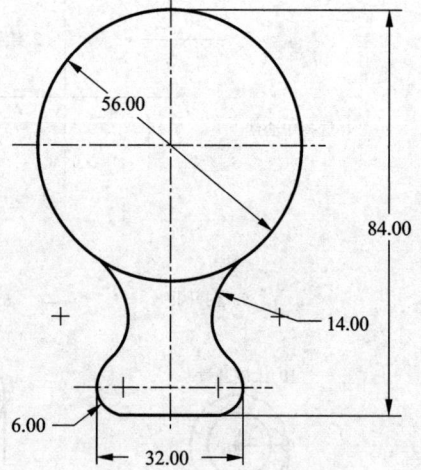

图 2-69　草绘练习 2

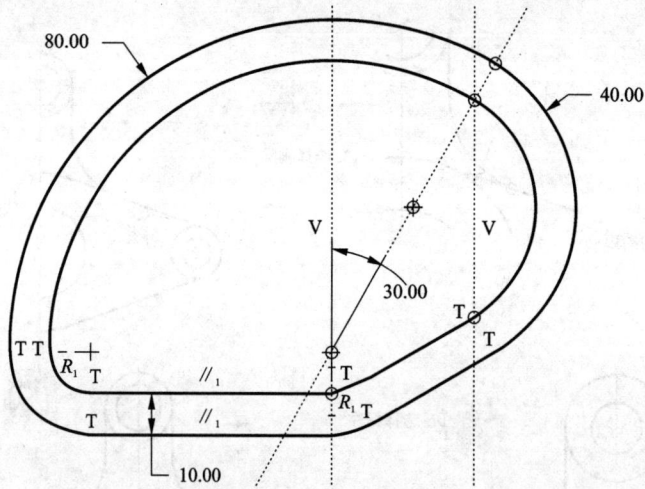

图 2-70　草绘练习 3

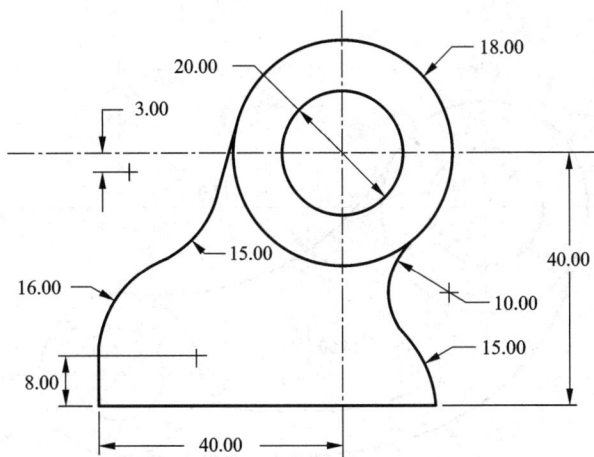

图 2 -71 草绘练习 4

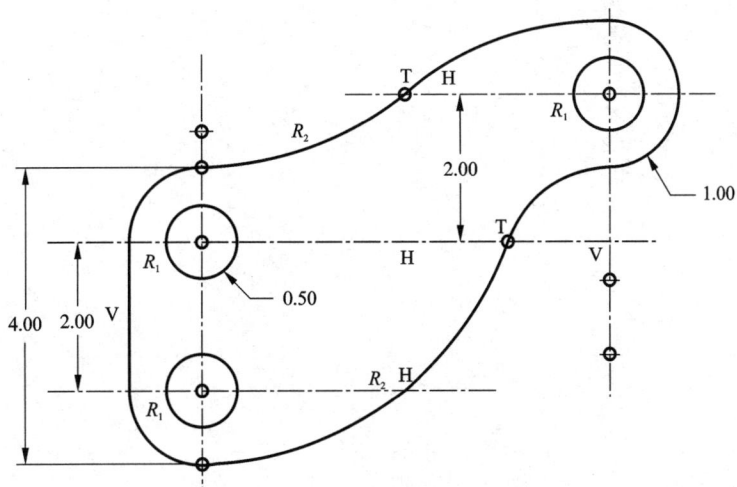

图 2 -72 草绘练习 5

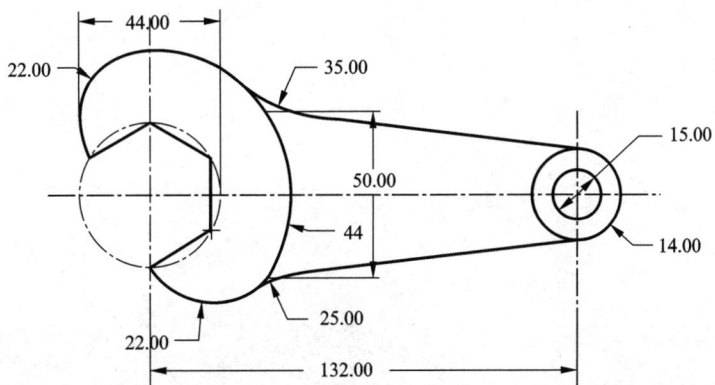

图 2 -73 草绘练习 6

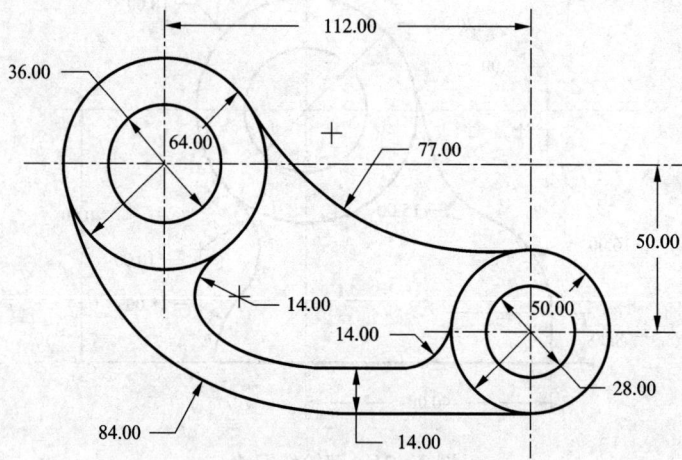

图 2 – 74　草绘练习 7

第3章
基准特征

三维建模过程中，基准特征是重要的辅助设计工具，用于辅助完成三维模型的设计。基准特征不是三维模型的一部分，不构成模型的表面或边界。基准特征没有质量和体积等物理特性，可根据设计者的需要隐藏或显示。如图 3 - 1 所示，按下相应的按钮可将相应的基准特征显示或隐藏。常用基准特征包括基准平面、基准轴线、基准点、基准坐标系和基准曲线。

在 Pro/E 5.0 中创建基准特征的方式有两种：一是通过"基准"工具创建单独的基准，如图 3 - 2 所示，此时基准特征在"模型树"中以单独的特征出现；二是在创建其他特征过程中临时创建基准特征，此时基准特征包含在其他特征中，属于该特征的一部分。

图 3 - 1　基准显示工具栏 　　　　　　　　　图 3 - 2　基准工具栏

3.1　基准平面

基准平面是一种重要的基准特征，是在三维建模中应用最多的基准特征。它可作为特征的草绘平面和参考平面，也可用作放置特征的放置平面，还可以作为尺寸标注、零件装配的基准等。

3.1.1　基准平面基础知识

基准平面是一无限大的平面。系统为了表示基准平面，将它显示为一个矩形框。矩形框的大小可以调整，以便使其与零件、特征、曲面、边或轴相吻合。新建一个零件文件时，系统默认三个相互垂直的基准平面，分别为 RIGHT、TOP 和 FRONT，如图 3 - 3 所示。新建立的基准平面系统默认名称为：DTM1、DTM2……设计者也可根据需要改变基准平面的名称。要选择一个基准平面，可以在绘图区选择代表该平面的矩形框的一条边界线，或选择其名称，也可在模型树中选择该平面。

创建基准平面过程如下：

（1）进入基准平面创建状态

单击下拉菜单"插入"→"模型基准"→"平面"命令，或单击"基准平面"图标 ⬜，系统弹出"基准平面"对话框，如图 3 - 4 所示。

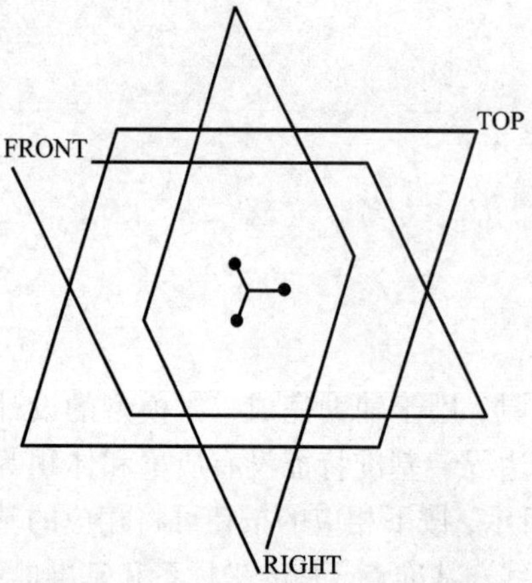

图 3-3 系统默认基准平面

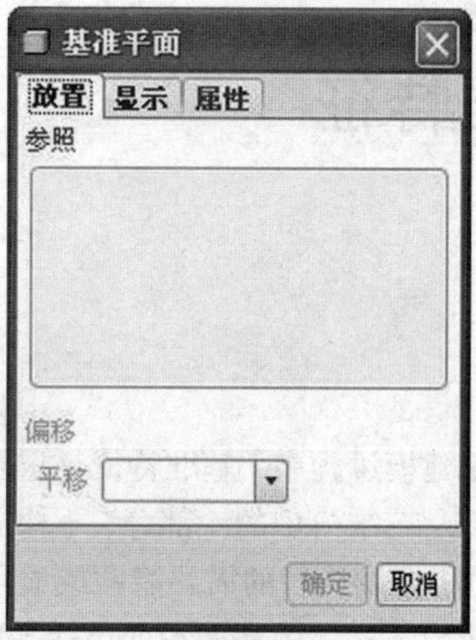

图 3-4 基准平面对话框

（2）选择放置参照

在工作区域选择放置参照，用于定位基准平面，从"参照收集器"内的约束列表中选择所需的约束选项，系统提供了如下几种约束条件，如表 3-1 所示。

表 3-1 建立基准平面的约束条件

约束条件	说明
偏移	偏移某个平面或坐标系来创建基准平面
穿过	通过一个轴、边、曲线、基准点、端点、平面等来创建基准平面
平行	平行于已存在的平面来创建基准平面
法向	垂直于边、轴、平面等来创建基准平面
角度	通过与选取的平面成一个设定的角度来创建基准平面
相切	与圆弧或圆锥曲线相切来创建基准平面

如要将多个参照添加到列表中，可在选取时按 Ctrl 键。如要删除所选参照时，选取该参照并单击鼠标右键，在弹出的快捷菜单中选取"移出"即可。

（3）完成基准平面的创建

单击对话框中的"确定"按钮完成基准平面的创建。

3.1.2 基准平面创建方法

以下介绍几种创建基准平面方法。

（1）创建偏移平面

单击"基准"工具栏上的 按钮，弹出"基准平面"对话框，在绘图区选取要偏移的面，在参照文本框中设置为"偏移"。在平移对话框中输入偏距值，偏距值的正负可决定平面的偏移方向。单击"确定"按钮可完成基准平面特征的创建，如图 3-5 所示。

48

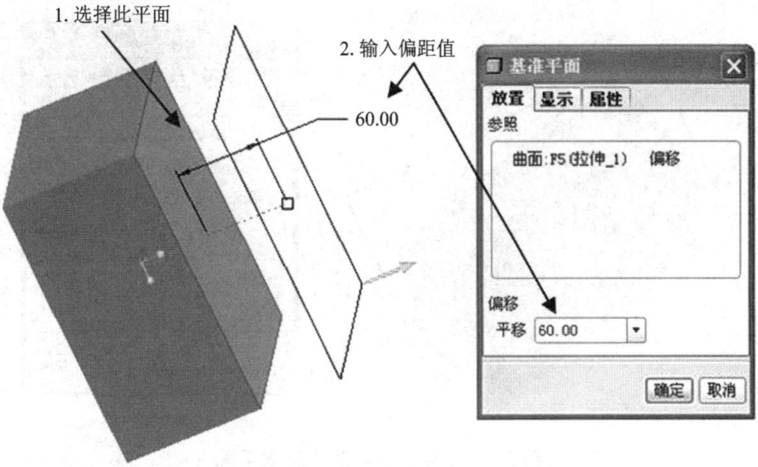

图 3 - 5　创建偏移基准平面

（2）创建相切平面

单击"基准"工具栏上的 ▱ 按钮，弹出"基准平面"对话框，在绘图区选取圆柱体的圆柱面，并按 Ctrl 键选取 RIGHT 基准面。在参照文本框中将圆柱面的约束设置为"相切"，将 RIGHT 基准面的约束设置为"平行"。单击"确定"按钮完成与 RIGHT 基准面平行且与圆柱面相切的基准平面特征的创建，如图 3 - 6 所示。

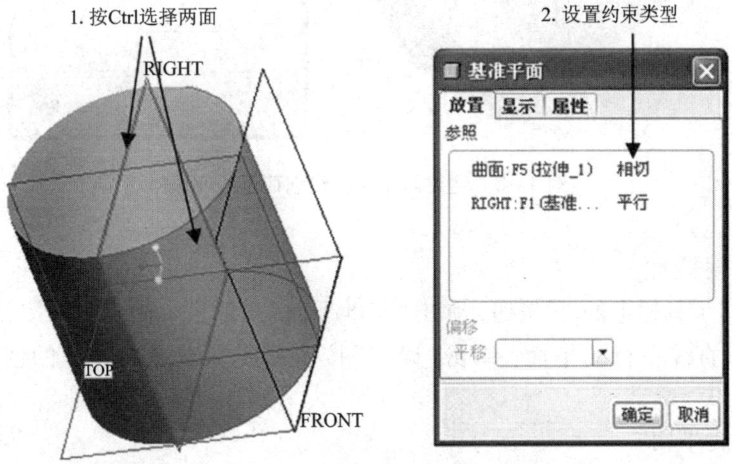

图 3 - 6　创建相切基准平面

（3）通过几何要素创建平面

单击"基准"工具栏上的 ▱ 按钮，弹出"基准平面"对话框，在绘图区选取直线、点、曲面或其他几何要素来创建平面，选取多个要素时按 Ctrl 键，如图 3 - 7、3 - 8 所示。

按Ctrl键选择三个点

图3－7　通过三点创建基准平面

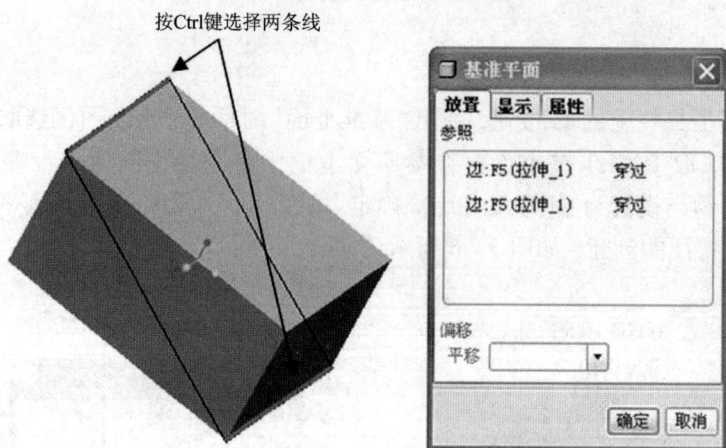

按Ctrl键选择两条线

图3－8　通过两条平行线创建基准平面

（4）创建角度平面

单击"基准"工具栏上的▱按钮，弹出"基准平面"对话框，在绘图区按 Ctrl 键选取一条直线和一个与该直线平行的平面，单击"确定"按钮完成基准平面特征的创建，如图 3 - 9 所示。

（5）创建平行平面

单击"基准"工具栏上的▱按钮，弹出"基准平面"对话框，在绘图区按 Ctrl 键选取一个点和一个平面，单击"确定"按钮完成基准平面特征的创建，如图 3 - 10 所示。

（6）创建法向平面

单击"基准"工具栏上的▱按钮，弹出"基准平面"对话框，在绘图区按 Ctrl 键选取两个点和一个平面，单击"确定"按钮完成过两点且与平面垂直的基准平面特征的创建，如图 3 - 11 所示。

50

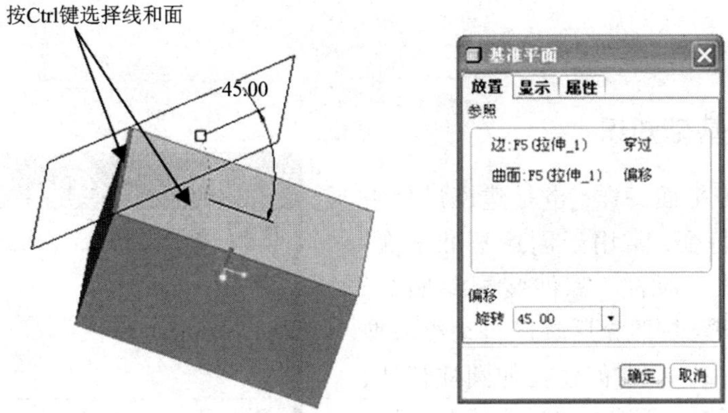

图 3 - 9　创建角度平面

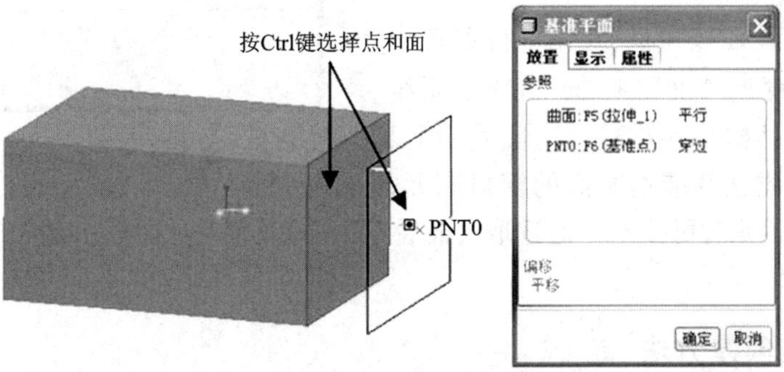

图 3 - 10　创建平行平面

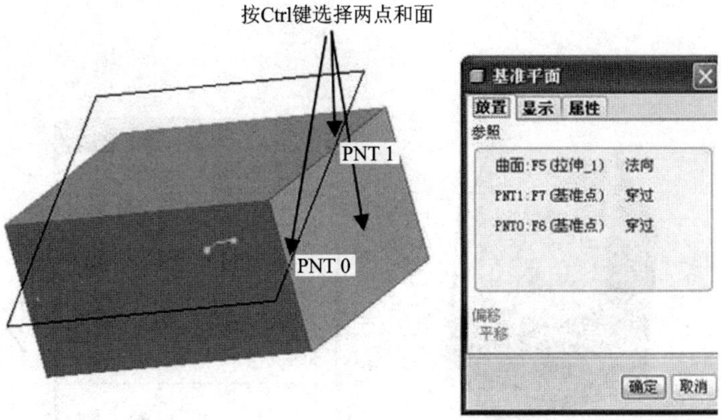

图 3 - 11　创建法向平面

3.2　基准轴

3.2.1　基准轴基础知识

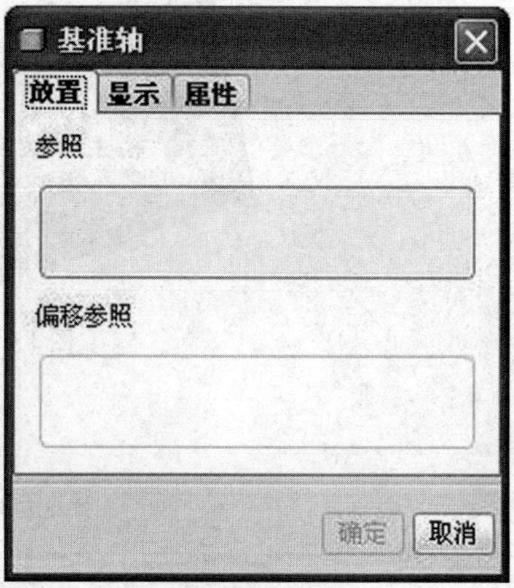

　　基准轴和基准平面一样，也是建模过程中一项重要的基准特征，常用于创建基准平面、特征、同心轴、尺寸标注、零件装配参照等。在创建过程中系统会按照先后顺序自动给基准轴命名为 A_1、A_2……在创建拉伸圆柱特征、旋转特征、孔特征时，系统会自动生成基准轴。要选取一个基准轴，可在绘图区选择基准轴或在模型树中选取其名称。

　　基准轴的一般创建过程为：在"基准"工具栏单击"基准轴"创建按钮 ∕ 或在下拉菜单中选择"插入"→"模型基准"→"轴"命令，系统弹出"基准轴"对话框，如图 3 – 12 所示。用鼠标在绘图区选择建立基准轴所需的窗口图元，

图 3 – 12　基准轴对话框

当需要选择多个图元时可按 Ctrl 键选取，最后单击"基准轴"对话框中的"确定"按钮完成基准轴的创建。

3.2.2　基准轴创建方法

　　以下介绍几种常见的基准轴创建方法。

　　（1）通过边

　　单击"基准轴"图标 ∕ ，在绘图区指定已有的边线，创建与之重合的基准轴，如图 3 – 13 所示。

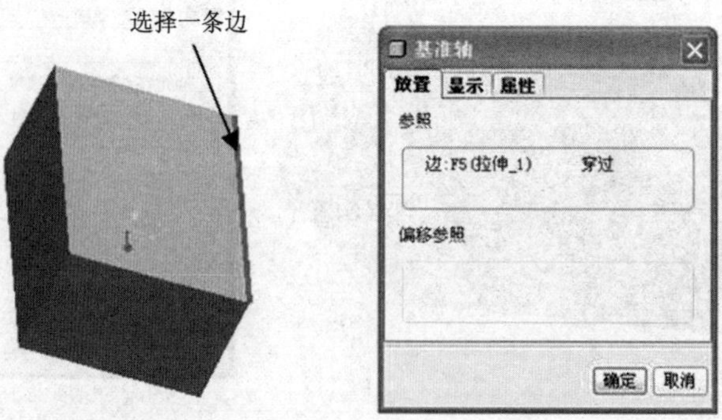

图 3 – 13　通过边线创建基准轴

（2）垂直于指定平面

单击"基准轴"图标 /，在绘图区指定要垂直的平面，拖动基准轴的定位手柄，给基准轴指定定位参考，双击尺寸数值修改定位尺寸，如图 3 – 14 所示。

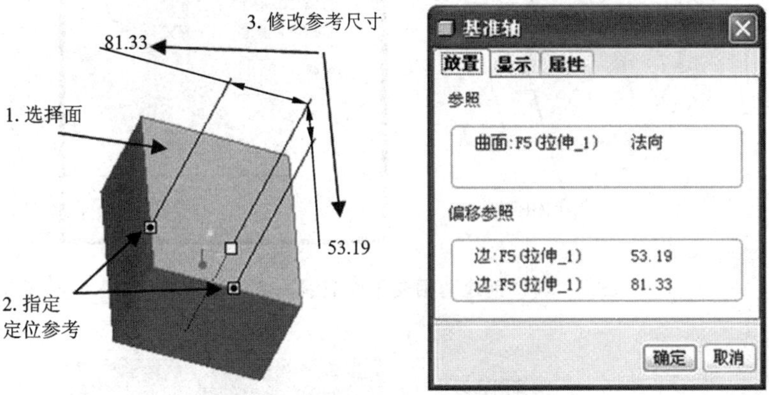

图 3 – 14　创建垂直于指定平面的基准轴

若要创建垂直于某平面且通过某点的基准轴，可按 Ctrl 键选取该平面和该点，如图 3 – 15 所示。

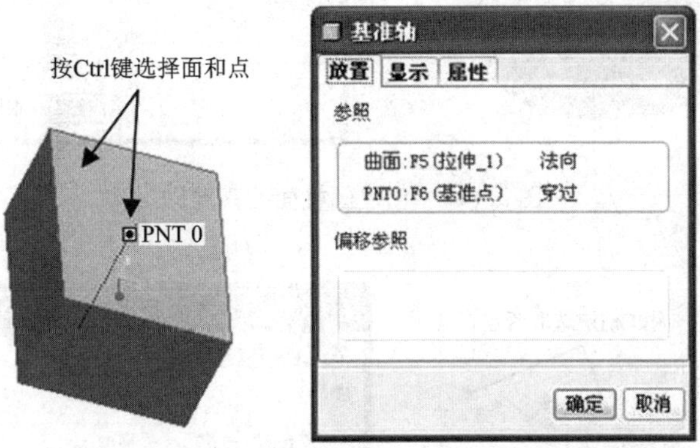

图 3 – 15　创建垂直于某平面且过某点的基准轴

（3）过两相交平面

单击"基准轴"图标 /，在绘图区按 Ctrl 键选取两相交平面，创建与两相交平面交线重合的基准轴，如图 3 – 16 所示。

（4）过圆柱面

单击"基准轴"图标 /，在绘图区选取圆柱面创建此圆柱面的中心轴线，如图 3 – 17 所示。

（5）过两点

单击"基准轴"图标 /，在绘图区按 Ctrl 键选取两点，创建过两点的基准轴，如图 3 – 18 所示。

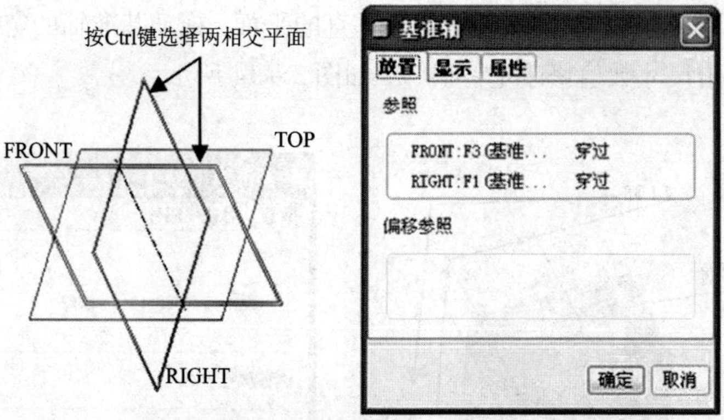

按Ctrl键选择两相交平面

FRONT

TOP

RIGHT

图 3 – 16 创建两相交平面交线重合的基准轴

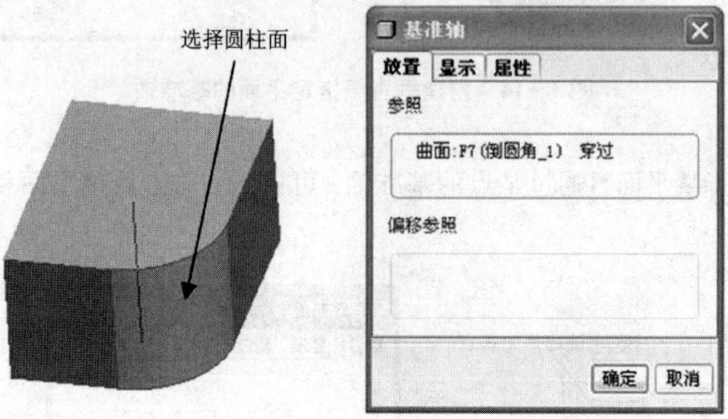

选择圆柱面

图 3 – 17 创建圆柱面的基准轴

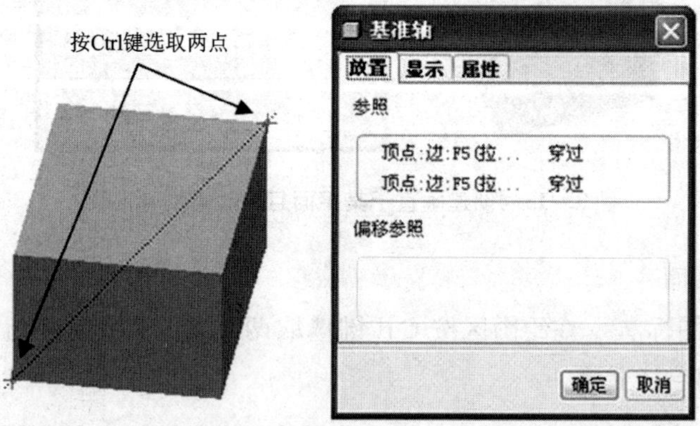

按Ctrl键选取两点

图 3 – 18 创建过两点的基准轴

(6)与曲线某点相切

单击"基准轴"图标 /，在绘图区按 Ctrl 键选取曲线及曲线上的某点，创建与曲线上此点相切的基准轴，如图 3 –19 所示。

54

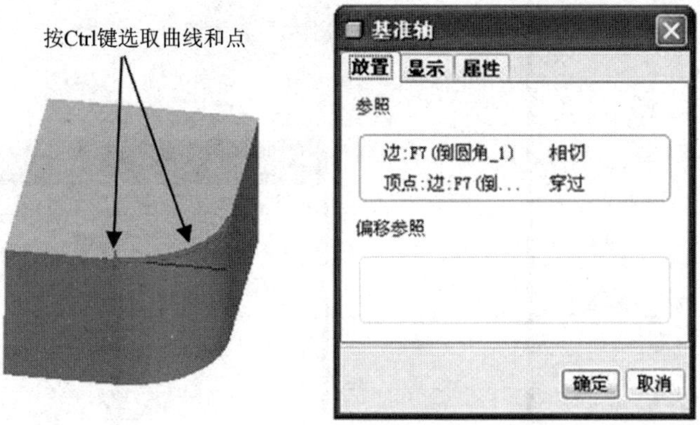

图 3 - 19　创建与曲线相切的基准轴

3.3　基准点

3.3.1　基准点基础知识

基准点主要用来进行空间定位，也可用来辅助创建其他基准特征。如利用基准点创建基准轴、基准平面，还可用来辅助创建曲线、曲面及用来放置孔特征等实体特征。

Pro/E 5.0 支持 3 种类型的基准点，这些点依据创建方法和作用的不同而不同。图 3 - 20 所示为基准点工具按钮，各种基准点的作用如下。

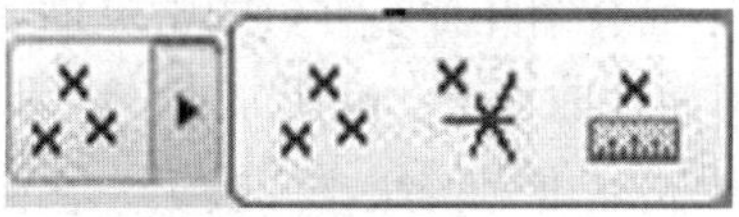

图 3 - 20　基准点工具按钮

● 一般基准点 ✕✕：用于创建平面、曲面和曲线上的点，可通过输入数值确定其位置。

● 偏移坐标系基准点 ✕：根据选定的坐标系，利用偏移坐标系创建基准点。

● 域基准点 ⬛：直接在实体表面或曲面上创建的基准点。

创建基准点时系统会自动为其命名，符号为 PNT0、PNT1……默认状态下基准点以"×"形式显示，显示形式可以改变，其方法为：单击工具栏"视图"→"显示设置"→"基准显示"命令，打开"基准显示"对话框，如图 3 - 21 所示。在此对话框中可使其以点、圆、三角形或正方形显示。一般基准点创建过程如下。

单击基准点工具按钮 ✕✕ 或在工具栏选择"插入"→"模型基准"→"点"命令，打开如图 3 - 22 所示的"基准点"对话框。在绘图区选择创建基准点的参照图元，需要选择多个图元时可按 Ctrl 键。单击对话框中的"确定"按钮完成基准点的创建。

图 3 - 21　基准显示对话框

图 3 - 22　基准点对话框

3.3.2　基准点创建方法

下面介绍几种基准点的常见创建方法。

(1)在曲面上,包括"在其上"和"偏移"两个选项

单击基准点按钮 ✕✕,打开"基准点"对话框。在绘图区指定要放置的曲面,拖动基准点的定位手柄,给基准点指定定位参照。双击尺寸数值修改定位尺寸,或在"偏移参照"文本框中修改定位尺寸,可将基准点创建在曲面上,如图 3 - 23 所示。

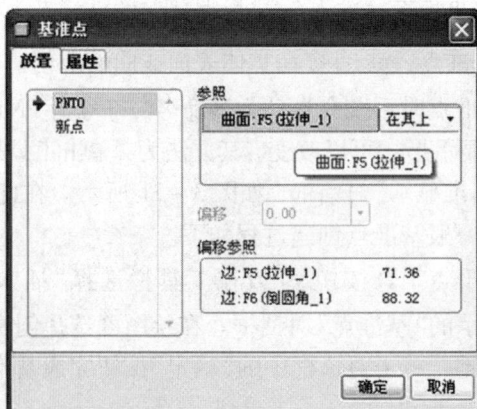

图 3 - 23　在曲面上创建基准点

56

若要实现"偏移"方法创建基准点,可在"基准点"对话框"参照"选项的下拉菜单中选择"偏移",并在绘图区双击偏移尺寸数值修改偏移尺寸或在"偏移"下拉菜单中修改偏移尺寸,如图 3 - 24 所示。

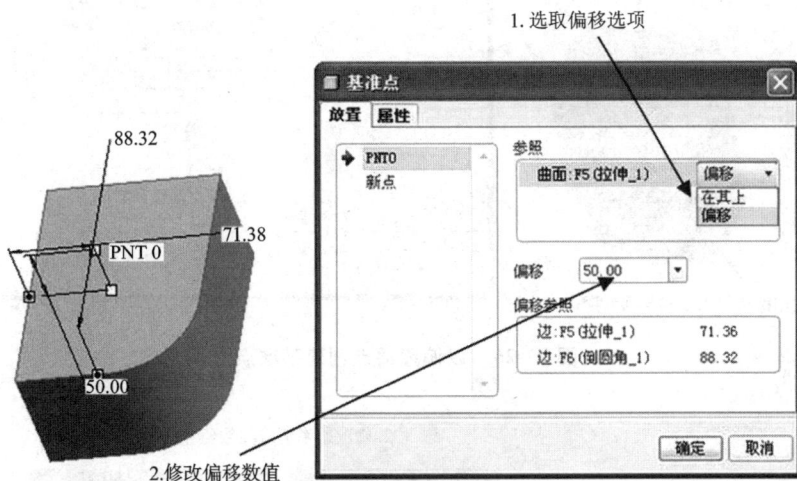

图 3 - 24　创建曲面偏移基准点

(2)顶点,包括"在其上"和"偏移"两个选项

单击基准点按钮 ,打开"基准点"对话框,在绘图区指定参照顶点,如图 3 - 25 所示。

图 3 - 25　以顶点创建基准点

若要实现"偏移"方式,需指定偏移参照及偏移尺寸。如图 3 - 26 所示。

(3)在曲线、边上

单击基准点按钮 ,打开"基准点"对话框,在绘图区指定参照曲线或边线,在偏移选项中可输入"比率"值或"实数"值,如图 3 - 27 所示。

(4)中心点

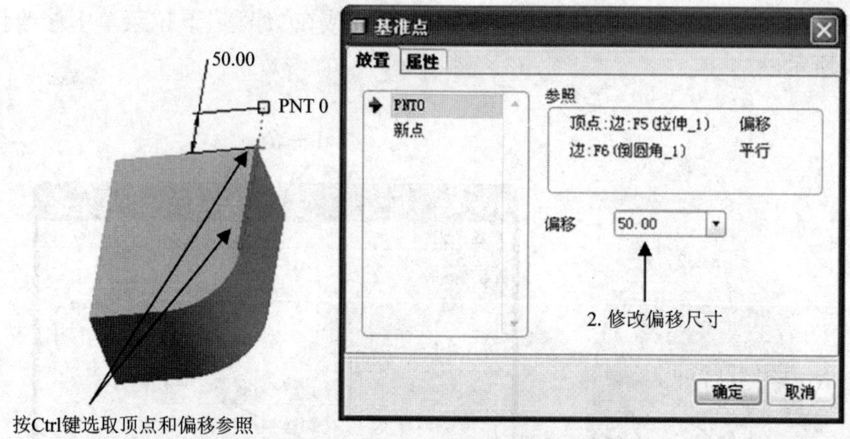

50.00

PNT 0

按Ctrl键选取顶点和偏移参照

图 3-26 以偏移顶点创建基准点

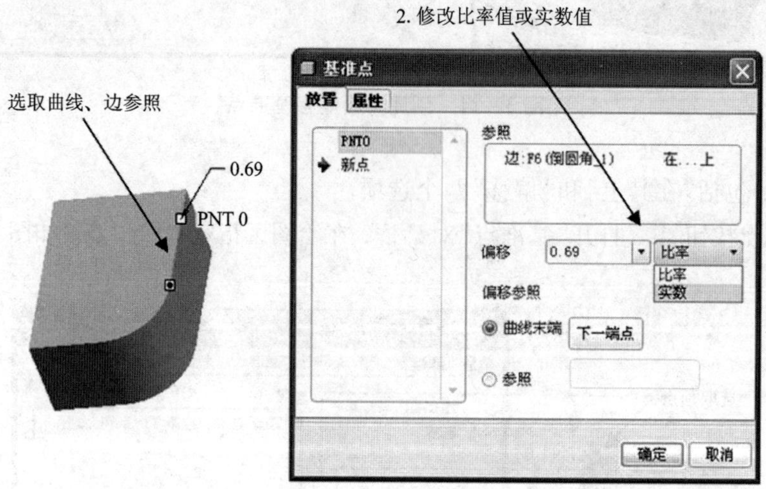

2. 修改比率值或实数值

0.69

PNT 0

选取曲线、边参照

图 3-27 通过曲线、边创建基准点

在圆心、椭圆中心建立基准点。

单击基准点按钮 ✗ 打开"基准点"对话框,在绘图区指定参照圆、圆弧或椭圆,在"参照"下拉菜单中选择"居中",如图 3-28 所示。

(5)相交点

相交点包括曲线与曲线交点、曲线与曲面交点及三曲面交点。

单击基准点按钮 ✗ ,打开"基准点"对话框,在绘图区指定两相交曲线、三相交曲面或相交曲线与曲面,如图 3-29 所示。

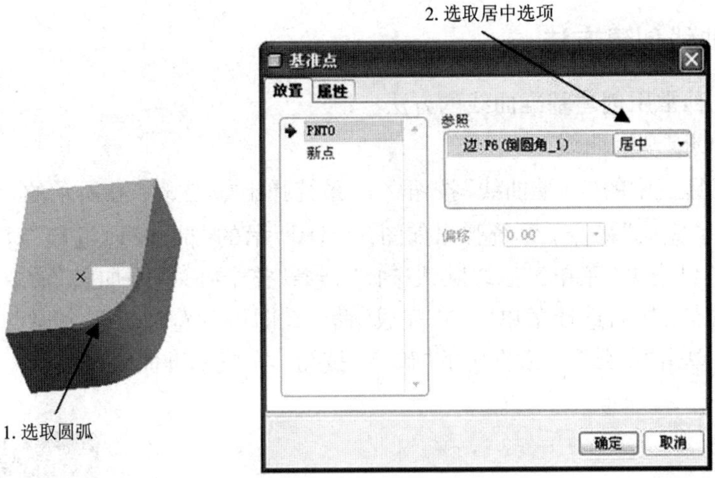

图 3 – 28　创建中心基准点

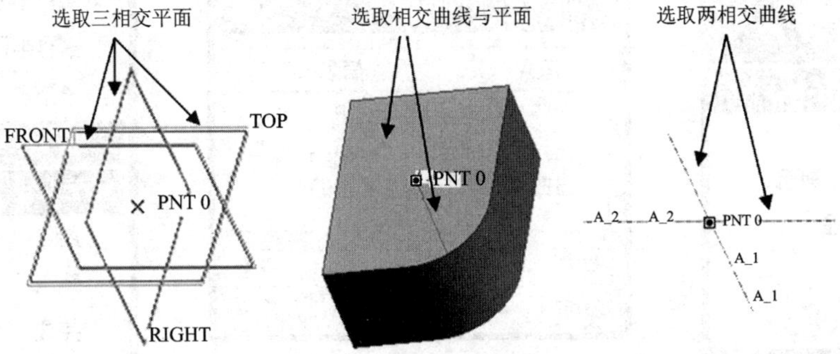

图 3 – 29　创建相交基准点

3.4　基准曲线

3.4.1　基准曲线基础知识

基准曲线可以用来创建和修改曲面，也可作为扫描特征的轨迹，作为建立圆角、拔模、骨架折弯等特征的参照，还可以用于创建复杂曲面。

在基准特征工具栏中，单击 图标按钮或选择"插入"→"模型基准"→" 草绘"命令，可打开"草绘"对话框。设置草绘平面后进入草绘环境，绘制基准曲线。如果单击基准特征工具栏 按钮或选择"插入"→"模型基准"→" 曲线"命令，可打开"曲线选项"菜单，如图 3 – 30 所示。

"曲线选项"菜单中各选项含义如下。

- 通过点：通过一系列参考点创建基准曲线。
- 自文件：通过编辑"ibl"文件创建基准曲线。
- 使用剖截面：用剖截面的边界来建立基准曲线。
- 从方程：通过输入方程式来创建基准曲线。

3.4.2 基准曲线创建方法

下面介绍几种常用创建基准曲线的方法。

(1)通过点创建基准曲线

单击基准工具栏中的"基准曲线"按钮～，系统弹出如图 3 – 30 所示的"曲线选项"菜单。选择"通过点"→"完成"命令，系统弹出如图 3 – 31 所示的"曲线/通过点"对话框，以及如图 3 – 32 所示的"连结类型"菜单。系统默认选择"样条/整个阵列/添加点"命令，在绘图区选择实体上的三个顶点，然后选择菜单中的"完成"命令，即可预览通过三个顶点的样条曲线，如图 3 – 33 所示。单击"曲线"对话框中的"确定"按钮，完成基准曲线的绘制。

图 3 – 30　曲线选项菜单 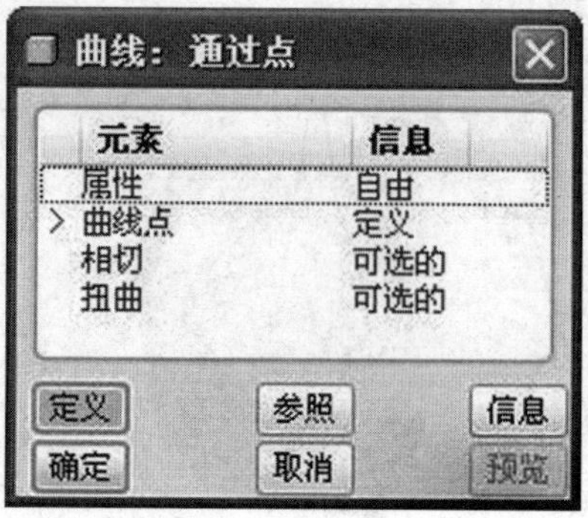　　　　图 3 – 31　曲线对话框 　　　　图 3 – 32　连结类型菜单

(2)使用草绘方法创建基准曲线

单击按钮，系统弹出"草绘"对话框，如图 3 – 34 所示。选择实体表面或基准平面作为草绘平面，单击"草绘"按钮进入二维草绘界面。在二维草绘界面使用绘图工具绘制需要的曲线，随后单击草绘工具栏中的"✔完成"按钮，即可完成草绘基准曲线的创建。

(3)使用方程创建基准曲线

单击基准工具栏中的"基准曲线"按钮～，系统弹出如图 3 – 30 所示的"曲线选项"菜单。选择"从方程"→"完成"命令，系统弹出如图 3 – 35 所示的"曲线：从方程"对话框，以及如图 3 – 36 所示的"得到坐标系"菜单。选择 PRT_CSYS_DEF 坐标系，系统弹出"设置坐标类型"菜单，如图 3 – 37 所示。选择"笛卡尔"选项，系统弹出"rel. ptd – 记事本"窗口，如图 3 – 38 所示，在记事本窗口中输入曲线方程：

$$x = 4 * \cos(t * (5 * 360))$$
$$y = 4 * \sin(t * (5 * 360))$$
$$z = 10 * t$$

在记事本窗口中选择"文件"→"保存",再选择"文件"→"退出"命令,退出记事本窗口。
单击"曲线:从方程"对话框中的"确定"按钮,即绘制出一条圆柱螺旋线,如图 3 – 39 所示。

图 3 – 33　通过点创建基准曲线

图 3 – 34　草绘对话框

图 3 – 35　曲线:从方程对话框

图 3 – 36　得到坐标系菜单

图 3 – 37　设置坐标类型

图 3 – 38　记事本窗口

图 3 – 39　圆柱螺旋线

3.5 基准坐标系

3.5.1 基准坐标系基础知识

坐标系是可以添加到零件和组件中的参照特征。坐标系常用在组装零件的参照、有限元分析放置约束、NC 加工刀具加工原点等方面。

创建坐标系的一般步骤如下：

单击基准工具栏中的"坐标系"图标 ✖×，或在下拉菜单中选择"插入"→"模型基准"→"✖×坐标系"命令，打开坐标系对话框，如图 3 – 40 所示。在绘图区选择创建基准坐标系的参照图元，在"方向"选项卡中设定 X 轴、Y 轴、Z 轴的方向，在"属性"选项卡中设定基准坐标系的名称，最后单击对话框中的"确定"按钮，完成基准坐标系的创建。

3.5.2 基准坐标系创建方法

下面介绍几种创建基准坐标系的方法。

(1)用三个平面创建基准坐标系

单击基准工具栏中的"坐标系"图标 ✖×，系统弹出如图 3 – 40 所示的"坐标系"对话框。按 Ctrl 键，在实体上依次选择三个相互垂直的面，如图 3 – 41 所示。单击对话框中的"确定"按钮完成基准坐标系的创建。

图 3 – 40　坐标系对话框

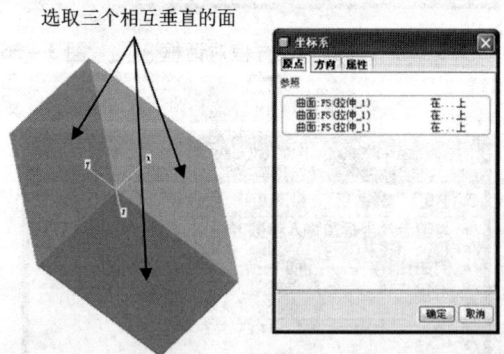

图 3 – 41　坐标系的建立

(2)用偏移坐标系建立基准坐标系

单击基准工具栏中的"坐标系"图标 ✖×，系统弹出如图 3 – 40 所示的"坐标系"对话框。选择坐标系 PRT_CSYS_DEF，在"偏移类型"下拉菜单中选择"笛卡尔"选项，在 X、Y、Z 中分别输入偏移数值，如图 3 - 42 所示。单击对话框中的"确定"按钮完成基准坐标系的创建。

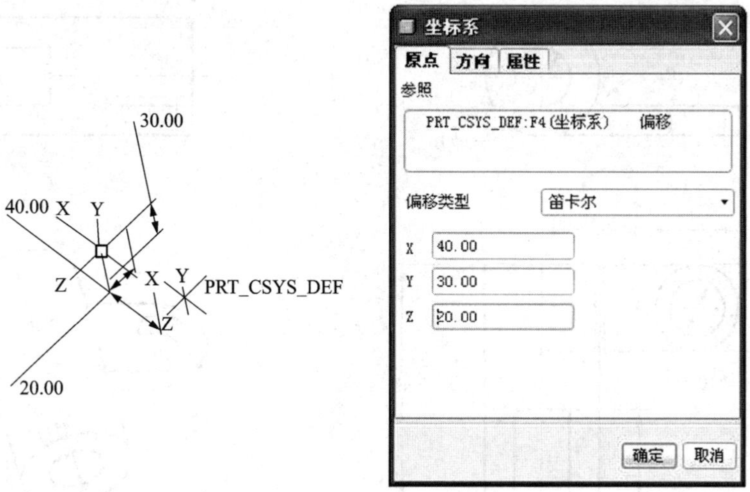

图 3 - 42　偏移坐标系的建立

练习题

1. 比较几种基准特征创建步骤的区别。
2. 思考创建基准平面时各种创建方式具有什么样的特点。
3. 利用基准平面和基准轴，辅助建立如图 3 - 43、图 3 - 44 所示的零件。

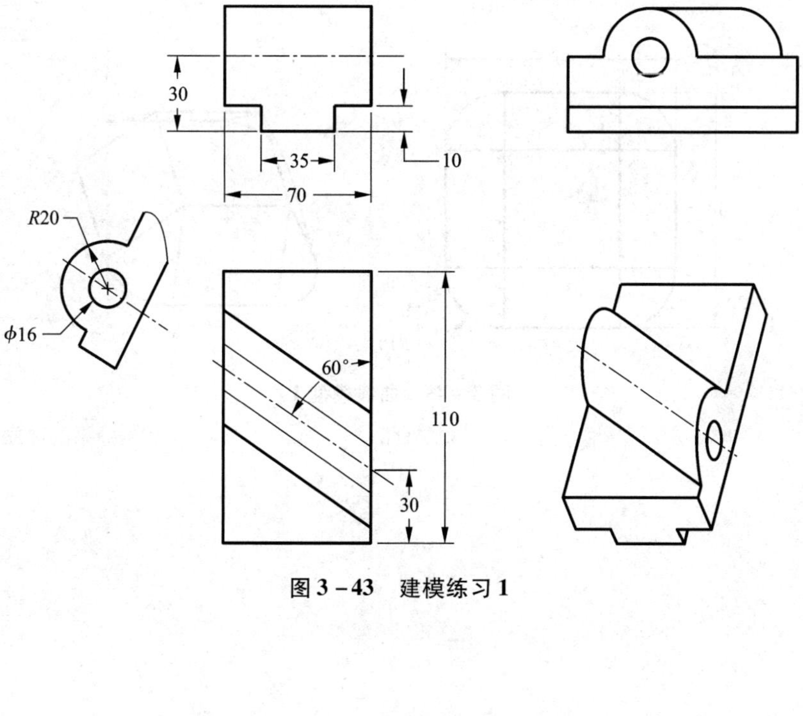

图 3 - 43　建模练习 1

图 3 – 44　建模练习 2

4. 利用基准点和基准曲线功能, 建立如图 3 – 45、图 3 – 46 所示的三维曲线模型。

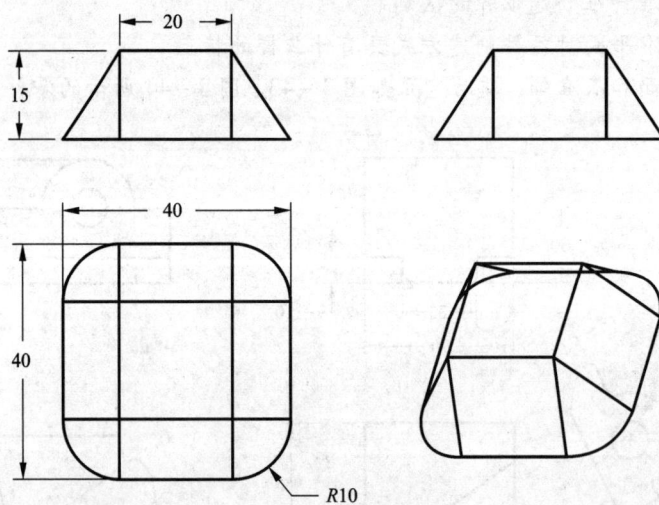

图 3 – 45　曲线模型 1

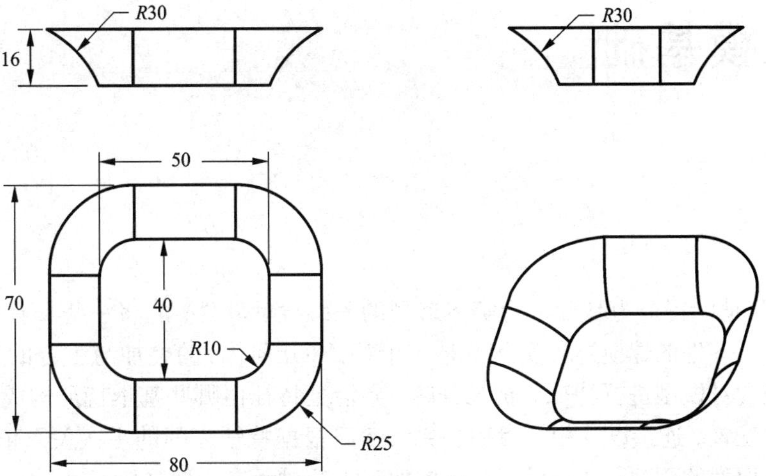

图 3 - 46　曲线模型 2

第4章
零件建模基础

Pro/E 5.0 是以特征为基础进行实体造型的三维设计软件,它将一些具有代表性的几何体定义为特征。零件的建模过程实际就是多个特征(几何体)的叠加与组合的过程。因此零件建模时首先要对模型进行特征分析与分解,弄清楚特征由哪些基本特征构成,明确各个特征之间的相对位置、连接以及相互参照关系,然后根据特征之间的主次关系依次建立特征,最终完成零件模型的创建,这一过程与机械加工工艺过程有相似之处。

特征主要分为基础实体特征和工程特征两种。基础实体特征用于创建零件的基本实体,可单独使用;工程特征只能依附于基础实体特征,只能在基础实体特征上添加使用,可以认为是对基础特征的修改,不能单独存在与使用。基础实体特征包括:拉伸特征、旋转特征、扫描特征及混合特征等。创建这些特征时首先需要绘制二维截面,然后根据相应的操作生成三维实体。工程特征包括:倒角、倒圆角、筋、孔、拔模等特征。系统已经将这些特征定义好,创建时只需指定特征的参照,并设定相关的尺寸参数即可生成。

4.1 拉伸特征

在选定的草绘平面上绘制二维截面,然后将二维草绘截面沿垂直于草绘平面的方向移动,截面移动过程中扫到的体(或面)就构成拉伸特征,如图 4 – 1 所示。拉伸特征是最简单也是最常用的特征造型方法之一。拉伸特征有增加材料和去除材料两个功能,有实体拉伸与曲面拉伸两种方式,设计者可根据需要选取相应的方式使用。

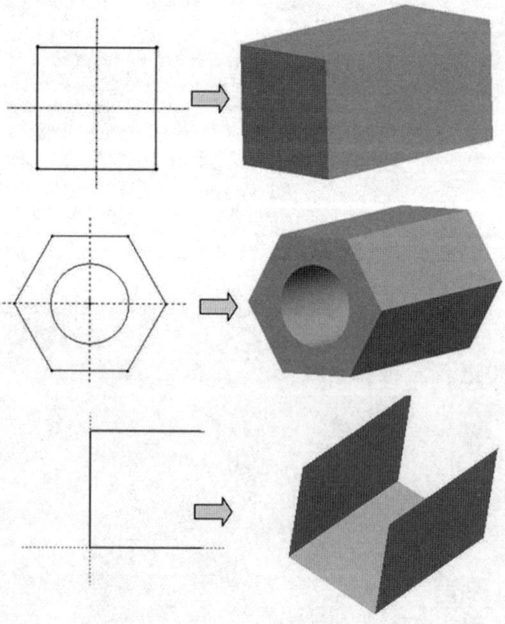

图 4 – 1 拉伸特征

4.1.1 进入零件模块

1.选择命令

单击工具栏中的"新建"图标 ▢,或单击主菜单"文件"→"新建"命令,系统弹出"新建"对话框,如图 4 – 2 所示。

2. 选择文件类型

在"新建"对话框中的"类型"区域选择"零件"单选按钮,在"子类型"区域中选择"实体"(此项为系统默认设置)。

3. 输入名称

在"新建"对话框的"名称"文本框中输入文件名,如 ABC - 1。

4. 选取模板

取消勾选"新建"对话框下方的"使用缺省模板",即不使用系统默认的模板。单击"确定"按钮,系统弹出如图 4 - 3 所示的"新文件选项"对话框,选用 mmns_part_solid 模板,单击对话框中的"确定"按钮,随后系统进入零件设计界面。

Pro/E 5.0 缺省的零件模板是 inlbs_part_solid(英寸 - 磅 - 秒),而中国采用公制,因此,在使用模板时应选用 mmns_part_solid(毫米 - 牛顿 - 秒)。值得注意的是,零件单位也可以在建模过程中甚至建模完成以后灵活修改,具体方法是:在主菜单中选择"文件"→"属性"命令,系统弹出"属性"对话框,在"材料"→"单位"标签中修改单位或转换单位。

图 4 - 2 "新建"对话框   图 4 - 3 "新文件选项"对话框

5. 进入三维界面

系统进入三维零件设计界面后,会自动建立 3 个基准平面(RIGHT、TOP、FRONT)和 1 个基准坐标系(PRT_CSYS_DEF),如图 4 - 4 所示。

4.1.2 创建拉伸特征

下面通过图 4 - 5 所示的实例来介绍拉伸特征的创建方法。

1. 进入拉伸特征创建环境

可单击工具栏上的 ⬜,或单击"插入"→"拉伸",打开拉伸控制面板,如图 4 - 6 所示。

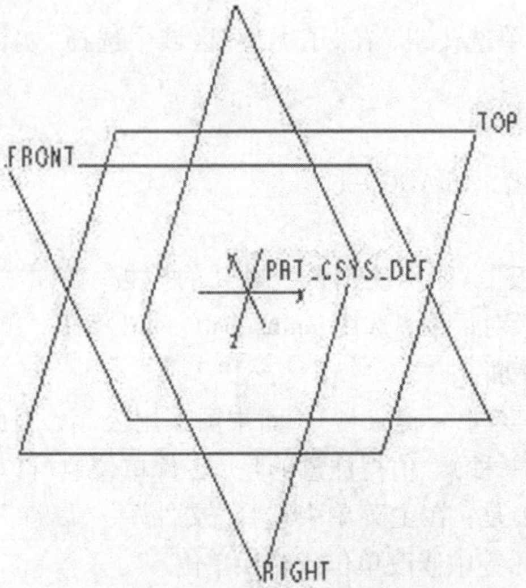

图4-4 基准平面和坐标系

图4-5 拉伸实例

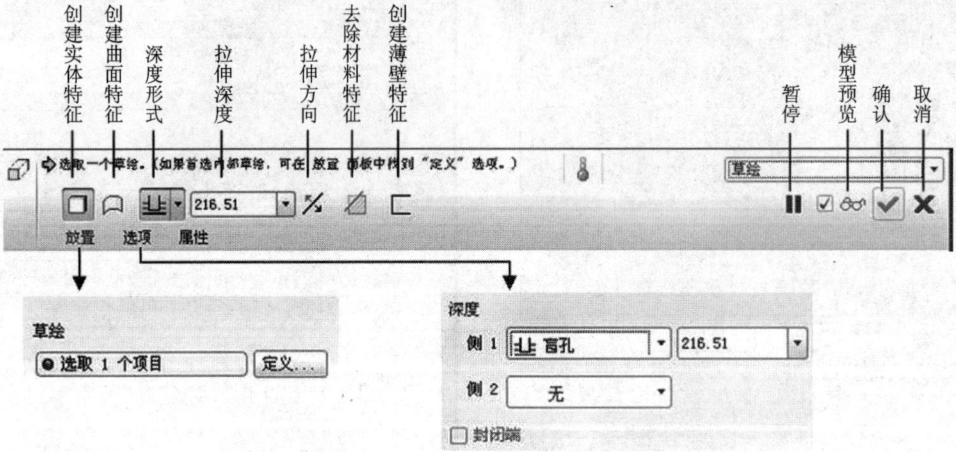

图4-6 "拉伸"控制面板

"拉伸"控制面板包括以下元素。

(1)公共"拉伸"选项。

- ☐：创建实体特征。

- ☐：创建曲面特征。

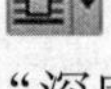

- ⊥▼"深度"选项：约束特征的深度形式。

- "深度"框和"参照"收集器：指定由深度尺寸所控制的拉伸的深度值。如果需要深度参照，文本框将起到收集器的作用，并列出参照摘要。

- ☒：相对于草绘平面反转特征创建方向。

(2)用于创建切口的选项。

68

- ▱：使用拉伸体积块创建切口。
- ▨：创建切口时改变要移除的侧。

（3）和"加厚草绘"选项一同使用的选项。

- ☐：通过为截面轮廓指定厚度创建特征。
- ▨：改变添加厚度的一侧，或向两侧添加厚度
- "厚度"框：指定应用于截面轮廓的厚度值。

（4）用于创建"曲面修剪"的选项。

- ▱：使用投影截面修剪曲面。
- ▨：改变要被移除的面组两侧，或保留两侧。

2. 确定模型类型

在控制面板中单击☐按钮，创建实体模型（系统默认）。

3. 选取草绘平面和参照平面

在绘图区长按鼠标右键后弹出快捷菜单，如图 4 - 7 所示，在快捷菜单中选择"定义内部草绘"命令；或单击"拉伸"控制面板中的"放置"按钮，系统弹出"放置"面板，在面板中单击"定义"按钮，如图 4 - 8 所示；系统弹出如图 4 - 9 所示的"草绘"对话框。选择"FRONT"为草绘平面（可在绘图区直接选择，也可在模型树中选择），系统自动指定 RIGHT 平面为参照平面，且方向为"右"，如图 4 - 10 所示。单击"草绘"按钮，进入草绘模式。

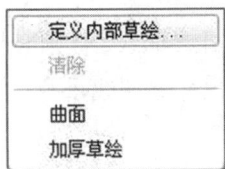

图 4 - 7　右键快捷菜单　　图 4 - 8　"放置"面板　　图 4 - 9　"草绘"对话框

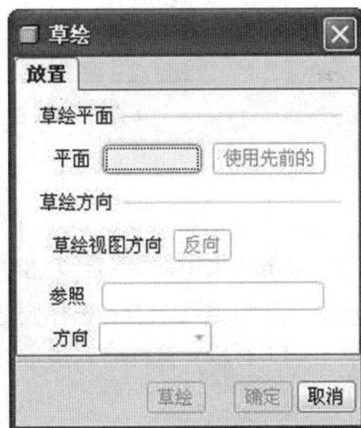

4. 草绘截面

绘制如图 4 - 11 所示的截面草图。单击调色板按钮⊙，系统弹出"草绘器调色板"对话框，在对话框中选择"多边形"选项卡，双击"六边形"选项；在绘图区单击六边形的放置位置，系统弹出"移动和调整大小"对话框，在缩放文本框中输入缩放倍数 30，控制六边形边长，在对话框中单击确定按钮✓，关闭"草绘器调色板"对话框，如图 4 - 12 所示。

69

1. 选取FRONT
平面为草绘平面

FRONT   TOP

PRT_CSYS_DEF

RIGHT

2. 系统默认RIGHT为参照平面

图 4 – 10　选取草绘平面

50.00

图 4 – 11　拉伸截面草图

1.单击调色板

2.双击六边形

6.点击关闭调色板

3.在绘图图
放置六边形

4.输入缩放倍数

5.点击关闭对话框

图 4 – 12　绘制截面

单击约束中的"重合"功能按钮 ⊙，选择构建圆的圆心，选择水平尺寸参照线，让圆心与水平尺寸参照线重合；选择圆心，选择竖直尺寸参照线，让圆心与竖直尺寸参照线重合，如图 4 – 13 所示。这样将六边形约束在图形的中心。

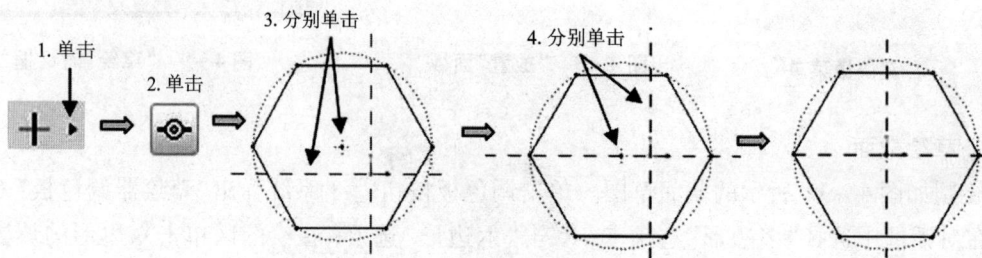

1. 单击   3.分别单击   4. 分别单击

2. 单击

图 4 – 13　约束截面

70

5. 其他选项设置

在控制面板中选择拉伸深度选项 ![icon]，并设置拉伸深度为 50，单击 ![icon] 按钮调整生成拉伸实体的方向。

6. 预览拉伸特征

单击预览按钮 ![icon]，可观察生成的拉伸特征。

7. 完成特征

单击"拉伸"控制面板中的完成按钮 ![icon]，完成拉伸特征的创建。

4.1.3　草绘平面及参照平面的设置

1. 草绘平面及其设置

草绘平面就是用来绘制草绘截面的平面，三维特征可以看作是一个二维截面以特定的运动方式运动得到轨迹而形成的。因此，在进行三维特征设计时需要根据实际情况选择合适的草绘平面进行二维草绘。通常选择草绘平面的方式有以下几种：

（1）选取基准平面作为草绘平面

在创建第一个特征时往往需要选择系统提供的三个相互垂直的基准平面之一作为草绘平面。

（2）选取已有特征上的平面作为草绘平面

如果在某个基础特征上创建新特征，可以根据需要选择原有特征的平面作为草绘平面，如图 4 - 14 所示。

（3）新建基准平面作为草绘平面

有时系统默认的基准平面和特

图 4 - 14　选取特征表面作为草绘平面

征上的平面都不适合作为草绘平面，这就需要新建合适的基准平面，如图 4 - 15 所示。

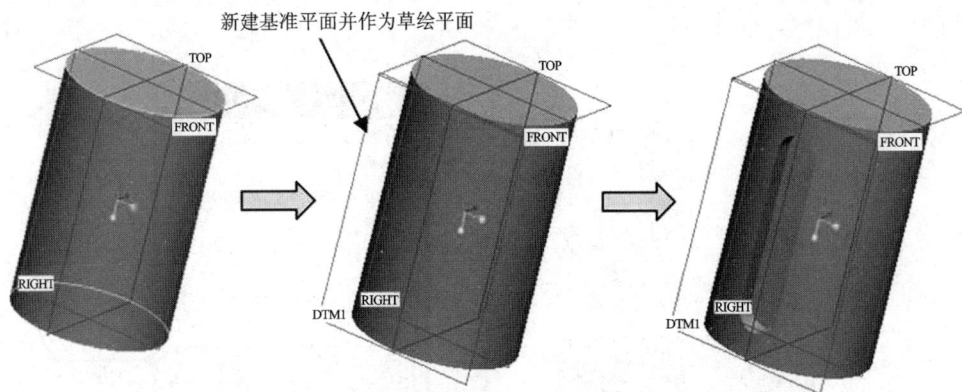

图 4 - 15　以新建基准平面作为草绘平面

2. 参照平面及其设置

完成草绘平面的设置后，系统将草绘平面调整到与屏幕平行的状态。为了确定草绘平面的放置位置，系统引入参照平面作为确定草绘平面放置位置的参考。

（1）参照平面的基本要求

参照平面必须为平面，并且必须与草绘平面垂直。

（2）参照平面的设置

设定草绘平面及参照平面时，系统会弹出如图4－9所示的"草绘"对话框。设计者选取草绘平面后，系统会自动选取参照平面，并指定参照平面的方向，如图4－10所示。若系统选取的参照平面不符合设计者的意图，可对其进行修改，方法如下：在"草绘"对话框中的"参照"选项框中选中已选取的参照平面，单击右键，弹出快捷菜单，选择快捷菜单中的"移除"选项，如图4－16所示，可移除已选取的参照平面，随后可选取符合需要的参照平面。

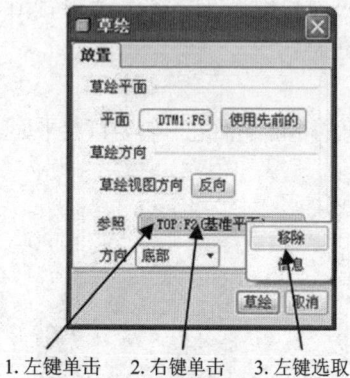

图4－16　移除已有的参照平面

图4－17　草绘平面和参照平面的选择

参照平面的方向决定了草绘平面的方位，参照平面有4种方向可供选择，分别为：顶、底部、左、右。其含义可通过以下实例说明。如图4－17所示，以模型上表面作为草绘平面，模型侧面作为参照平面。选择不同的参照方向时，草绘平面有不同的方位，如图4－18～图4－21所示。

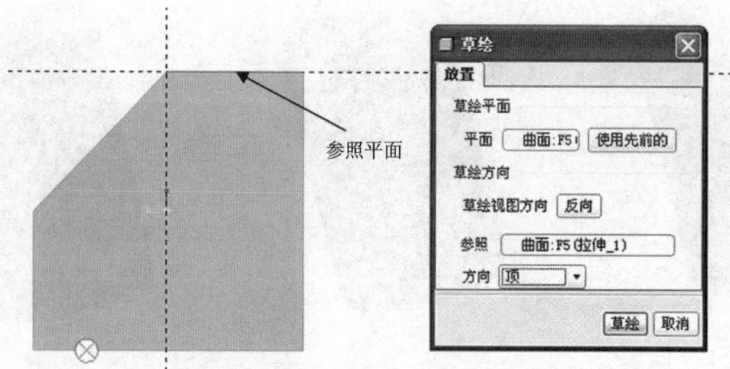

图4－18　参照平面方向为顶

72

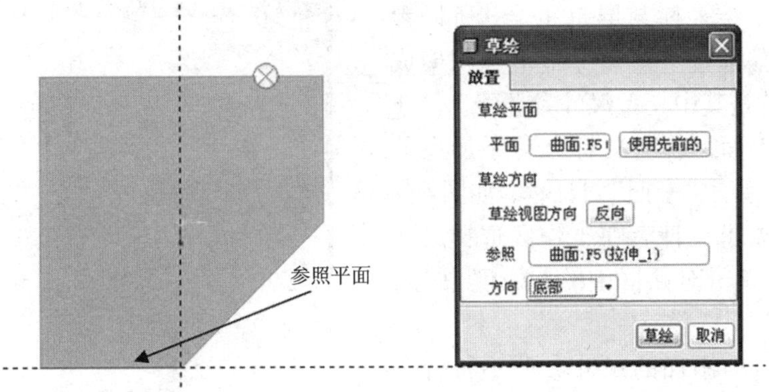

图 4 – 19　参照平面方向为底部

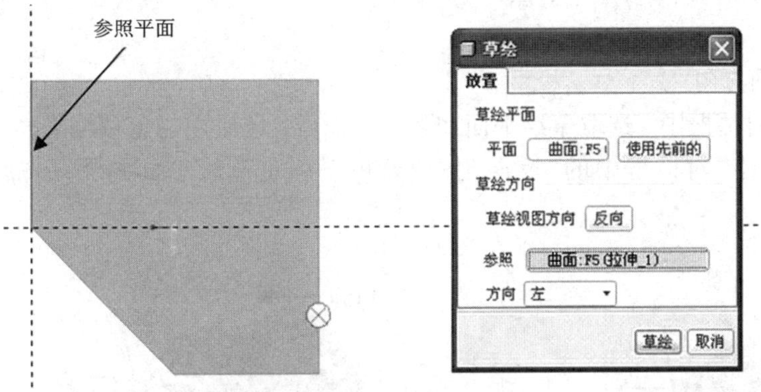

图 4 – 20　参照平面方向为左

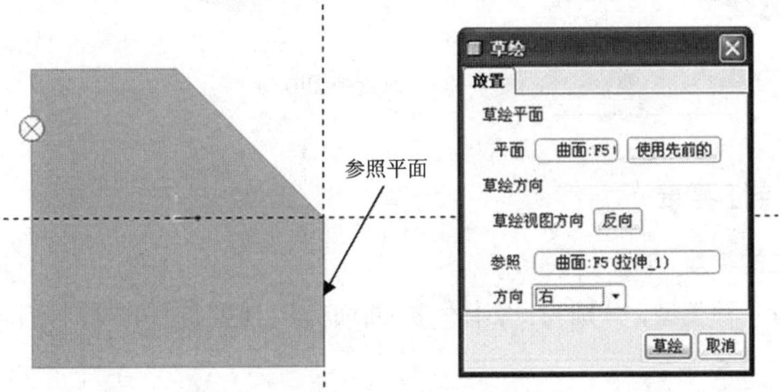

图 4 – 21　参照平面方向为右

3. 尺寸参照

尺寸参照是标注尺寸的基准,可以是平面、中心线、边等,系统允许有多个尺寸参照,一般情况下有两个方向上的尺寸参照,通常情况下进入草绘界面时系统会自动选定两个相互垂直的尺寸参照(即草绘界面中两条相互垂直的虚线)。

因为参照平面要垂直于草绘平面，而且二维草绘时的草绘平面与屏幕重合，所以参照平面也与屏幕垂直。其在屏幕上会积聚成一条直线，也就是其中一条尺寸参照线。

进入草绘界面，系统没有自动添加尺寸参照时，系统会弹出"参照"对话框，如图4-22所示。这就要求设计者在工作区选择尺寸参照，选取后，单击对话框中的"关闭"按钮，进入草绘界面。

如果系统自动添加的尺寸参照不符合要求，可以重新设置：单击主菜单"草绘"→"参照"，系统弹出如图4-22所示的对话框；在对话框内删除不需要的参照后，重新选取合适的参照即可。

图4-22 "参照"对话框

4. 草绘视图方向

在"草绘"对话框中，选取草绘平面和参照平面后，还必须指定草绘平面的哪一侧指向设计者。单击"草绘"对话框中的"反向"按钮就可以确定草绘平面的哪一侧指向设计者，如图4-23所示。

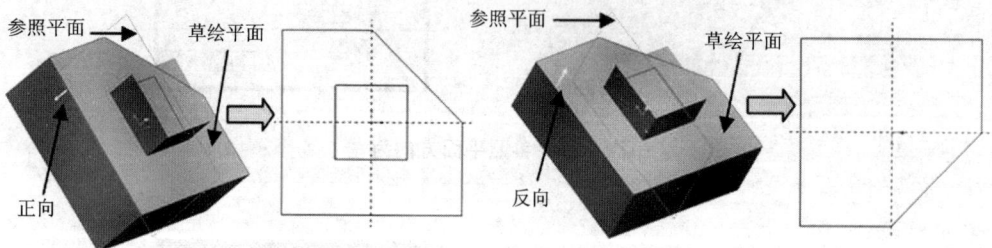

图4-23 草绘视图方向

4.1.4 拉伸特征要素

1. 拉伸特征的类型

拉伸特征有4种类型，分别为：实体、曲面、薄壁和去除材料，如图4-24所示。

2. 拉伸深度

拉伸特征需要指定拉伸深度，也就是指定拉伸到什么地方为止。若无任何实体特征存在时，有3种拉伸深度选项；若存在实体特征时，有6种选项，各选项含义如下。

- 盲孔：通过输入数值确定拉伸深度。
- 对称：以草绘平面为基准，向两侧对称拉伸，通过输入数值确定拉伸总长度。
- 到下一个：拉伸至下一曲面（不包括基准面）。

74

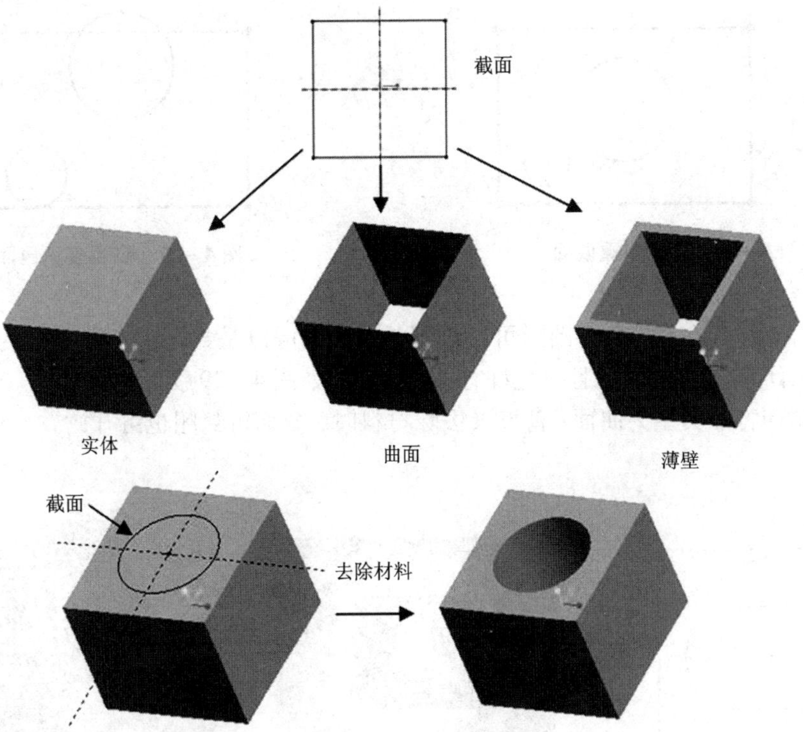

图 4 - 24 拉伸特征类型

- 穿透 ![icon]: 沿拉伸方向与所有曲面(平面)相交。
- 穿至 ![icon]: 拉伸至与所选的曲面相交。
- 到选定 ![icon]: 拉伸至指定的点、曲线、平面或曲面。

3. 拉伸截面

(1)首次拉伸实体时,截面必须是封闭的,即不能有开口、重线及出头。图 4 - 25 所示为错误截面。

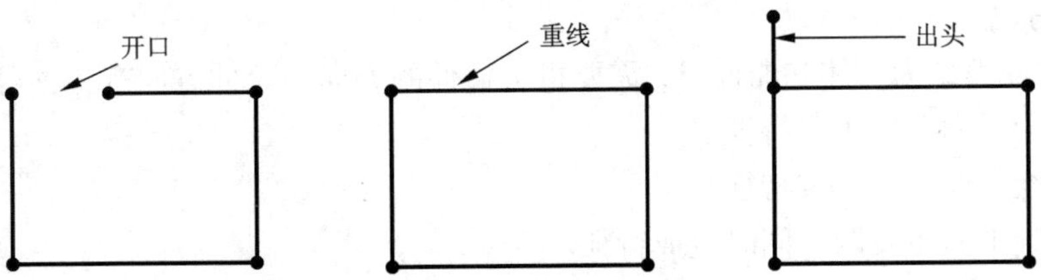

图 4 - 25 错误拉伸截面

(2)拉伸截面可以有多个封闭图形,但封闭图形之间不能相交或相切,如图 4 - 26、图 4 - 27 所示。当多个封闭截面相互嵌套时,从外到内按"实—空—实"的原则形成实体,如图 4 - 28 所示。

图 4-26　正确多重截面　　　　　　　　　图 4-27　错误多重截面

（3）已有实体存在时，截面图形可以是开放的，也可以是封闭的。但此时的开放截面必须与实体表面形成封闭空间，且只允许有一个截面，如图 4-29 所示。

（4）当拉伸特征类型为曲面、薄壁及去除材料时，截面可封闭也可开放。

图 4-28　多重截面生成实体　　　　　　图 4-29　开放截面与实体
边线形成封闭空间

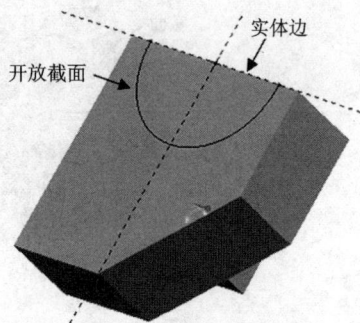

（5）当截面绘制完成后，单击右侧工具栏中的✔按钮，继续后续的操作。若此时系统弹出"未完成截面"对话框，如图 4-30 所示，则说明所绘制的截面不符合拉伸的要求，同时系统将截面中不符合要求的图元及其端点以红色加亮显示。设计者应根据提示对图形进行仔细检查，修改完成后再单击✔按钮。

4. 拉伸方向

（1）当拉伸类型为实体和曲面时，需要指定拉伸的方向。拉伸方向有 3 种可供选择。

- 向草绘平面正向生成特征。
- 向草绘平面反向生成特征。
- 向草绘平面正反两侧同时生成特征。

系统默认沿草绘平面的正向生成特征，若要修改特征生成方向，可在图形中点击拉伸方向箭头，如图 4-31 所示；或点击"拉伸"控制面板中的拉伸方向按钮 ╱。

2）当拉伸类型为去除材料和薄壁时，不仅要指定拉伸方向还需要指定特征草绘侧方向（即生成的特征是在草绘截面的内侧还是外侧）。草绘侧方向的指定方式与拉伸方向的指定方式类似。

76

图 4-30 "未完成截面"对话框

图 4-31 拉伸方向箭头

5. 拉伸特征创建流程

选择主菜单中的"插入"→"拉伸"→定义拉伸类型→定义内部草绘→确定草绘平面→确定参照平面→草绘截面→定义拉伸深度→特征创建结束。

4.1.5 拉伸特征应用实例

利用拉伸特征创建如图 4-32 所示的支座模型。创建过程如图 4-33 所示。

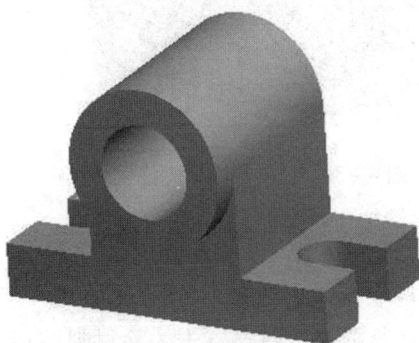

图 4-32 拉伸实例模型

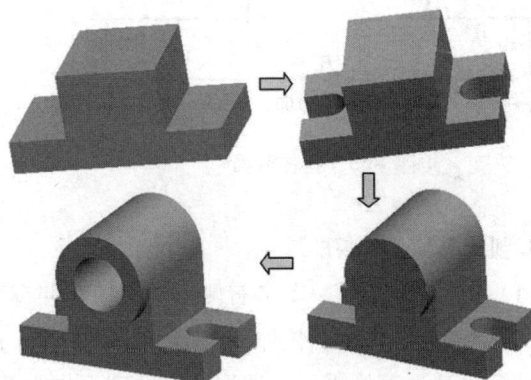

图 4-33 模型创建过程

1. 建立新文件

新建一个文件,将文件命名为"ZHIZUO"。

2. 创建基底

(1)选择拉伸工具。单击右侧工具栏的拉伸按钮 ⬜,选取拉伸工具。如图 4-34 所示。

(2)选取草绘平面。选取 FRONT 基准面作为草绘平面,选取过程如图 4-34 所示。

(3)绘制截面。首先绘制两条中心线,然后绘制如图 4-35 所示的截面。

(4)完成拉伸实体。绘制完如图 4-35 所示的拉伸截面后,单击右侧工具栏 ✓ 按钮,系统返回拉伸特征控制面板。设置拉伸深度方式为对称 ⬜,拉伸深度为 30,单击控制面板 ✓ 按钮,完成拉伸特征的创建,如图 4-36 所示。

1.单击放置

2.定义草绘

3.选择FRONT平面作为草绘平面

4.选择RIGHT平面作为参照平面

图 4 – 34 拉伸选取草绘平面

图 4 – 35 拉伸截面

图 4 – 36 拉伸成实体特征

3. 创建基底 U 型孔

（1）选择拉伸工具。单击右侧工具栏的拉伸按钮 ，选取拉伸工具。

（2）选取草绘平面。拉伸 U 型孔为去除材料，在选取草绘平面前需要点击去除材料按钮 ，然后再选取草绘平面。选取基底的底面作为草绘平面，设置 FRONT 基准面作为参照平面。选取过程如图 4 – 37 所示。

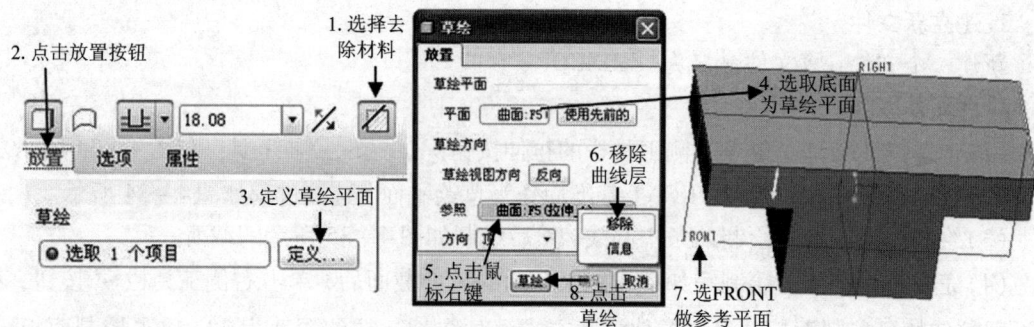

1.选择去除材料

2.点击放置按钮

3.定义草绘平面

4.选取底面为草绘平面

5.点击鼠标右键

6.移除曲线层

7.选FRONT做参考平面

8.点击草绘

图 4 – 37 选取草绘平面

（3）绘制截面。首先绘制两条中心线，然后绘制如图 4 - 38 所示的截面。

（4）完成拉伸实体。绘制完如图 4 - 38 所示的截面后，单击右侧工具栏 ✔ 按钮，系统返回拉伸特征工具控制面板。设置拉伸深度方式为指定拉伸深度 ⯒，拉伸深度为 9，单击控制面板 ✔ 按钮，完成拉伸特征的创建，如图 4 - 39 所示。

图 4 - 38　草绘截面　　　　　　　　图 4 - 39　拉伸特征

4. 创建圆柱凸台

（1）选择拉伸工具。单击右侧工具栏的拉伸按钮 ⬚，选取拉伸工具。

（2）选取草绘平面。选取基底的侧面作为草绘平面，选取过程如图 4 - 40 所示。

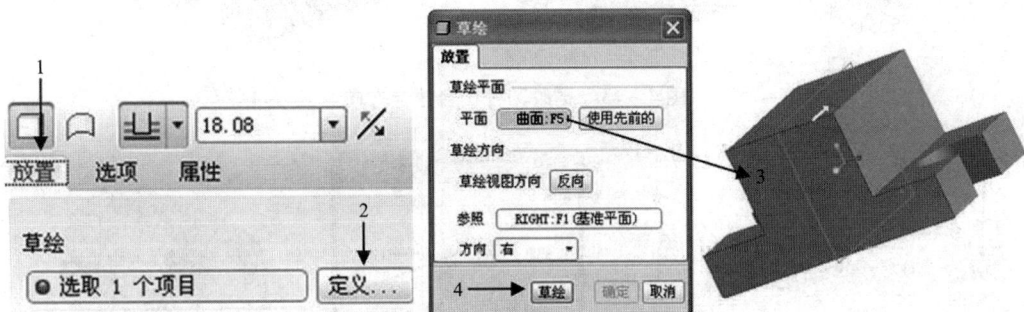

图 4 - 40　选取草绘平面

（3）绘制截面。绘制如图 4 - 41 所示的圆截面。

（4）完成拉伸。绘制完如图 4 - 41 所示截面后，单击右侧工具栏 ✔ 按钮，系统返回拉伸特征工具控制面板。设置拉伸深度方式为指定拉伸深度 ⯒。拉伸深度为 35，单击控制面板 ✔ 按钮，完成拉伸特征的创建，如图 4 - 42 所示。

生成此圆柱凸台时，系统默认拉伸方向与实际特征方向相反，在完成拉伸前需要改变拉伸方向，然后再点击完成按钮 ✔，如图 4 - 43 所示。

5. 创建凸台圆孔

（1）选择拉伸工具。单击右侧工具栏的拉伸按钮 ⬚，选取拉伸工具。

（2）选取草绘平面。拉伸凸台圆孔为去除材料，在选取草绘平面前需要先选择去除材料

按钮 ，再选取草绘平面。选取圆柱凸台的侧面作为草绘平面，选取过程如图 4 - 44 所示。

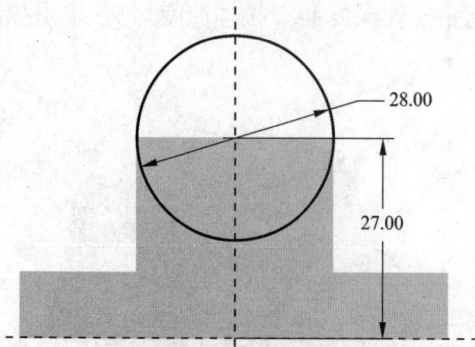

图 4 - 41　草绘截面

图 4 - 42　拉伸实体特征

图 4 - 43　更改圆柱凸台拉伸方向

图 4 - 44　选取草绘平面

（3）绘制截面。绘制如图 4 - 45 所示的圆截面。

（4）完成拉伸。绘制完如图 4 - 45 所示的截面后，单击右侧工具栏 按钮，系统返回拉伸特征工具控制面板。设置拉伸深度方式为指定拉伸深度 ，拉伸深度为 35，单击控制面板 按钮，完成拉伸特征的创建，如图 4 - 46 所示。

生成此圆柱凸台孔时，系统默认拉伸方向与实际特征方向相反，在完成拉伸前需要改变拉伸方向，然后再点击完成按钮 ，如图 4 - 47 所示。

80

图 4 – 45　绘制圆截面

图 4 – 46　拉伸实体

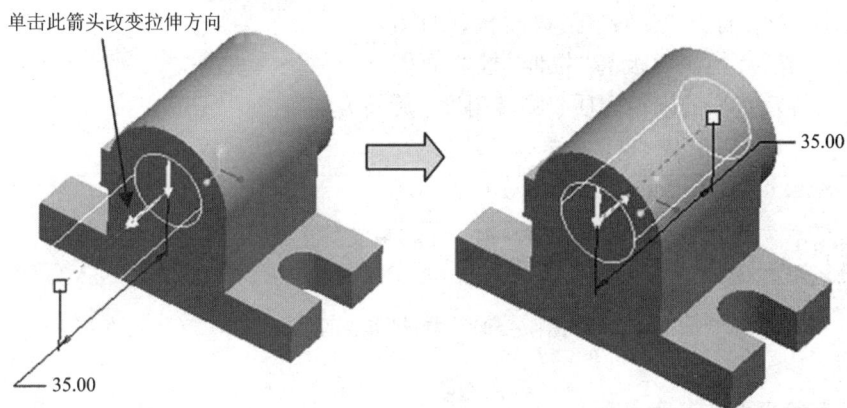

图 4 – 47　更改圆柱凸台孔拉伸方向

4.2　旋转特征

旋转特征是让某一截面绕一根旋转中心线旋转一定角度而成的特征，如图 4 – 48 所示。旋转特征与拉伸特征一样可以创建出实体、曲面、去除材料和薄壁四种三维模型。其主要用于构建回转体零件。

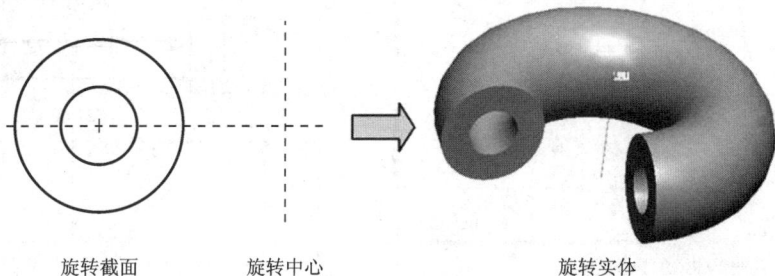

旋转截面　　　　旋转中心　　　　　旋转实体

图 4 – 48　旋转特征

4.2.1 创建旋转特征

下面通过如图 4-49 所示的实例介绍旋转特征的建立方法。

1. 建立新文件

单击"新建"图标，在打开的"新建"对话框中选中"零件"按钮，输入文件名，取消选中"使用缺省模板"复选框。单击"确定"按钮，在打开的"新文件选项"对话框中，选用 mmns_part_solid 模板。单击"确定"按钮，系统进入零件设计界面。

2. 进入旋转特征创建环境

单击特征工具栏上的 ◈，或在主菜单栏选择"插入"→"旋转"，打开"旋转"控制面板，如图 4-50 所示。"旋转"控制面板与"拉伸"控制面板相似，可定义旋转特征的旋转性质、旋转角度、旋转方向等。

图 4-49 旋转模型

图 4-50 "旋转"控制面板

3. 选取草绘平面和参照平面

单击控制面板中的"放置"→"定义"按钮，系统弹出"草绘"对话框，选取 FRONT 为草绘平面，系统自动选择 RIGHT 作为参照平面，如图 4-51 所示。单击"草绘"按钮，进入草绘模式。

4. 绘制截面

绘制如图 4-52 所示的截面草图。绘制截面时应首先使用中心线按钮 ⋮ 绘制中心线，作为旋转轴线。绘制完成后，单击右侧工具栏中的完成按钮 ✔，返回"旋转"控制面板。

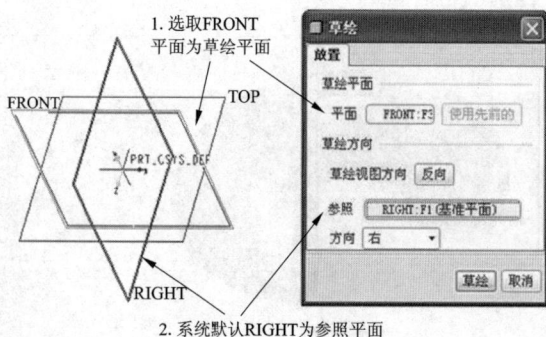

图 4-51 选取草绘平面

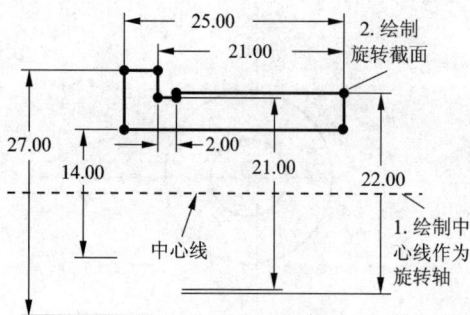

图 4-52 草绘旋转截面

5.设置其他选项

在"旋转"控制面板中选择旋转类型为实体▢，设置旋转角度为360°。

6.完成特征

单击"旋转"控制面板中的✔按钮，完成旋转实体的创建。

4.2.2 旋转特征要素

1.旋转特征的中心线

在创建旋转特征时，必须要制定旋转轴，旋转轴的制定方法有以下两种：

（1）在草绘截面上绘制中心线作为旋转轴，如图4-52所示。这时围绕中心线旋转的截面只能绘制在中心线的一侧，若在草绘时绘制的中心线多于一条，系统将自动选择第一条中心线作为旋转轴。也可将其他中心线设为旋转轴：选取中心线后单击鼠标右键，在弹出的快捷菜单中选择"旋转轴"命令，则此中心线被设为旋转轴。

（2）草绘截面时不绘制中心线，而是在控制面板中选取基准轴或特征上的直边作为旋转轴，如图4-53所示。注意，此时选取的基准轴或直边必须与草绘截面在同一平面内。

图4-53 用特征上的直边作为旋转轴

2.旋转特征的截面

（1）在实体特征中，旋转截面必须是封闭的。如果旋转特征为曲面或薄壁时，则截面可以是封闭也可以是开放的，如图4-54所示。

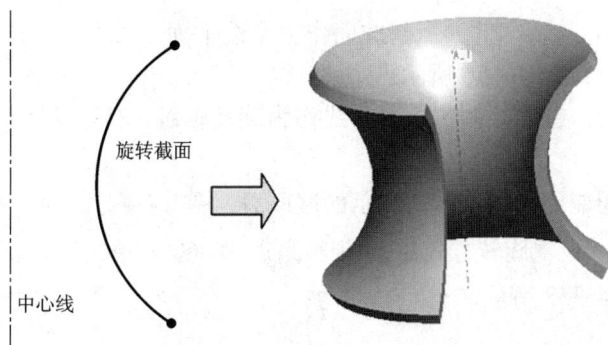

图4-54 薄壁旋转特征

（2）旋转截面既可为单重封闭截面，也可为多重封闭截面，但截面间不能相交或相切。

（3）截面必须位于旋转轴线的一侧，不允许跨在旋转轴两侧。

3. 旋转特征的角度定义

指定旋转特征角度的各选项的含义如下。

- ⊥：在角度文本框中输入角度值，来定义旋转特征。
- ⊟：草绘平面两侧分别旋转角度值的一半。
- ⊥：旋转至指定的点、平面或曲面。

4.2.3 旋转特征应用实例

利用旋转特征创建如图 4 – 55 所示的三通管模型。

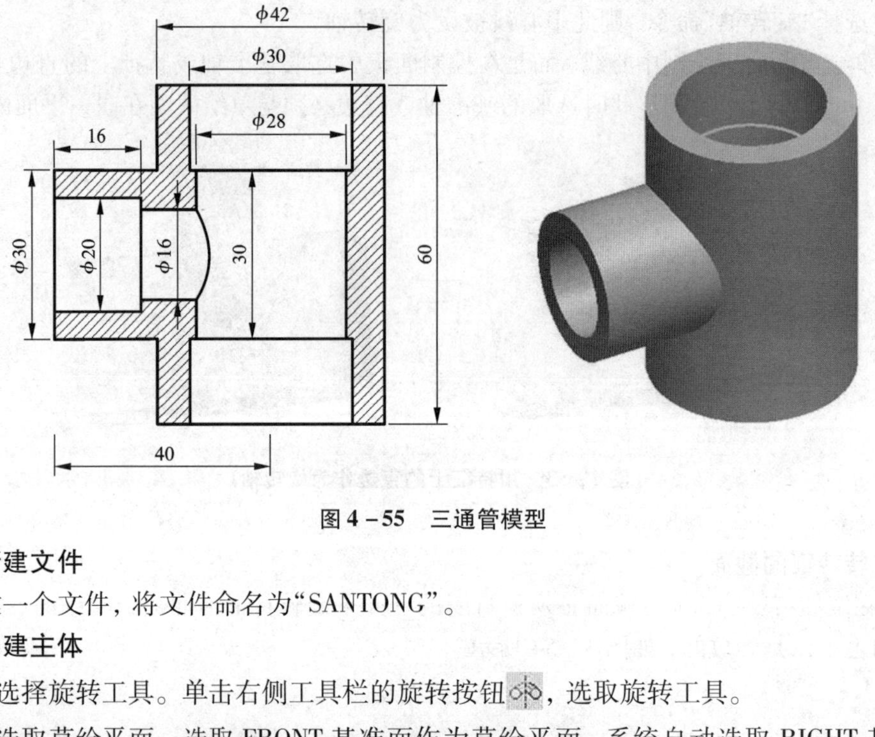

图 4 – 55　三通管模型

1. 新建文件

新建一个文件，将文件命名为"SANTONG"。

2. 创建主体

（1）选择旋转工具。单击右侧工具栏的旋转按钮 ⊙，选取旋转工具。

（2）选取草绘平面。选取 FRONT 基准面作为草绘平面，系统自动选取 RIGHT 基准面作为参照平面，选取过程如图 4 – 56 所示。

（3）绘制旋转截面。首先绘制一条中心线作为旋转轴线，然后绘制如图 4 – 57 所示的旋转截面。

（4）完成旋转。绘制完如图 4 – 57 所示的截面后，单击右侧工具栏 ✔ 按钮，系统返回旋转特征工具控制面板。设置旋转方式为 ⊥ 旋转角度为 360°，单击控制面板 ✔ 按钮，完成旋转特征的创建，如图 4 – 58 所示。

3. 创建侧部

（1）创建草绘平面。单击右侧工具栏的基准平面按钮 ▱，选取基准平面工具。系统弹出基准平面对话框，在模型树中选择 FRONT 基准面作为参照平面，设定新基准面与 FRONT 平面间

84

的平移值 40，单击对话框中的"确定"按钮完成新基准面 DTM1 的创建。操作过程如图 4 – 59 所示。

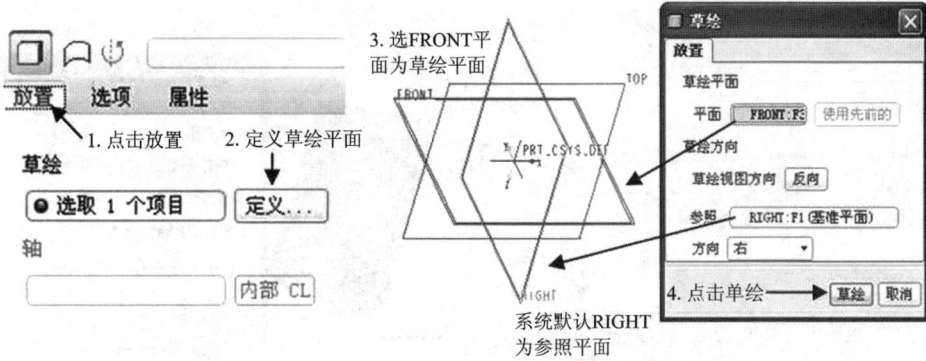

图 4 – 56　选取草绘平面

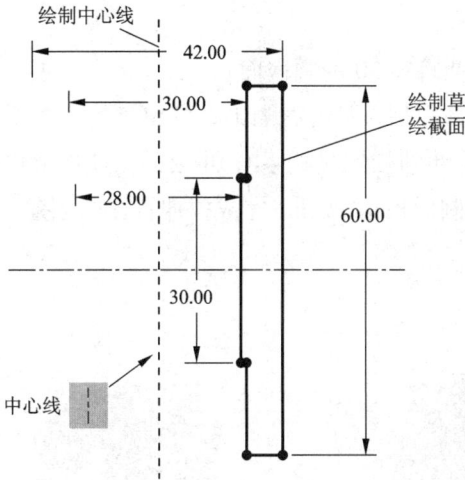

图 4 – 57　旋转截面

图 4 – 58　旋转主体结构

图 4 – 59　创建新基准面

（2）选择拉伸工具。单击右侧工具栏的拉伸按钮 ，选取拉伸工具。

（3）选择草绘平面。选择新创建的 DTM1 基准面作为草绘平面，如图 4 - 60 所示。

图 4 - 60 选取草绘平面

（4）绘制拉伸截面。绘制如图 4 - 61 所示的拉伸直径 30 的圆截面。

（5）完成拉伸特征。绘制完如图 4 - 61 所示的截面后，单击右侧工具栏 ✔ 按钮，系统返回拉伸特征工具控制面板。设置拉伸深度方式为拉伸到指定平面 ⏚，并选择主体部分的圆柱面作为拉伸的终止面，如图 4 - 62 所示。单击控制面板 ✔ 按钮，完成拉伸特征的创建，如图 4 - 63 所示。

图 4 - 61 拉伸截面

图 4 - 62 拉伸终止面

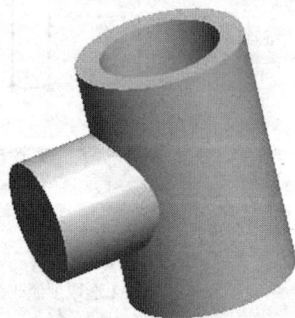

图 4 - 63 完成拉伸特征

4. 创建侧面台阶孔

（1）选择旋转工具。单击右侧工具栏的旋转按钮 ，选取旋转工具。

（2）选取草绘平面。选取 RIGHT 基准面作为草绘平面，系统自动选取 TOP 基准面作为参照平面，选取过程如图 4 - 64 所示。

（3）绘制旋转截面。绘制如图 4 - 65 所示的旋转截面前先绘制一条中心线作为旋转轴线。

(4)完成旋转特征。绘制完如图 4 - 65 所示的截面后，单击右侧工具栏 ✔ 按钮，系统返回旋转特征工具控制面板。设置旋转方式为 ⬜ 旋转角度为 360°。按下去除材料按钮 ◿，单击控制面板 ✔ 按钮，完成旋转特征的创建，如图 4 - 66 所示。

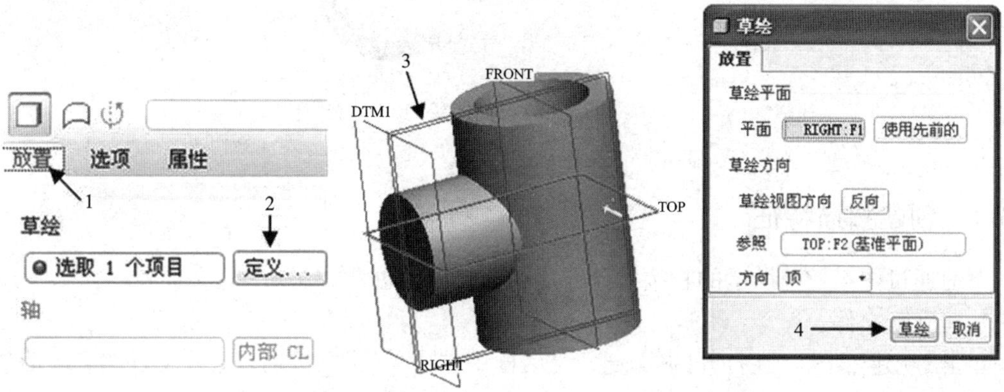

图 4 - 64 选取草绘平面

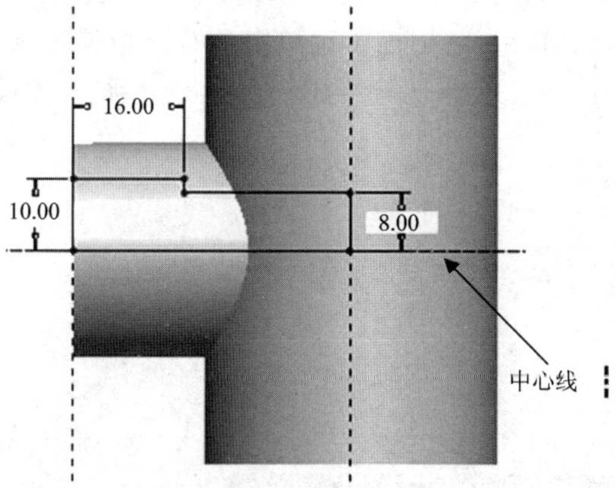

图 4 - 65 旋转截面

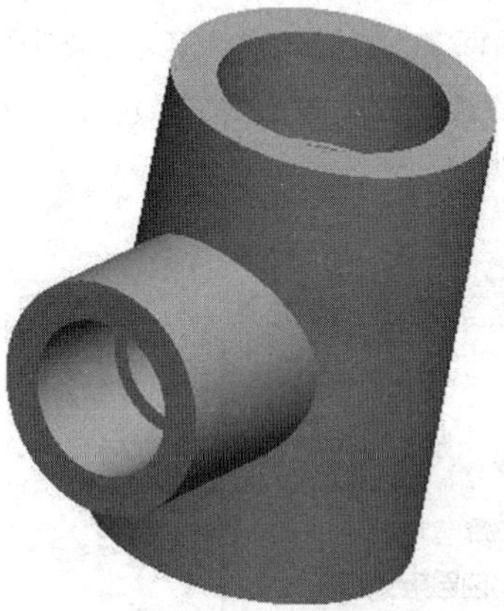

图 4 - 66 三通管模型

4.3 扫描特征

扫描特征是将绘制的截面沿着一定轨迹扫描后所形成的特征。扫描特征可以构建实体、曲面、薄壁等结构。

创建扫描特征需要两个基本要素：扫描轨迹和扫描截面。将扫描截面沿扫描轨迹扫描后，即可得到扫描特征。扫描特征中的横截面与扫描截面完全相同，特征的外轮廓与扫描轨迹一致，如图 4 - 67 所示。

图 4 - 67 扫描实例

4.3.1 创建扫描特征

下面通过图 4 - 67 所示的扫描实例介绍扫描特征的创建方法。

1. 建立新文件

单击"新建"图标,在打开的"新建"对话框中选中"零件"按钮,输入文件名,取消选中"使用缺省模板"复选框;单击"确定"按钮,在打开的"新文件选项"对话框中,选用 mmns_part_solid 模板,单击"确定"按钮,系统进入零件设计界面。

2. 进入扫描特征创建环境

选择主菜单"插入"→"扫描"→"伸出项"命令,如图 4 - 68 所示,系统弹出"伸出项:扫描"对话框和"扫描轨迹"菜单,如图 4 - 69 所示。另外,在扫描子菜单中还有薄板伸出项、切口、薄板切口、曲面等选项,分别建立薄板扫描特征、实体切除特征、薄板切除特征和曲面扫描等特征。

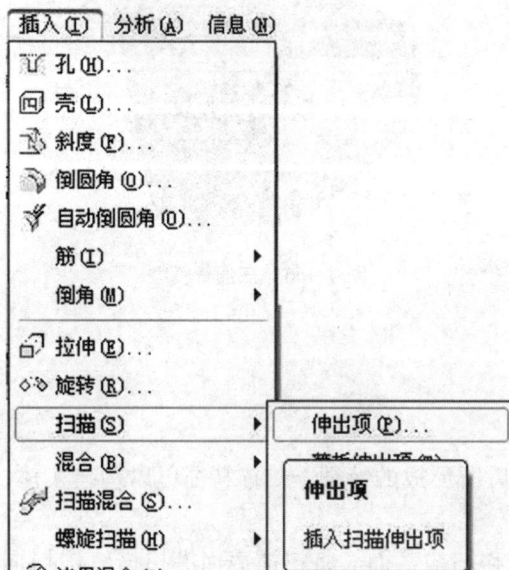

图 4 - 68 选取扫描命令

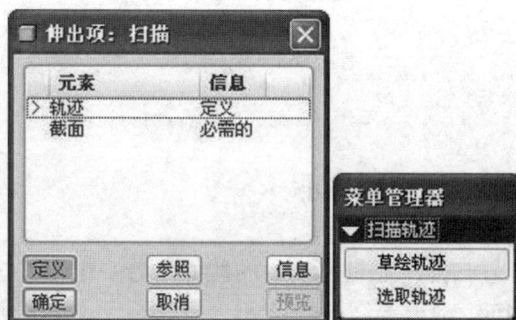

图 4 - 69 "伸出项:扫描"对话框和扫描轨迹菜单管理器

88

3. 选取草绘平面

在"扫描轨迹"菜单中选择"草绘轨迹"命令，系统弹出"设置草绘平面"菜单；接受系统默认的"新设置"→"平面"命令。在绘图区选择基准面 FRONT 为草绘平面，在弹出的"方向"菜单中选择"确定"命令，在弹出的"草绘视图"菜单中选择"缺省"命令；系统进入草绘界面，如图 4 – 70 所示。

图 4 – 70 设置草绘平面菜单

4. 绘制扫描轨迹

使用样条曲线绘制如图 4 – 71 所示的图形，单击右侧工具栏的完成 ✔ 按钮，完成扫描轨迹绘制。

5. 绘制扫描截面

此时系统会自动转至与扫描轨迹垂直的面作为截面的绘图面，且显示以扫描轨迹起点为原点的十字线。以十字线为基准，绘制如图 4 – 72 所示的扫描截面，单击 ✔ 按钮，完成截面的绘制。

6. 完成扫描特征

在"伸出项：扫描"对话框中单击"确定"按钮，生成的扫描特征实体如图 4 – 67 所示。

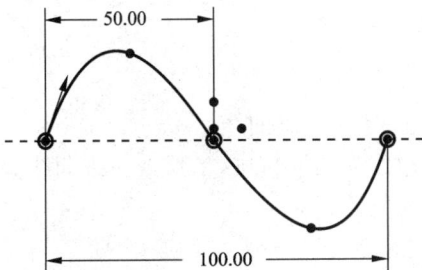

图 4 – 71 扫描轨迹

图 4 – 72 扫描截面

4.3.2 扫描特征要素

1. 扫描特征的属性

(1)端点属性

如果在一个已经存在的实体特征上创建扫描实体特征,同时扫描轨迹线为开放曲线,且轨迹与实体相接触,系统会弹出如图4-73所示的"端点属性"菜单。在菜单中可以设置扫描实体特征与已经存在的实体特征的连接方式。"端点属性"菜单有两个选项。

- 合并端:新建扫描实体特征与原有实体特征相接后,两者自然整合,光滑连接。
- 自由端:新建扫描实体特征与原有实体特征相接后,两者保持自然状态,互不融合。

端点属性实例如图4-74所示。

图4-73 "端点属性"菜单

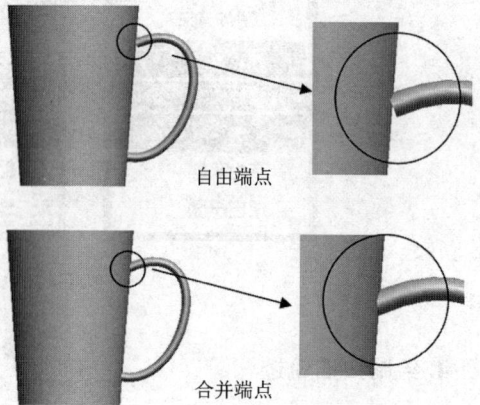

图4-74 端点属性实例

(2)内部属性

如果扫描轨迹线为闭合曲线,则需要在如图4-75所示的"内部属性"菜单中设置扫描内部属性。"内部属性"菜单有两个选项。

- 添加内表面:草绘截面沿轨迹线产生实体特征后,自动补足上、下表面,形成闭合结构,但此时要求使用开放型截面。
- 无内表面:草绘截面沿轨迹线产生实体特征后,不会补足上、下表面,但此时要求使用闭合截面。内部属性实例如图4-76所示。

2. 扫描轨迹

扫描轨迹的建立方式有两种。

- 草绘轨迹:选择草绘平面,在其上绘制轨迹曲线(二维曲线)。
- 选取轨迹:选择已存在的曲线或实体上的边作为扫描轨迹(二维或三维曲线)。

创建扫描轨迹时应注意以下两点:

- 扫描轨迹与自身不能相交。
- 扫描轨迹中的圆弧或样条曲线的半径应与扫描截面的大小相适应,不能过小,否则可能出现干涉而使创建特征失败。

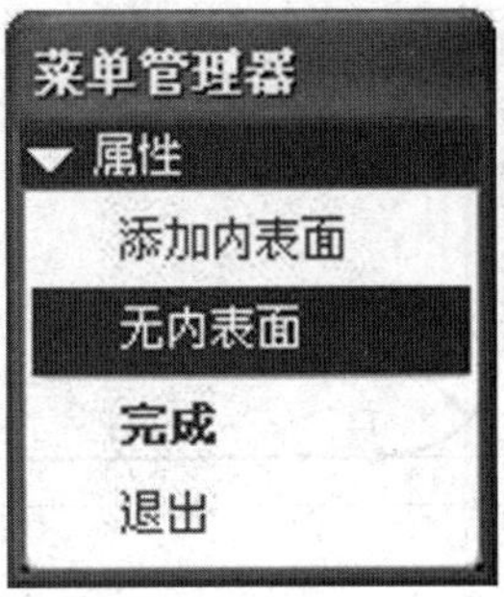

图 4 - 75 "内部属性"菜单

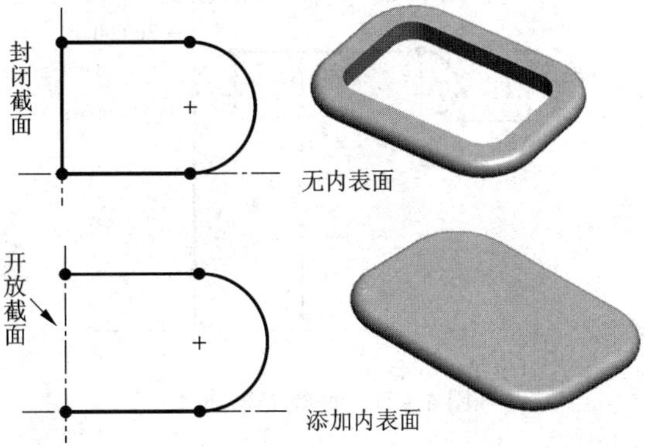

图 4 - 76 内部属性实例

3. 扫描截面

- 扫描截面的绘制平面过扫描起点且垂直于扫描轨迹线。
- 扫描截面可以是开放的也可以是封闭的。

4.3.3 扫描特征应用实例

使用扫描特征创建如图 4 - 77 所示的油管,创建过程如图 4 - 78 所示。

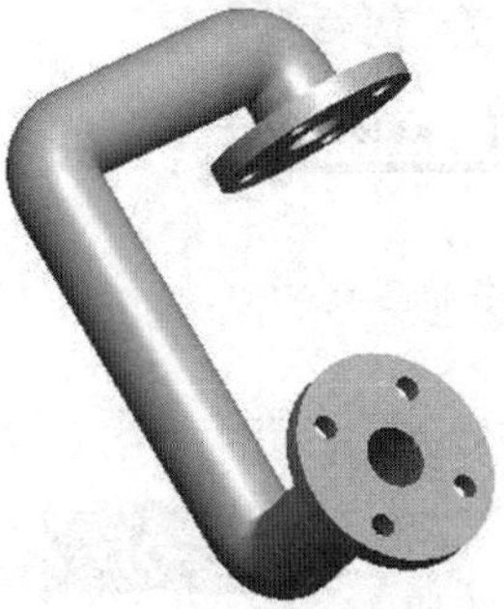

图 4 - 77 油管

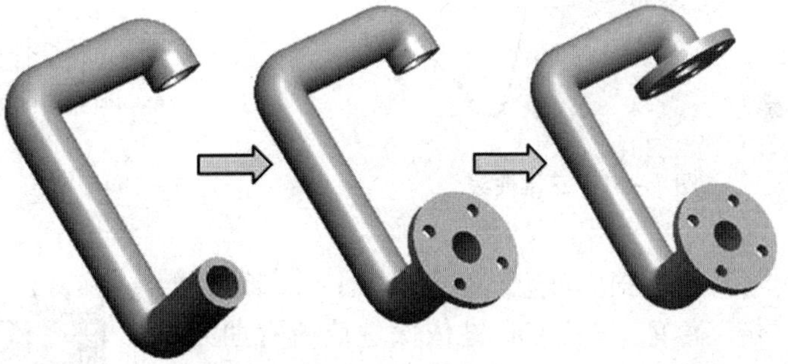

图 4 - 78 油管创建过程

1. 新建文件

新建一个文件,将文件命名为"YOUGUAN"。

2. 绘制扫描轨迹

单击右侧工具栏草绘工具按钮 ,系统弹出"草绘"对话框;选择 FRONT 基准面作为草绘平面,使用系统默认设置进入草绘环境,绘制如图 4 - 79 所示的曲线;单击右侧工具栏完成按钮 ,完成上半部分三维曲线的绘制。

再单击右侧工具栏草绘工具按钮 ,系统弹出"草绘"对话框;选择 RIGHT 基准面作为草绘平面,接受系统默认设置进入草绘环境,绘制如图 4 - 80 所示曲线;单击右侧工具栏完成按钮 ,完成下半部分三维曲线的绘制。完成后的三维曲线如图 4 - 81 所示。

图4-79 曲线上半部分

图4-80 曲线下半部分

3. 创建油管主体

（1）选择扫描工具。单击工具栏上的"插入"→"扫描"→"伸出项"，系统弹出"伸出项：扫描"对话框及"扫描轨迹"菜单管理器。在"扫描轨迹"菜单管理器中选择"选取轨迹"选项，如图4-82所示。

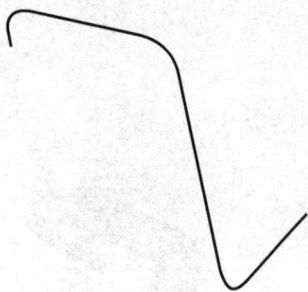

图4-81 三维曲线

图4-82 选择扫描工具

（2）选取扫描轨迹。完成步骤1后，系统弹出"链"菜单，按住 Ctrl 键依次选取所有曲线；在"链"菜单中单击"完成"命令系统弹出"方向"菜单管理器，选择"确定"选项，如图4-83所示。

（3）绘制扫描截面。完成步骤2后，系统进入草绘环境，绘制如图4-84所示的截面。

（4）完成油管主体。绘制完扫描截面后单击右侧工具栏中的完成按钮 ✔，在"伸出项：扫描"对话框中单击"确定"按钮，完成油管主体结构，如图4-85所示。

图4-83 选取轨迹

4. 创建管接头

（1）选择拉伸工具。单击右侧工具栏的拉伸按钮 ☐，选取拉伸工具。

（2）选择草绘平面。选择油管端面作为草绘平面，如图4-86所示。

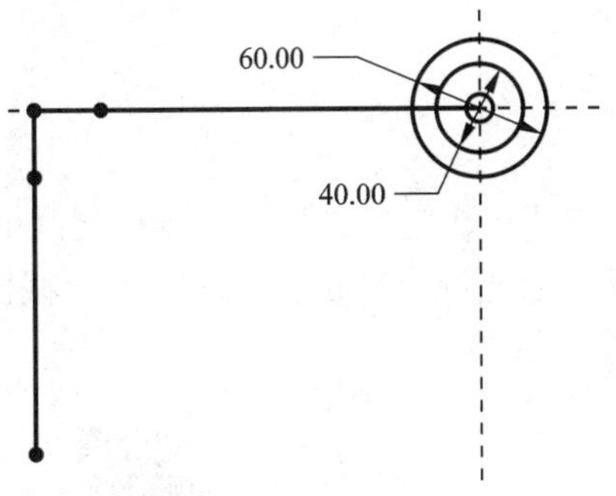

图 4 – 84　扫描截面

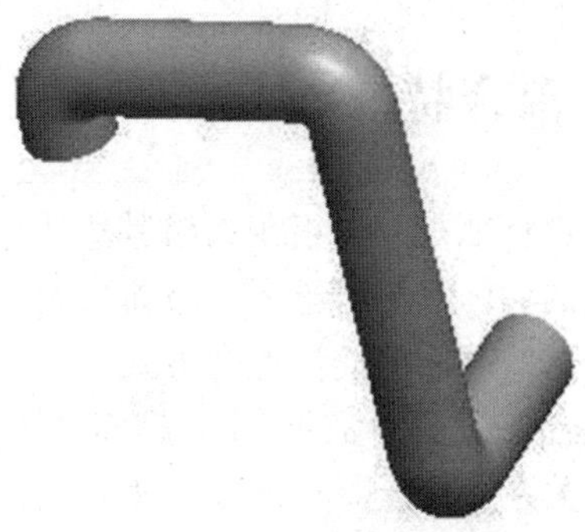

图 4 – 85　油管主体

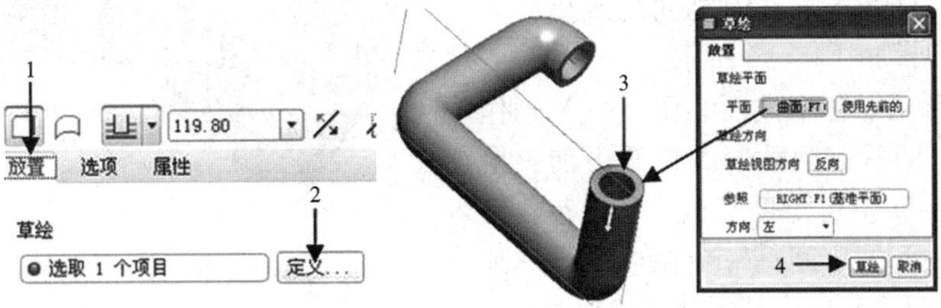

图 4 – 86　草绘平面

（3）绘制拉伸截面。进入草绘环境后，绘制如图 4 – 87 所示的拉伸截面。

（4）完成拉伸。绘制完成拉伸截面后单击右侧工具栏完成按钮✔，系统返回拉伸特征工具控制面板。设置拉伸深度方式为�，设置拉伸深度为 15。随后单击控制面板✔按钮，完成拉伸特征的创建，如图 4 – 88 所示。

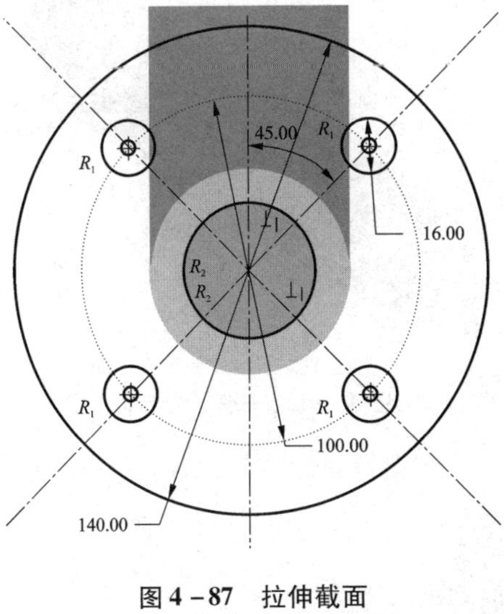

图 4 – 87　拉伸截面

图 4 – 88　油管接头

用同样的方法完成油管另一端的接头，完成后效果如图 4 – 77 所示。

4.4 混合特征

混合特征是将一组截面沿其边线用过渡曲面连接形成一个连续的特征，截面之间的特征是渐变的，它用于创建多个截面形态各异的实体特征。创建混合特征就是定义一组截面，然后定义这些截面的连接混合方式。

混合特征至少需要两个截面，按其截面的位置关系，混合特征分为三种方式：平行混合、旋转混合、一般混合。其含义分别如下。

● 平行混合：所有截面相互平行，截面绘制完成后，只需指定截面之间的距离即可产生混合特征，如图 4 - 89 所示。

● 旋转混合：各个截面共用一个 Y 轴作为旋转轴线，即后一个截面的位置由前一个截面绕 Y 轴旋转指定角度来确定，旋转角度的范围在 0°～120°之间。每个截面都需单独绘制，并且在每个截面中都要建立坐标系，如图 4 - 90 所示。

图 4 - 89　平行混合特征

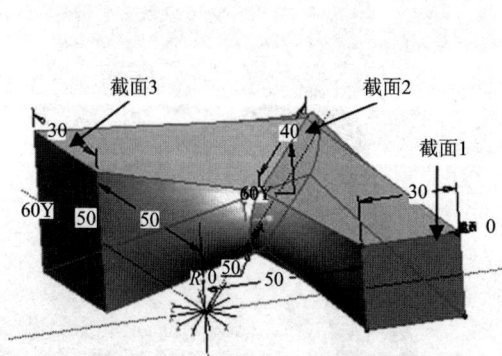

● 一般混合：各个截面之间不仅有一定的距离，而且还可绕 X、Y、Z 轴旋转，旋转角度的范围在 ±120°之间。每个截面都需单独绘制，并且在每个截面中都要建立坐标系，如图 4 - 91 所示。

图 4 - 90　旋转混合特征

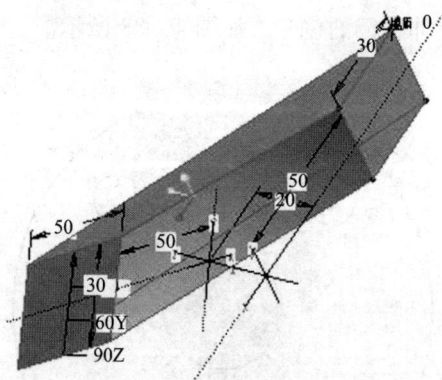

图 4 - 91　一般混合特征

4.4.1 平行混合

下面以图 4 - 89 所示的实例来介绍平行混合特征的创建方法。

1. 建立新文件

单击"新建"图标，在打开的"新建"对话框中选中"零件"按钮，输入文件名；取消选中"使用缺省模板"复选框，单击"确定"按钮；在打开的"新文件选项"对话框中，选用 mmns_part_solid 模板；单击"确定"按钮，系统进入零件设计界面。

2. 选择混合命令

选择主菜单中的"插入"→"混合"→"伸出项"命令，如图 4-92 所示，系统弹出"混合选项"菜单如图 4-93 所示。

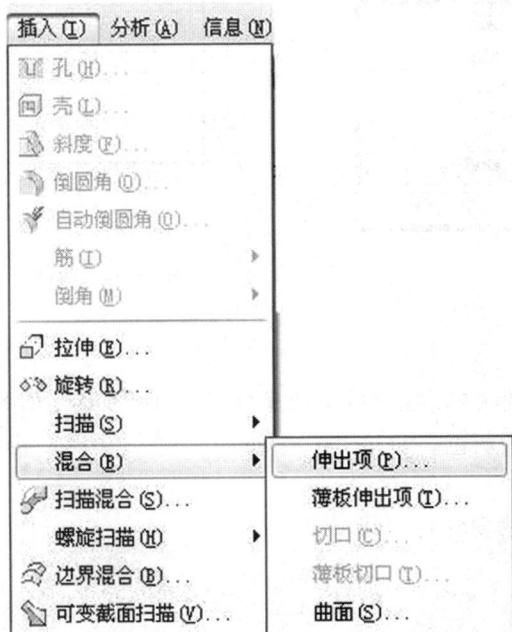

图 4-92 选取混合命令

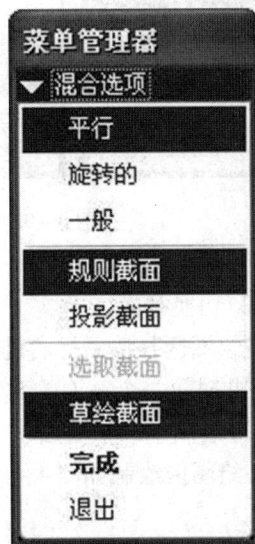

图 4-93 "混合选项"菜单管理器

3. 选择混合类型

在"混合选项"菜单中选择"平行/规则截面/草绘截面/完成"命令，系统弹出平行混合特征对话框和"属性"菜单，如图 4-94 所示。

4. 确定属性

在"属性"菜单中选择"直"→"完成"命令，系统弹出"设置草绘平面"菜单。

图 4-94 平行混合特征对话框和属性菜单

5. 选择草绘平面

选择"新设置"→"平面"命令，选取基准面 FRONT，在弹出的"方向"菜单中选择"确定"命令，在弹出的"草绘视图"菜单中选择"缺省"命令，系统进入草绘界面，如图 4-95 所示。

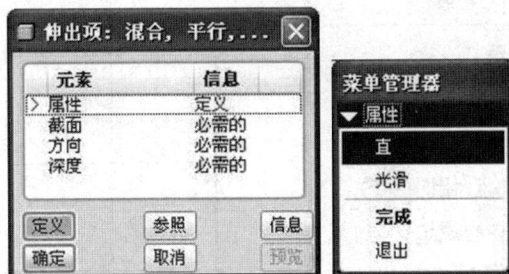

6. 绘制截面

（1）绘制第一个截面

先绘制两条中心线，再绘制边长为 50 的正方形，如图 4－96 所示。

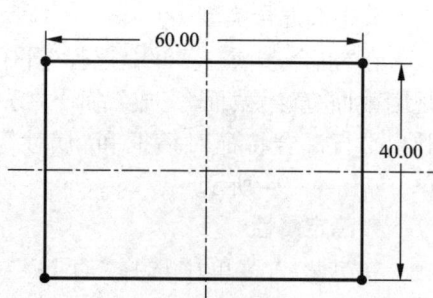

图 4－95　选择草绘平面　　　　　　　图 4－96　截面一

（2）切换截面

在绘图区长按鼠标右键，系统弹出快捷菜单，在菜单中选择"切换截面"命令，如图4－97所示，此时第一个截面的颜色由亮黄色变为灰色。

（3）绘制第二个截面

在绘图区绘制如图 4－98 所示的边长为 30 的正方形。

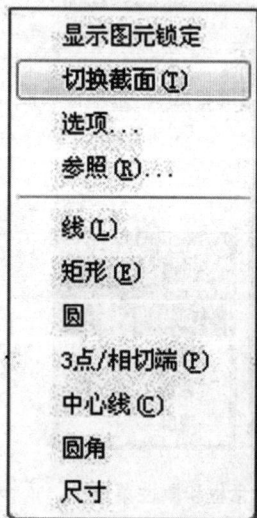

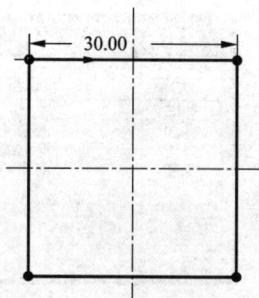

图 4－97　切换截面命令　　　　图 4－98　截面二　　　　图 4－99　截面三

96

（4）切换截面方法同步骤 2。

（5）绘制第三个截面

在绘图区绘制如图 4 − 99 所示的矩形。绘制完成后单击完成按钮 ✔，完成截面的绘制，同时系统弹出如图 4 − 100 所示的"深度"菜单。

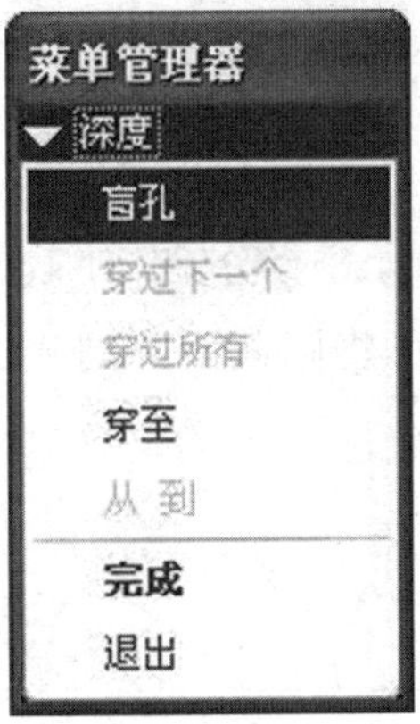

图 4 − 100　"深度"菜单

图 4 − 101　"截面深度"文本输入框

7. 确定截面间的距离

在"深度"菜单中选择"盲孔"→"完成"命令，系统弹出如图 4 − 101 所示的"截面深度"文本输入框；在文本输入框中输入 70，指定截面 2 与截面 1 之间的距离为 70，按回车键或单击文本输入框中的接受按钮 ✔；系统继续提示输入截面 3 到截面 2 之间的距离，在文本框中输入 70，按回车键，完成截面间距离的指定。

8. 完成混合特征

在"平行混合"对话框中单击"确定"按钮，系统生成如图 4 − 89 所示的平行混合特征。

4.4.2　平行混合特征要素

1. 平行混合特征的属性

平行混合特征的属性决定特征各个截面之间的连接的方式。其属性有两种：直和光滑。

• 直：各截面之间使用直线连接，如图 4 − 102（a）所示。

• 光滑：各截面之间使用曲线过渡连接，如图 4 − 102（b）所示。

需要注意的是：当混合特征的截面数为 3 个或 3 个以上时，属性"直"和"光滑"才能区分开来；若截面为 2 个时，无论选哪个属性特征都没有区别。

2. 混合特征的截面

（1）绘制平行混合特征的截面时，应在同一草绘平面内进行。

（2）截面数量至少为 2 个，且每个截面只能由一个封闭图形组成。

（3）特征所有截面的边数必须相同。若创建特征时各截面的边数不相同，可用以下方法来解决。

(a)属性为直   (b)属性为光滑

图 4 – 102   平行混合特征的属性

①打断法。使用右侧工具栏中的"分割"按钮![icon]，将截面中某个图元进行分割，使截面图形具有相同的边数。如图 4 – 103 所示圆截面与三角形截面混合，可将圆截面分割为三条边。

图 4 – 103   打断法处理截面

②混合顶点。混合顶点就是将一个顶点当作两个顶点来用。如图 4 – 104 所示，三角形截面与四边形截面进行混合时，两截面边数不等，可将三角形的其中一个顶点作为两个顶点来使用，进而与四边形混合。具体设置方法如下：左键单击三角形上需要设置为混合顶点的一个点(该点变红)，长按右键弹出快捷菜单，在菜单中选择"混合顶点"选项，则将该点设为混合顶点，此时该点在截面上带有一个小圆圈。

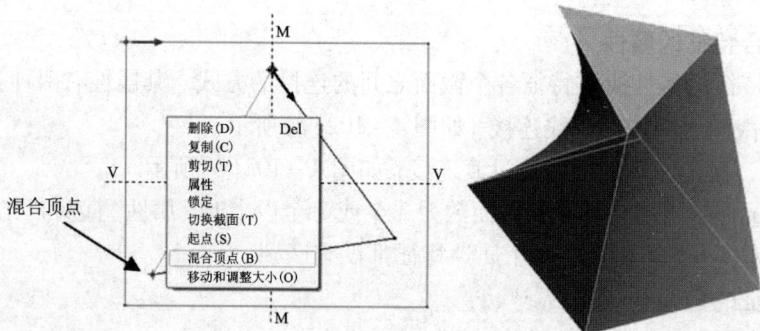

图 4 – 104   混合顶点

③点截面。创建混合特征时，点可以作为一个特殊的截面与其他各种截面进行混合。点截面与相邻截面的所有顶点都相连构成混合实体特征。如图 4 – 105 所示。

98

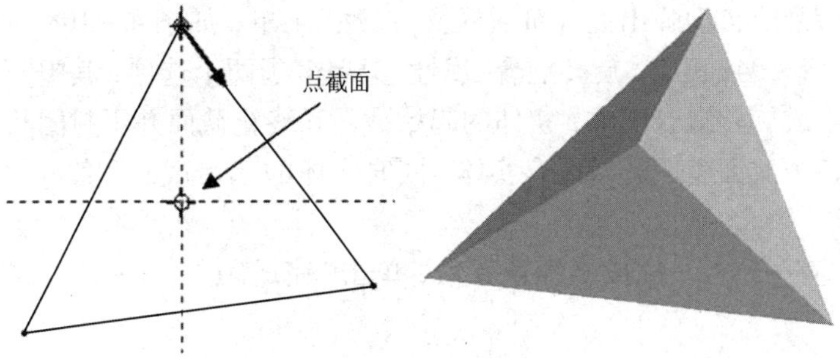

图 4 – 105　点截面

3. 混合特征的起始点

平行混合截面绘制成功后，在截面某顶点上会出现一个箭头，表示起始点的位置。生成平行混合特征时，所有截面上的起始点相连，其余各点沿着起始点箭头指向顺次相连。各截面上起始点的方位不同，产生的混合结果也不同，如图 4 – 106 所示。

改变截面起始点方位或方向的方法为：选择要设置为新起始点的点（如果要改变原起始点的方向，则只需单击原起始点），按住鼠标右键弹出快捷菜单，在菜单中选择"起始"选项，即可改变起始点的位置（或方向）。

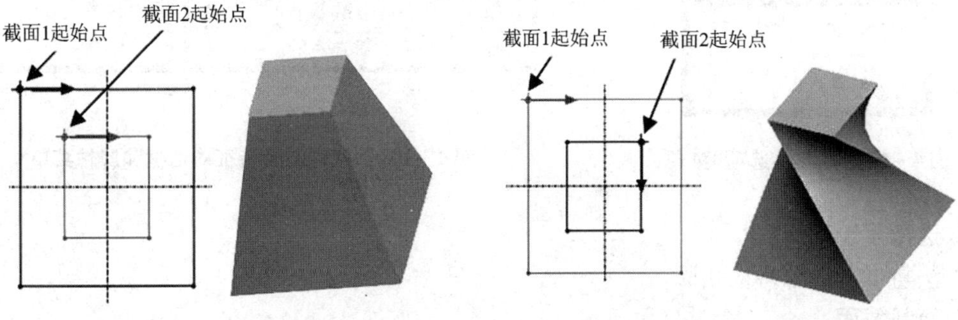

图 4 – 106　起始点位置对特征的影响

4.4.3　旋转混合

下面以图 4 – 90 所示的实例来介绍旋转混合特征的创建方法。

1. 建立新文件

单击"新建"图标，在打开的"新建"对话框中选中"零件"按钮；输入文件名，取消选中"使用缺省模板"复选框；单击"确定"按钮，在打开的"新文件选项"对话框中，选用 mmns_part_solid 模板；单击"确定"按钮，系统进入零件设计界面。

2. 选择混合命令

选择主菜单中的"插入"→"混合"→"伸出项"命令。系统弹出"混合选项"菜单如图 4 – 107 所示。在菜单中选择"旋转的"命令，随后单击"完成"命令。

3. 设定特征属性

完成步骤 2 后系统自动弹出混合对话框及"属性"菜单,如图 4 – 108 所示。与平行混合的"属性"菜单(图 4 – 94)相比,旋转混合"属性"菜单多了两个选项,其中"开放"选项表示顺序连接各个截面生成旋转混合实体,实体的起始截面和终止截面并不封闭相连;"封闭的"选项表示顺序连接各个截面生成旋转混合实体,同时实体的起始截面和终止截面相连,形成封闭实体特征。

设置属性为"直/开放",完成属性设置后,单击"完成"进入下一步。系统弹出"设置草绘平面"菜单。

图 4 – 107 "混合选项"菜单

图 4 – 108 旋转混合特征对话框和属性菜单

4. 选择草绘平面

方法与平行混合特征相同。

5. 绘制截面

进入草绘平面后,按照需要草绘截面。该旋转混合特征共有 3 个截面,要分别进行绘制。

(1)绘制第一个截面。

创建参照坐标系。单击坐标系图标,在两中心线交点处创建一个参照坐标系。

图 4 – 109 截面一

绘制截面。绘制一个边长为 30 的正方形,使正方形关于水平中心线对称。标注正方形到坐标系之间的水平距离为 50,如图 4 – 109 所示。

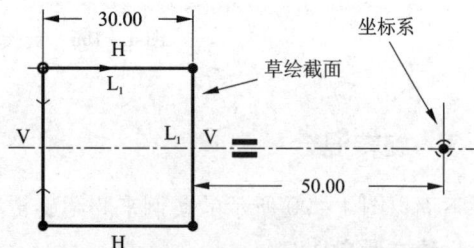

当第一个截面绘制完成后,单击右侧工具栏中的 ✔ 按钮,系统在消息区弹出如图 4 – 110 所示的文本框,用于定义下一个截面与该截面间的夹角。输入角度值 45 后,单击文本框右侧的 ✔ 按钮,系统自动打开一个新的草绘窗口,进行下一个截面的绘制。

100

图 4 – 110　旋转角度定义

（2）绘制第二个截面。

创建参照坐标系。单击坐标系图标，在两中心线交点处创建一个参照坐标系。

绘制截面。绘制图 4 – 111 所示的第二个截面。第二个截面绘制完成后，单击右侧工具栏中的✔按钮，系统弹出如图 4 – 112 所示的信息窗口，询问是否继续下一个截面，单击"是"继续创建第三个截面。

图 4 – 111　截面二

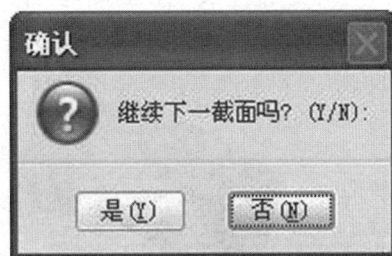

图 4 – 112　信息提示窗口

系统在消息区弹出如图 4 – 113 所示的文本框，用于定义下一个截面与该截面间的夹角。输入角度值 45 后，单击文本框右侧的✔按钮，系统自动打开一个新的草绘窗口，进行第三个个截面的绘制。

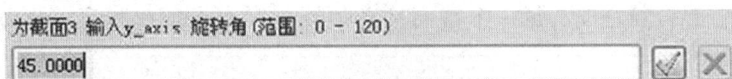

图 4 – 113　旋转角度定义

（3）绘制第三个截面。

创建参照坐标系。单击坐标系图标，在两中心线交点处创建一个参照坐标系。

绘制截面。绘制图 4 – 114 所示的第三个截面。

当第三个截面绘制完成后，单击右侧工具栏中的✔按钮，系统又一次弹出如图 4 – 112 所示的信息窗口，询问是否继续下一个截面，单击"否"结束截面的绘制。

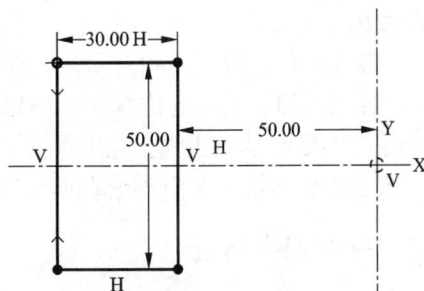

图 4 – 114　截面三

6. 完成特征造型

在旋转混合特征对话框(图 4 - 108)中单击"确定"按钮,生成如图 4 - 90 所示的实体特征。

4.4.4 旋转混合特征要素

1. 旋转混合特征属性

特征属性用于确定特征的各个截面之间的连接方式。第一组"直""光滑",第二组"开放""封闭的"。两组之间进行组合可生成 3 中不同的混合特征。

- "直/开放"组合:生成直的开放的实体特征,如图 4 - 90 所示。
- "光滑/开放"组合:生成光滑的开放的实体特征,如图 4 - 115(a)所示。
- "光滑/封闭的"组合:生成光滑的封闭的实体特征,如图 4 - 115(b)所示。

注意:不能生成"直/封闭的"组合。

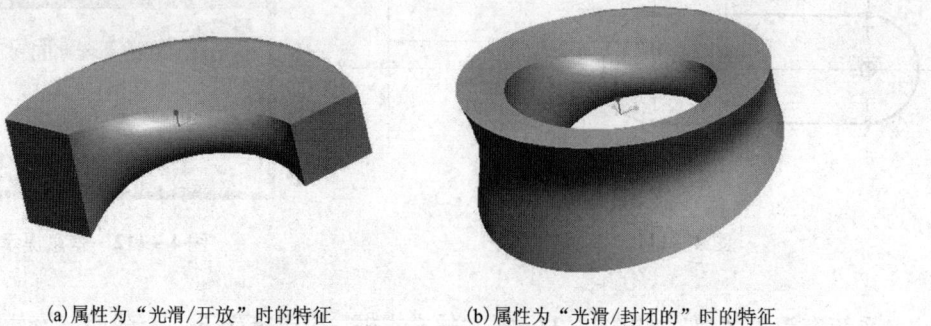

(a)属性为"光滑/开放"时的特征   (b)属性为"光滑/封闭的"时的特征

图 4 - 115　旋转混合特征

2. 参照坐标系

(1)创建旋转混合特征时,每一个截面都必须绘制一个参照坐标系,此坐标系仅在该截面内使用。

(2)旋转混合特征的每个截面绕参照坐标系的 Y 轴旋转,旋转角度范围为 0° ~ 120°。

(3)每个截面的参照坐标系均位于同一位置。一个截面混合至下一个截面时,两个截面的参照坐标系重合,用以确定各截面的位置。

3. 截面

(1)各截面具有单一性和封闭性,即每个截面只能有一个封闭图形。

(2)各截面的起始点的位置必须一致,否则生成的实体会产生扭曲。例如,将上例中的第一个截面中的起始点由左上角变换为右上角后,实体将会产生扭曲,如图 4 - 116 所示。修改截面起始点的方法与平行混合截面相同。

4.4.5 一般混合特征

一般混合特征是后一个截面沿着指定坐标系的 X、Y、Z 坐标轴旋转一定角度或沿 X、Y、Z 坐标轴平移一段距离后与前一个截面形成的。其截面要求、属性设置及起始点设置方法与平行混合相同。

图 4 – 116　扭曲的混合实体特征

下面以图 4 – 91 所示的实例来介绍一般混合特征的创建方法。

1. 建立新文件

单击"新建"图标，在打开的"新建"对话框中选择"零件"按钮，输入文件名，取消选中"使用缺省模板"复选框。单击"确定"按钮，在打开的"新文件选项"对话框中，选用 mmns_part_solid 模板。单击"确定"按钮，系统进入零件设计界面。

2. 选择混合命令

选择主菜单中的"插入"→"混合"→"伸出项"命令。系统弹出"混合选项"菜单，如图 4 – 117 所示。在菜单中选择"一般"命令，随后单击"完成"命令。

3. 确定属性

完成步骤 2 后系统自动弹出混合特征对话框及"属性"菜单，如图 4 – 118 所示。设置属性为"直"，完成属性设置后，单击"完成"进入下一步。系统弹出"设置草绘平面"菜单。

图 4 – 117　"混合选项"菜单

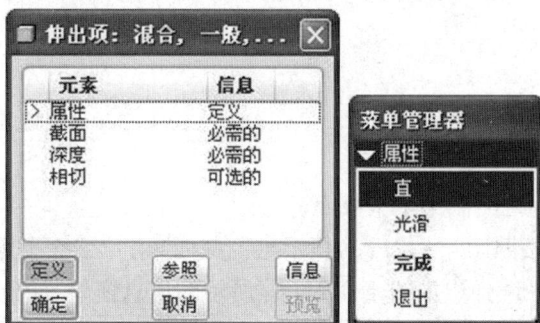

图 4 – 118　一般混合特征对话框和"属性"菜单

4.选择草绘平面

方法与平行混合特征相同。

5.绘制截面

进入草绘平面后,按照需要草绘截面。该一般混合特征共有 2 个截面,须分别绘制。

(1)绘制第一个截面。

按照图 4 - 119 所示绘制截面 1。绘制截面的方法及对截面的要求与混合特征相同,当第一个截面绘制完成后,单击右侧工具栏中的 ✔ 按钮,系统在消息区弹出如图 4 - 120 (a)所示的文本框,用于定义下一个截面与该截面间沿 X 轴的夹角,输入角度值 30,单击文本框右侧的 ✔ 按钮。系统在消息区弹出

图 4 - 119 截面一

如图 4 - 120(b)所示的文本框,用于定义下一个截面与该截面间沿 Y 轴的夹角,输入角度值 60,单击 ✔ 按钮。系统在消息区弹出如图 4 - 120(c)所示的文本框,用于定义下一个截面与该截面间沿 Z 轴的夹角,输入角度值 90,单击 ✔ 按钮。系统自动打开一个新的草绘窗口,进行下一个截面的绘制。

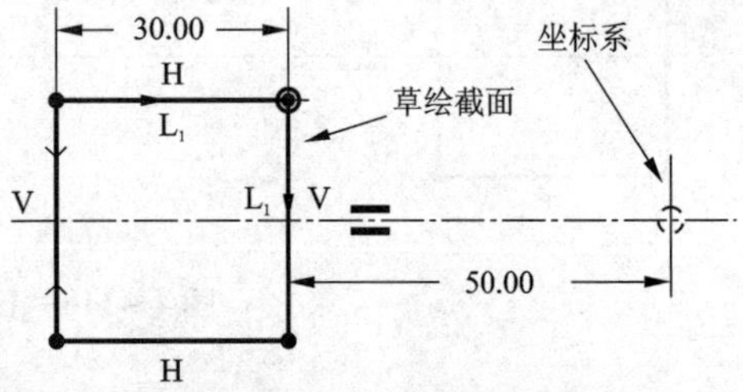

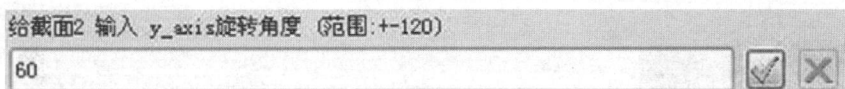

给截面2 输入 x_axis旋转角度 (范围:+-120)

30

(a)

给截面2 输入 y_axis旋转角度 (范围:+-120)

60

(b)

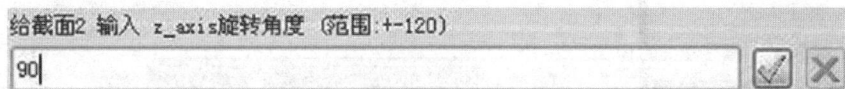

给截面2 输入 z_axis旋转角度 (范围:+-120)

90

(c)

图 4 - 120 旋转角度定义

(2)绘制第二个截面。

按照图 4 - 121(a)所示绘制截面 2。第二个截面绘制完成后,单击右侧工具栏中的 ✔ 按钮,系统弹出如图 4 - 121(b)所示的信息窗口,询问是否创建下一个截面,单击"否"结束截面的绘制。系统弹出如图 4 - 122 所示的文本框,用于确定截面 1 与截面 2 之间的距离,输入数值 30,单击 ✔ 按钮。

6.完成特征造型

在一般混合特征对话框(图 4 - 118)中单击"确定"按钮,生成如图 4 - 123 所示的实体特征。

图 4 – 121(a)　截面二

图 4 – 121(b)　信息提示窗口

图 4 – 122　文本框

图 4 – 123　一般混合生成的实体模型

4.4.6　混合特征应用实例

使用平行混合创建如图 4 – 124 所示的花瓶模型,创建过程如图 4 – 125 所示。

图 4 – 124　花瓶模型

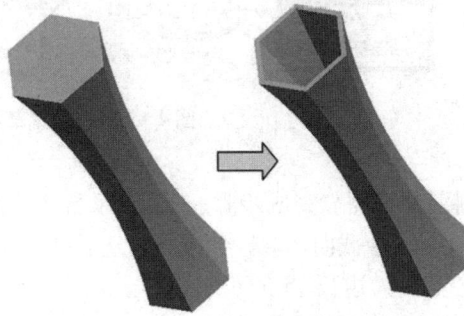

图 4 – 125　花瓶模型创建过程

1. 新建文件

新建一个文件,将文件命名为"HUAPING"。

2. 创建花瓶主体

(1)选择平行混合特征工具。单击工具栏"插入"→"混合"→"伸出项"后,系统弹出"混合选项"菜单,使用系统默认设置,单击"完成"按钮,如图4-126所示。

(2)设置平行混合属性。完成步骤(1)后,系统弹出"伸出项:混合,平行,……"对话框及"属性"菜单管理器,在菜单管理器中设置属性为"光滑",单击"完成"按钮,如图4-127所示。

图4-126 选择平行混合

图4-127 属性设置

(3)选取草绘平面。完成步骤(2)后,系统弹出"设置草绘平面:设置平面"菜单管理器,此时在模型树中选取FRONT基准面作为草绘平面。系统弹出"设置草绘平面:方向"菜单管理器,在此管理器中确定草绘方向,采用系统默认方向。单击"确定"选项,系统弹出"设置草绘平面:草绘视图"菜单管理器,同样采用系统默认设置,单击"缺省"选项。操作过程如图4-128所示。

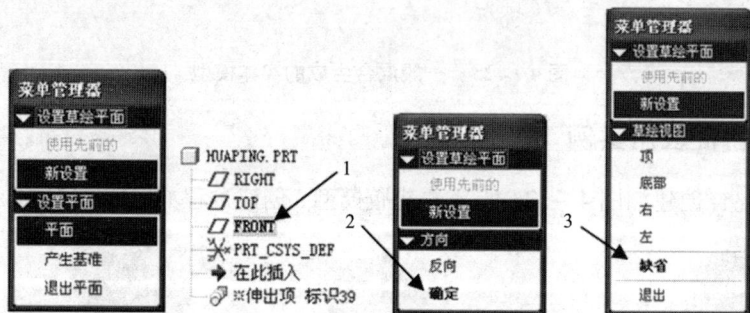

图4-128 设置草绘平面

(4)绘制混合截面。完成步骤(3)后,系统进入草绘环境。绘制如图4-129所示的混合截面。一共绘制3个截面,第一个截面为边长40的正六边形,第二个截面为边长25的正六边形,第三个截面为边长45的正六边形。

绘制完第一个截面后,即绘制第二个截面前,须切换截面。方法为:在绘图区按住鼠标右键,系统弹出快捷菜单,选择"切换截面"命令,第一个截面的颜色由亮黄色变为灰色,表示切换截面操作完成,此时可进行第二个截面的绘制。第二个截面绘制完成后,使用同样的方法绘制第三个截面。所有截面都绘制完成后,单击右侧工具栏中的完成按钮✔,完成截面的绘制。

绘制截面时注意:3个截面的起始点位置应该一致,如果位置不一致须对其进行修改。

(5)设置截面间距离。完成步骤(4)后,系统弹出"深度"菜单管理器,如图4-130所示。

采用系统默认设置，单击菜单管理器中的"完成"选项，系统弹出文本框提示输入截面 1 到截面 2 间的距离。在文本框内输入 150，单击文本框右侧按钮。系统再次弹出文本框，提示输入截面 2 到截面 3 的距离。在文本框内输入 150，单击文本框右侧按钮，完成截面间距离的设置。

(6)完成混合特征。完成步骤(5)后，系统返回"伸出项：混合，平行，……"对话框，在此对话框中单击"确定"按钮，完成如图 4 - 131 所示的花瓶主体结构。

图 4 - 129　混合截面　　　　图 4 - 130　"深度"菜单管理器　　　　图 4 - 131　花瓶主体

3. 创建花瓶空腔

(1)选择平行混合特征工具。单击工具栏"插入"→"混合"→"切口"后，系统弹出"混合选项"菜单管理器，使用系统默认设置，单击对话框中"完成"按钮，如图 4 - 132 所示。

(2)设置平行混合属性。完成步骤(1)后，系统弹出"伸出项：混合，平行，……"对话框及"属性"菜单管理器，在菜单管理器中设置属性为"光滑"，单击"完成"按钮，如图 4 - 133 所示。

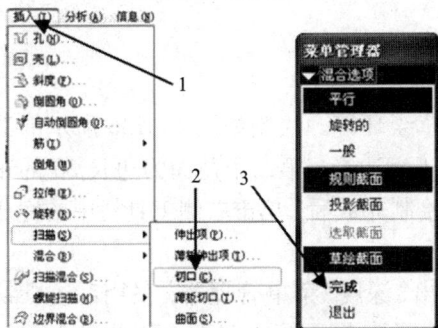

图 4 - 132　选择平行混合　　　　　　图 4 - 133　属性设置

（3）选取草绘平面。完成步骤（2）后，系统弹出"设置草绘平面：设置平面"菜单管理器，选取花瓶主体的上表面（边长为45的正六边形）作为草绘平面。系统弹出"设置草绘平面：方向"菜单管理器，在此管理器中确定草绘方向。采用系统默认方向，单击"确定"选项，系统弹出"设置草绘平面：草绘视图"菜单管理器，同样采用系统默认设置，单击"缺省"选项。操作过程如图4-134所示。

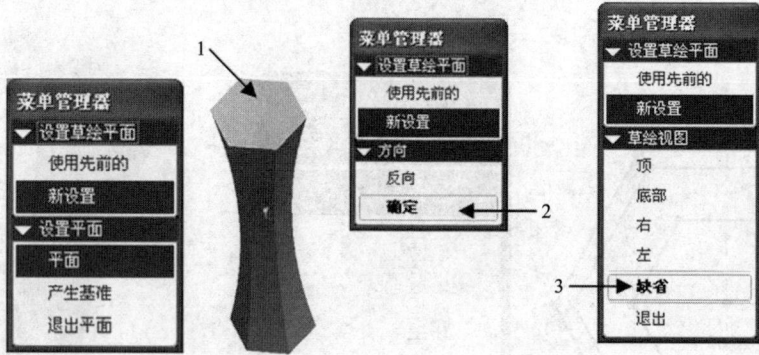

图4-134 选取草绘平面

（4）设置草绘参照。完成步骤（3）后，系统弹出"参照"对话框，提示选取草绘参照。在模型树中选取 RIGHT 和 TOP 两个基准面作为草绘参照，点击"参照"对话框中的"关闭"按钮，完成草绘参照设置。操作过程如图4-135所示。

图4-135 设置草绘参照

（5）绘制混合截面。完成步骤（4）后，系统进入草绘环境。绘制如图4-136所示的混合截面。一共绘制3个截面，第一个截面为边长35的正六边形，第二个截面为边长20的正六边形，第三个截面为边长40的正六边形。所有截面绘制完成后，单击右侧工具栏中的完成按钮✔，完成截面的绘制。

（6）设置截面间距离。完成步骤（5）后，系统弹出"深度"菜单管理器，采用系统默认设置。单击菜单管理器中的"完成"选项，系统弹出文本框，提示输入截面1到截面2间的距离。在文本框内输入150，单击文本框右侧✔按钮，系统弹出文本框，提示输入截面2到截面3的距离。在文本框内输入130，单击文本框右侧✔按钮，完成截面间距离的设置。

（7）完成混合特征。完成步骤（6）后，系统返回"伸出项：混合，平行，……"对话框，单击"确定"按钮，完成如图 4 - 137 所示的花瓶模型。

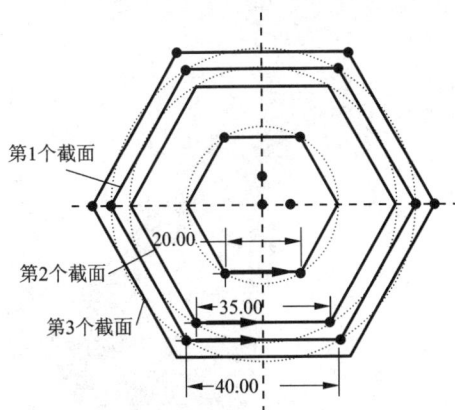

图 4 - 136　混合截面

图 4 - 137　花瓶模型

练习题

1. 根据工程图 4 - 138 所示的要求完成建模。

图 4 - 138　习题图

2.利用平行混合方式，绘制三个截面(两两相距60)建立如图4 – 139所示的变形棱锥体。

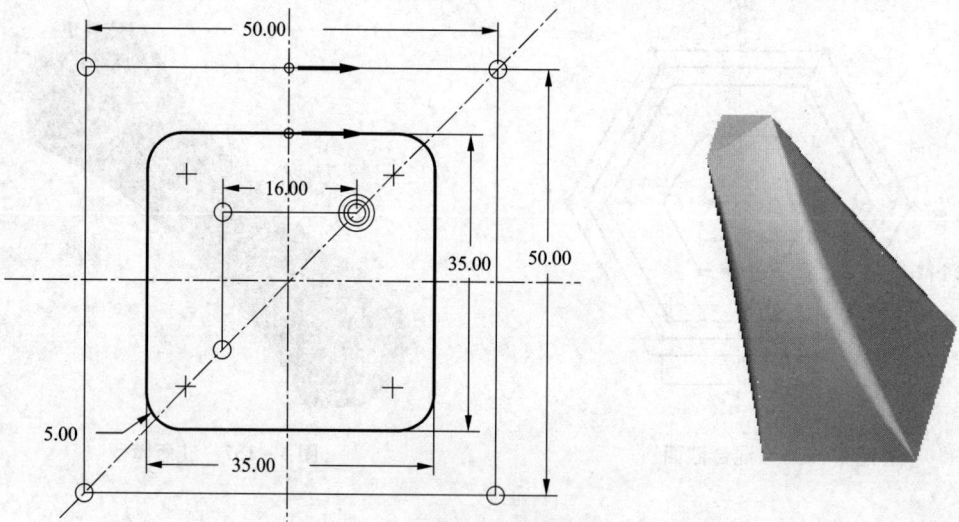

图4 – 139　变形棱锥体

3.利用旋转和平行混合，建立如图4 – 140所示的奔驰车标记。

图4 – 140

110

第5章
工程特征建模

5.1　孔特征

　　孔特征是在模型上切除模型材料后留下的空回转结构,是工程特征中的一种。所谓工程特征是指单击特征的类型和放置位置并赋予必要的尺寸而形成的特征,是一种形状和用途比较确定的特征,使用同一种设计工具创建的一组工程特征在外形上都是相似的。工程特征大多不能单独存在,必须附着在其他基本特征上,因此,在创建三维模型时,通常先创建基础特征,然后在基础特征上创建工程特征。

　　创建一个工程特征,需要确定以下两类参数。

　　• 定位参数:用于确定工程特征在基础特征上的放置位置。定位参数是通过选取适当的定位参照来确定的。

　　• 定形参数:用于确定特征的形状和大小,如长、宽、高和直径等。

　　定位参数和定形参数是构造特征的基本参数,因此创建构造特征的一般步骤都是先设置定位参数再设置定形参数。

　　创建孔特征的方法有两种。

　　• 方法一:选择"插入"→"孔"命令。

　　• 方法二:在右侧工具栏单击"孔工具"按钮 🔧 。

　　根据孔的结构、形状等的不同,把孔分为简单孔和标准孔两大类,其中简单孔又分为直孔和草绘孔,标准孔用于创建螺纹孔等标准内孔特征。

　　选取孔工具后,系统弹出如图5－1所示的孔设计控制面板,在控制面板中可以创建各类孔特征。

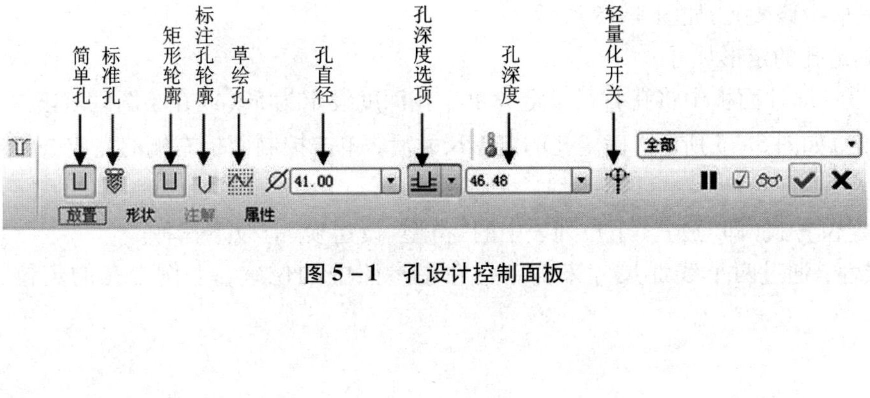

图5－1　孔设计控制面板

5.1.1 创建直孔特征

选取孔工具后，在弹出的孔设计控制面板中，系统默认选用"创建简单孔"按钮 ⊔。该按钮用于设计直孔和草绘孔，在此以图 5－2 所示的实例创建直孔。首先拉伸创建 150×100×50 的长方体基础特征，如图 5－3 所示。

图 5－2　直孔实例　　　　　　　　图 5－3　基础特征

直孔的设计步骤为：

（1）选取一个面作为孔放置平面，即主参照。

用鼠标选取长方体上表面作为孔放置面，选取完成后该面变为红色，并且显示孔的轮廓、孔的直径尺寸及深度尺寸，如图 5－4 所示。

（2）选取孔的定位方式，选取次参照和确定相关定位尺寸。

在控制面板中单击"放置"按钮，系统弹出下拉菜单，下拉菜单中有"放置""类型"和"偏移参照"三个设定项，可分别设定主参照、定位类型和偏移参照。

图 5－4　选取主参照

单击"偏移参照"列表框中的选项，按 Ctrl 键选取长方体的两个侧面作为孔的定位参照；此时所选取的两个定位参照显示"偏移参照"的列表框中，同时系统在绘图区显示孔的两个定位尺寸；在绘图区分别双击两个定位尺寸，将其修改为 60、50（或在"放置"下滑板中的"偏移参照"列表框中修改），如图 5－5 所示。

（3）确定孔的定形尺寸。

在孔设计属性面板中将孔直径设定为 40、孔深度设定为 50（或在绘图区双击这两个尺寸值进行设定）如图 5－5 所示，确定孔的定形尺寸后，单击控制面板右侧的完成按钮 ✔，完成直孔的创建。

孔的定位方式（即"放置"下拉列表中的"类型"设定项）有以下三种。

● 线性：通过两个线性尺寸来确定孔在主参照中的位置，上例中孔的定位方式即为线性。

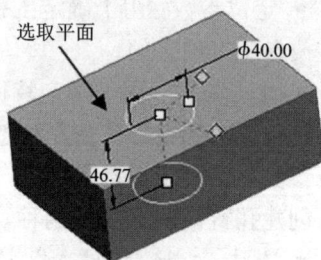

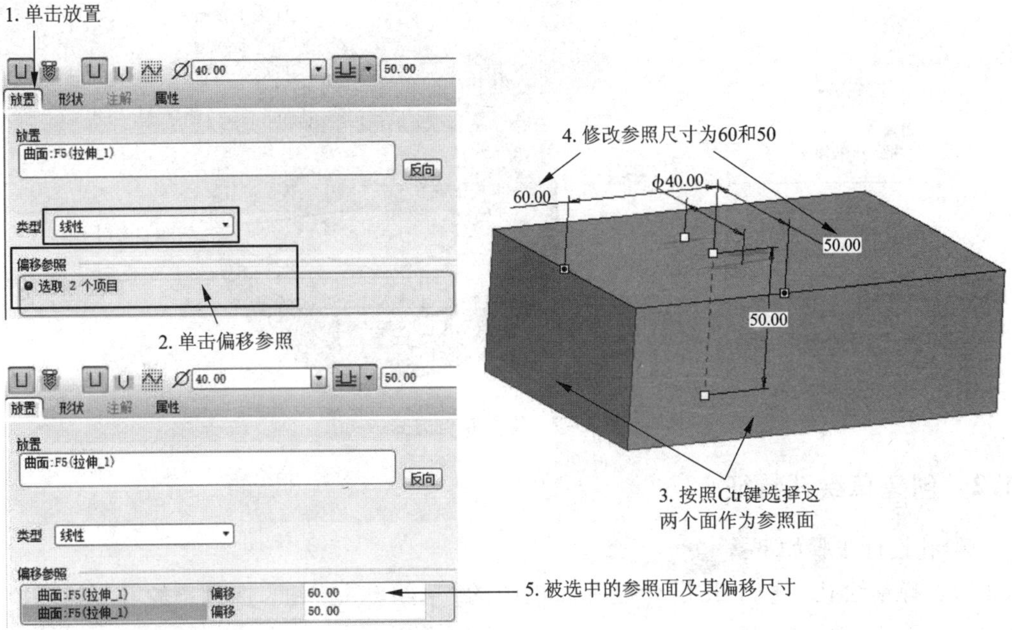

图 5-5　孔的线性定位

● 径向：孔的中心轴线以极坐标(半径)的方式径向标注，此时的偏移参照为一根轴线和一个平面，需要确定的定位尺寸有：圆孔中心轴线到所选定参照轴线的距离(半径)、圆孔中心轴线和所选参照平面的夹角，如图 5-6 所示。选取两个偏移参照时需按 Ctrl 键。

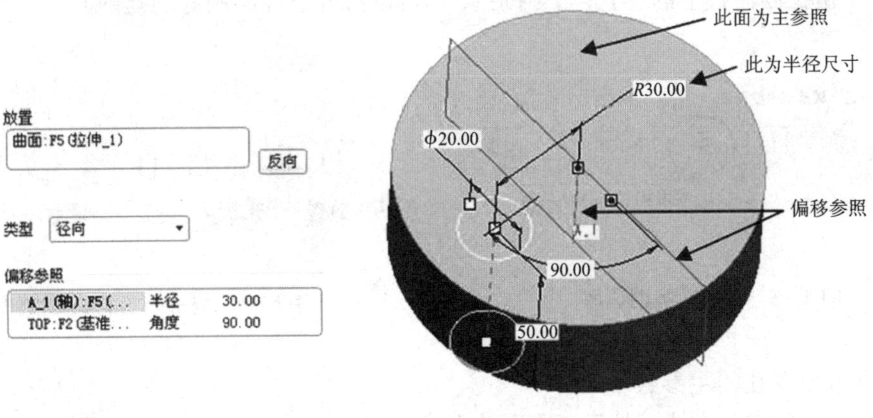

图 5-6　径向定位方式

● 直径：孔的中心轴线以极坐标(直径)的方式径向标注，此时的偏移参照为一根轴线和一个平面，需要确定的定位尺寸有：圆孔中心轴线到所选定参照轴线的距离(直径)、圆孔中心轴线和所选参照平面的夹角，如图 5-7 所示。选取两个偏移参照时需按 Ctrl 键。

图5-7 直径定位方式

5.1.2 创建草绘孔特征

草绘孔设计步骤如下：

(1)选择草绘孔。按下孔设计控制面板中的"草绘孔"按钮，选择草绘孔，如图5-8所示。

(2)绘制孔剖面。绘制孔剖面有两种方法：一是进入草绘环境进行草绘，二是打开已经保存的孔剖面，如图5-9所示。

单击控制面板中的"激活草绘器以创建剖面"按钮 ▒，进入草绘环境绘制孔的剖面。注意：必须绘制中心线作为旋转中心，绘制完成后，单击右侧工具栏中的"完成"按钮，系统返回三维界面。

如果单击控制面板上的"打开" 📂 按钮，则可以打开已经绘制好的孔剖面。

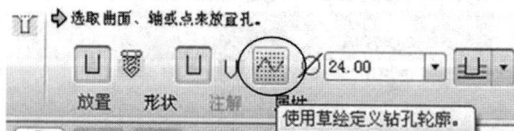

图5-8 草绘孔类型选取

图5-9 打开已绘制剖面按钮

(3)选取放置孔的主参照。

(4)选取孔的定位方式。按照直孔的定位方式，选取草绘孔的定位参照，并确定孔的定位尺寸，确定完毕后，单击控制面板中的完成按钮 ✔，完成草绘孔的创建。

5.1.3 创建标准孔特征

创建标准孔，可在控制面板中使用系统提供的标准孔按钮，指定标准孔的形状和尺寸。

标准孔设计步骤如下：

(1)选择标准孔。单击孔工具栏中的"标准孔"按钮 🔩，选择标准孔，如图5-10所示。

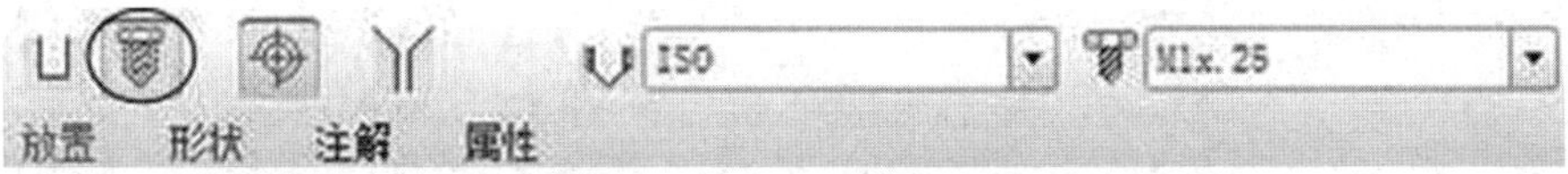

图 5 - 10　标准孔类型选取

（2）选取螺纹类型。在孔属性面板中选取螺纹类型。其中 ISO 表示公制螺纹；UNC 表示英制粗牙螺纹；UNF 表示英制细牙螺纹。选取螺纹类型后，设计标准孔规格。

（3）设计沉头、埋头。单击控制面板中的沉头按钮 ┴┴ 或埋头按钮 ⅠⅠ，选取沉头或埋头孔。点击孔控制面板中的"形状"按钮，编辑沉头或埋头孔尺寸，如图 5 - 11 所示。

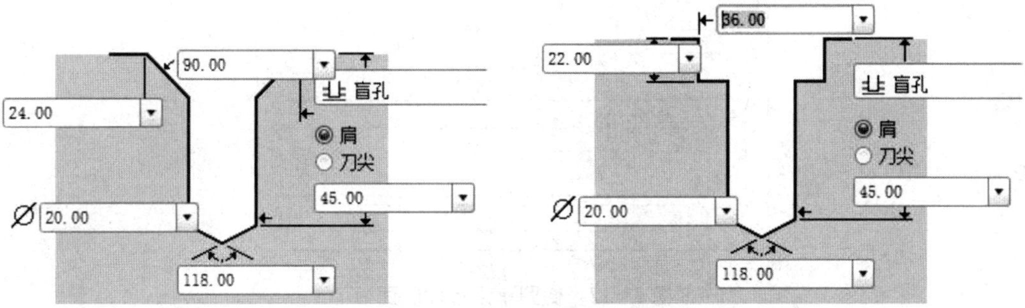

图 5 - 11　编辑沉头、埋头孔

（4）选取孔的放置平面。根据孔的位置选取孔的放置平面。

（5）选取孔的定位方式。按照直孔的定位方式，选取标准孔的定位参照，并确定孔的定位尺寸，确定完毕后，单击控制面板中的完成按钮 ✔，完成草绘孔的创建。

5.2　倒圆角特征

圆角特征是指圆或圆锥面在两个相邻曲面之间形成的平滑过渡。在零件设计过程中，圆角不仅能够去除模型棱角，更能满足造型设计美学要求。根据倒圆角半径参数的特点以及确定方法，系统将倒圆角特征分为 4 种类型。

- 恒定圆角：倒圆角特征中只有一个半径值。
- 可变圆角：在同一个倒圆角特征中具有多种半径。
- 完全倒圆角：使用倒圆角特征替换选定曲面，圆角尺寸与选定曲面自动适应。
- 有曲线驱动的倒圆角：圆角半径由基准曲线驱动。

在工具栏选择"插入"→"倒圆角"命令，或在右侧工具栏中单击"倒圆角"按钮 ，可打开倒圆角设计命令和工具。

选择倒圆角设计命令后，系统弹出倒圆角设计控制面板，如图 5 - 12 所示。其中"集"用于各个圆角组的资料；"过渡"用于设置两个圆角曲面交接处的控制；"选项"用于设置圆角的附着情况。

图 5 – 12 倒圆角设计控制面板

5.2.1 创建恒定半径倒圆角

（1）选取圆角设计工具。

（2）选择倒圆角对象。选取需要倒圆角的边线。如果每次选取一条边线，系统会为每一条边线创建一个圆角集，如图 5 – 13 所示。

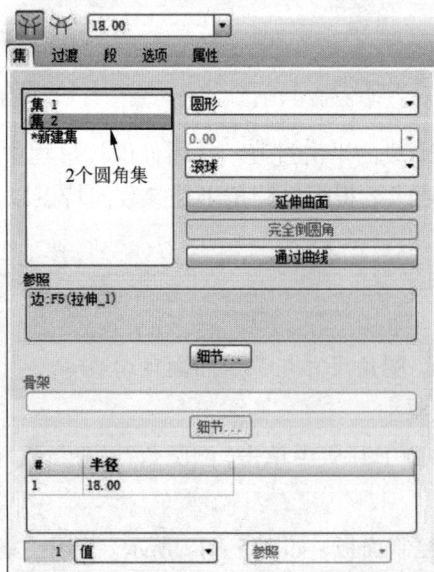

图 5 – 13 每条边对应一个圆角集

按住 Ctrl 键选取多条边线,则多条边线的倒圆角形成一个圆角集。如果选择了不合适的圆角边线,则在参照列表中选取需要删除的圆角边,右击鼠标,在弹出的快捷菜单中选择"移除"命令即可,如图 5-14 所示。

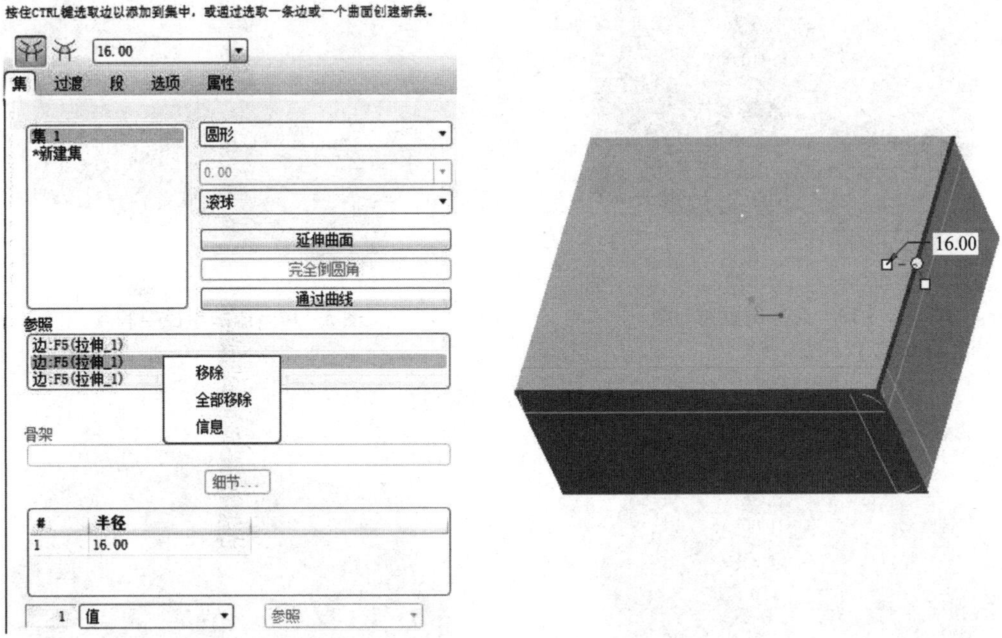

图 5-14   多条边对应一个圆角集

(3)设置圆角半径。在控制面板中输入圆角半径值,单击控制面板中的 ✅ 按钮,完成圆角特征。

5.2.2   创建可变半径倒圆角

(1)选取圆角设计工具。

(2)选择倒圆角对象。选择如图 5-15 所示的边线作为倒圆角的对象。

(3)添加半径控制点。将鼠标指针置于半径值上按住鼠标右键,在弹出的快捷菜单中选择"添加半径"命令,系统便复制此处半径控制点及其数值。重复操作,添加半径控制点,如图 5-16 所示。

(4)移动半径控制点位置。用鼠标左键拖动半径控制点,或修改控制点的比率值以改变半径控制点的位置,如图 5-17 所示。

(5)更改圆角控制点半径值。在绘图区分别双击各个半径控制点的半径值进行修改。

(6)生成可变半径倒圆角特征。单击控制面板中的 ✅ 按钮,完成倒圆角特征,如图 5-18所示。

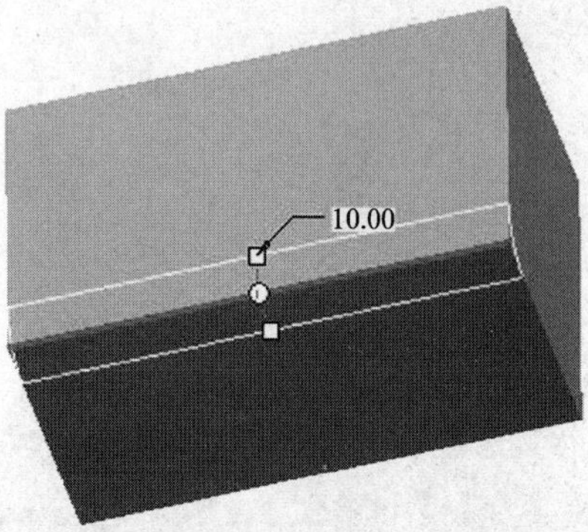

图 5 – 15　选择倒圆角对象

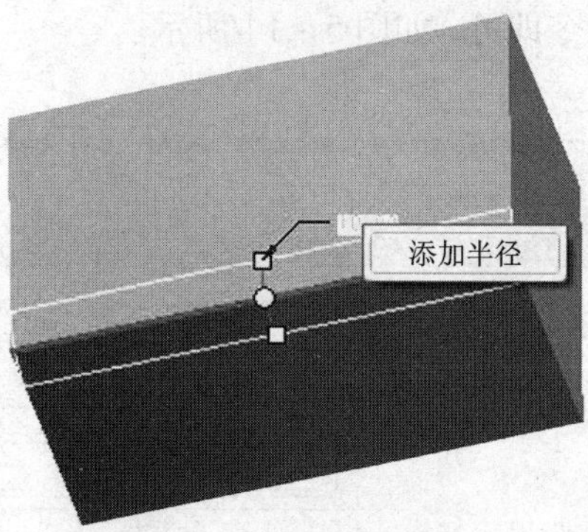

图 5 – 16　添加半径控制点

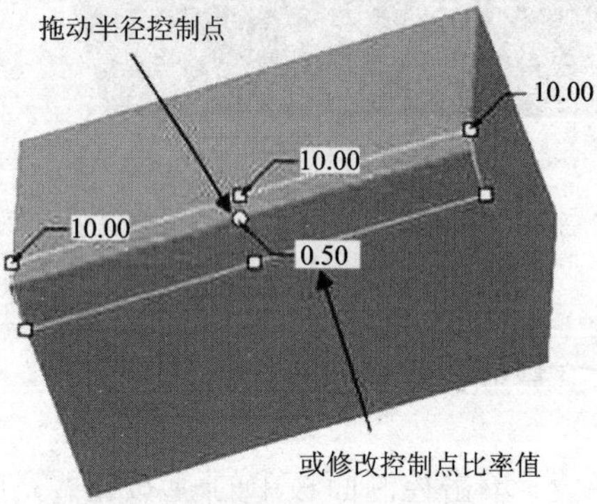

拖动半径控制点

或修改控制点比率值

图 5 – 17　移动半径控制点位置

图 5 – 18　可变半径倒圆角特征

5.2.3　创建完全倒圆角

完全倒圆角是一种根据设计条件自动确定圆角参数的倒圆角特征。创建完全倒圆角特征时，使用的参照有两种。

（1）使用边线创建完全倒圆角。选取的边线必须位于同一个公共曲面上，过程如图 5 – 19 所示。

（2）使用曲面创建完全倒圆角。选取两个曲面，倒圆角特征与选定的两个曲面相切，指定两个曲面之间的一个曲面作为驱动曲面，驱动曲面用于决定倒圆角的位置与大小，如图 5 – 20 所示。

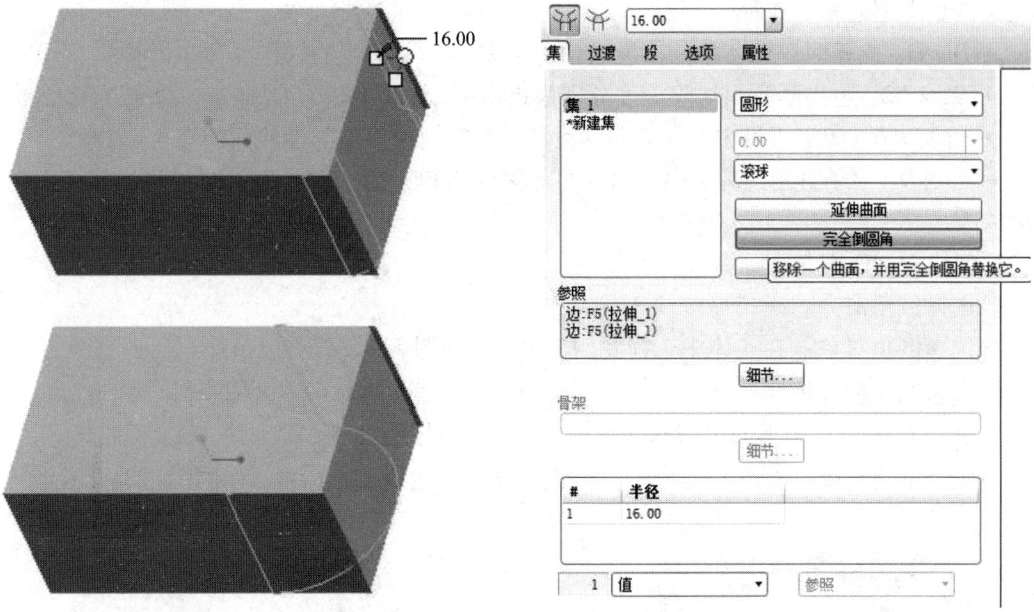

图 5 – 19　利用边线创建完全倒圆角

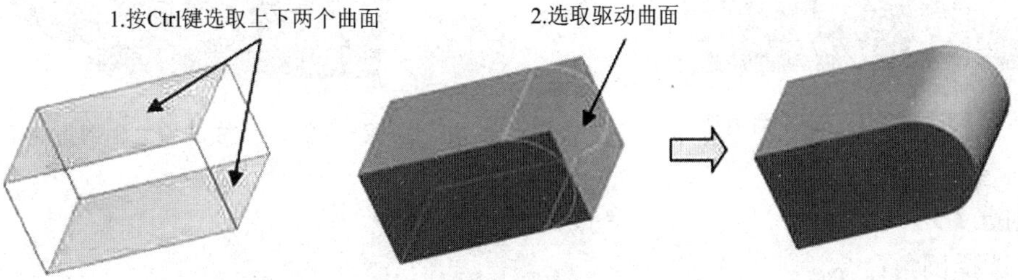

图 5 – 20　利用曲面创建完全倒圆角

5.3　倒角特征

倒角与倒圆角很相似,操作也很简单,它分为边倒角、倒角拐角。

5.3.1　边倒角

在主菜单中,单击"插入"→"倒角"→"边倒角",或者单击右侧工具栏中的"倒角"按钮
,系统打开倒角控制面板,如图 5 – 21 所示。

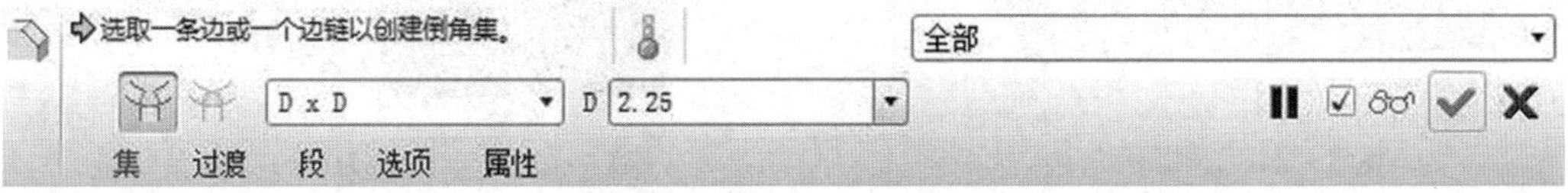

图 5 – 21　倒角控制面板

119

边倒角类型通常有4种：

- $D \times D$：边界两侧面切除的深度为单一值 D。
- $D1 \times D2$：边界两侧面切除深度分别为指定的 $D1$ 和 $D2$。
- 角度 $\times D$：指定边界中一侧切除深度，再指定倒角斜面与参照面的夹角。
- $45 \times D$：用于直角边界，边界两侧切除深度为单一值 D，倒角斜面与两相邻接面的夹角为 $45°$。

1. 创建 $D \times D$ 倒角

1）选择倒角命令。

2）选择倒角对象。在实体中选择要倒角的边，如图 5 - 22 所示。

3）定义倒角标注形式。在倒角特征控制面板中，选择默认的 $D \times D$ 类型。

4）输入 D 值。在文本框中输入倒角尺寸 D 的数值 40。

5）生成倒角特征。在控制面板中，单击 ✔ 按钮，生成倒角特征，如图 5 - 23 所示。

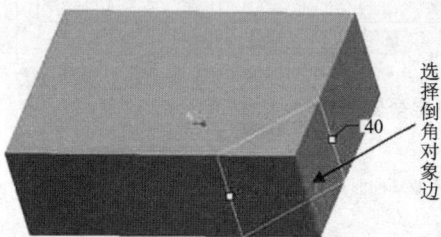

图 5 - 22 选择倒角边

图 5 - 23 生成的 $D \times D$ 倒角特征

2. 创建 $D1 \times D2$ 倒角

（1）选择倒角命令。

（2）选择倒角对象。在实体中选择要倒角的边，如图 5 - 24 所示。

（3）定义倒角标注形式。在倒角特征控制面板中，选择默认的 $D1 \times D2$ 类型。

（4）输入 $D1$、$D2$ 值。在文本框中输入倒角尺寸 $D1$ 的数值 40、$D2$ 的数值 80。

（5）生成倒角特征。在控制面板中，单击 ✔ 按钮，生成倒角特征，如图 5 - 25 所示。

图 5 - 24 选择倒角边

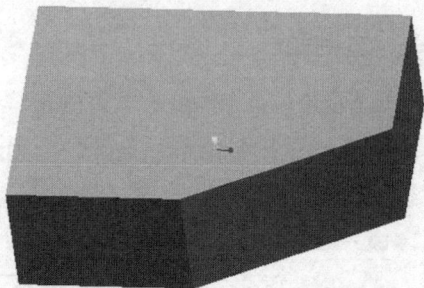

图 5 - 25 生成的 $D1 \times D2$ 倒角特征

120

3. 创建角度 ×D 倒角

(1)选择倒角命令。

(2)选择倒角对象。在实体中选择要倒角的边。

(3)定义倒角标注形式。在倒角特征控制面板中，选择默认的角度 ×D 类型。

(4)输入角度和 D 值。在文本框中输入倒角的角度数值 60、D 的数值 50。

(5)生成倒角特征。在控制面板中，单击 ✔ 按钮，生成倒角特征，如图 5 – 26 所示。

4. 创建 45 ×D 倒角

(1)选择倒角命令。

(2)选择倒角对象。在实体中选择要倒角的边。

(3)定义倒角标注形式。在倒角特征控制面板中，选择默认的 45 ×D 类型。

(4)输入 D 值。在文本框中输入倒角的 D 数值 50。

(5)生成倒角特征。在控制面板中，单击 ✔ 按钮，生成倒角特征，如图 5 – 27 所示。

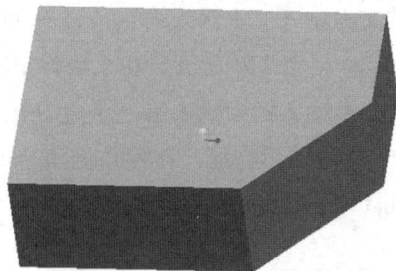

图 5 – 26　生成的角度 ×D 倒角特征　　　　图 5 – 27　生成的 45 ×D 倒角特征

5.3.2　拐角倒角

(1)选择拐角倒角命令。在主菜单中，单击"插入"→"倒角"→"拐角倒角"命令，系统弹出如图 5 – 28 所示的拐角倒角特征对话框。

(2)选择要倒角的拐角。在模型中选择组成目标拐角的一条边，系统会选择离鼠标单击位置最近的拐角进行倒角，如图 5 – 29 所示。

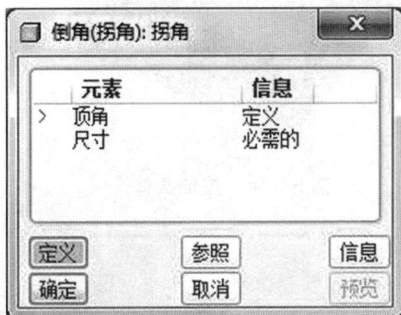

图 5 – 28　拐角倒角对话框

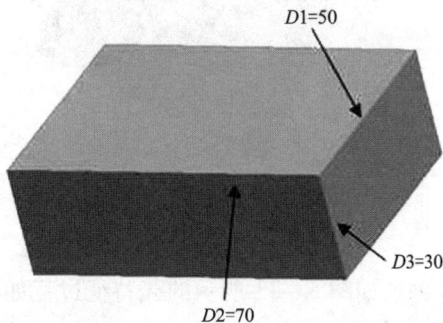

图 5 – 29　拐角倒角的 **D** 值设置

(3)输入第一边的 D 值。在"选出/输入"菜单中选择"输入"命令,如图 5-30 所示。在信息提示区的文本输入框中输入第一条边 D 的数值 50,点击倒角输入框中的✓按钮,如图 5-31 所示。

图 5-30 选出/输入菜单

图 5-31 文本输入框

图 5-32 拐角倒角特征

(4)输入第二边 D 值。在系统弹出的"选出/输入"菜单中,选择"输入"命令,在信息提示区的文本输入框中输入第二条边 D 的数值 70,选择倒角输入框中的✓按钮。

(5)输入第三边 D 值。在系统弹出的"选出/输入"菜单中,选择"输入"命令,在信息提示区的文本输入框中输入第三条边 D 的数值 30,选择倒角输入框中的✓按钮。

(6)生成倒角特征。在拐角倒角特征对话框中单击"确定"按钮,完成拐角倒角特征的创建,如图 5-32 所示。

5.4 壳特征

壳特征的功能是通过挖去实体模型的内部材料,而获得薄壁结构,如图 5-33 所示。常用于创建花瓶、茶杯、塑料制品等。

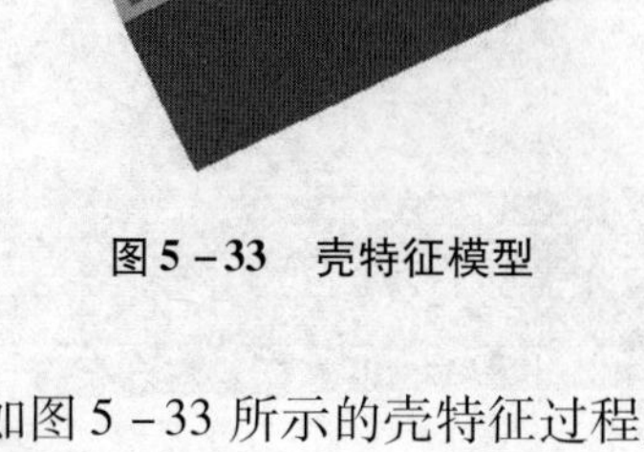

图 5-33 壳特征模型

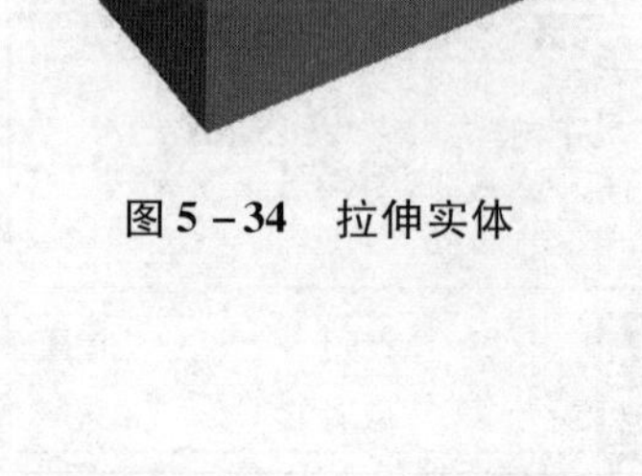

图 5-34 拉伸实体

创建如图 5-33 所示的壳特征过程如下。

1. 创建拉伸实体

使用拉伸特征创建如图 5-34 所示的实体,实体尺寸为 $100 \times 80 \times 50$,中间通孔直径为 $\phi40$。

122

2. 选取壳工具

在主菜单中单击"插入"→"壳"，或者在右侧工具栏单击壳工具按钮⊡，系统进入壳特征控制面板，如图 5 – 35 所示。

图 5 – 35　壳特征控制面板

3. 确定壳厚度及选择移除面

在控制面板的"厚度"文本框中输入壳的厚度值 3，并点选拉伸实体的上表面，作为移除面，如图 5 – 36 所示。

图 5 – 36　壳特征生成过程

4. 生成壳特征

在控制面板中单击完成按钮✔，完成壳特征的创建。

选取移除面时，如果需要移除多个表面，则须按住 Ctrl 键选取，选取的面同时显示在控制面板的"参照"列表中，如图 5 – 37 所示。如果不选取移除面，则形成封闭的空心薄壳件。

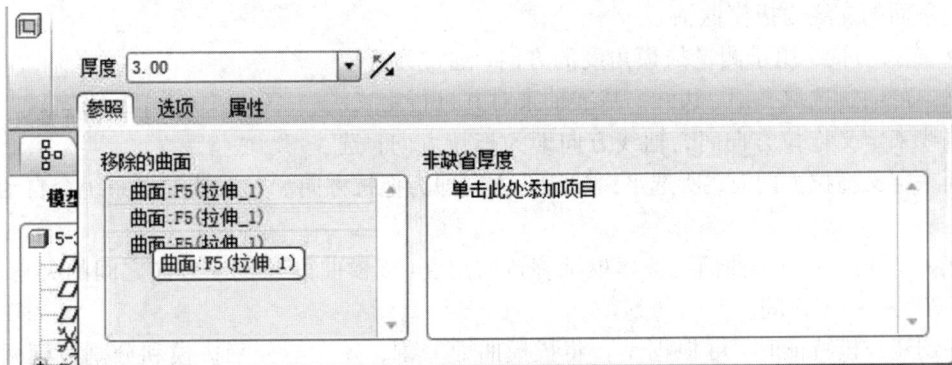

图 5 – 37　壳参照列表

如果实体各表面上壳的厚度不相同,则需要激活"非缺省厚度"列表框,如图 5 – 38 所示。激活此列表框后选取需要修改厚度的表面,并修改厚度值。

图 5 – 38　非缺省厚度设定

5.5　拔模特征

在塑料成型件、金属铸件和锻件中,为使成型件能顺利从模具中脱出,一般要求成型件与模具之间要形成一定的倾斜角,称为拔模角。拔模特征用于在模型上创建拔模角。

创建拔模特征时需要确定的参数是:拔模曲面、拔模枢轴、拖拉方向和拔模角度,如图 5 – 39 所示。

● 拔模曲面:要产生拔模特征的曲面。拔模曲面只能是平面或能展开为平面的曲面,锥面、球面等曲面不能产生拔模特征。另外,带圆角的面也不能进行拔模。

● 拔模枢轴:它是拔模曲面上的曲线,拔模曲面通过绕拔模枢轴旋转一定的角度而形成拔模特征。拔模枢轴可通过直接选取拔模曲面上的曲线来定义拔模枢轴;也可以通过选取与拔模曲面相交的平面来定义,此时,拔模曲面与选定平面的交线为拔模枢轴。

● 拖拉方向:用于测量拔模角度的方向,通常为开模的方向。可通过选取平面、边线、基准轴来对其进行定义。选取轴线来定义拖拉方向时,轴线方向即为拖拉方向;选

图 5 – 39　拔模特征参数

取平面来定义拖拉方向时,所选平面的法线方向即为拖拉方向。一般情况下系统会自动设定此项。

● 拔模角度:拔模曲面绕拔模枢轴旋转的角度(拔模曲面与拖动方向之间的夹角),其值在 – 30° ~ + 30°之间。

在创建拔模特征时,可根据是否将拔模曲面分割,分为不分割拔模和分割拔模两种方式,如图 5 – 40 所示。

下面分别介绍不分割和分割拔模特征的创建方法。

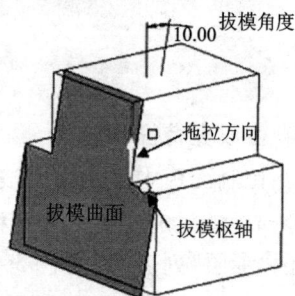

124

图 5 – 40　拔模方式

1. 创建不分割拔模特征

首先创建拉伸实体。使用拉伸特征创建拉伸实体模型，拉伸截面如图 5 – 41 所示，拉伸深度为 80。

拔模步骤如下：

1）选择拔模工具

单击右侧工具栏中的"拔模"按钮 ，或在主菜单中选择"插入"→"斜度"命令，可打开拔模特征控制面板，如图 5 – 42 所示。

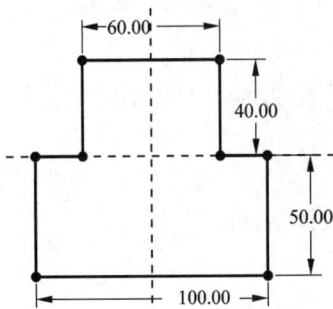

图 5 – 41　拉伸截面

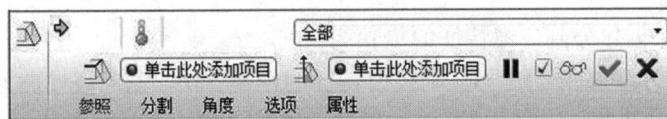

图 5 – 42　拔模特征控制面板

2）选择拔模曲面

选择拉伸特征的侧面作为拔模曲面。选择拔模曲面时，按 Ctrl 键可选取多个需要拔模的曲面。

3）定义拔模枢轴

在控制面板中单击"单击此处添加项目" ，在拉伸模型中选择台阶面来定义拔模枢轴。

4）确定拖拉方向

拔模枢轴定义完成后，系统会默认以台阶面的法线方向作为拖拉方向。此步不用定义，系统自动完成。

5）设置拔模角度

在控制面板中输入拔模角度15°，通过单击 ✕ 按钮来切换拔模角度方向。

6）完成拔模特征

在控制面板中单击完成按钮 ✔，完成不分割拔模特征。

定义拔模曲面、拔模枢轴、拖拉方向时也可以在特征控制面板的"参照"下拉列表中完成，其拔模过程如图5-43所示。

图5-43 拔模特征创建过程

2. 创建分割拔模特征

在创建拔模特征时，通过对拔模曲面进行分割可以在同一拔模曲面上创建不同的拔模特征。

创建分割拔模特征的步骤为：

（1）按照创建不分割拔模特征的创建方法，完成拔模曲面和拔模枢轴的定义。

（2）确定分割方法。

在控制面板中单击"分割"按钮，打开分割下拉列表，如图5-44所示。

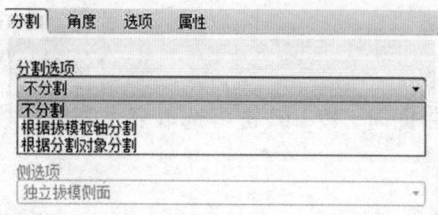

图5-44 分割下拉列表

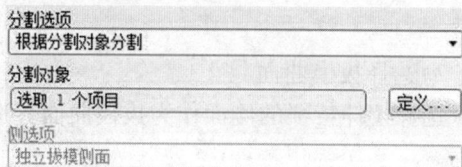

图5-45 定义分割工具

126

分割下拉列表提供了三种分割方式。

- 不分割：不对拔模曲面进行分割。
- 根据拔模枢轴分割：利用拔模枢轴将拔模曲面分成两个区域，然后分别在两个区域中制定参数创建拔模特征。
- 根据分割对象分割：使用基准平面或曲线将拔模曲面分成两个区域，然后分别在两个区域中制定参数创建拔模特征。

（3）定义分割工具

如果选择"根据分割对象分割"，将激活"分割对象"文本框，如图 5 - 45 所示，可以直接选取已有的基准平面或曲线作为分割对象，也可单击"定义"按钮，使用草绘工具创建分割对象。图 5 - 46 所示为草绘曲线作为草绘分割工具，图 5 - 47 为分割拔模效果。

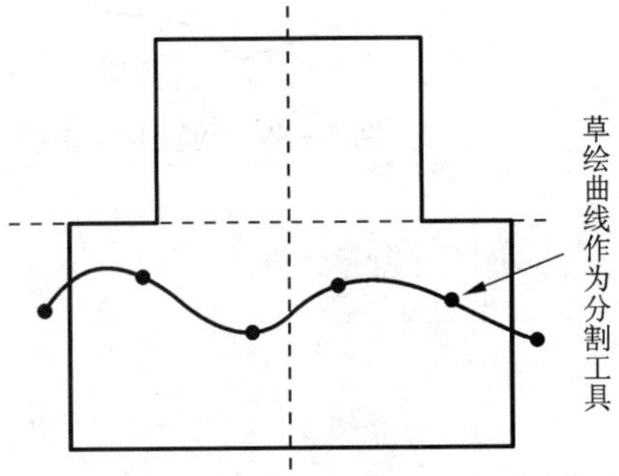

图 5 - 46　草绘分割工具

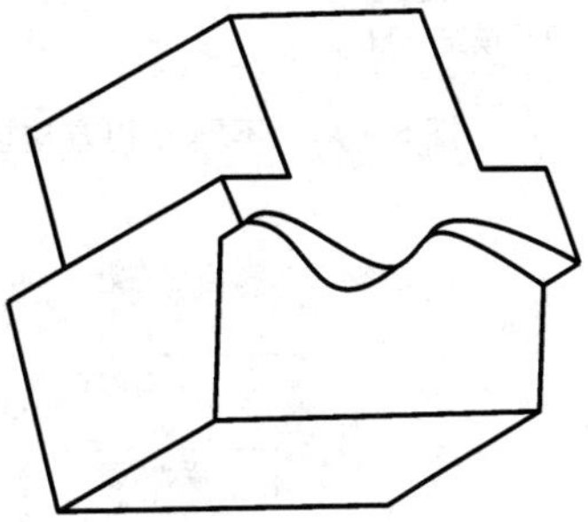

图 5 - 47　分割拔模效果

（4）确定分割属性

确定分割方法后，在"分割"下拉列表的"侧选项"列表中列出 4 种可供选择的分割处理方法。

- 独立拔模侧面：为拔模曲面的每一个分割面指定独立的拔模参数。
- 从属拔模侧面：两个分割面关于拔模枢轴进行对称拔模。
- 只拔模第一侧：仅对拖拉方向指定一侧的分割面进行拔模，另一侧保持不变。
- 只拔模第二侧：仅对与拖拉方向反方向一侧的分割面进行拔模，另一侧保持不变。

4 种不同的分割方法拔模效果如图 5 - 48 所示。

（5）完成拔模特征

在控制面板中单击完成按钮 ✔，完成分割拔模特征。

在创建拔模特征的过程中将拔模角度设定为可变的，可使一个拔模曲面中有多个不同的拔模角度，如图 5 - 49 所示。

创建可变角度拔模特征的方法为：将拔模曲面和拔模枢轴定义完成后，单击控制面板中的"角度"按钮，系统打开"角度"下拉列表，如图 5 - 50 所示。在下拉列表中的角度编号上右击鼠标，系统弹出快捷菜单，在菜单中选择"添加角度"命令，可增加一个角度控制参数。通过设置角度参数的角度值、参照及位置等数值，可控制角度参数的大小位置，从而产生不同的拔模效果。

独立拔模侧面　　　　　　　　从属拔模侧面

只拔模第一侧　　　　　　　　只拔模第二侧

图 5 - 48　不同分割方法拔模效果

图 5 - 49　可变角度拔模

图 5 - 50　角度下滑板

5.6　筋特征

筋也称为加强筋,通常用于增加零件薄弱环节的强度和刚度。如图 5 - 51 所示。

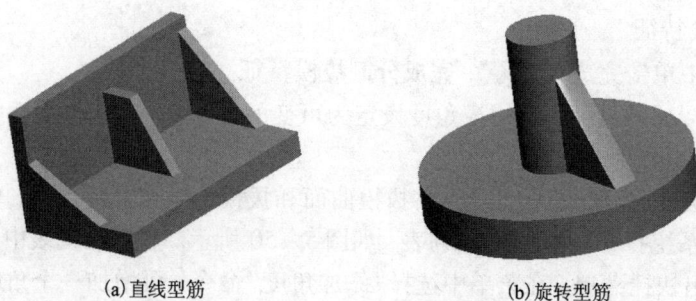

(a)直线型筋　　　　　　　　　　(b)旋转型筋

图 5 - 51　筋特征零件

创建筋特征的方法有两种:一种是轮廓筋 ,另一种是轨迹筋 。

128

5.6.1　轮廓筋

轮廓筋分为直线型筋和旋转型筋。

直线型筋：连接到平面上，筋的轮廓面为平面，如图 5 - 51(a)所示。

旋转型筋：连接到旋转曲面上，由于筋所连接的曲面是绕某一轴线旋转而成，所以筋在生成过程中也会绕此轴旋转，筋的轮廓面会产生锥面效果，如图 5 - 51(b)所示。

1. 直线型筋

下面通过如图 5 - 51(a)所示实例，介绍直线型筋的设计方法。

(1)创建拉伸特征。使用拉伸工具创建拉伸实体特征，选取 FRONT 基准面作为草绘平面，拉伸特征截面如图 5 - 52 所示，拉伸方式为对称，拉伸深度为 200，完成后的拉伸特征如图 5 - 53 所示。

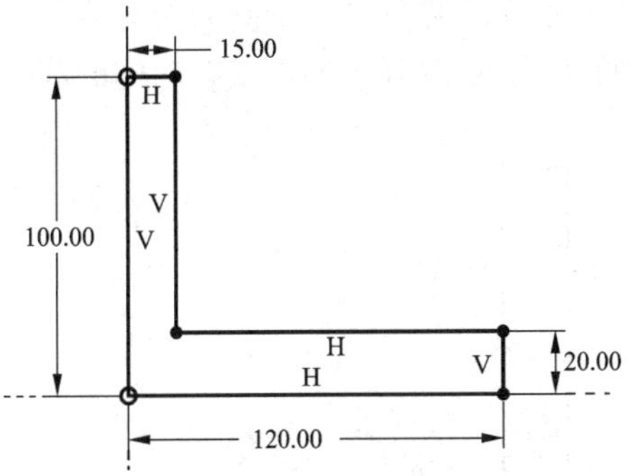

图 5 - 52　拉伸特征截面

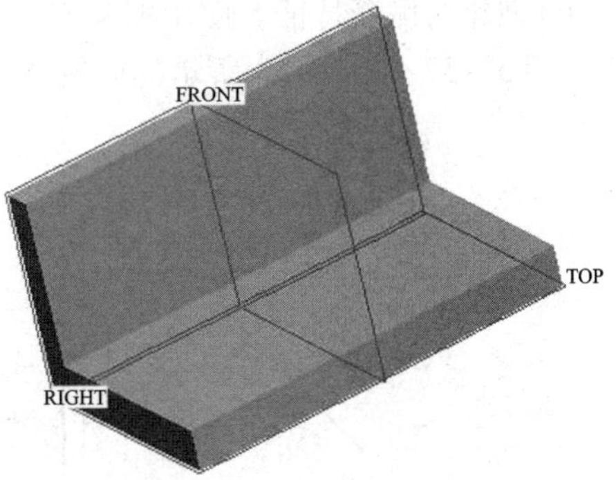

图 5 - 53　拉伸特征实体

(2)选取筋工具。在右侧工具栏中单击轮廓筋工具按钮 ◤，或在主菜单栏选取"插入"→"筋"→"轮廓筋"命令，系统打开筋工具控制面板，如图 5 - 54 所示。

定义筋的草绘　　　　　控制筋方向

图 5 - 54　筋工具控制面板

(3)绘制筋轮廓。在控制面板中单击"参照"→"定义"(或在绘图区按住鼠标右键，在弹出的快捷菜单中选择"定义内部草绘"命令)，系统弹出"草绘"对话框，选取 FRONT 基准面作为草绘平面，绘制如图 5 - 55 所示的筋轮廓。绘制筋轮廓时必须要注意，轮廓线端点必须与实体表面重合，否则无法生成筋特征。

(4)设置筋厚度。在控制面板中设置筋的厚度为 10。

(5)完成中间筋。在控制面板中单击完成按钮 ✔，完成中间筋的创建，如图 5 - 56 所示。

图 5 – 55 中间筋轮廓

图 5 – 56 中间筋特征

（6）创建两侧筋特征。使用相同方法，分别选取拉伸特征的左右两个侧面作为草绘平面，绘制如图 5 – 57、图 5 – 58 所示的筋轮廓。设定两侧筋的厚度为 10，创建左右两侧的筋特征。

图 5 – 57 右侧筋轮廓

图 5 – 58 左侧筋轮廓

在创建筋的过程中需要注意筋的生成方向，其生成方向有三种。

● 在草绘平面两侧对称生成，如图 5 – 59（a）所示。

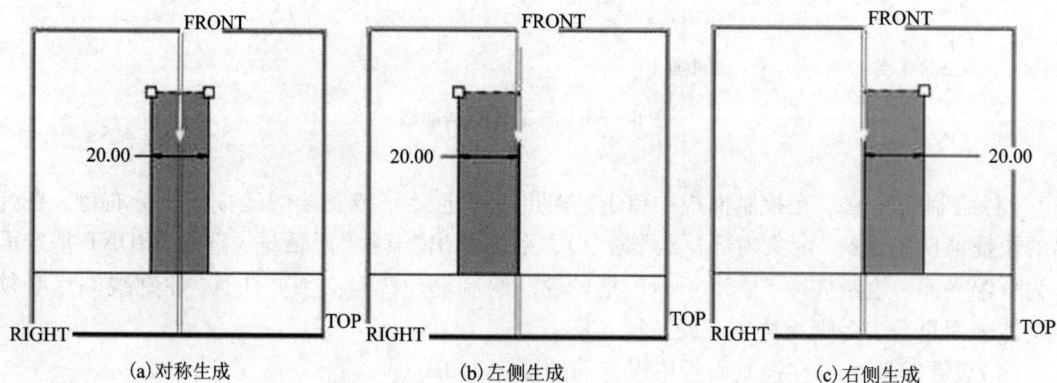

（a）对称生成　　　　　　　（b）左侧生成　　　　　　　（c）右侧生成

图 5 – 59 筋的生成方向

130

- 在草绘平面左侧生成，如图 5 - 59(b)所示。
- 在草绘平面右侧生成，如图 5 - 59(c)所示。

设置筋生成方向的方法为：在控制面板中单击筋生成方向按钮 ∠，即可在三种方式中进行切换。另外，筋只能附着在实体上生成而不能超出实体。

2. 旋转型筋

旋转型筋的创建方法与直线型筋的创建方法相同，下面通过如图 5 - 51(b)所示实例，简要介绍旋转型筋的设计方法。

(1)创建旋转特征。使用旋转工具，选取 FRONT 基准面作为草绘平面，创建旋转特征。旋转特征截面如图 5 - 60 所示。

(2)绘制筋轮廓。选取 FRONT 基准面，作为草绘平面，绘制如图 5 - 61 所示的旋转筋轮廓。

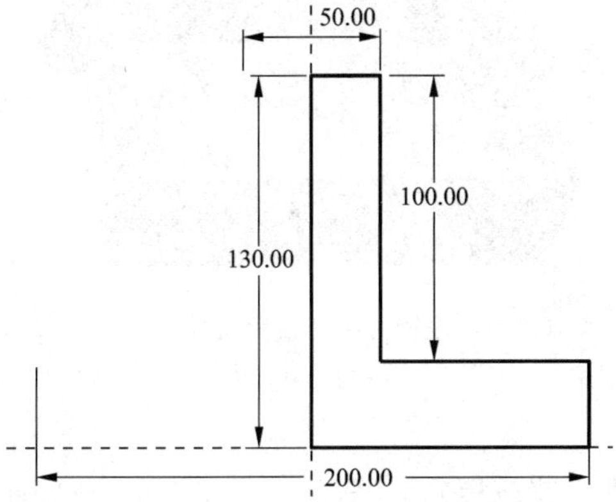

图 5 - 60　旋转特征截面

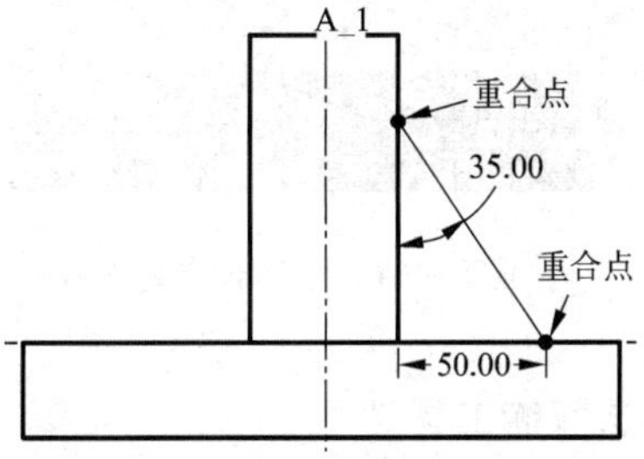

图 5 - 61　旋转筋轮廓

(3)设置筋厚度。设置筋的厚度为 10。

(4)完成旋转筋。在控制面板中单击完成按钮 ✓，完成旋转筋的创建，如图 5 - 62 所示。

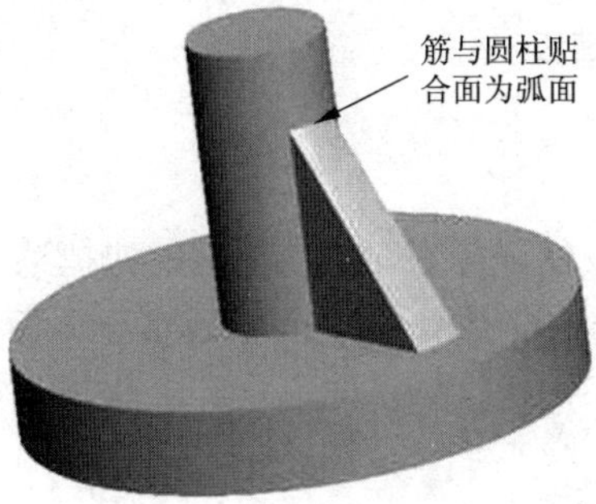

图 5 - 62　旋转筋特征

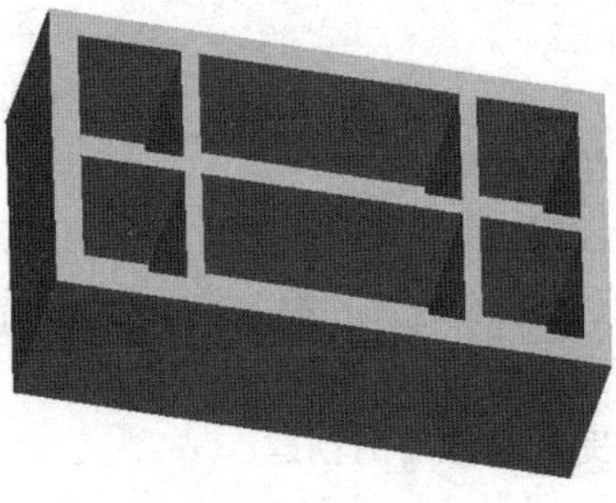

图 5 - 63　轨迹筋

131

5.6.2 轨迹筋

直线型筋每次只能创建一个筋特征，轨迹筋可同时创建多条筋。这在封闭空间中创建多条纵横交错的筋时尤为方便，如图5-63所示。

下面通过图5-63所示实例介绍轨迹筋的创建方法。

1. 创建拉伸实体

使用拉伸工具创建$100 \times 60 \times 30$的长方体，如图5-64所示。

2. 创建壳特征

使用壳工具在长方体上创建厚度为5的壳特征，如图5-65所示。

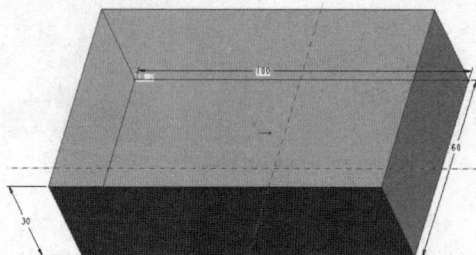

图5-64　拉伸长方体

图5-65　抽壳特征

3. 选取筋工具

在右侧工具栏中单击轨迹筋工具按钮，或在主菜单栏选取"插入"→"筋"→"轨迹筋"命令，系统打开轨迹筋工具控制面板，如图5-66所示。

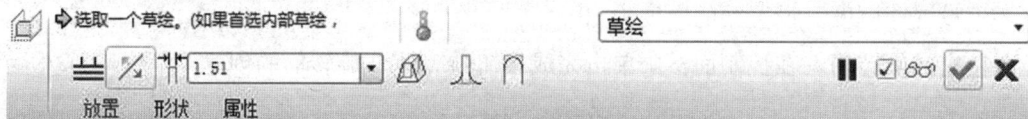

图5-66　轨迹筋控制面板

4. 绘制筋轨迹

在控制面板中单击"放置"→"定义"（或在绘图区按住鼠标右键，在弹出的快捷菜单中选择"定义内部草绘"命令），系统弹出"草绘"对话框，选取壳体开口表面作为草绘平面，绘制如图5-67所示的筋轮廓。

5. 完成轨迹筋的创建

在控制面板中设置筋的厚度为3，单击完成按钮，完成轨迹筋的创建。

绘制筋轨迹时，轨迹线的端点与实体表面重合与否不影响筋的生成。如果将筋轨迹绘制成如图5-68所示两种状态，并不影响筋的最后生成形态。

图 5 - 67 筋轮廓

(a)轨迹超出实体表面　　　　　(b)轨迹与实体表面不接触

图 5 - 68 不同形式的轨迹

另外,轨迹筋在创建过程中只需在控制面板按下相应的工具按钮,即可方便地为筋添加拔模、倒圆角等特征。

- 拔模 🔺 :为筋添加拔模特征,如图 5 - 69 所示。
- 内部倒圆角 ⋔ :为筋内部添加倒圆角特征,如图 5 - 70 所示。

图 5 - 69 添加拔模特征　　　　　图 5 - 70 添加内部倒圆角特征

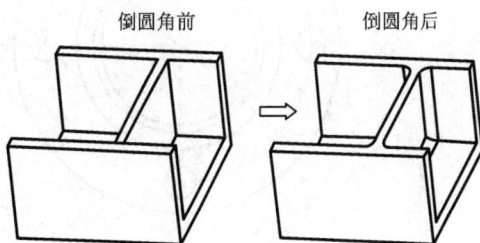

- 暴露边倒圆角 ⋒ :为筋的暴露边添加完全倒圆角特征,如图 5 - 71 所示。

完全倒圆角前　　　　　　　　　　完全倒圆角后

图 5 - 71　添加完全倒圆角特征

练习题

1. 完成如图 5 - 72 所示的实体建模。

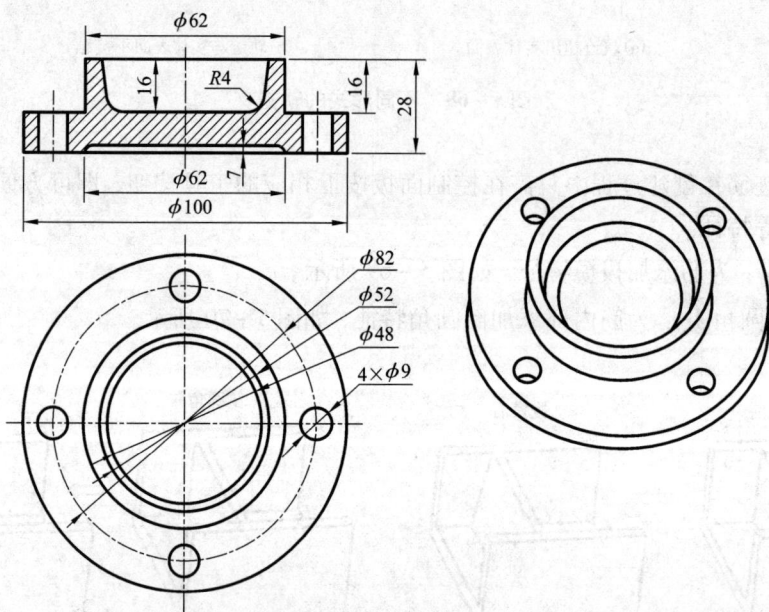

图 5 - 72　习题 1

2. 完成如图 5 - 73、图 5 - 74 所示的实体建模。

134

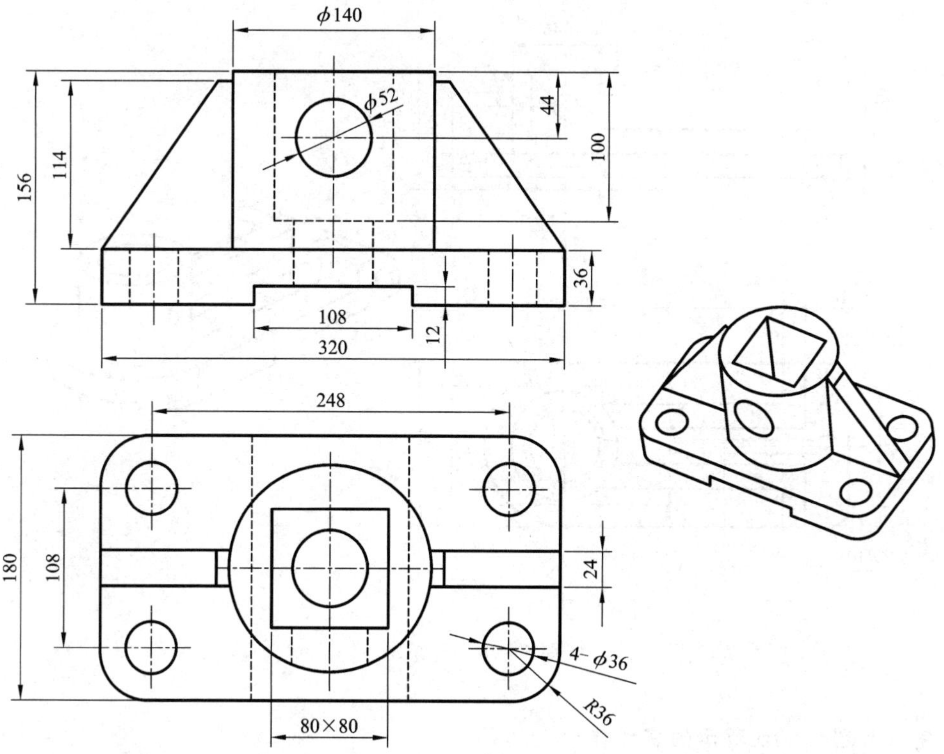

图 5 – 73 习题 2

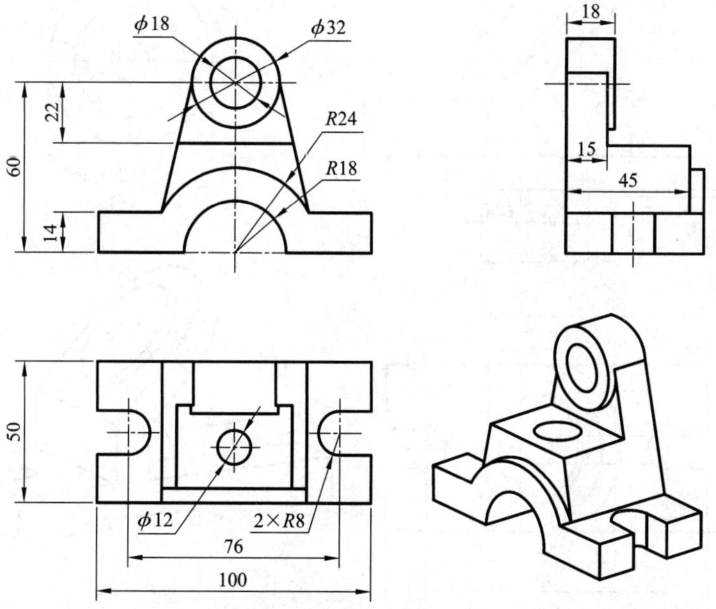

图 5 – 74 习题 2

3. 完成如图 5 - 75 所示的实体建模。

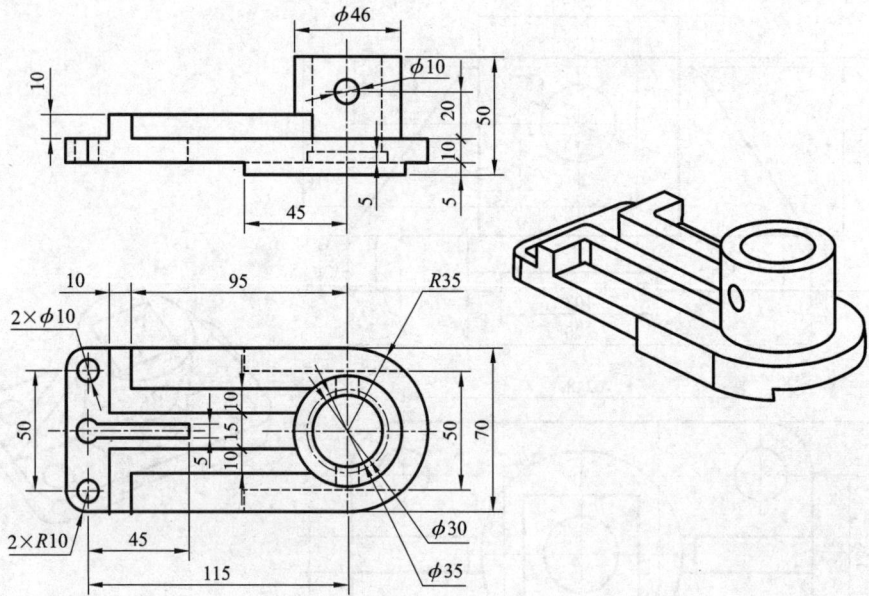

图 5 - 75　习题 3

4. 完成如图 5 - 76 所示的实体建模。

图 5 - 76　习题 4

5. 完成如图 5 – 77 所示的实体建模。

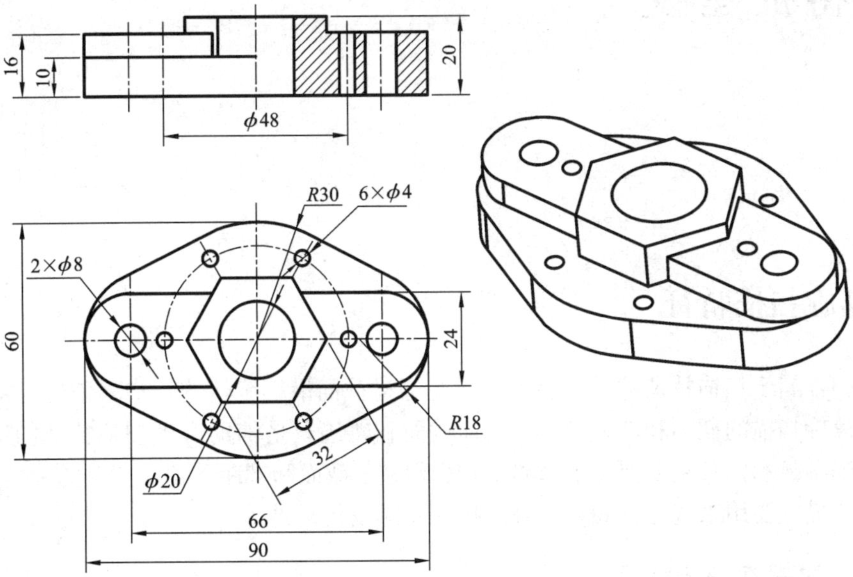

图 5 – 77 习题 5

6. 完成如图 5 – 78 所示的实体建模。

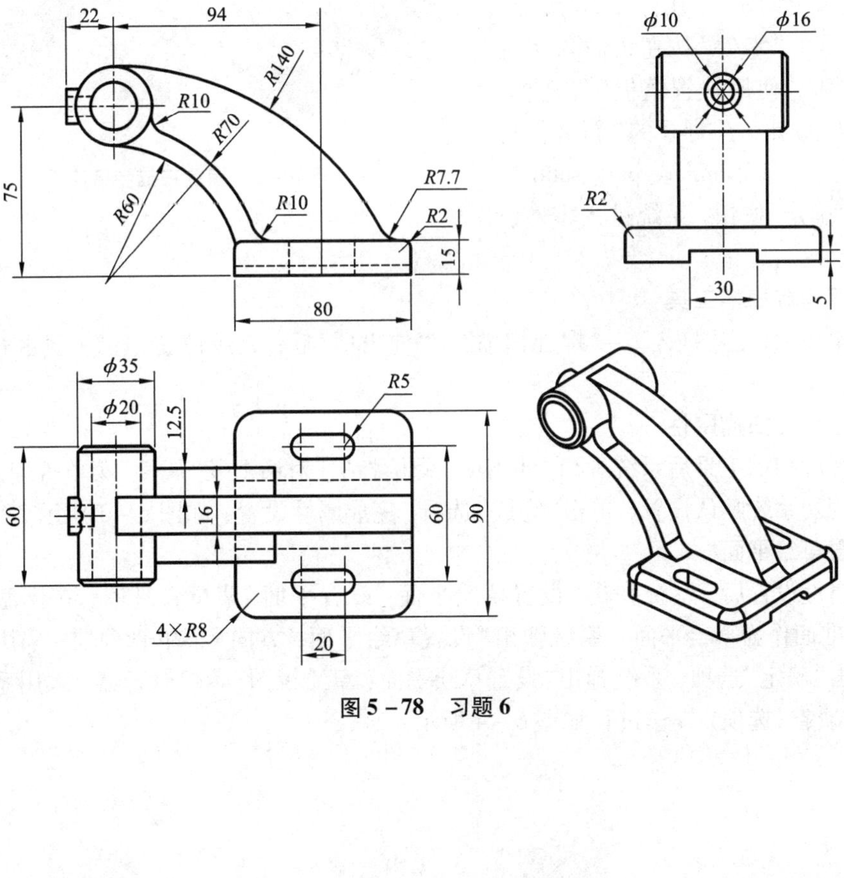

图 5 – 78 习题 6

第6章
高级特征建模

6.1 螺旋扫描特征

螺旋扫描属于扫描特征的一个特例。它是通过截面沿螺旋轨迹扫描来创建的特征。其模型主要由螺旋扫描的截面和轨迹来确定,而截面和轨迹只是辅助产生扫描特征的工具,在最终的特征中不显示。其主要要素有属性、扫引轨迹、截面和螺距等。

螺旋扫描主要用来建立弹簧、螺纹连接件及螺纹传动件等。

6.1.1 创建螺旋扫描特征

下面通过图6-1中所示的弹簧实例来介绍螺旋扫描特征创建过程。

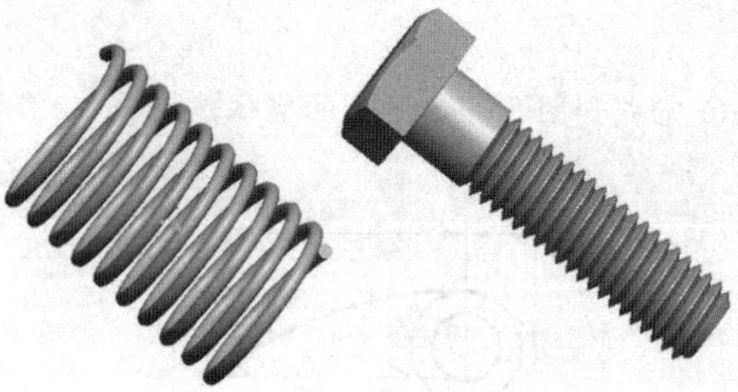

1. 建立新文件

单击"新建"图标,在打开的"新建"对话框中选中"零件"按钮,输入文件名,取消选中"使用缺省模板"复选框,单击"确定"按钮,在打开的"新文件选项"对话框中,选用 mmns_part_solid 模板。单击"确定"按钮,系统进入零件设计界面。

图 6-1 螺旋扫描特征实例

2. 选取螺旋扫描工具

在主菜单中单击"插入"→"螺旋扫描"→"伸出项"后,完成螺旋扫描工具的选取,如图6-2所示。

3. 设置螺旋扫描属性

选取螺旋扫描工具后系统弹出"伸出项:螺旋扫描"对话框及"属性"菜单管理器,在菜单管理器中接受系统默认设置,单击"完成"选项,完成属性设置,如图6-3所示。

4. 设置草绘平面

完成属性设置后,系统弹出"设置草绘平面:设置平面"菜单管理器,在模型树中选取FRONT基准面作为草绘平面。系统弹出"设置草绘平面:方向"菜单管理器,采用系统默认方向。单击"确定"选项,系统弹出"设置草绘平面:草绘视图"菜单管理器,采用系统默认设置,单击"缺省"选项,操作过程如图6-4所示。

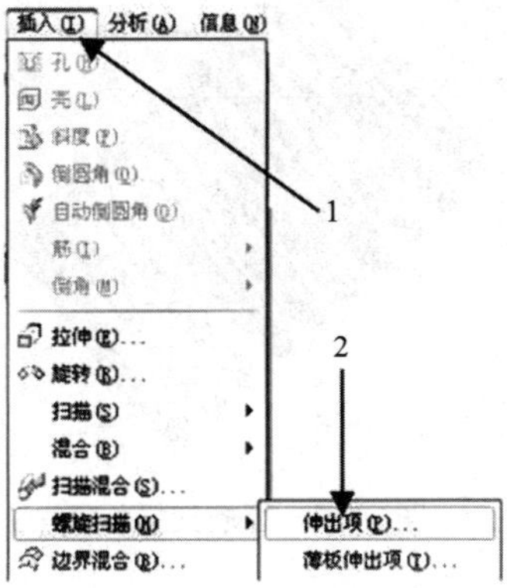

图 6 - 2　选取螺旋扫描工具

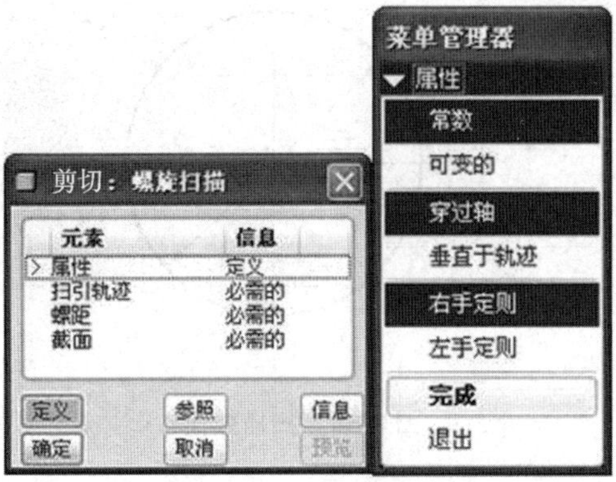

图 6 - 3　设置属性

5. 绘制扫引轨迹

完成草绘平面设置后，系统进入草绘环境，首先使用中心线按钮 ，绘制一条竖直中心线，作为螺旋扫描特征的旋转轴线，然后绘制一条扫引轨迹，如图 6 - 5 所示。

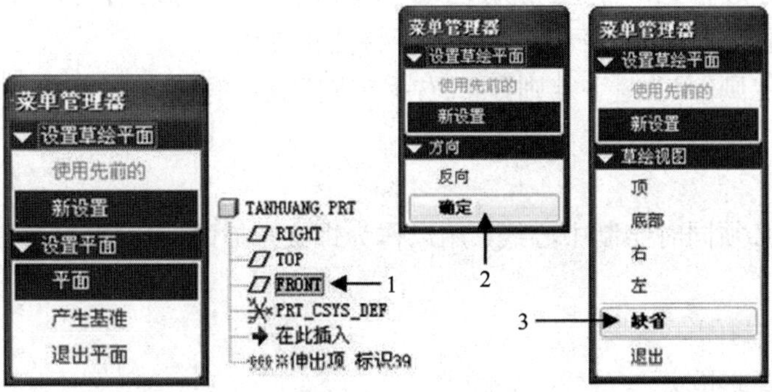

图 6 - 4　草绘平面设置

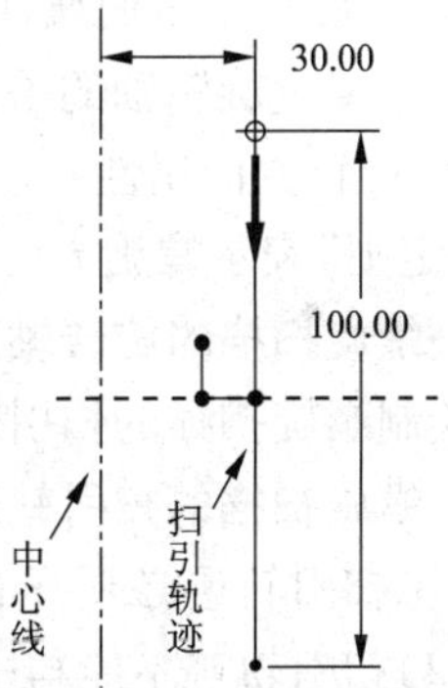

图 6 - 5　扫引轨迹

6. 确定螺距

扫引轨迹绘制完成后，单击右侧工具栏中的完成按钮 ，完成扫引轨迹的定义，系统弹出文本框提示输入螺距，在文本框中输入螺距值 10，单击文本框右侧按钮 。

7. 绘制扫描截面

确定螺距后，系统进入草绘环境，在扫引轨迹的扫描起点绘制如图 6 - 6 所示的扫描截面。

8. 完成螺旋扫描特征的创建

绘制完扫描截面后，单击右侧工具栏中的完成按钮 ，系统返回"伸出项：螺旋扫描"对话框，在对话框中单击"确定"按钮，完成螺旋扫描特征的创建，如图 6 - 7 所示。

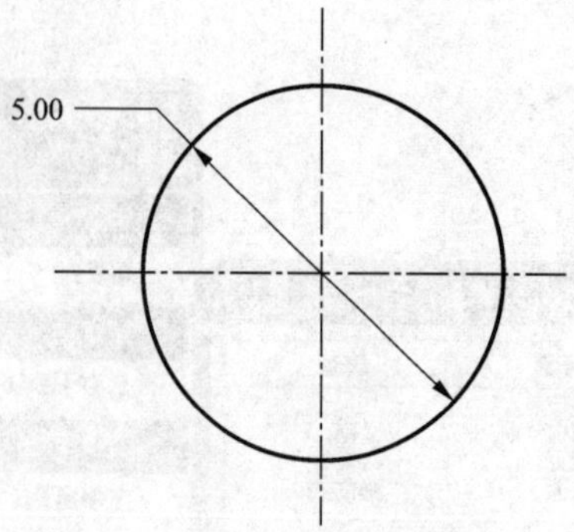

图 6 - 6　扫描截面

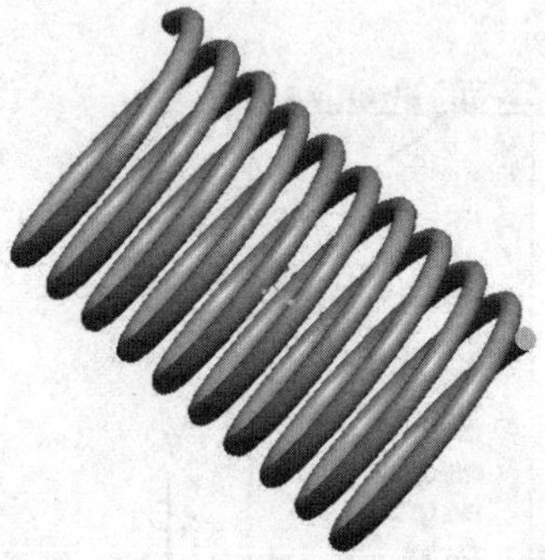

图 6 - 7　螺旋扫描特征

6.1.2　螺旋扫描特征要素

1. 螺旋扫描特征的属性

螺旋扫描特征的属性有 3 组，共 6 个。其含义为：

- 节距属性：分为"常数"和"可变的"。"常数"表示螺旋扫描特征的节（螺）距为常数。"可变的"表示螺旋扫描特征的节（螺）距为可变的。
- 螺旋扫描截面属性：分为"穿过轴"和"垂直于轨迹"。"穿过轴"表示螺旋扫描特征的截面位于穿过旋转轴的平面内。"垂直于轨迹"表示截面垂直于特征轨迹线。
- 旋转方向属性：分为"右手定则"和"左手定则"。"右手定则"表示螺旋方向为右旋。"左手定则"表示螺旋方向为左旋。

2. 螺旋扫描的旋转轴

绘制螺旋扫描的扫引轨迹时，必须同时绘制中心线，用以作为螺旋扫描的旋转轴。

3. 螺旋扫描的扫引轨迹

（1）扫引轨迹必须开放，不允许封闭。

（2）扫引轨迹不能与中心线垂直或相交。

4. 螺旋扫描的截面

螺旋扫描的截面必须为封闭截面。

6.1.3　螺旋扫描特征应用实例

使用螺旋扫描特征创建如图 6 - 8 所示的六角头螺栓 M10 ×40，其螺距为 1.5，螺纹长度为 32，其创建过程如图 6 - 9 所示。

1. 新建文件

新建一个文件，将文件命名为"LUOSHUAN"。取消"使用缺省模板"，选用"mmns_part_solid"模板。

2. 创建六角头拉伸特征

（1）选择拉伸特征。单击右侧工具栏的拉伸按钮 🔲，选取拉伸工具。

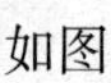

（2）选择草绘平面。选择 FRONT 基准面作为草绘平面。

（3）绘制拉伸截面。系统进入草绘环境后，绘制如图 6 - 10 所示的拉伸截面。

140

（4）完成拉伸特征。绘制完拉伸截面后，单击右侧工具栏完成按钮 ✔ ，完成截面绘制。系统返回拉伸控制面板，在面板中输入拉伸深度 6.6，单击面板右侧的完成按钮 ✔ ，完成拉伸特征的创建，如图 6 – 11 所示。

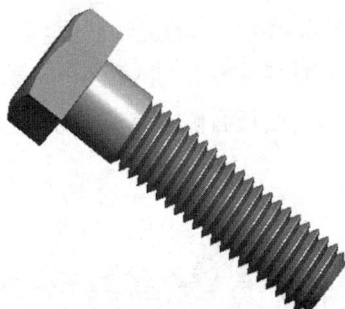

图 6 – 8　螺栓模型

图 6 – 9　螺栓模型创建过程

图 6 – 10　拉伸截面

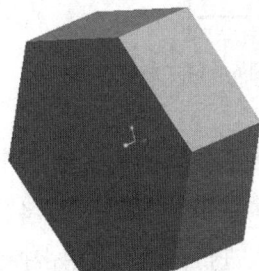

图 6 – 11　六角头拉伸实体

3. 创建螺杆毛坯

（1）选择旋转特征。单击右侧工具栏的旋转按钮 ⬥ ，选取旋转工具。

（2）选择草绘平面。选择 RIGHT 基准面作为草绘平面。

（3）绘制旋转截面。系统进入草绘环境后，绘制如图 6 – 12 所示的旋转截面。

（4）完成旋转特征。绘制完旋转截面后，单击右侧工具栏完成按钮 ✔ ，完成截面绘制。系统返回旋转控制面板，在面板中输入旋转角度 360°，单击面板右侧的完成按钮 ✔ ，完成旋转特征的创建，如图 6 – 13 所示。

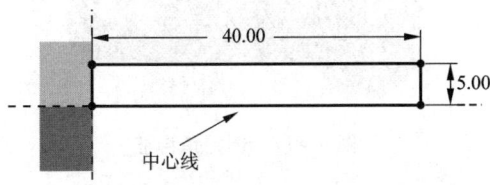

图 6 – 12　旋转截面

图 6 – 13　螺杆毛坯

4. 创建六角头倒斜角

(1)选择旋转特征。单击右侧工具栏的旋转按钮 ⬦，选取旋转工具，在旋转控制面板上单击去除材料按钮 ◹。

(2)选择草绘平面。选择 RIGHT 基准面作为草绘平面。

(3)绘制旋转截面。系统进入草绘环境后，绘制如图 6-14 所示的旋转截面。

(4)完成旋转特征。绘制完旋转截面后，单击右侧工具栏完成按钮 ✓，完成截面绘制。系统返回旋转控制面板，在面板中输入旋转角度 360°，单击面板右侧的完成按钮 ✓，完成旋转特征的创建，如图 6-15 所示。

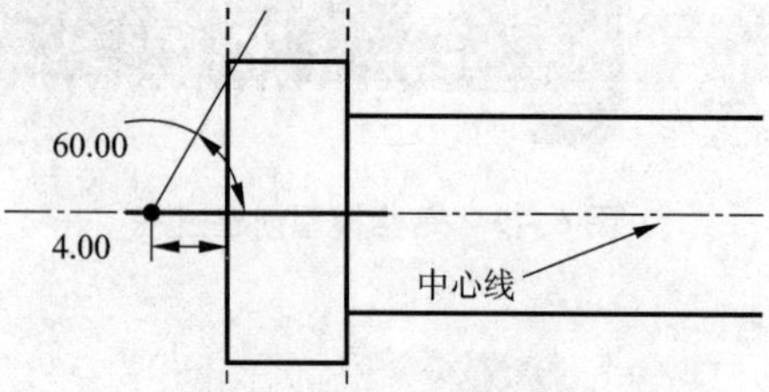

图 6-14 旋转截面

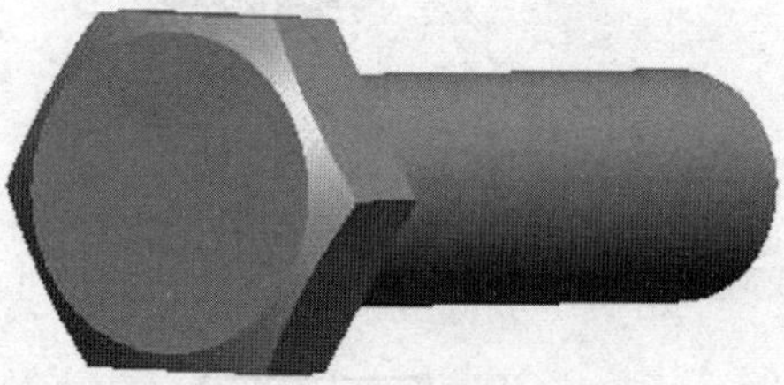

图 6-15 六角头斜角特征

5. 创建螺杆端部倒角

单击右侧工具栏的倒角图标 ◹，弹出倒角控制面板，在控制面板中输入倒角值 1.5，选择螺杆端部边线进行倒角，并单击控制面板右侧的完成按钮 ✓，生成的倒角特征如图 6-16 所示。

6. 创建倒圆角

单击右侧工具栏的倒圆角图标 ◹，弹出倒圆角控制面板，在控制面板中输入倒圆角半径值 0.40，选择螺杆毛坯与六角头的交线进行倒圆角，并单击控制面板右侧的完成按钮 ✓。生成的倒圆角特征如图 6-17 所示。

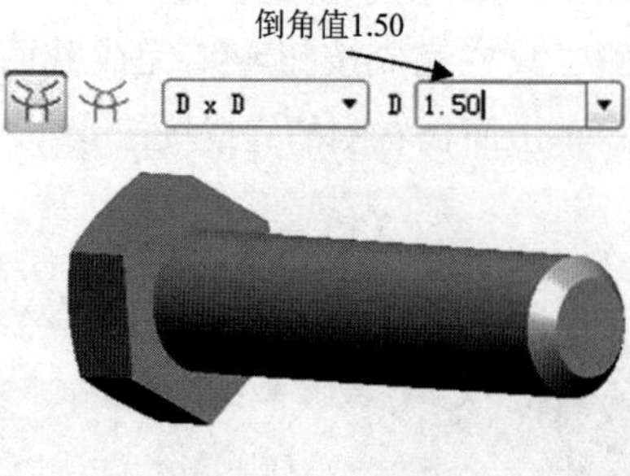

图 6-16 倒角特征

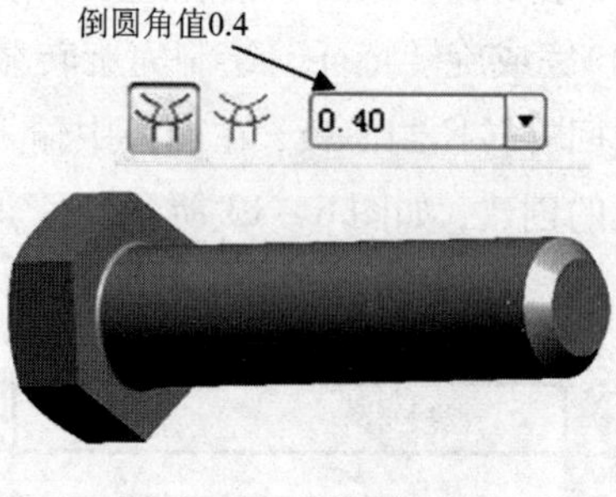

图 6-17 倒圆角特征

7. 创建螺纹特征

(1)选择类型扫描特征。在主菜单中单击"插入"→"螺旋扫描"→"切口"，完成螺旋扫

142

描工具的选取，如图 6 – 18 所示。

（2）设置螺旋扫描属性。选取螺旋扫描工具后系统弹出"剪切：螺旋扫描"对话框及"属性"菜单管理器，在管理器中接受系统默认设置，单击"完成"选项，完成属性设置，如图 6 – 19所示。

图 6 – 18　选择螺旋扫描特征　　　　　　　图 6 – 19　螺旋扫描设置属性

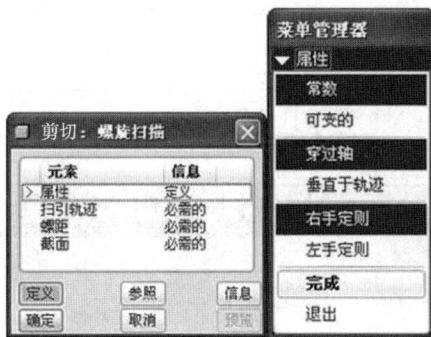

（3）设置草绘平面。完成属性设置后，系统弹出"设置草绘平面：设置平面"菜单管理器，在模型树中选取 RIGHT 基准面作为草绘平面。系统弹出"设置草绘平面：方向"菜单管理器，采用系统默认方向，单击"确定"选项。系统弹出"设置草绘平面：草绘视图"菜单管理器，同样采用系统默认设置，单击"缺省"选项。操作过程如图 6 – 20 所示。

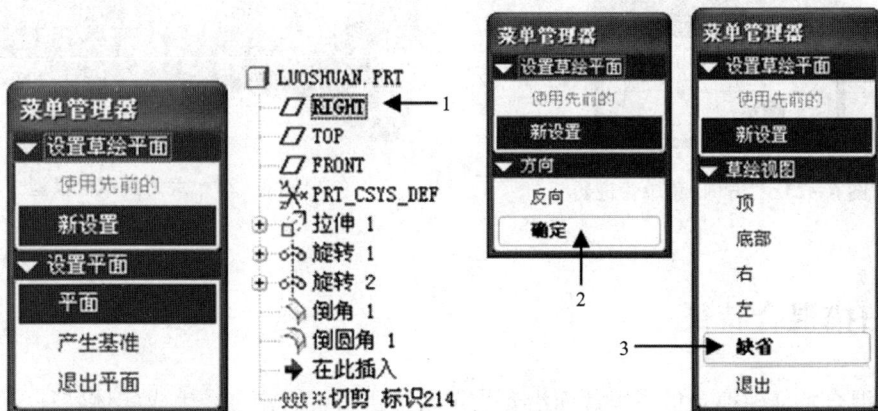

图 6 – 20　设置草绘界面

（4）绘制扫引轨迹。完成草绘平面设置后，系统进入草绘环境。首先使用中心线按钮，绘制一条竖直中心线，作为类型扫描特征的旋转轴线，然后绘制一条扫引轨迹，如图 6 – 21 所示。

(5)确定螺距。扫引轨迹绘制完成后,单击右侧工具栏中的完成按钮✔,完成扫引轨迹的定义。系统弹出文本框提示输入螺距,在文本框中输入螺距值1.50,单击文本框右侧按钮✔。

(6)绘制扫描截面。确定螺距后,系统进入草绘环境,在扫引轨迹的扫描起点绘制边长为1.35的等边三角形,如图6-22所示。此处需注意扫描截面边长不要超过螺距值,否则会出现特征创建失败。

图6-21 螺旋扫描扫引轨迹

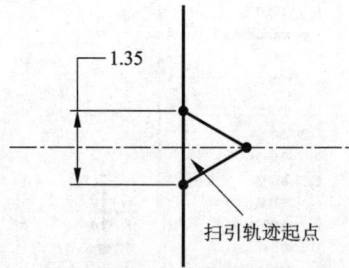

图6-22 螺纹截面

(7)完成螺旋扫描特征的创建。绘制完扫描截面后,单击右侧工具栏中的完成按钮✔,系统弹出如图6-23所示的"方向"菜单管理器,选择菜单管理器中的"确定"选项。系统返回"剪切:螺旋扫描"对话框,在对话框中单击"确定"按钮,完成螺旋扫描特征的创建,如图6-24所示。

图6-23 "方向"菜单管理器

图6-24 六角头螺栓模型

6.2 扫描混合特征

扫描混合特征建模是指一组截面沿着指定轨迹进行混合渐变,生成实体特征,但由于沿轨迹的扫描截面是可变的,因此该特征既有扫描效果又有混合效果。创建扫描混合特征的过程中只能有一条轨迹线,轨迹线可以为草绘曲线、基准曲线或边的链。在轨迹线上至少要有两个以上参考点(包括端点),另外至少要有两个扫描截面,且截面的线条段数必须相等。

下面通过图6-25所示的吊钩模型来介绍扫描混合特征的创建方法,图6-26为吊钩模型的创建过程。

图 6 – 25　吊钩模型

图 6 – 26　吊钩创建过程

1. 新建文件

新建一个文件，并将文件命名为"DIAOGOU"。

2. 绘制扫描曲线

单击右侧工具栏的草绘工具 ，系统弹出"草绘"对话框；选择 FRONT 基准面作为草绘平面，接受系统的默认设置；单击对话框中的"草绘"按钮进入草绘环境，绘制如图 6 – 27 所示的曲线，在此曲线上共有 5 个参考点(包括 2 个端点)。

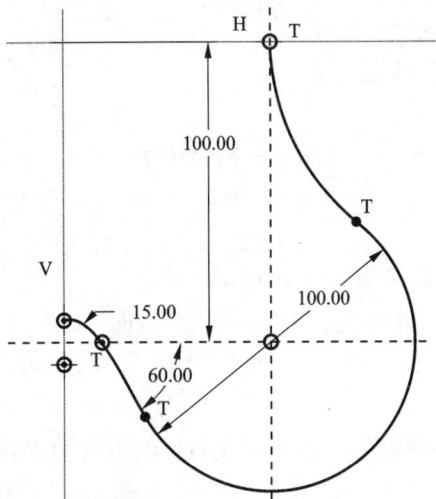

图 6 – 27　扫描混合曲线

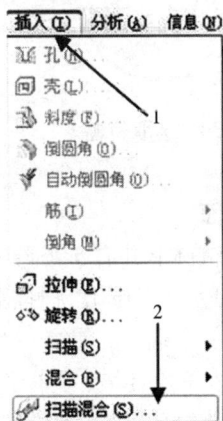

图 6 – 28　择扫描混合工具

3. 选择扫描混合工具

绘制完扫描混合曲线后，单击右侧工具栏中的完成按钮 ，完成扫描曲线的绘制。在主菜单栏中选择"插入"→"扫描混合"命令,如图 6 - 28 所示,系统弹出如图 6 - 29 所示的"扫描混合"控制面板。

图 6 - 29 扫描混合控制面板

4. 选取扫描混合曲线

在"扫描混合"控制面板中单击实体按钮 ☐,将特征的类型设置为"实体",单击刚绘制好的扫描曲线,选取曲线作为轨迹,其过程如图 6 - 30 所示。

图 6 - 30 选取轨迹

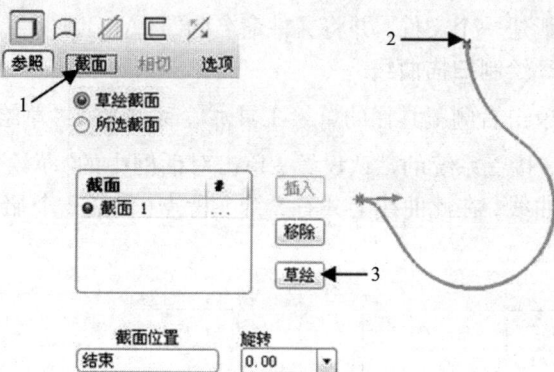

图 6 - 31 设置第一个截面位置

5. 绘制截面

因为这条轨迹上共有 5 个参考点,所以此特征需要绘制 5 个截面。

(1)绘制截面 1。单击"扫描混合"控制面板上的"截面"选项卡,打开"截面"下拉列表。单击轨迹的第一个端点,使第一个截面放置在此端点处。单击"截面"下拉列表中的"草绘"按钮,系统进入草绘环境,其操作过程如图 6 - 31 所示。

系统进入草绘环境后,绘制如图 6 - 32 所示的椭圆截面,绘制完成后,单击右侧工具栏中的完成按钮 ✔,完成第一个截面的绘制。

(2)绘制截面 2。完成步骤 1 后,在"截面"下拉列表中单击"插入"按钮,增加第二个截面。在绘图区单击曲线轨迹的第二个参考点,将第二个截面放置在此点处。单击"截面"下拉列表中的"草绘"按钮,系统进入草绘环境,其操作过程如图 6 - 33 所示。

系统进入草绘环境后,绘制如图 6 - 34 所示的圆截面。绘制完成后,单击右侧工具栏中的完成按钮 ✔,完成第二个截面的绘制。

146

（3）绘制截面 3。按照步骤 2 的方法，将第三个截面放置在轨迹的第三个参考点处，然后绘制截面 3。点 3 的位置及截面 3 如图 6 – 35 所示。

（4）绘制截面 4、截面 5。按照同样的方法绘制截面 4 和截面 5。截面 4 是直径 15.00 的圆，其位置如图 6 – 36 所示，截面 5 是直径 3.00 的圆，其位置如图 6 – 37 所示。

图 6 – 32　截面 1

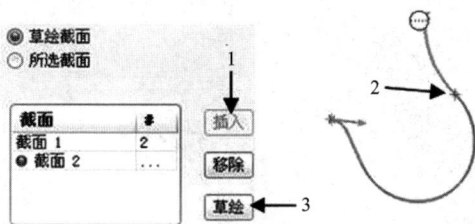

图 6 – 33　设置第二个截面位置

图 6 – 34　截面 2

图 6 – 35　截面 3

图 6 – 36　截面 4

图 6 – 37　截面 5

6. 完成扫描混合特征

将所有截面绘制完成后，单击"扫描混合"控制面板右侧的完成按钮 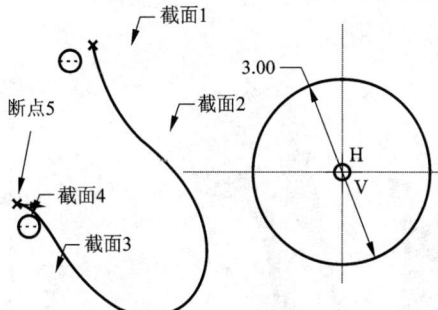，完成该特征，完成后的特征如图 6 – 38 所示。

7. 使用拉伸创建吊环特征

1）创建吊环主体结构

单击右侧工具栏中的拉伸工具按钮 ，选择 FRONT 基准面作为草绘平面，进入草绘环境，绘制如图 6 – 39 所示的直径为 50.00 圆截面。绘制完成后单击右侧工具栏的完成按钮，设置拉伸方式为对称拉伸 ，拉伸深度为40，单击"拉伸"控制面板中的完成按钮 。
完成吊环主体结构，完成后的模型如图6-40所示。

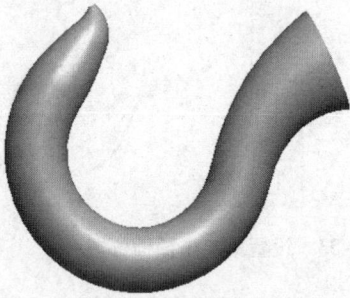

图6-38　扫描混合特征

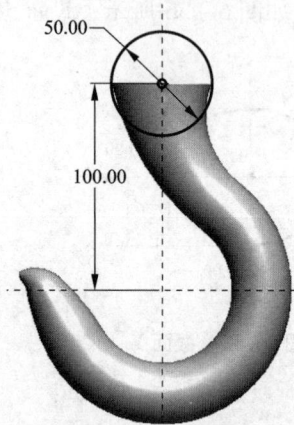

图6-39　圆截面

2）创建吊环圆孔结构

单击右侧工具栏中的拉伸工具按钮 ，并在"拉伸"控制面板中按下"去除材料"按钮
，选择FRONT基准面作为草绘平面，进入草绘环境，绘制如图6-41所示的直径为30.00
的圆截面，绘制完成后单击右侧工具栏的完成按钮 。设置拉伸方式为对称拉伸 ，拉伸
深度为40.00，单击"拉伸"控制面板中的完成按钮 ，完成吊环主体结构，如图6-42所示。

图6-40　吊环主体结构

图6-41　圆截面

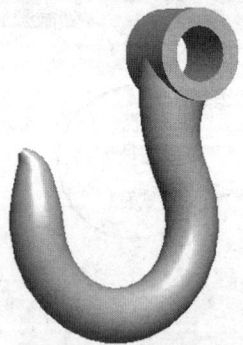

图6-42　吊环结构

8. 倒圆角

在右侧工具栏中选择倒圆角工具 ，并设置倒圆角半径为5.00，选择吊钩与吊环之间
的相贯线进行倒圆角。

6.3　可变截面扫面特征

可变截面扫描可在沿一个或多个选定轨迹扫描剖面时通过控制剖面的方向、旋转和几何来添加或移除材料,可使用恒定截面或可变截面创建扫描。

可变截面(variable section):指将草绘图元约束到其他轨迹(中心平面或现有几何),或使用由 trajpar 函数设置的截面关系来使草绘可变,草绘所约束到的参照可改变截面形状。另外,以图形或关系(由 trajpar 设置)定义标注的样式也能使草绘可变。草绘在轨迹点处再生,并相应更新其形状。

恒定剖面(constant section):指在沿轨迹扫描的过程中,草绘的形状不变,仅截面所在框架的方向发生变化。

可变剖面扫描工具的主元件是截面轨迹。草绘剖面定位于附加至原点轨迹的框架上,并沿轨迹长度方向移动以创建几何。原点轨迹以及其他轨迹和其他参照(如平面、轴、边或坐标系的轴)定义截面沿扫描的方向。

框架实质上是沿着原点轨迹滑动并且自身带有要被扫描截面的坐标系,坐标系的轴由辅助轨迹和其他参照定义。"框架"非常重要,因为它决定着草绘沿原点轨迹移动时的方向。"框架"由附加约束和参照(如"垂直于轨迹"、"垂直于投影"和"恒定法向")定向(沿轴、边或平面)。

Pro/E 5.0 将草绘截面相对于这些参照放置到某个方向,并将其附加到沿原点轨迹和扫描截面移动的坐标系中。

6.3.1　可变截面扫描特征的操作步骤

可变截面扫描工具的基本工作如下:
(1)创建并选取扫描参考轨迹。
(2)打开"可变截面扫描"工具。
(3)根据需要添加轨迹。
(4)指定截面以及水平和垂直方向控制。
(5)草绘截面进行扫描。
(6)预览几何并完成特征。
下面以墨水瓶如图 6 - 43 所示为例介绍可变截面扫描。

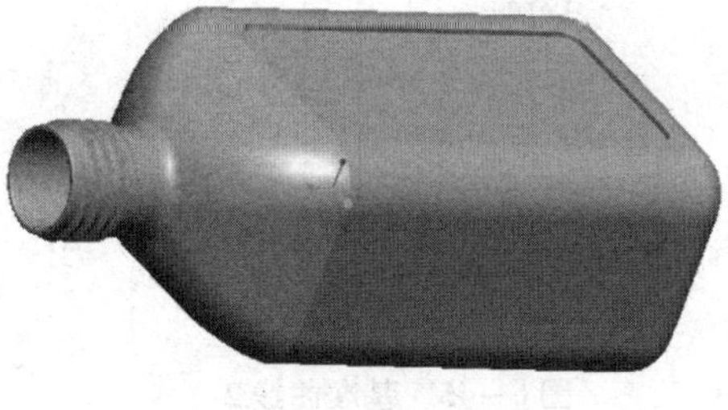

图 6 - 43　墨水瓶模型

6.3.2　可变截面扫描特征实例

(1)单击下拉菜单"插入"→"模型基准"→"草绘",系统弹出"草绘"对话框,如图 6 - 44 所示。单击该对话框中的"草绘",选择 FRONT 草绘基准面,绘制一条中心线,其尺寸为 180。创建原始轨迹曲线 1 后再创建基准曲线 2,如图 6 - 45 所示。选 RIGHT 基准面绘制基准曲线 3,如图 6 - 46 所示。

149

图 6 - 44　可变截面扫描"插入"→"模型基准"→"草绘"

图 6 - 45　基准曲线 2

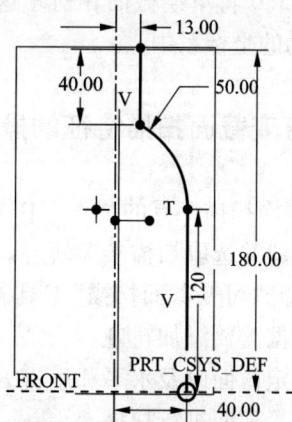

图 6 - 46　基准曲线 3

（2）单击下拉菜单"编辑"→"特征操作"→"复制"→"镜像"→选择 TOP 平面为镜像平面，镜像基准曲线 2、3"完成"。分别创建基准曲线 4、基准曲线 5，镜像后如图 6 - 48 所示。

（3）单击下拉菜单"插入"→"可变剖面扫描"，系统弹出"变剖面扫描"操控板，如图 6 - 49所示；单击控制面板上的"参照"→"细节"，系统弹出"链"对话框，在图形区选择创建第一条原始轨迹线曲线；单击该对话框中"添加"，选择创建第二条曲线；同理，选择创建第3、4、5 条曲线，单击"确定"。

150

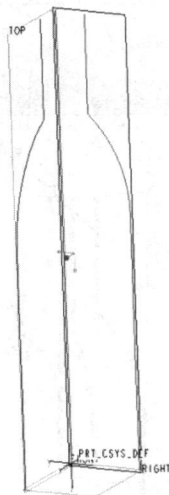

图 6 - 47　镜像基准曲线 2、3

图 6 - 48　镜像后的基准曲线 4、5

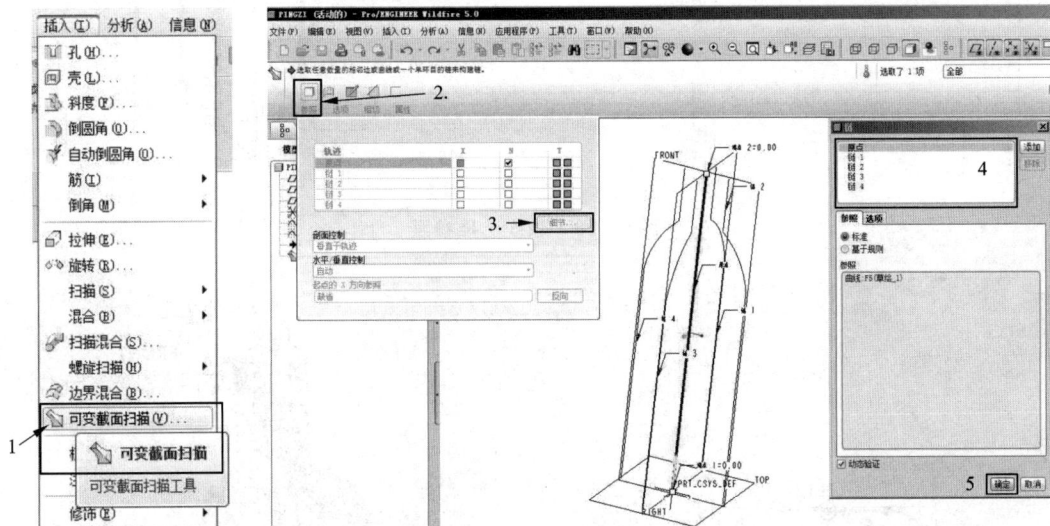

图 6 - 49　"插入"→"可变截面扫描"

（4）单击"变剖面扫描"操控板中的"参照"，选择中间的第一条轨迹线作为原点，再按住 Ctrl 键依次选中参照线 2、3、4、5 作为链 1、链 2、链 3、链 4；在"剖面控制"中，选择"垂直于轨迹"；在"水平/垂直控制"中选择"自动"，如图 6 - 50 所示。

（5）在操控板下拉列表中选择"创建扫描剖面"图标，过四曲线顶点画一矩形，并倒圆角，如图 6 - 51 所示，→"勾选"由曲面改变为实体，→"勾选"，生成瓶体如图 6 - 52 所示。

（6）倒圆角瓶底（R10 mm）瓶口/瓶身处（R5 mm），瓶身前后两侧拉伸凹块，抽壳（1.5 mm）。

（7）单击下拉菜单"插入"→"螺旋扫描"→"伸出项"→"常数"→"穿过轴"→"右手定则"→"完成"，如图 6 - 53 所示。选择 FRONT 平面作为草绘轨迹的平面，"正向"→"缺省"，将模型用线框模式显示，画扫引轨迹直线 1 和中心线，如图 6 - 54 所示。输入螺距（3.5 mm），画一三角形的剖面，剖面确定后生成瓶口处螺纹如图 6 - 55 所示。

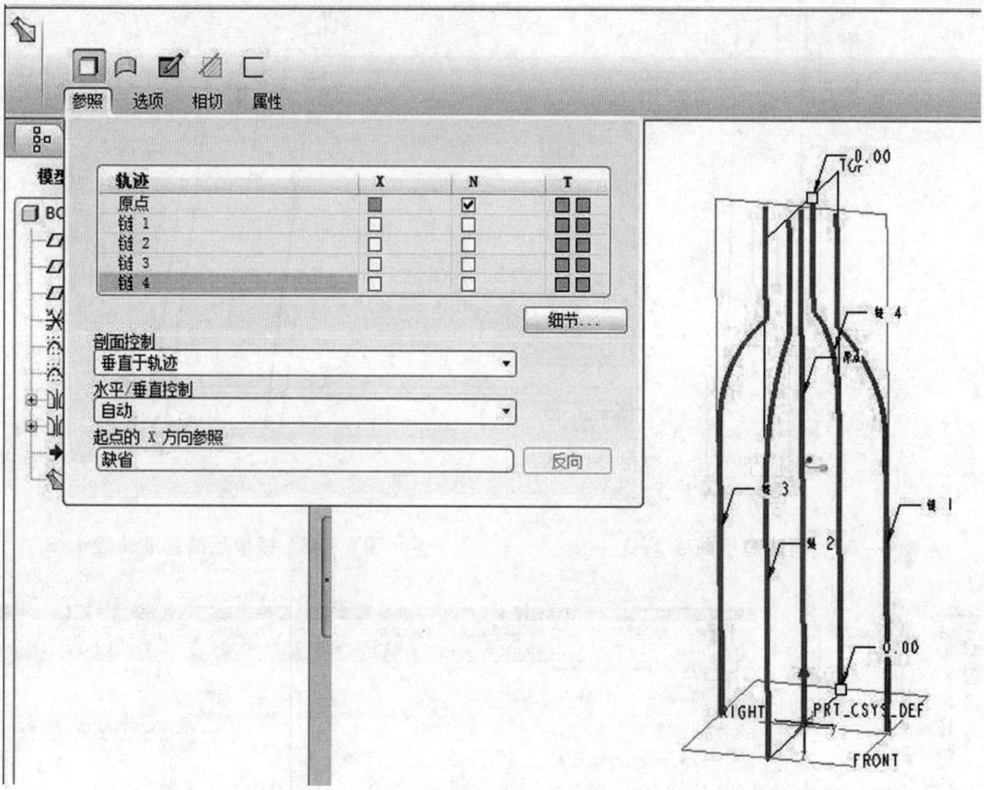

图 6 - 50 依次选择参照

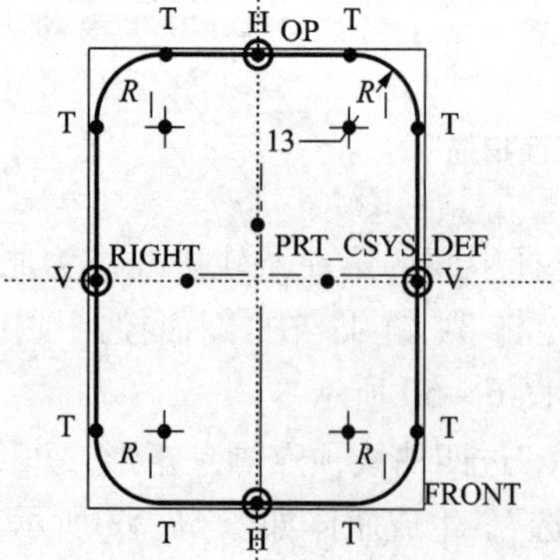

图 6 - 51 创建扫描剖面

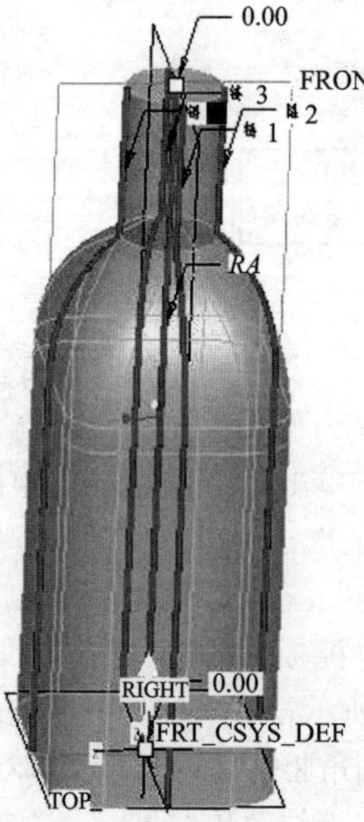

图 6 - 52 变截面扫描出瓶体

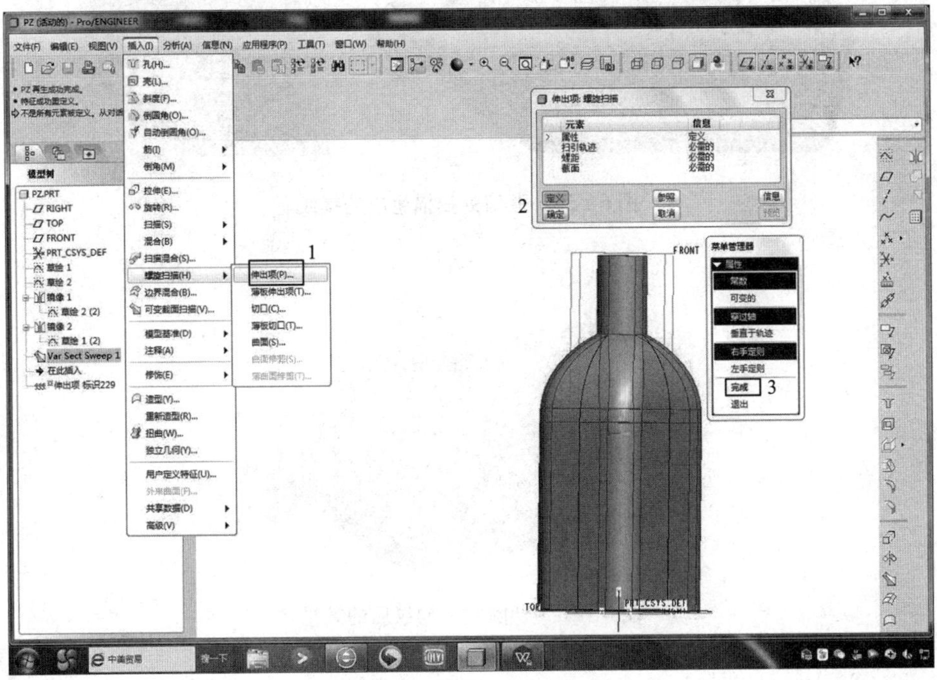

图 6 - 53　设置瓶口处的螺纹

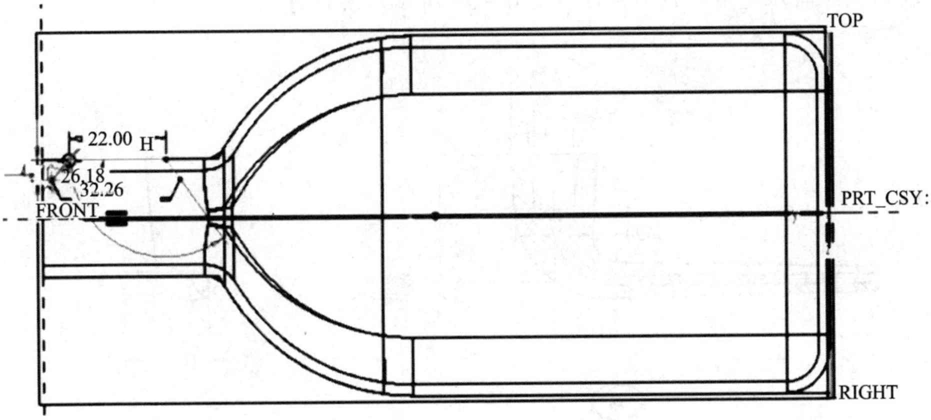

图 6 - 54　瓶口处的螺旋扫描扫引轨迹

(8)旋转切除多余螺纹部分画一矩形,宽为 12.45 mm,长为 40 mm 将多余螺纹部分切除如图 6 - 56 所示。

图 6 – 55　瓶口处扫描生成的螺纹

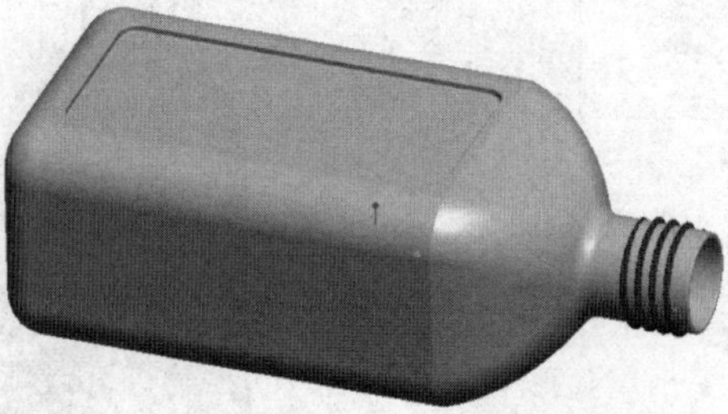

图 6 – 56　切除瓶内螺纹后的效果

练习题

1. 利用高级特征完成如图 6 – 57 – 图 6 – 59 所示的实体建模。

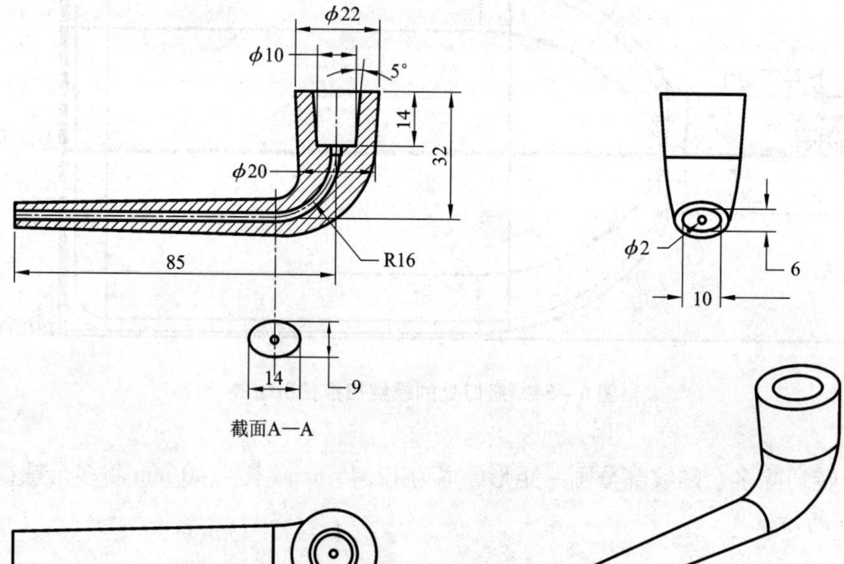

截面A—A

图 6 – 57　烟斗零件

154

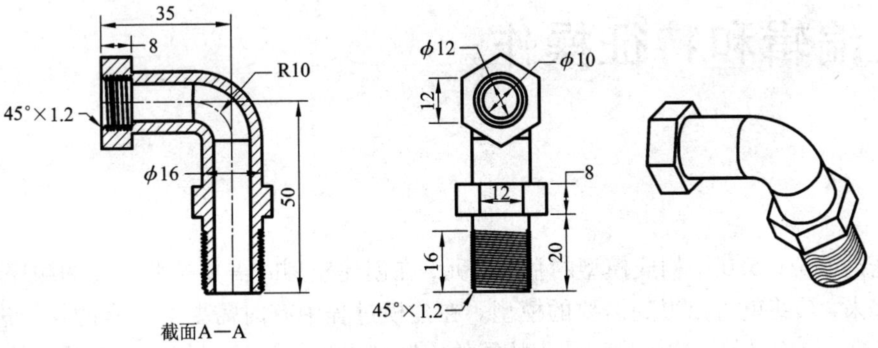

图 6 – 58　管接头零件

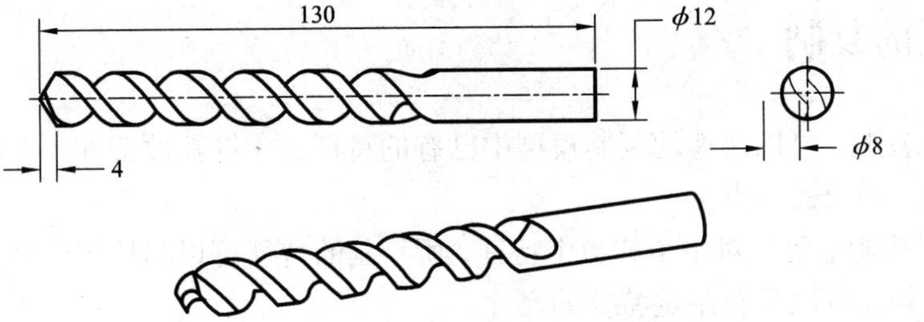

图 6 – 59　钻头零件

第7章
特征编辑和特征操作

特征是 Pro/E 5.0 中构成模型的基本单元，在创建模型时需要按照一定的顺序将特征逐步叠加起来，最终就可以得到需要的模型。在建模过程中有时需要对已有的特征进行复制、阵列、修改、重定义等，这些过程称为特征的编辑与操作。设计者如能合理的对特征进行编辑与操作，可以大大简化设计过程，提高设计效率。

7.1　特征的复制

通过特征复制，可以快速地复制模型中已有的特征，并将其放置在一个新位置上。特征复制具有快速、高效的特点。

特征复制功能主要针对单个或数个特征，所复制的特征可以与原来的特征有不同的放置面和参照面，并且可以重新制定特征的尺寸。

特征复制工具的选取方法为：

在主菜单中单击"编辑"→"特征操作"选项，系统弹出"特征"菜单管理器，选择"复制"选项后，系统弹出"复制特征"菜单，如图 7 - 1 所示。

在菜单管理器中有特征复制方法、选取特征的方式和特征的从属关系三组选项。

特征复制方法有 4 种：新参照、相同参考、镜像和移动。

- 新参照：重新选取特征的放置面和参照面，并可修改、复制特征的几何尺寸。
- 相同参考：使用与原特征相同的放置面和参照面来复制特征。
- 镜像：利用镜像的方法对特征进行复制。
- 移动：以平移或旋转的方式来复制特征。

在实际应用中，使用较多的特征复制方法是"镜像"和"移动"，其无须重新定义特征的参照且操作较为简单。

选取特征方式有：选取、所有特征、不同模型、不同版本和自继承。

- 选取：在目前模型上直接选取要复制的特征。
- 所有特征：选取目前模型中的所有特征，仅在镜像和移动时才可使用。
- 不同模型：选取另一文件模型上的特征进行复制，仅在新参照时使用。
- 不同版本：选取同一模型的不同版本中的特征进行复制。
- 自继承：从继承特征中复制特征。

特征的从属关系有：独立和从属两种。

- 独立：复制后的特征与原特征尺寸间相互独立，彼此无关。
- 从属：复制后的特征与原特征的尺寸相互关联，如果重新定义原特征或新复制特征，另一特征也会相应改变。

图7-1　特征复制工具

7.1.1　新参照复制特征

使用新参照方式进行特征复制时，允许重新选择特征的放置面和参考面，也可以重新定义复制特征的几何尺寸。图7-2所示为要复制的孔特征及其相关尺寸，使用新参照的方式复制完成后的另一个孔特征如图7-3所示。

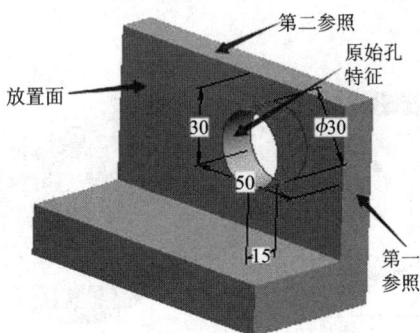

图7-2　原始孔特征

图7-3　复制孔特征

复制过程如下。

（1）创建拉伸实体

拉伸截面如图7-4所示，拉伸厚度为120。

（2）创建孔特征

根据图 7 - 2 所示的尺寸，在拉伸特征上创建孔特征。

（3）进入新参照复制环境

在主菜单中单击"编辑"→"特征操作"，系统弹出"特征"菜单管理器，在管理器中选择"复制"选项后显示"复制特征"菜单，设置菜单选项为"新参照/选取/独立"，单击管理器中的"完成"按钮。

（4）选取复制特征

系统打开"选取特征"菜单管理器，在模型中选取孔特征，在菜单管理器中单击"完成"按钮，完成孔特征的选取。如图 7 - 5 所示。

图 7 - 4　拉伸截面

图 7 - 5　选取复制特征

（5）选取需要修改的特征尺寸

系统弹出"组元素"对话框及"组可变尺寸"菜单管理器，管理器中列出了孔特征的定位尺寸及形状几何尺寸，并同时在绘图区显示孔特征的所有尺寸。在菜单管理器中选择需要修改的特征尺寸 Dim 1 ~ Dim 4，单击菜单管理器中的"完成"按钮，如图 7 - 6 所示。

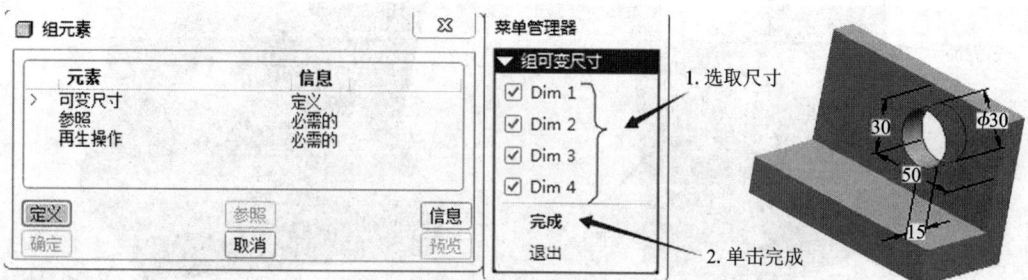

图 7 - 6　选取特征尺寸

（6）修改复制特征尺寸

系统弹出文本输入框，提示输入修改后的 Dim 1 ~ Dim 4 值，分别将 Dim 1 ~ Dim 4 的值设置为：20、20、20 和 60。

158

（7）选取新放置面和新参照

系统打开"参考"菜单管理器，设置管理器选项为"替换"，在此分别指定新的放置面和新参照，如图 7 - 7 所示。

（8）完成特征的复制

在系统弹出的"组放置"菜单管理器中单击"完成"按钮，系统返回"特征"菜单管理器，单击"完成"按钮，完成特征的复制，如图 7 - 8 所示。

图 7 - 7　选取放置面和参考

4. 特征复制结果

2. 组放置完成　　3. 特征复制完成

图 7 - 8　完成特征的复制

7.1.2　相同参考复制特征

使用相同参考方式进行特征的复制时，复制特征的放置面和参考面与原始特征完全相同，只需改变特征的定位尺寸和定型尺寸即可。

其创建方法与使用新参照方式进行复制特征类似，只是不需要指定新的放置面和参考面。

如上例中，使用相同参考方式进行孔特征的复制，在步骤 3 中需要将"复制特征"菜单选项设置为"相同参考/选取/独立",如图7-9所示；在步骤6中将Dim 1～Dim 4的值分别设置为：20、25、15和90；在这里没有步骤7，最终效果如图7-10所示。

7.1.3 镜像复制特征

使用镜像复制方式，可以对模型的若干特征进行镜像复制，常用于建立对称特征的模型。镜像复制特征的创建方法如下：

(1)创建拉伸实体

拉伸截面如图7-11所示，采用对称拉伸，拉伸深度为100。

(2)创建筋特征

在拉伸特征上创建厚度为10的筋特征，筋特征尺寸及其模型如图7-12所示。

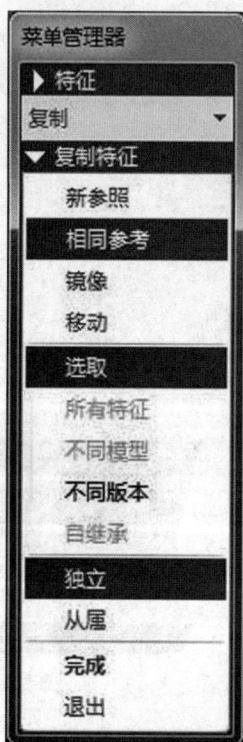

图7-9 复制特征选项设置

图7-10 相同参考复制特征

图7-11 拉伸截面

(3)进入镜像复制环境

在主菜单中单击"编辑"→"特征操作"，系统弹出"特征"菜单管理器，选择"复制"选项后显示"复制特征"菜单，设置菜单选项为"镜像/选取/独立"，单击管理器中的"完成"按钮。

(4)选取复制特征

系统打开"选取特征"菜单管理器，在模型树中按Ctrl键选取步骤1中创建的拉伸特征和步骤2中创建的筋特征，然后在菜单管理器中单击"完成"按钮，完成特征的选取，如图7-13所示。

160

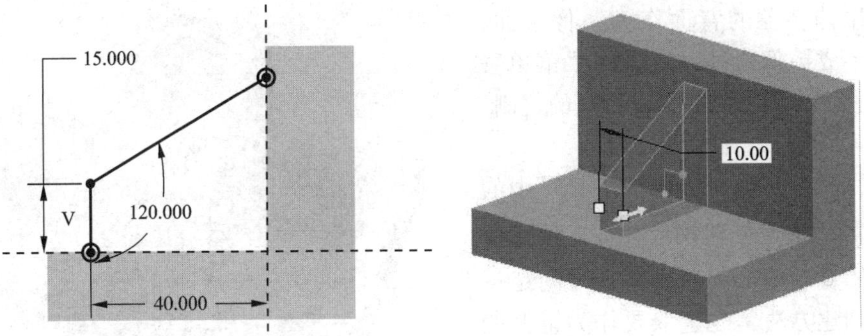

图 7 – 12　筋轮廓

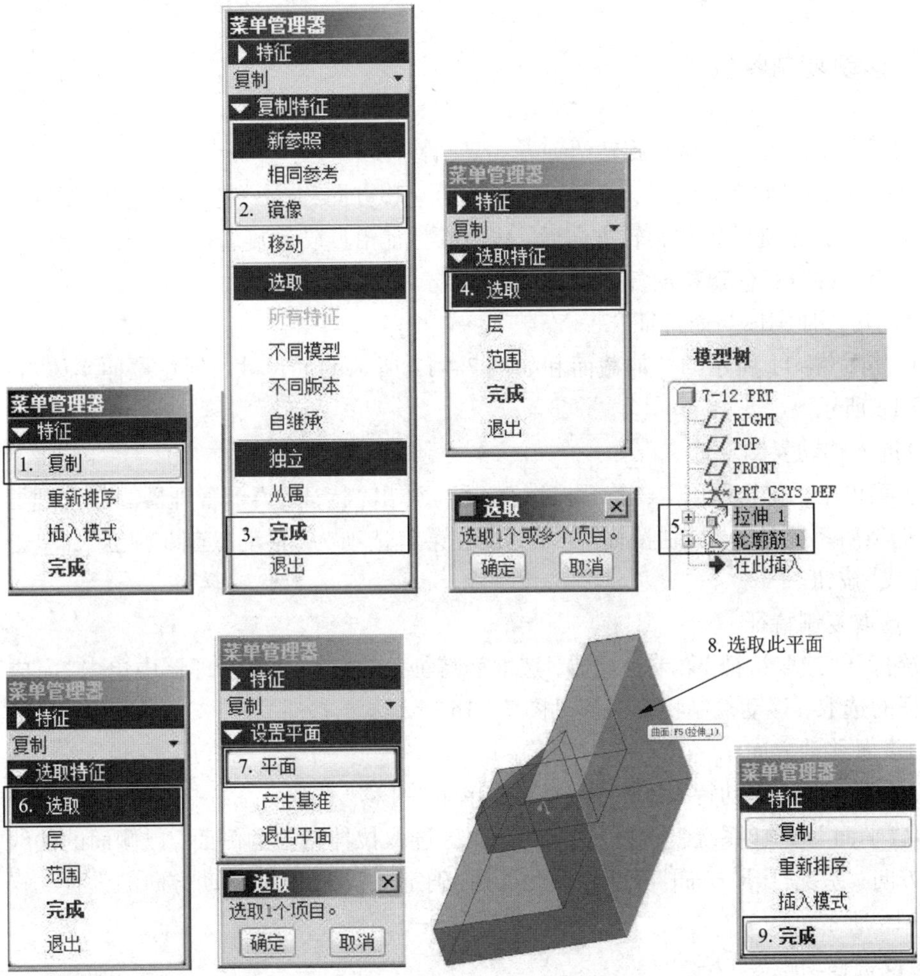

图 7 – 13　选取原始特征

（5）选取镜像平面并完成镜像复制

选取拉伸特征的背面作为镜像平面，相同自动生成镜像特征，在"特征"菜单管理器，单击"完成"按钮，完成特征的复制，如图7－14所示。

另外，也可使用右侧特征工具栏中的镜像按钮 ，快速创建镜像特征。使用该方法创建的复制特征与原始特征之间是从属关系。创建方法是先选取要作为镜像的特征，然后单击特征工具栏中的镜像按钮 ，打开镜像控制面板，选取或建立镜像

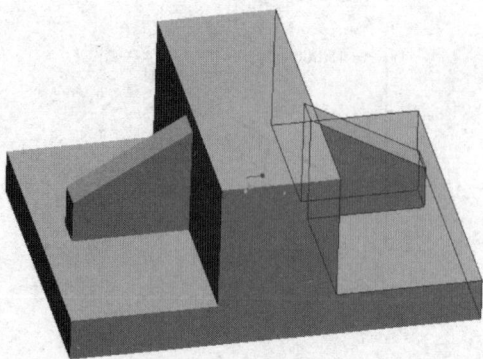

图7－14 选取镜像平面

平面，单击控制面板中的完成按钮 ，完成镜像特征的创建。

7.1.4 移动复制特征

移动复制特征提供平移和旋转两种方式复制特征。

- 平移：指定平移方向后，将原始特征按照平移方向移动一定距离，创建新特征。
- 旋转：指定旋转轴和旋转方向后，将原始特征沿旋转轴旋转一定角度，创建新特征。

1. 使用平移方式创建移动复制特征

（1）创建拉伸实体与筋特征

使用如图7－11所示的拉伸截面和如图7－12所示的筋尺寸，创建拉伸实体与筋特征，如图7－12所示。

（2）进入移动复制环境

在主菜单中单击"编辑"→"特征操作"，系统弹出"特征"菜单管理器。在管理器中选择"复制"选项后系统显示"复制特征"菜单，设置菜单选项为"移动/选取/独立"，单击管理器中的"完成"按钮。

（3）选取复制特征

系统打开"选取特征"菜单管理器，选取筋特征，然后在菜单管理器中单击"完成"按钮，完成特征的选取，移动复制特征过程见图7－15所示。

（4）设置移动方向

在系统弹出的"移动特征"菜单管理器中单击"平移"选项，系统打开"一般选取方向"菜单，选取"平面"选项（系统默认此项）；在绘图区选取拉伸特征的侧面，以侧面的法线方法作为移动方向；系统打开"方向"菜单，在此选择"确定"选项，完成移动方向的设置。操作过程如图7－16所示。

（5）设置移动距离

在弹出的文本输入框中输入移动距离45，单击输入框的完成按钮，系统返回"移动特征"选项框，在此选择"完成移动"选项，如图7－17所示。

162

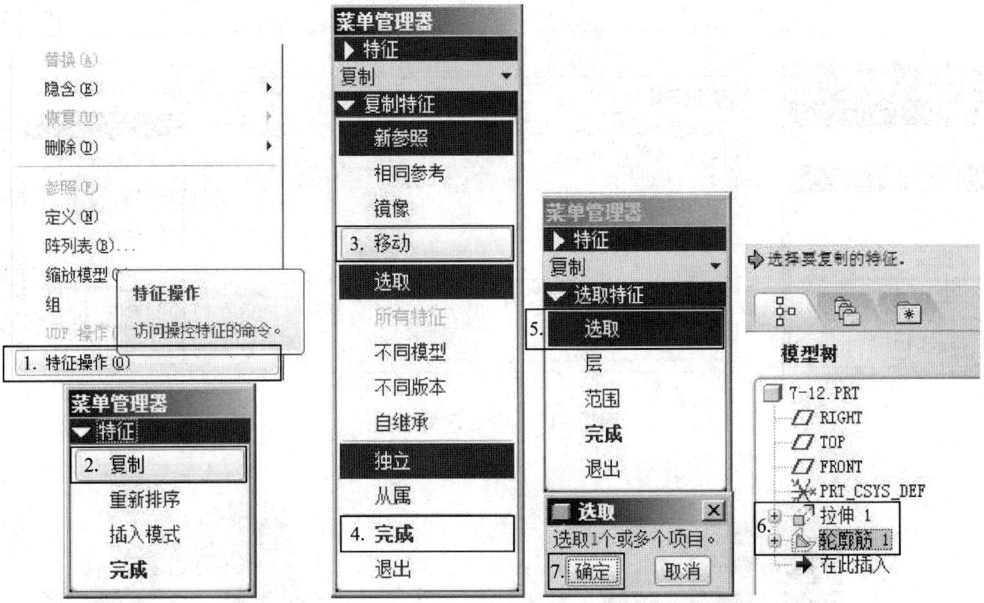

图 7 - 15　移动拉伸与筋特征

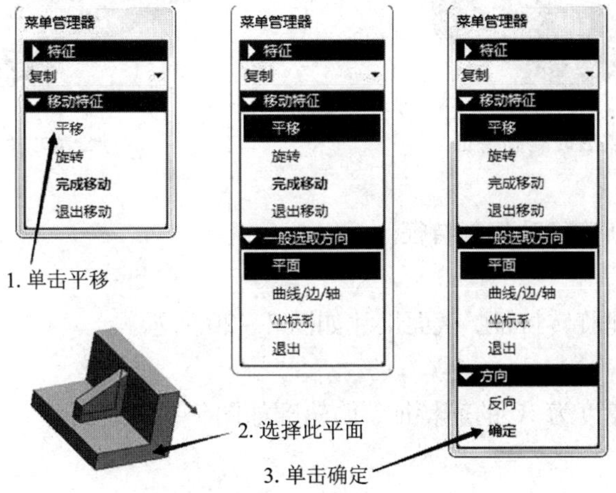

图 7 - 16　设置移动方向

（6）设置尺寸参数

系统弹出"组元素"对话框及"组可变尺寸"菜单管理器，在管理器中单击"完成"按钮，完成尺寸参数的设置，如图 7 - 17 所示。在此步中不需要改变筋特征原有的尺寸，如果需要修改尺寸也可在此步中进行设置。

（7）完成特征的复制

在"组元素"对话框中单击"确定"按钮，系统返回"特征"菜单管理器，单击"完成"按钮，完成特征的复制，如图 7 - 18 所示。重复以上步骤，复制另一侧筋特征，最终效果如图 7 - 19 所示。

输入偏移距离

45

| | 1. | ✓ | ✕ |

菜单管理器
▶ 特征
复制   ▼
▼ 移动特征
    平移
    旋转
2. 完成移动
    退出移动

组元素   ✕

元素	信息
＞ 可变尺寸	定义
再生操作	已定义

定义   参照   信息

确定   取消   预览

菜单管理器
▼ 组可变尺寸
☐ Dim 1
☐ Dim 2
☐ Dim 3
☐ Dim 4
3. 完成
退出

图 7 - 17　设置尺寸参数

图 7 - 18　完成后的复制特征

图 7 - 19　最终完成模型

2. 使用旋转方式创建移动复制特征

（1）创建旋转特征

使用旋转工具创建旋转特征，截面尺寸如图 7 - 20 所示。

（2）创建筋特征

使用筋工具创建厚度为 10 的筋特征，筋轮廓如图 7 - 21 所示。

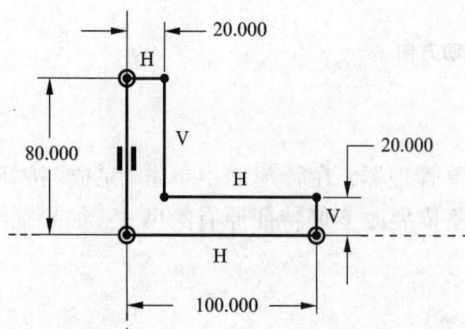

图 7 - 20　旋转特征截面

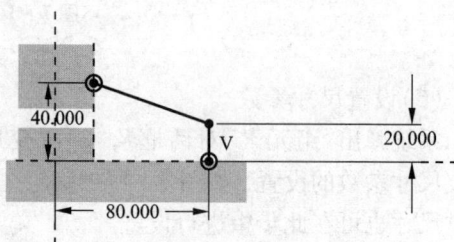

图 7 - 21　筋特征轮廓

164

（3）进入移动复制环境

在主菜单中单击"编辑"→"特征操作"，系统弹出"特征"菜单管理器，选择"复制"选项后系统显示"复制特征"菜单，设置菜单选项为"移动/选取/独立"，单击"完成"按钮。

（4）选取复制特征

系统打开"选取特征"菜单管理器，选取筋特征，单击"完成"按钮，完成特征的选取。

（5）设置旋转方向

在系统弹出的"移动特征"菜单管理器中单击"旋转"选项，系统打开"一般选取方向"菜单，选择"曲线/边/轴"选项；在绘图区选取旋转特征的轴线；系统打开"方向"选项框，在此选择"确定"选项，完成旋转方向的设置，操作过程如图 7 - 22 所示。

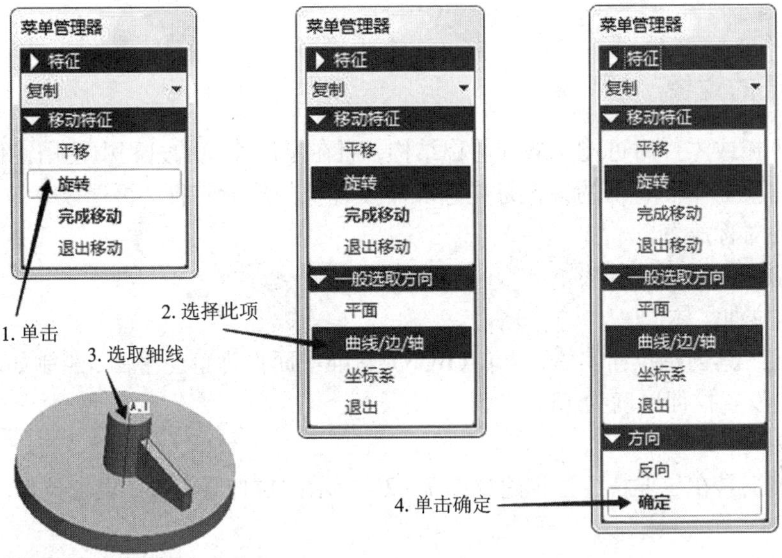

图 7 - 22　设置旋转方向

（6）设置旋转角度

在弹出的文本输入框中输入旋转角度 120，单击输入框的完成按钮，系统返回"移动特征"菜单，点击"完成移动"选项。

（7）设置尺寸参数

系统弹出"组元素"对话框及"组可变尺寸"菜单管理器，在管理器中单击"完成"按钮，完成尺寸参数的设置。在此步不需要改变筋特征原有的尺寸，如果需要修改尺寸也可在此步中进行设置。

（8）完成特征的复制

在"组元素"对话框中单击"确定"按钮，系统返回"特征"菜单管理器，在管理器中单击"完成"按钮，完成特征的复制，如图 7 - 23 所示。

重复以上步骤，创建第三个筋特征，最终效果如图 7 - 24 所示。

图 7 - 23　完成后的复制特征

图 7 - 24　最终完成模型

7.1.5　特征的镜像

在设计机械或零件时可能会遇到对称结构,而在零件建模的过程中使用镜像可大大提高对称结构的建模效率。特征的镜像是先选取需要镜像的原始特征,再选取一个镜像平面,从而实现特征的对称放置。

下面介绍特征镜像的方法。

(1)创建拉伸实体

使用拉伸工具创建拉伸实体,选取 FRONT 基准平面作为草绘平面,绘制如图 7 - 25 所示的拉伸截面,设置拉伸厚度为 15。

(2)创建拉伸 2 特征

使用拉伸工具在拉伸特征上创建如图 7 - 26 所示的拉伸 2 特征,设置拉伸高度为 20。

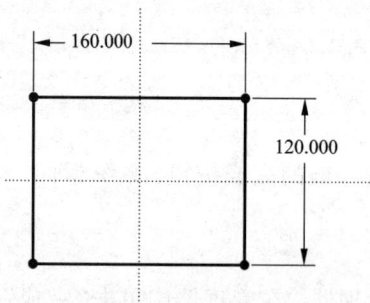

图 7 - 25　拉伸截面

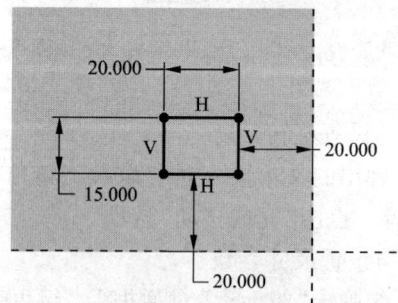

图 7 - 26　拉伸方块

(3)选取镜像特征

在绘图区或模型树中选取拉伸 2 特征。

(4)选取镜像工具

在主菜单中单击“编辑”→“镜像”命令,或在右侧特征工具栏中单击镜像按钮，系统打开镜像控制面板,如图 7 - 27 所示。

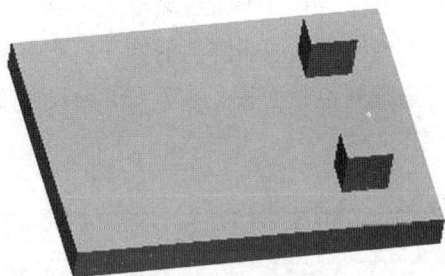

图 7 - 27　镜像控制面板

（5）选取镜像平面

在绘图区选取 TOP 基准面作为镜像平面。

（6）完成镜像

在镜像控制面板中单击完成按钮✓，完成拉伸特征的第一次镜像，如图 7 - 28 所示。

（7）再次选取镜像特征

在绘图区或模型树中按 Ctrl 键，选取原始拉伸 2 特征和镜像特征。

（8）再次选取镜像工具

在右侧特征工具栏中单击镜像按钮▯▮。

（9）再次选取镜像平面

在绘图区选取 RIGHT 基准面作为镜像平面。

（10）完成镜像

在镜像控制面板中单击完成按钮✓，完成特征的第二次镜像，如图 7 - 29 所示。

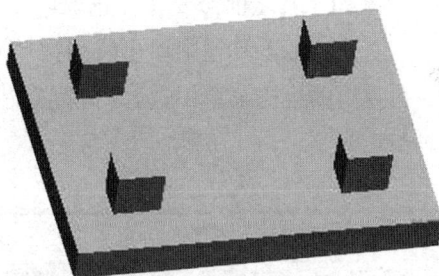

图 7 - 28　第一次镜像　　　　　　　　图 7 - 29　第二次镜像

7.2　特征的阵列

在实体模型的设计过程中，有时一些复杂的模型需要很多特征，而有些特征的形状很类似，Pro/E 5.0 提供了阵列创建特征的方式。

7.2.1　阵列概述

（1）阵列概念

阵列就是将一定数量的几何元素或实体按照一定方式进行有规律地排列。阵列适合于有规律地重复创建数量众多的特征，当原始特征发生改变时，阵列特征也会自动被修改。

使用阵列时，系统一次只允许阵列一个单独的特征。若要对多个特征进行同时阵列，可将需要同时阵列的特征创建为一个组，然后对这个组进行阵列。创建组的具体做法是在模型树上按 Ctrl 键选取需要合并成组的特征，然后单击鼠标右键，在弹出的快捷菜单中选择"组"命令，如图 7 – 30 所示。创建组阵列后，也可以取消阵列或分解组以便对其中的特征进行单独修改。

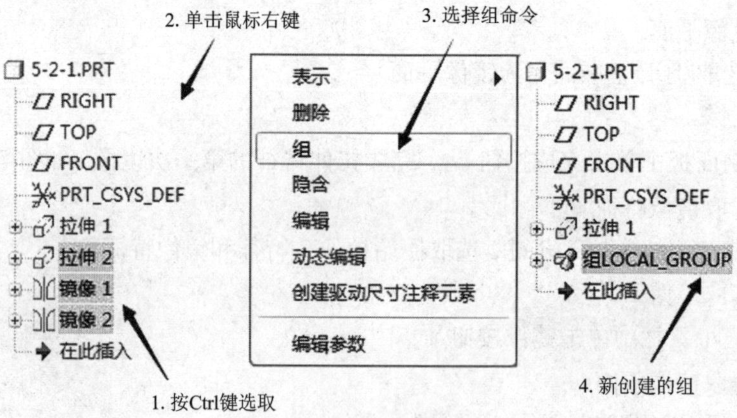

图 7 – 30　合并组

（2）阵列控制面板

打开阵列工具之前需要首先选取阵列的原始特征，在主菜单中单击"编辑"→"阵列"命令，或在右侧特征工具栏中单击阵列按钮⊞，也可在模型树中选取需阵列的特征后单击鼠标右键，在弹出的快捷菜单中选择"阵列"命令，系统打开阵列控制面板，图 7 – 31 为尺寸阵列控制面板。

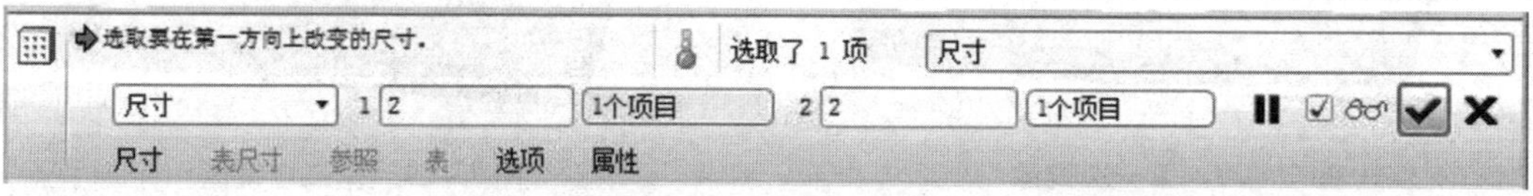

图 7 – 31　尺寸阵列控制面板

（3）阵列分类

根据阵列参照和操作过程，系统提供了 8 种阵列类型。

• 尺寸：通过使用驱动尺寸并指定阵列的增量变化来创建阵列。尺寸阵列可以是单向的也可以是双向的。

• 方向：通过指定方向并使用拖动句柄设置阵列增长的方向和增量来创建阵列。方向阵列可以是单向的也可以是双向的。

• 轴：通过使用拖动句柄设置阵列的角增量和径向增量以创建径向阵列，也可将阵列设置为螺旋形。

• 表：通过使用阵列表，并明确每个子阵列的尺寸值来完成阵列。

- 参照：通过参考已有的阵列特征创建一个阵列。
- 填充：通过选定栅格用实例填充区域来创建阵列。
- 曲线：通过将特征沿着曲线的轨迹放置来创建阵列。
- 点：通过利用基准点的位置来放置特征创建阵列。

（4）阵列选项

在阵列特征控制面板中，单击"选项"按钮，系统弹出"再生选项"下拉列表，有"相同"、"可变"和"一般"三个选项可供选择，如图 7－32 所示。

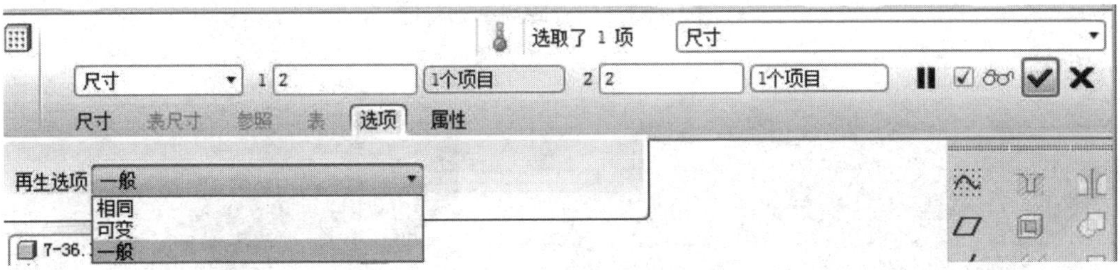

图 7－32　选项下拉列表

- 相同：阵列后的特征与原始特征的形状和大小完全相同，且放置平面也相同。
- 可变：阵列后的特征与原始特征的形状和大小有一定变化，其外形、尺寸和放置平面可变，但彼此不能相交。
- 一般：阵列后的特征与原始特征的形状和大小有较大变化，其外形、尺寸和放置平面可变，彼此允许相交。

7.2.2　尺寸阵列

尺寸阵列通过选择特征的定位尺寸进行阵列，创建尺寸阵列时，选取特征尺寸，并指定尺寸的增量变化及阵列中的特征阵列个数。尺寸阵列可以是单向阵列也可以是双向阵列。阵列所选的定位尺寸可以是线性尺寸也可以是角度尺寸。

尺寸阵列示例如下。

1. 创建基础特征

使用拉伸特征创建 $300 \times 200 \times 20$ 的长方体，在长方体上创建直径为 30、高度为 40 的圆柱体，且圆柱体在长方体中的定位尺寸分别为 30 和 30，如图 7－33 所示。

2. 选取需要阵列的特征

选取需要阵列的圆柱体特征，单击右侧工具栏中的"阵列"按钮 ▦，系统弹出阵列控制面板，同时在绘图区显示原始特征的所有定位、定形尺寸，如图 7－34 所示。

3. 选取第一阵列方向驱动尺寸

单击阵列控制面板中的"尺寸"按钮，打开"尺寸"下拉列表。选取在水平方向的定位尺寸 30 为第一驱动尺寸，然后按住 Ctrl 键选取立方体的高度尺寸 40 为第二驱动尺寸。此时系统自动将这两个尺寸的关系式代号添加到"尺寸"下拉列表的方向 1 列表中，并将第一驱动尺寸 30 的增量设置为 50，将第二驱动尺寸 40 的增量设置为 40。在阵列控制面板的第一阵列方

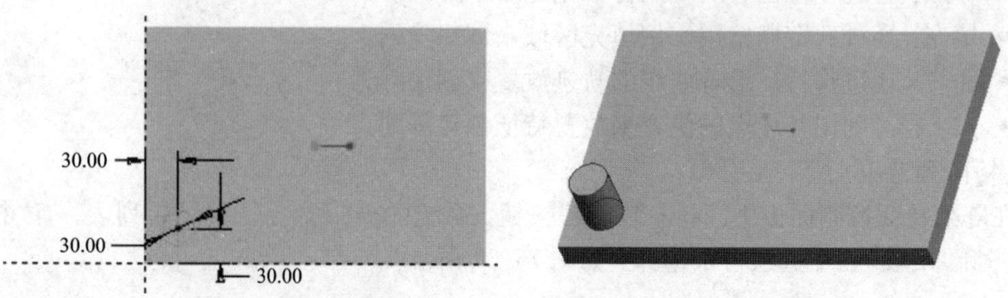

图 7 – 33　尺寸阵列基础特征

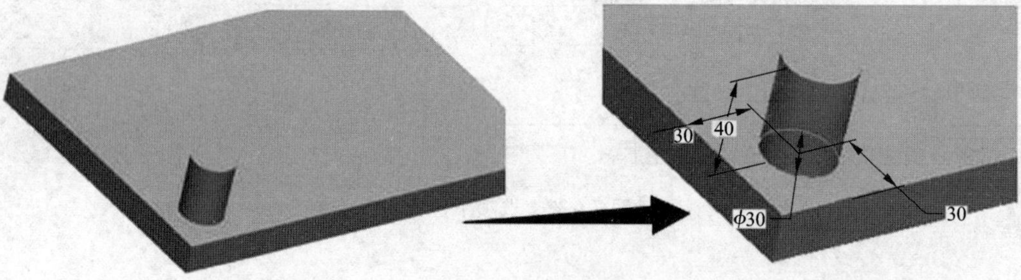

图 7 – 34　选取特征

向数目文本框中设置阵列数量为 5，同时在绘图区的实体模型中显示阵列预览，如图 7 – 35 所示。

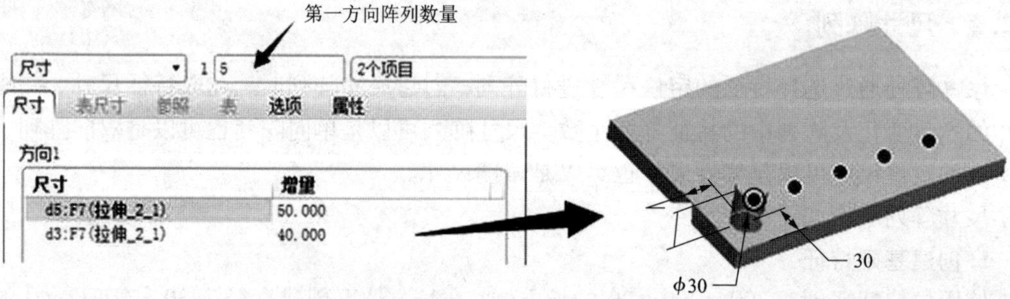

图 7 – 35　方向 1 阵列预览

4. 选取第二阵列方向驱动尺寸

在"尺寸"下拉列表中的方向 2 列表中单击"单击此处添加"命令。选取在竖直方向的定位尺寸 30 为第一驱动尺寸，然后按住 Ctrl 键选取圆柱体的直径尺寸 30 为第二驱动尺寸。此时系统自动将这两个尺寸的关系式代号添加到"尺寸"下滑板的方向 2 列表中，并将第一驱动尺寸 30 的增量设置为 42，将第二驱动尺寸 30 的增量设置为 –5。在阵列控制面板的第二阵列方向数目文本框中设置阵列数量为 4，同时在绘图区的实体模型中显示阵列预览，如图 7 – 36 所示。

170

图 7 – 36　阵列预览

5. 完成阵列

完成所有设置后，单击阵列控制面板中的完成按钮 ✔，完成特征的阵列，如图 7 – 37 所示。

创建尺寸阵列时，必须从原始特征上选取一个或多个定位或定形尺寸作为驱动尺寸，驱动尺寸用于确定实例特征的生成方向。选定原始特征的某一定位尺寸作为驱动尺寸后，以该尺寸为参照基准，沿着该尺寸的方向创建实例特征，如图 7 – 38 所示。

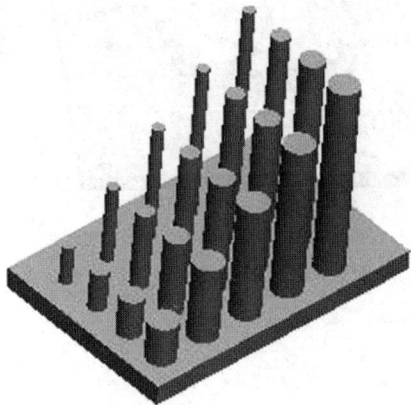

图 7 – 37　尺寸阵列

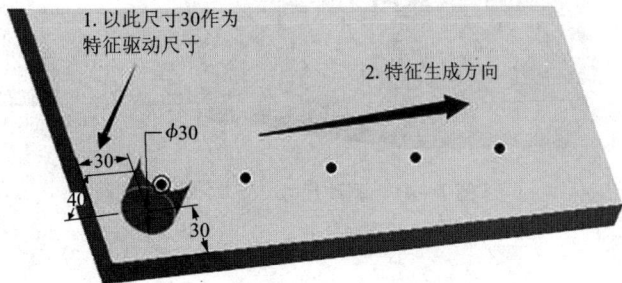

图 7 – 38　驱动尺寸为线性尺寸

如果选取的定位尺寸是角度尺寸，则生成环形阵列，如图 7 – 39 所示。

如果在一个阵列方向中选定两个定位尺寸作为驱动尺寸，则特征的生成方向为这两个定位尺寸的合成方向，如图 7 – 40 所示。

图 7-39 驱动尺寸为角度尺寸

图 7-40 驱动尺寸为角度尺寸

创建尺寸阵列时,根据驱动尺寸类型的不同,尺寸增量有两种形式。

• 以定位尺寸作为驱动尺寸时,尺寸增量是在该尺寸方向上相邻两特征的间距,调整尺寸增量的正负号可以调整阵列特征的生成方向,如图 7-41 所示。

• 以定形尺寸作为驱动尺寸时,尺寸增量是在该阵列方向上相邻两特征对应尺寸的变量,调整尺寸增量的正负号可以调整阵列特征的尺寸大小,如图 7-42 所示。

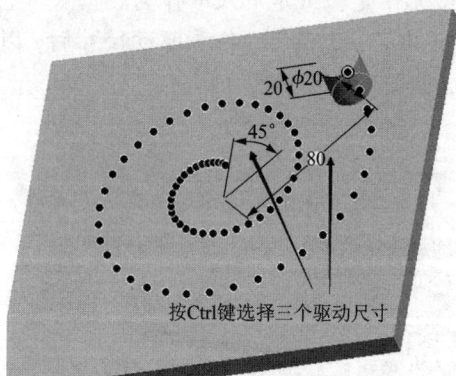

图 7-41 驱动尺寸

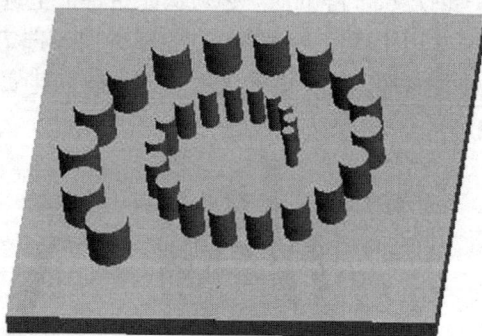

图 7-42 螺旋阵列

7.2.3 方向阵列

创建方向阵列时,需选取平面、直边、坐标系或轴等方向参照来指定阵列方向,并设定阵列方向上阵列子特征的间距及阵列数目。方向阵列也有单项阵列和双向阵列之分。

所选取的方向参照与阵列方向之间的关系如下。

• 平面:阵列方向与该平面垂直。
• 直边:阵列方向与该直边的延伸方向一致,或以此直边为轴进行旋转阵列。
• 坐标系:阵列方向与坐标系中选定的坐标轴的指向一致。

- 基准轴：阵列方向与该基准轴的指向一致。

方向阵列的创建步骤如下。

1. 创建零件模型

创建 $200 \times 120 \times 10$ 的长方体，并在长方体上创建 $\phi20$ 圆柱体，如图 7 - 43 所示。

2. 选取阵列特征

选取圆孔特征，单击右侧工具栏中的"阵列"按钮 ，系统弹出阵列控制面板，在控制面板中选取阵列类型为"方向"。

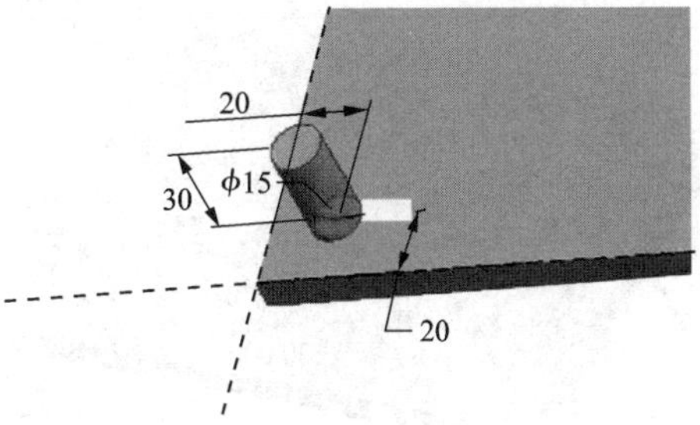

3. 选取第一阵列方向参照

选取长方体上的水平边线作为第一阵列

图 7 - 43　方向阵列零件模型

方向参照。并在控制面板中设置第一阵列方向的阵列间距为 30、阵列数量为 6，如图 7 - 44 所示。如果阵列方向与所需方向相反，则可通过单击控制面板中的 按钮来改变阵列方向。

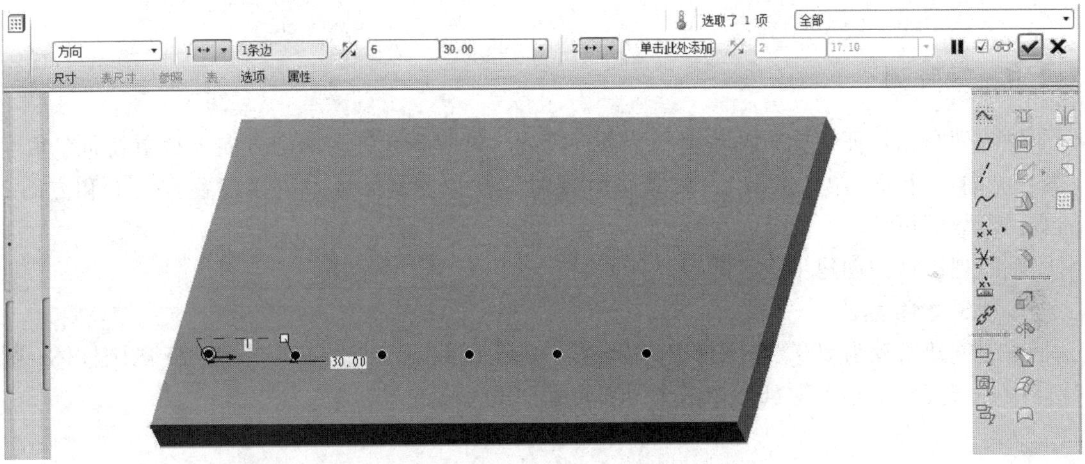

图 7 - 44　第一阵列方向参数设置

4. 选取第二阵列方向参照

在控制面板中单击第二阵列方向中的"单击尺寸添加项目"命令。选取长方体上的竖直边线作为第二阵列方向参照。并在控制面板中设置第二阵列方向的阵列间距为 20、阵列数量为 5，如图 7 - 45 所示。

5. 增加驱动尺寸

打开控制面板中的"尺寸"下拉列表，在下拉列表中的方向 1 列表中单击"单击此处添加"命令，选取孔直径尺寸作为驱动尺寸，并设置增量为 1。同样在方向 2 列表中单击"单击此处添加"命令，选取孔直径尺寸作为驱动尺寸，并设置增量为 -3，如图 7 - 46 所示。

方向1	
尺寸	增量
d4:F-1(拉伸_2_1_1)	1.000

□按关系定义增量

[编辑]

方向2	
尺寸	增量
d4:F-1(拉伸_2_1_1)	-3.000

选取第二
方向参照

图 7-45　第二阵列方向参数设置　　　　图 7-46　驱动尺寸设置

6. 完成阵列特征

完成所有设置后，单击阵列控制面板中的完成按钮，完成特征的阵列，如图 7-47 所示。

7.2.4　轴阵列

轴阵列是指特征绕旋转轴在圆周上进行阵列。轴阵列允许在两个方向上放置特征：角度（第一方向）、径向（第二方向）。创建轴阵列时只需在控制面板中直接设置方向 1 和方向 2 的有关参数即可。

轴阵列特征的创建步骤如下。

1. 创建零件模型

首先创建直径为 200、厚度为 10 的圆盘。在圆盘上创建直径 $\phi15$、高度 25 的圆柱体，圆柱体中心与圆盘中心距为 80，如图 7-48 所示。

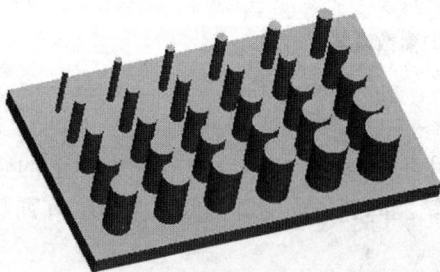

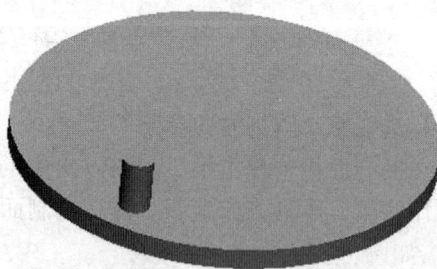

图 7-47　方向阵列　　　　　　　　图 7-48　轴阵列零件模型

2. 选取阵列特征

选取圆柱特征，然后在右侧工具栏中单击"阵列"按钮，系统弹出阵列控制面板，在控制面板中选取阵列类型为"轴"。

174

3.选取阵列轴线

选取圆盘的轴线作为阵列轴线。

4.设置轴阵列参数

（1）角度方向。设置角度方向阵列数为 6，增量为 60。

（2）径向方向。设置径向方向阵列数为 3，增量值为 20。若预览方向与所需方向相反可将增量值设为负值，以改变方向。参数设置如图 7 - 49 所示。

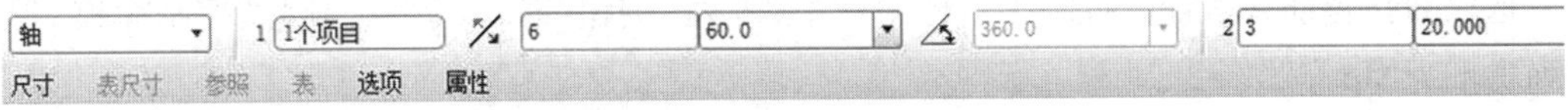

图 7 - 49　轴阵列参数设置

5.完成阵列特征

完成所有设置后，单击阵列控制面板中的完成按钮，完成特征的阵列，如图 7 - 50 所示。

在创建轴阵列过程中，也可在"尺寸"下拉列表中添加驱动尺寸，并通过设置相应的增量来创建变化丰富的轴阵列。

图 7 - 50　轴阵列

7.2.5　填充阵列

填充阵列是一种操作简单、实现方式更加多样化的阵列方法。在创建填充阵列时，需要首先划定阵列的布置区域，然后指定特征阵列的排列格式以及有关参数，系统将按照设定的格式在指定区域内创建阵列特征。

填充阵列控制面板上的各项目说明如图 7 - 51 所示。

图 7 - 51　填充阵列控制面板

填充阵列的填充格式有 6 种。

- 正方形：以正方形阵列方式来排列阵列特征。
- 菱形：以菱形阵列方式来排列阵列特征。
- 六边形：以正六边形阵列方式来排列阵列特征。
- 同心圆：以原始特征为圆心的同心圆阵列方式来排列阵列特征。

● 螺旋：以原始特征为螺旋中心的阵列方式来排列阵列特征。

● 曲线：沿填充区域的边界来排列阵列特征。

填充阵列特征的创建步骤如下：

（1）创建零件模型

首先创建直径为200、厚度为10的圆盘，在圆盘上创建φ10圆孔，圆孔中心与圆盘中心距为90。

（2）选取阵列特征

选取圆孔特征，然后在右侧工具栏中单击"阵列"按钮 ▦，系统弹出阵列控制面板，选取阵列类型为"填充"。

（3）绘制阵列区域

单击控制面板中的"参照"按钮，打开"参照"下拉列表；单击"定义"按钮，打开"草绘"对话框，选取圆盘的上表面为草绘平面；进入草绘环境，绘制一个120×120的正方形作为阵列的区域，绘制完成后退出草绘环境。

（4）设置填充格式

根据需要选取填充格式，各填充格式如图7-52所示。

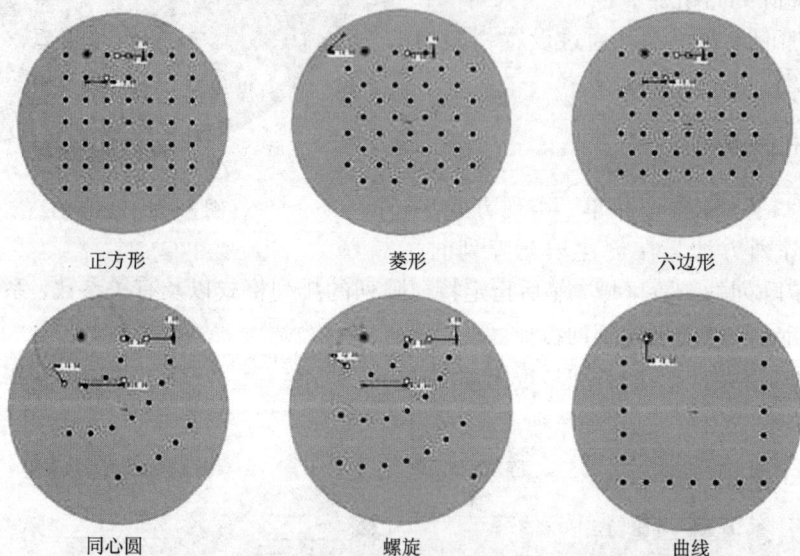

正方形   菱形   六边形

同心圆   螺旋   曲线

图7-52 填充格式

（5）设置微调参数

根据需要设置阵列特征之间的间距、阵列特征与草绘边界的距离等参数。

（6）完成填充阵列特征

完成所有设置后，单击阵列控制面板中的完成按钮 ✔，完成特征的阵列。

7.2.6 参照阵列

若创建一个阵列后，如果希望在原始特征上继续添加新特征，并在各实例特征上添加相

176

同的特征，可以使用参照阵列的方法。如图 7 – 53(a)所示。通过阵列创建出一组圆柱，然后在原始特征上创建小圆柱特征，选中小圆柱特征后，单击"阵列"按钮 ▦ ，如图 7 – 53(b)所示。由于新建的小圆柱特征在此处只有唯一一种阵列结果，所以系统立即在所有阵列实例特征上创建小圆柱特征。

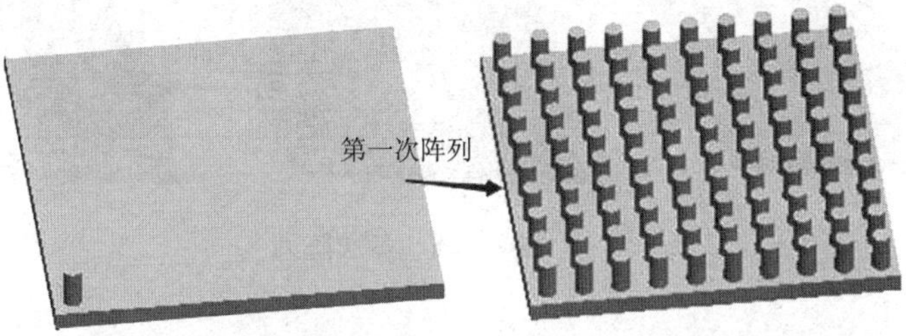

图 7 – 53 参照阵列

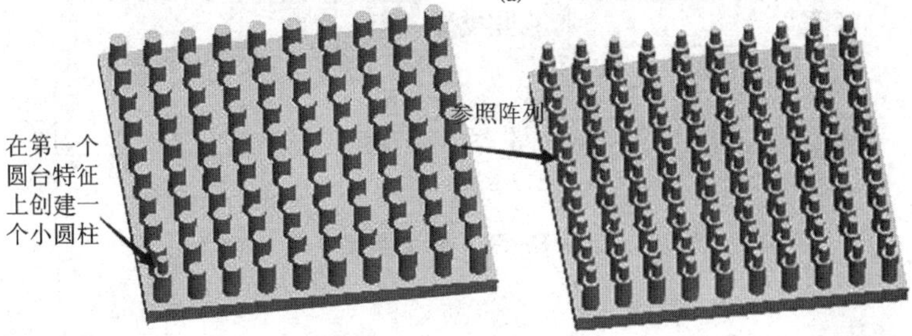

创建参照阵列时，只有在原始特征上创建新特征后才可以使用参照阵列的方法在各子特征上创建同类特征，而在其他的阵列实例上创建新特征后不能使用参照阵列。由于阵列特征在外观上都形式统一，因此要判断原始特征的位置。具体方法如下：在模型树上展开相应阵列，其下的第一个特征就是原始特征，单击此特征后，系统将在实体模型上加亮显示对应的特征，如图 7 – 54 所示。

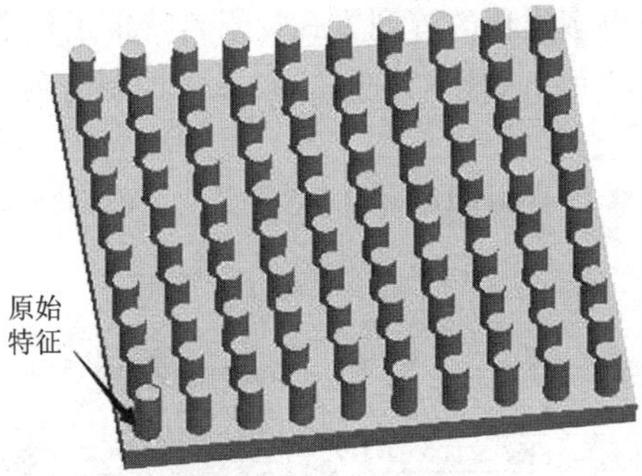

图 7 – 54 原始特征

如果原始特征经过多次阵列，如图7-55所示，则在原始特征上新创建的特征具有多种阵列结果，此时在控制面板的"参照类型"选项中提供了3种阵列方式，如图7-56所示。设计者可根据需要选取适当的阵列方式，以得到不同的阵列效果，如图7-57所示。

图7-55　多次阵列

图7-56　参照类型

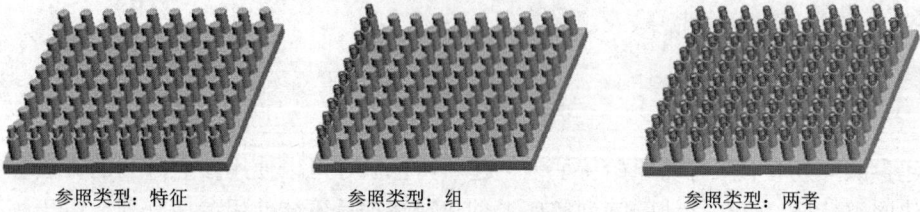

参照类型：特征　　　　　　　参照类型：组　　　　　　　参照类型：两者

图7-57　不同参照类型阵列结果

7.2.7　曲线阵列

曲线阵列也是一种操作更多样化的阵列方式，原始特征沿绘制的曲线轨迹进行阵列，通过指定沿着曲线阵列特征间的距离或阵列特征的数目来控制阵列。曲线轨迹可以是开放的也可以是封闭的。

曲线阵列控制面板上的各项目说明如图7-58所示，阵列特征间距和阵列特征数量两个参数不能同时使用。

图7-58　曲线阵列控制面板

曲线阵列特征的创建步骤如下：

1. 创建零件模型

首先创建 200 × 200 × 10 长方体，并创建直径 ϕ20、高度 30 的圆柱体。

2. 选取阵列特征

选取圆柱特征，然后在右侧工具栏中单击"阵列"按钮，系统弹出阵列控制面板，在控制面板中选取阵列类型为"曲线"。

3. 绘制阵列曲线

单击控制面板中的"参照"按钮，打开"参照"下拉列表；单击"定义"按钮，打开"草绘"对话框，选取长方体上表面为草绘平面，进入草绘环境，绘制阵列曲线，如图 7 – 59 所示，绘制完成后单击"完成"，退出草绘环境。

4. 设置阵列参数

系统默认阵列参数为"阵列特征间距"，系统根据设置的间距值自动确定阵列特征总数。若要设置阵列特征总数则可单击控制面板中的"阵列特征数量"按钮 ，然后设置阵列特征总数为 10。

5. 完成填充阵列特征

完成所有设置后，单击阵列控制面板中的完成按钮 ，完成特征的阵列，如图 7 – 60 所示。

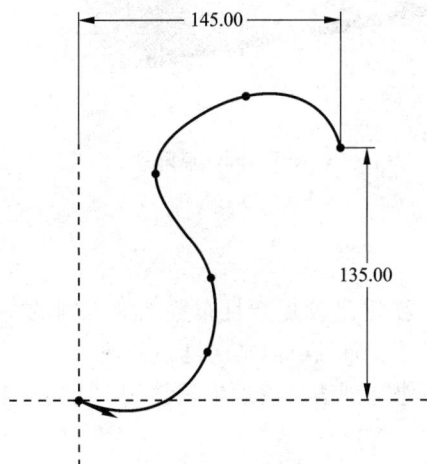

图 7 – 59　阵列曲线

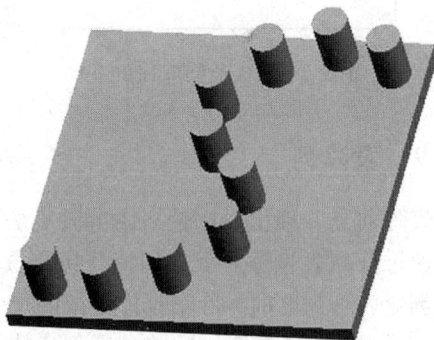

图 7 – 60　曲线阵列

7.2.8　点阵列

点阵列是一种比较自由的阵列方式。创建点阵列时，根据草绘点或基准点的位置来创建阵列特征。

点阵列特征的创建步骤如下。

1. 创建零件模型

创建 200 × 200 × 10 长方体，并创建直径 ϕ20、高度 30 的圆柱体。

2. 选取阵列特征

选取圆柱体特征，单击右侧工具栏中的"阵列"按钮，系统弹出阵列控制面板，在控制面板中选取阵列类型为"点"。

3. 绘制阵列点

单击控制面板中的"参照"按钮，打开"参照"下拉列表，单击"定义"按钮，打开"草绘"对话框，选取长方体上表面为草绘平面，进入草绘环境，使用几何点工具 ✖ 绘制阵列点，如图 7 - 61 所示，绘制完成后点击"完成"，退出草绘环境。若存在已经创建好的基准点，也可以单击控制面板中的"选取基准点"按钮

4. 完成填充阵列特征

完成所有设置后，单击阵列控制面板中的完成按钮 ✔，完成特征的阵列，如图 7 - 62 所示。

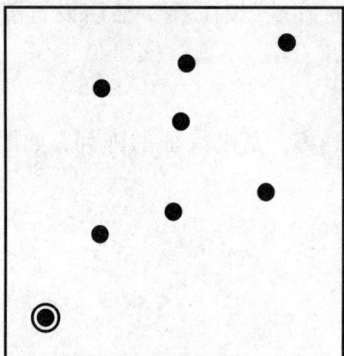

图 7 - 61　绘制阵列点

图 7 - 62　点阵列

7.2.9　表阵列

表阵列是一种相对比较自由的阵列方式，常用于创建比较复杂且布置不太规则的特征。可以通过阵列表为每一个阵列特征指定位置和几何尺寸，而且可以随时随意修改。

创建表阵列之前，首先收集特征的尺寸参照来创建阵列表，然后编辑该表，为每个特征设置尺寸参照，最后使用这些参数创建特征。

表阵列特征的创建步骤如下。

（1）创建零件模型

创建 200 × 200 × 10 长方体，并在长方体表面创建高度为 25、直径为 10 的圆柱体，如图 7 - 63 所示。

（2）选取阵列特征

选取圆柱体特征，单击右侧工具栏中的"阵列"按钮，系统弹出阵列控制面板，如图 7 - 64 所示。在控制面板中选取阵列类型为"表"。

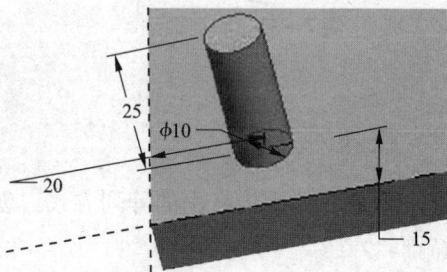

图 7 - 63　圆柱体

180

图 7 - 64 阵列特征控制面板

（3）创建阵列表

单击控制面板上的"表尺寸"按钮，打开尺寸参数面板。按 Ctrl 键以 20、15、10、25 的顺序选取原始特征上的 4 个尺寸，并将其添加到参数列表中。

（4）编辑阵列表

创建阵列表后，单击控制面板中的"编辑"按钮，系统以文本编辑器的方式打开阵列表，参考原始特征参数编辑各阵列实例特征的对应尺寸。具体方法如下：

（a）在该窗口中选择 C1/R12 单元格，在单元格中输入 1，作为第一个特征的顺序编号。

（b）选择 C2/R12 单元格，输入 40；选择 C3/R12 单元格，输入 150。

（c）选择 C4/R13 单元格，输入 12；选择 C5/R13 单元格，输入 40。

图 7 - 65 编辑阵列表

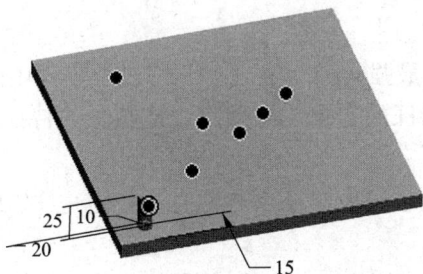

使用相同方法，输入图 7 - 65 所示的其他数值。设置完所有数据后，单击"关闭"按钮关闭该文本编辑器，返回阵列环境，出现预览效果，如图 7 - 66 所示。

（5）完成表阵列特征

完成所有设置后，单击阵列控制面板中的完成按钮 ✓，完成特征的阵列，如图 7 - 67 所示。

图 7 - 66 表阵列预览效果

图 7 - 67 表阵列

7.3　特征之间的父子关系

在建立实体零件的过程中，使用 Pro/E 5.0 中的命令来建立模型特征时，一些特征必须优先于其他特征之前创建，而那些从属特征与几何参照方面都属于先前定义的特征，称为"父子关系"。在进行特征编辑、修改时必须考虑到特征之间的这种关联性。

在 Pro/E 5.0 中，父子关系是基于特征建模的一个重要方面。

7.3.1　产生父子关系的几种情况

下面简单说明产生父子关系的几种情况。

（1）草绘平面、参考面

在特征的构建过程中，大部分情况都要选择草绘平面和参照面，则草绘平面和参照平面即为该特征的父特征。

（2）草绘参照

在草绘阶段，常常利用一条边来创建图元、偏移一条边来创建图元以及运用共线、共点等约束。当其中的一个特征作为另一个特征的草绘参照时，这个特征就称为后一个特征的父特征。

（3）尺寸标注或约束参照

当以特征 A 为参照来标注特征 B 的尺寸时，特征 A 即成为特征 B 的父特征。另外，在创建实体的过程中，必须指定约束参照。约束参照在两个图元之间添加约束条件，则两个图元之间所在的特征具有父子关系。

（4）基准特征的参照特征

建立基准面、基准曲线、基准轴时，会参照现存的基准轴、基准点，该类参照特征成为基准特征的父特征。

（5）工程特征的放置参照

创建工程特征时，往往需要选择多个放置参照来确定特征的放置位置，这时所有被选为放置参照的图元所在的特征都为该工程特征的父特征。

7.3.2　父子关系对设计的影响

总的来讲，父子关系是 Pro/E 5.0 参数化建模的最强大的功能之一。修改了零件中的某父特征后，其所有的子项会被自动修改，以反映父特征的变化。如果隐含或删除父特征，系统会提示对其相关子项进行操作。

父特征可以没有子特征而存在，使用父子关系时，记住这一点非常有用。但是，如果没有父项，则子项特征不能存在。

特征之间父子关系能保证设计者轻松地实现模型的修改，为设计带来极大的方便。但是，也因为父子关系非常复杂，使得模型的结构变得更加复杂。如果修改不当将导致特征再生失败。

如果需要对某一特征进行修改，但不影响其他特征时，则须断开或变更特征之间的父子关系。

182

7.4　特征修改和重新定义

特征创建完成后,有时需要对该特征进行修改,这时可以使用系统提供的特征修改工具对模型中的特征进行修改。

7.4.1　修改特征

对特征进行修改时,首先在模型树中选中需要修改的特征,然后单击右键(或在模型中选取该特征然后按住鼠标右键),在弹出的快捷菜单中选择"编辑"选项,此时系统将该特征的所有尺寸显示在绘图区。直接双击尺寸进行修改,单击工具栏中的"再生模型"按钮,模型将会按照新尺寸重新生成。

例如在图 7 – 68 所示的支座模型中,修改中间孔特征,具体操作步骤如下。

(1)选取特征

在模型树中选取中间孔特征,同时在模型上的该特征被加亮。

(2)选取编辑选项

按鼠标右键弹出快捷菜单,在菜单中选取"编辑"选项,如图 7 – 69 所示。

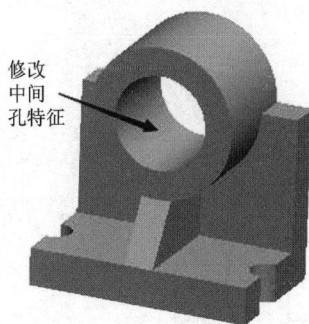

图 7 – 68　支座模型

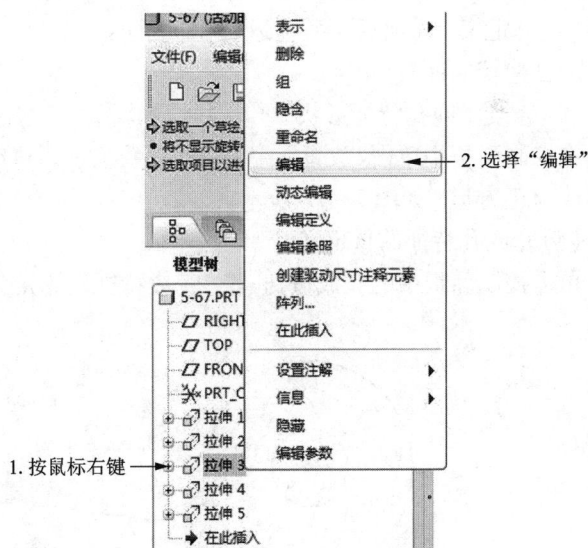

图 7 – 69　快捷菜单

(3)修改尺寸值

在模型上双击中间孔的直径,对其进行修改。

(4)完成修改

在工具栏中的"再生模型"按钮,完成特征的修改,如图 7 – 70 所示。

183

图 7 - 70　特征的修改

7.4.2　重定义特征

在右键的快捷菜单中有一个"编辑定义"选项,它可以将该特征恢复到设计状态,重新定义特征的各项参数,全面修改特征创建过程中的各项内容,比"编辑"选项更具灵活性。

例如在上例中,如果要修改中间孔的形状可进行如下操作。

(1)选取特征

在模型树中选取中间孔特征,同时模型中该特征加亮。

(2)选取编辑定义选项

按鼠标右键弹出快捷菜单,在菜单中选取"编辑定义"选项后,系统返回中间孔特征的创建控制面板。

图 7 - 71　放置下拉列表

(3)修改中间孔特征形状

在控制面板中单击"放置"→"编辑",系统进入草绘环境,如图 7 - 71 所示,将中间孔形状修改为正方形,如图 7 - 72 所示。

(4)完成孔特征的重定义

单击控制面板中的完成按钮✓,完成特征的重定义,如图 7 - 73 所示。

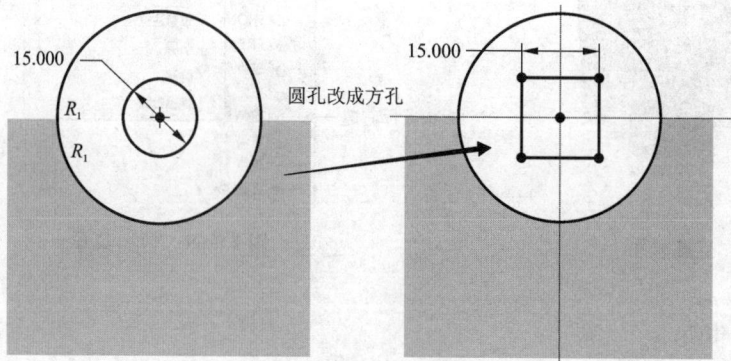

图 7 - 72　修改截面

184

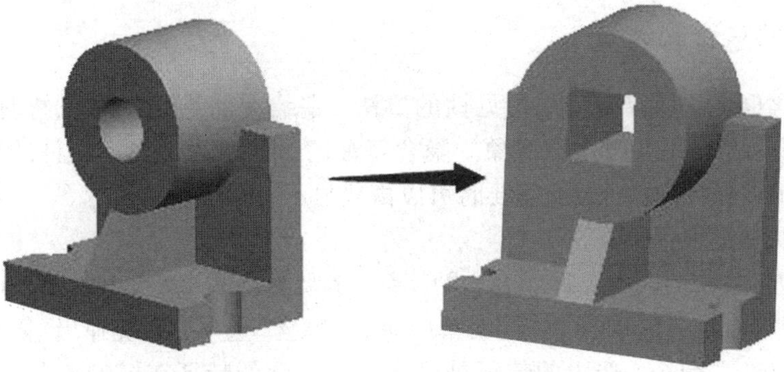

图 7 - 73 完成特征的重定义

7.5 特征的隐藏、隐含、恢复及删除

模型创建完毕后,为了观察方便或满足其他需求,需要对特征进行隐藏、隐含、删除等操作。

7.5.1 特征的隐藏和恢复

特征的隐藏是控制特征可见性的方法。隐藏可将特征隐藏起来,虽看不见,但该特征仍然存在于模型中,系统再生时可以再生该特征。可以被隐藏的特征有以下几种:基准平面、基准轴、基准曲线、曲面、面组等。

设置隐藏特征的操作步骤如下。

(1)在模型树或绘图区中选择要隐藏的特征,若要选择多个特征,则须按 Ctrl 键。

(2)单击鼠标右键,在弹出的快捷菜单中单击"隐藏"选项,则选中的特征被隐藏,被隐藏的特征在绘图区不显示,在模型树中该特征显示为灰色。图 7 - 74 所示为将 3 个基准平面的隐藏过程。

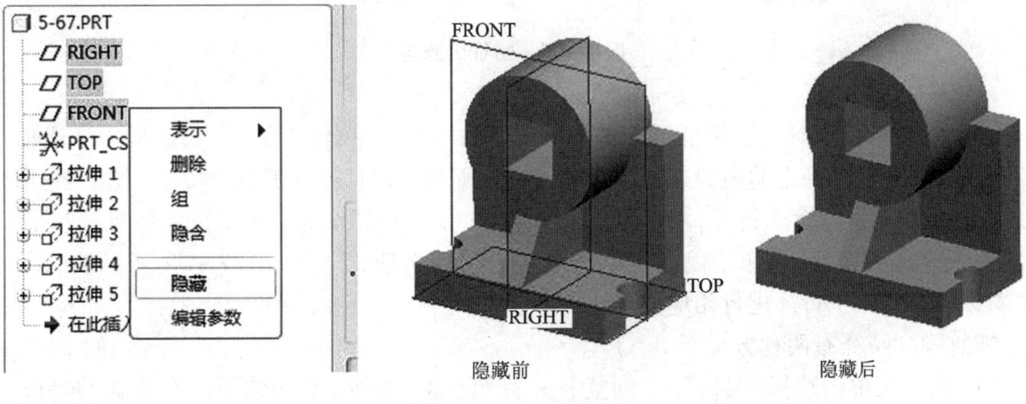

图 7 - 74 特征的隐藏

恢复隐藏特征的操作过程为:在模型树中选中被隐藏的特征后单击右键,在弹出的快捷菜单中选择"取消隐藏"选项,被隐藏的特征恢复。

7.5.2 特征的隐含和恢复

特征的隐含也是一种控制特征可见性的方法。隐含是将选定的对象暂时排除在模型之外,系统再生该模型时不会再生该对象。隐含特征的目的是为了提高零件的重新生成速度,可以暂时不显示被隐含的特征,当需要时可以恢复显示。

隐含特征的操作步骤如下。

(1)在模型树或绘图区中选择要隐含的特征,若要选择多个特征须按住 Ctrl 键。

(2)单击鼠标右键,在弹出的快捷菜单中单击"隐含"选项,系统弹出"隐含"对话框;在对话框中选择"确定"命令,选中的特征被隐含。被隐含的特征在模型树和绘图区中都不显示,如图 7 - 75 所示的隐含中间孔上的倒角特征。

图 7 - 75 特征的隐含

如果隐含的特征具有子特征,则选择"隐含"命令后,弹出的"隐含"对话框中会增加"选项"按钮,用于打开隐含的高级选项,如图 7 - 76 所示。此时若直接隐含特征,则子特征也会随之隐含;若不想隐含子特征,则可以通过"编辑"→"参照"命令,重新设定特征的参照,解除特征间的父子关系;或单击隐含对话框中的"选项"按钮,打开如图 7 - 77 所示的"子项处理"对话框,对该子特征进行相应处理。

恢复隐含特征有两种方法。

(1)在主菜单中选择"编辑"→"恢复"→"恢复全部"命令,即可恢复所有隐含的特征,如图 7 - 78 所示。

(2)选择主菜单中的"应用程序"→"继承"命令,系统弹出如图 7 - 79 所示的"继承零件"菜单,在菜单中选择"特征"命令;在如图 7 - 80 所示的"特征"菜单中选择"恢复"命令,打开如图 7 - 81 所示"恢复"菜单;在菜单中选择"全部/完成"命令,即可恢复所有被隐含的特征。

186

使用此种方法恢复隐含特征后,须点击主菜单中的"应用程序"→"标准"命令,使系统返回标准零件模式。

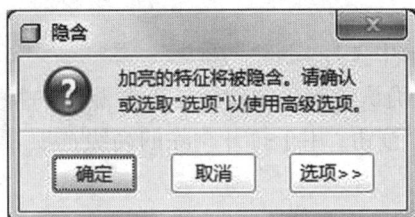

图 7 - 76　隐含对话框

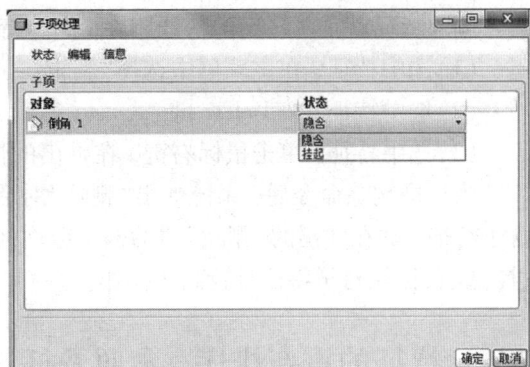

图 7 - 77　子项处理对话框

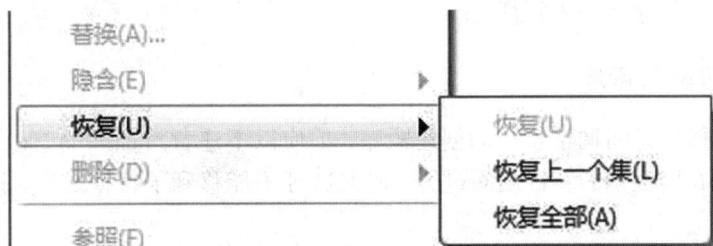

图 7 - 78　恢复隐含特征

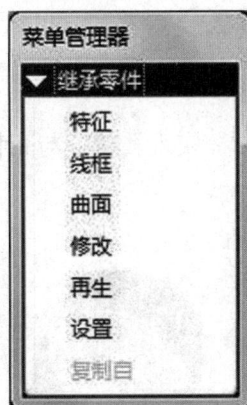

图 7 - 79　继承零件菜单

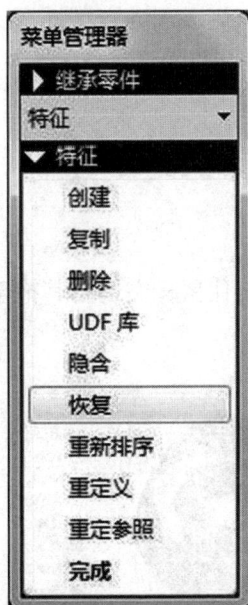

图 7 - 80　特征菜单

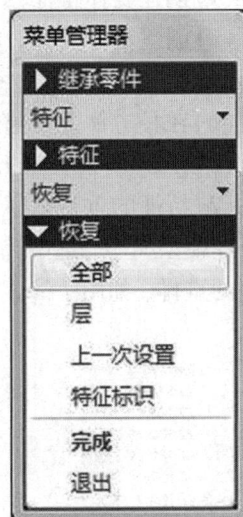

图 7 - 81　恢复菜单

7.5.3 删除特征

删除特征就是将选定的特征删除,删除特征的方法有 3 种。

(1)选中特征,在主菜单中选择"编辑"→"删除"。

(2)选中特征,按 Delete 键。

(3)选中特征,单击鼠标右键,在弹出的快捷菜单中选择"删除"选项。

当选择删除命令后,系统弹出"删除"对话框,以确认要删除的特征。若要删除的特征包含子特征,则在弹出的"删除"对话框中会增加"选项"按钮,用于打开删除的高级选项。可通过"选项"按钮对子特征进行高级操作。

7.6 特征的重新排序、参照及插入特征

在创建特征的过程中,有时候会因特征的创建顺序不同而产生不同的效果,此时可以重新对所有特征进行排序及插入特征。

7.6.1 特征的重新排序

特征的重新排序是指调整特征的创建顺序,但应以不违背特征间的"父子关系"为原则,顺序的调整仅能在同级别的特征之间进行,而父特征不能移到子特征之后,同样子特征也不能移到父特征之前。

使用"重新排序"主要有两种方式:一种是在主菜单中选择"应用程序"→"继承"命令;另一种是在模型树中使用鼠标拖动特征进行排序,此种方法更加直观,也更为方便。

特征重新排序的步骤如下:

(1)创建实体特征

(a)创建拉伸实体,以 FRONT 基准面为草绘平面,绘制直径为 40、拉伸厚度为 30 的圆形。

(b)在长方体上创建边长为 20 的方孔。

(c)创建壁厚为 1 的薄壳特征。

(2)特征的重新排序

在模型树中,选中孔特征,并按住鼠标左键将其拖至壳特征下方。实现孔特征与壳特征顺序的重排,如图 7 - 82 所示。

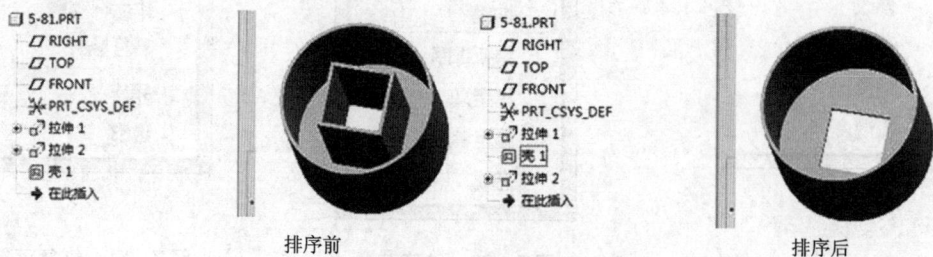

图 7 - 82 特征的重新排序

188

7.6.2　特征的重新参照

特征的重新参照是重新选定特征构建时所使用的参照物,进而可更改特征的父子关系。不同的特征会有不同的参照,比较常见的有:草绘平面、特征放置面、截面参照等。

特征重新参照功能可以看成是"编辑定义"的一部分,使用方法比较简单,只需要依照系统提示,逐一选择参照,一步步完成所有的参照的改变。

特征的重新参照方法为:一种是在主菜单中选择"应用程序"→"继承"→"重定参照"命令;另一种是在模型树中右击鼠标,在快捷菜单中选择"编辑参照"。在弹出的"重定参照"菜单中操作即可。

7.6.3　插入特征

在特征的创建过程中,使用特征插入模式,可以在已有的顺序队列中插入新特征,从而改变模型创建的顺序。用上例来介绍插入特征的创建方法:

(1)在模型树中选择"在此插入"图标,将其拖至孔特征的后面、壳特征的前面,则"在此插入"图标后的壳特征被隐含,如图 7 – 83 所示。

(2)在孔上创建值为 1 的倒角,如图 7 – 84 所示。

(3)恢复壳特征。在模型树中选择"在此插入"图标,将其拖至壳特征的后面,隐藏的特征自动恢复,系统自动重新生成如图 7 – 85 所示的模型。

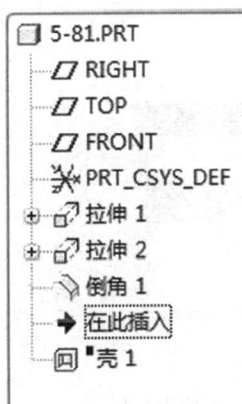

图 7 – 83　插入特征　　　　　图 7 – 84　倒角特征　　　　　图 7 – 85　最终模型

7.7　特征的编辑

Pro/E 5.0 允许用户对零件的特征进行修改,如使特征成为只读方式、修改特征名称等。

7.7.1　特征只读

若要保证特征不被修改,可将特征设置为只读。

在模型树或绘图区中选择特征后,选择"编辑"→"只读"命令,系统显示如图 7 – 86 所示的"只读特征"菜单。使用该菜单可实现对模型特征的只读操作。

189

菜单中各选项说明如下。

- 选取：选择一个特征，使该特征及该特征以前建立的所有特征成为只读方式。
- 特征号：输入一个特征 ID 号，使该特征及该特征以前建立的所有特征成为只读方式。
- 所有特征：使所有特征成为只读方式。
- 清除：从特征中撤销只读方式的设置。

使特征成为只读方式的操作步骤如下。

（1）单击菜单"编辑"→"只读"命令，系统显示"只读特征"菜单。

（2）根据设定只读的要求，选择如下命令之一进行相应操作："选取""特征号""所有特征""消除"。

（3）单击"完成"→"返回"命令，选定的特征成为只读。

7.7.2 修改特征名称

若进行特征名称的修改，一般有下列几种方式。

（1）在模型树中双击"特征"名称，然后在弹出的小文本框中输入新名称。

（2）右击模型树中的一个特征，在弹出的快捷菜单中单击"重命名"选项，然后输入新的特征名称。

（3）单击主菜单"应用程序"→"继承"→"设置"命令，系统显示"零件设置"菜单，单击该菜单中的"名称"选项，系统显示"名称设置"菜单，如图 7-87 所示，然后选择要修改名称的特征并在文本框中输入新的名称。

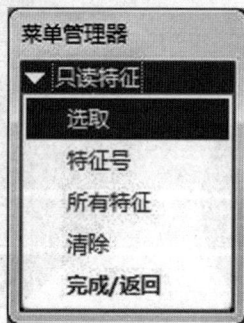

图 7-86 "只读特征"菜单

图 7-87 "名称设置"菜单

7.7.3 移动基准面和坐标系的文字

若要移动基准面或坐标系的文字，可采用如下两种方法。

（1）在图形窗口中选择基准面或坐标系，按住鼠标右键，在弹出的快捷菜单中单击"移动基准标签"选项，在图形窗口中选择目标，将基准面和坐标系的文字移到该点。

（2）在模型树中选择基准面或坐标系，单击鼠标右键，在弹出的快捷菜单中单击"移动基准标签"选项，在图形窗口中选择目标，将基准面和坐标系的文字移到该点，但当基准面垂直于屏幕时，不能移动其文字。

练习题

1. 特征尺寸阵列时，有哪三种可选用的阵列方式？其间有何不同？

2. 特征复制（copy）时，采用【新参考复制】与【相同参考】复制有什么区别？

3. 试简述特征重定义与编辑参照、特征重排序与特征插入之间的不同。

4. 完成如图 7-88 所示的风扇外框造型，尺寸任意。

5. 完成如图 7-89 所示的三绞线模型。提示：首先使用基准曲线功能建立螺旋线，螺旋线方程如图 7-90 所示，其次进行可变截面扫描，最后阵列。创建过程如图 7-91 所示。

图 7-88　练习 1   图 7-89　练习 2

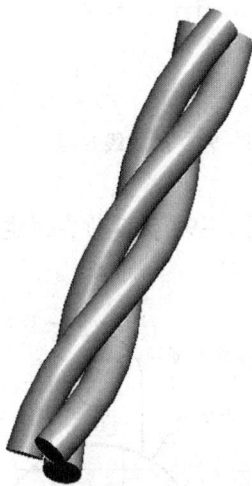

x=100*cos(t*360)
y=100*sin(t*360)
z=2000*t

图 7-90　螺旋线方程

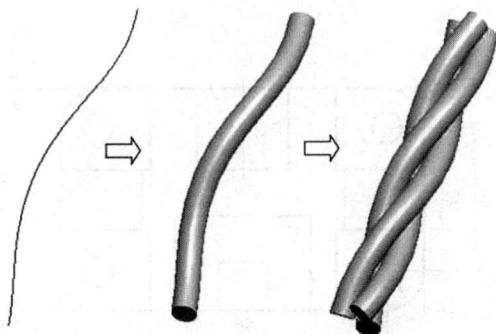

图 7-91　三绞线创建过程

6. 完成如图 7-92 所示的麻花钻模型建模。提示：首先选择 FRONT 基准面作为草绘平面，创建直径为 $\phi 12$、长为 150 的拉伸圆柱体；其次使用基准曲线功能创建螺旋线，螺旋线方程如图 7-93 所示；然后使用可变截面扫描工具创建螺旋槽，扫描截面为直径 $\phi 9$ 的圆，并将螺旋槽阵列；最后使用旋转工具剪切出锥面，建模过程如图 7-94 所示。

191

图7-92　麻花钻模型

$$x = 6 * \cos (t * 360)$$
$$y = 6 * \sin (t * 360)$$
$$z = 100*t$$

图7-93　螺旋线方程

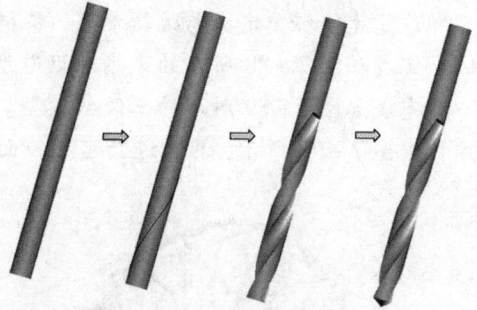

图7-94　麻花钻创建过程

7. 完成如图7-95所示的实体建模。

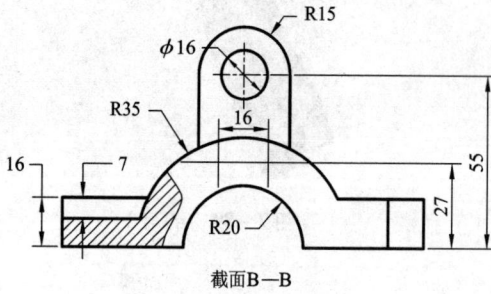

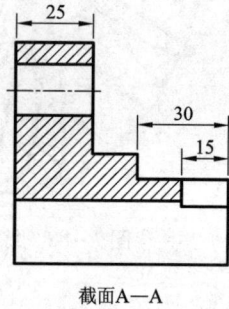

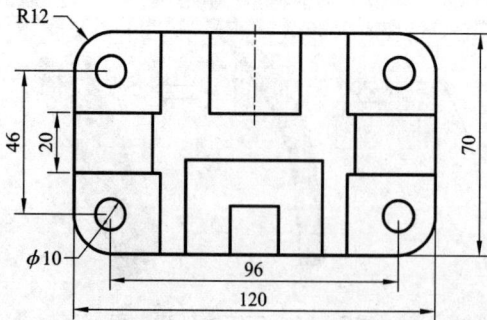

截面B—B

截面A—A

图7-95　练习3

192

第 8 章
参数化零件建模

Pro/E 5.0 提供了参数数学关系"relation"功能,让用户除了利用参数控制尺寸外,还可以进一步建立参数与参数间的数学方程式,以便在修正零件或组合件时,修正效果能够控制。数学关系可以用来提供某一尺寸值,当加工的条件违反了关系的限制时,用户将得到警示。

8.1　创建模型关系

8.1.1　关系基础知识

关系(也被称为参数关系)是用户自定义的符号尺寸和参数之间的等式。关系捕获特征之间、参数之间或组件之间的设计关系,因此,允许用户来控制对模型修改的影响作用。

关系是捕获设计知识和意图的一种方式,和参数一样,它们用于驱动模型——改变关系也就改变了模型。

关系可用于控制模型修改的影响作用、定义零件和组件中的尺寸值、为设计条件担当约束(例如,指定与零件的边相关的孔的位置)。

关系在设计过程中来描述模型或组件的不同部分之间的关系。关系可以是简单值(例如, $d1 = 4$)或复杂的条件分支语句。

基于"关系"的尺寸不能采用"修改"的方式直接拖动或修改。

(1)关系的种类。

基本上参数数学关系分成两种。

• 等式:使方程左边的参数等于右边的表达式,这类关系用于给尺寸和参数赋值。例如:简单赋值 $d1 = 4.75$,复杂赋值 $d5 = d2 * [SQRT(d7/3.0 + d4)]$

• 比较式:比较方程左边的表达式和右边的表达式,这种关系通常用于约束或用于逻辑分支的条件语句中。例如作为约束: $(d1 + d2) > (d3 + 2.5)$,如作为条件语句:IF($d1 + 2.5$) $>= d7$ 。

由关系式判断得到"真'True'"或"假'False'"值,若值为"假'False'"则使用者将得到警示。

(2)关系的层次。

• Pro/E 5.0 中的关系式主要包括以下几种:

零件(part):在"零件"和"组件"模式下访问零件关系。

组件（assembly）：访问组件中的关系。

特征（feature）：在"零件"或"组件"模式下访问专用于某个特征的关系。

继承（inherited）：在"零件"和"组件"模式下访问各种关系。

剖面（section）：如果特征具有截面，则在"零件"或"组件"模式下访问"草绘器"中的截面关系。

阵列（pattern）：在"零件"或"组件"模式下访问专用于某个阵列的关系。

骨架（skeleton）：在"组件"模式下访问骨架模型的关系。

元件（component）：访问组件元件的关系。

（3）创建或修改零件中关系的规则。

受驱动的变量可以是：

零件中的尺寸（d#）。

零件中的用户参数（parameter_name）。

特征中的用户参数（parameter_name：fid_N 或 parameter_name：fid_feature_name）。

驱动变量可与被驱动变量相同。此外还可以使用来自零件的参照尺寸（rd#），如以下格式的计算特征度量。

"measurement_name：fid_N"

"measurement_name：fid_feature_name。"

（4）在特征中创建关系时应遵循的规则。

在特征中创建关系时，它们同特征一起保存、一起驻留，而不管使用该特征的模型如何。

特征关系在零件关系之后进行计算，并在其所属的特征再生后进行求解。因此，在关系执行几何计算（诸如两点之间的距离）时，如果与零件关系相对，它被用作特征关系，则可能给出不同的结果。

8.1.2 关系中的数学函数

（1）关系中的运算符号。

- 算术运算符号。

"+"——加、"−"——减、"×"——乘、"/"——除、"^"——指数、"（ ）"——括号。

- 赋值运算符。

"="是一个赋值运算符，它使得两边的式子或者关系相等，应用时等式左边只能有一个参数。

- 比较关系符号。只要能返回 TRUE 或 FALSE 值就可使用比较运算符，Pro/E 5.0 支持以下比较运算符。

"= ="——相等、"＞"——大于、"＞ ="——大于或等于、"! =", "＜ ＞", "~ ="——不等于、"＜"——小于、"＜ ="——小于或等于、"|"——或（or）、"&"——与（and）、"~", "!"——非（not）。

（2）关系中的函数。

- 数学函数。如表 8 − 1 所示。

表 8 – 1　关系中的数学函数

sin( )	正弦	cos( )	余弦	tan( )	正切
asin( )	反正弦	acos( )	反余弦	atan( )	反正切
sinh( )	双曲线正弦	cosh( )	双曲线余弦	tanh( )	双曲线正切
sqrt( )	平方根	ln( )	自然对数	log( )	以 10 为底的对数
exp( )	e 的幂	abs( )	绝对值		

注意：所有三角函数使用单位为度。

- 圆整函数：ceil 和 floor。

ceil( )——不小于其值的最小整数，floor( )——不超过其值的最大整数。

可以给函数 ceil 和 floor 加一个可选的自变量，用它指定要圆整的小数位数。

带有圆整参数的这些函数的语法是：

ceil (parameter_name 或 number, number_of_dec_places)。

floor (parameter_name 或 number, number_of_dec_places)。

其中，number_of_dec_places 是可选值，可以被表示为一个数或一个用户自定义参数。如果该参数值是一个实数，则被截尾成为一个整数。

使用不指定小数部分位数的 ceil 和 floor 函数，其举例如下：

ceil (10.2) 值为 11　　　　floor (10.2) 值为 10　　　　floor (–10.2) 值为 –11

使用指定小数部分位数的 ceil 和 floor 函数，其举例如下：

ceil (10.255, 2) 等于 10.26

ceil (10.255, 0) 等于 11（与 ceil (10.255)相同）

floor (10.255, 1) 等于 10.2

floor (10.255, 2) 等于 10.26

- 曲线表计算。

曲线表计算使用户能用曲线表特征，通过关系来驱动尺寸，尺寸可以是草绘器、零件或组件尺寸，格式如下：

evalgraph("graph_name", x)。

其中，graph_name 是曲线表的名称，x 是沿曲线表对应的 X 轴的值，返回 y 值。

对于混合特征，可以指定轨线参数 trajpar 作为该函数的第二个自变量。

注释：曲线表特征通常是用于计算 X 轴上所定义范围内 x 值对应的 y 值。超出范围时，y 值是通过外推的方法来计算的。对于小于初始值的 x 值，系统通过从初始点延长切线的方法计算外推值。同样，对于大于终点值的 x 值，系统通过将切线从终点往外延伸计算外推值。

- 复合曲线轨道函数。

在关系中可以使用复合曲线的轨道参数 trajpar_of_pnt。

下列函数返回一个 0.0 和 1.0 之间的值：

trajpar_of_pnt("trajname", "pointname")。

其中，trajname 是复合曲线名，pointname 是基准点名。

轨线是一个沿复合曲线的参数，在它上面垂直于曲线切线的平面有通过基准点，因此，

195

基准点不必位于曲线上；而在曲线上距基准点最近的点上计算该参数值。

如果复合曲线被用作多轨道扫描的骨架，则 trajpar_of_pnt 与 trajpar 或 1.0 – trajpar 一致（取决于为混合特征选择的起点）。

（3）关系中的条件语句。

- IF 语句。

可将 IF 语句添加到关系中来创建条件语句。例如：

IF d1 > d2

length = 14.5

ENDIF

IF d1 < = d2

length = 7.0

ENDIF

- ELSE 语句。

通过在分支中添加 ELSE 语句，可创建更多复杂的条件结构。使用这些语句，上面的关系可修改如下：

IF d1 > d2

length = 14.5

ELSE

length = 7.0

ENDIF

在 IF、ELSE、ENDIF 语句之间可以有若干个特征，此外，还可将"IF|ELSE|ENDIF"结构嵌套在特征序列内。

IF 子句的语法如下：

IF < 条件 >

若干关系的序列或 IF 语句

ELSE < 选项 >

若干关系的序列或 IF 语句

ENDIF

注意下列规则：

ENDIF 作为一个字来拼写，ELSE 需要添加在单独一行，条件语句中的相等关系以两个等号(= =)的形式输入，赋值号以一个等号(=)的形式输入。

（4）关系中联立方程组。

联立方程组是这样的若干关系，在其中必须联立解出若干变量或尺寸。例如，有一个宽度为 d1、高度为 d2 的盒子，并要指定下列条件，其面积等于 100，周长等于 50。

可以键入下列方程组：

SOLVE

d1 * d2 = 100

2 * (d1 + d2) = 50

FOR d1 d2 ...or... FOR d1 , d2

SOLVE 和 FOR 语句之间的所有行都成为联立方程组的一部分，FOR 行列出要求解的变量。所有在联立方程组中出现而在 FOR 列表中不出现的变量被解释为常数。

另外，可通过输入以下联立方程组设置相同的条件：

area = 100

perimeter = 50

SOLVE

d1 * d2 = area

2 * (d1 + d2) = perimeter

FOR d1 d2

创建联立方程组的提示如下：省略前述关系中的 area = 100 会出现错误。求解联立方程时，即使系统方程可能有多组解，但系统也只会返回一组。可在联立方程组后面添加额外的代码，以便解多于一组时指定一组解。例如，在上一个例子中，两组可能的解为 $d1 = 5$，$d2 = 20$ 和 $d1 = 20$，$d2 = 5$ 可通过添加以下条件代码来增加约束 $d1 < = d2$：

IF d1 > d2

temp = d1

d1 = d2

d2 = temp

ENDIF

8.1.3　添加数学关系式

Pro/E 中可以把关系增加到：

● 特征的截面（在草绘模式中，如果最初通过选择"草绘器"→"关系"→"增加"来创建截面）。

● 特征（在零件或组件模式下）。

● 零件（在零件或组件模式下）。

● 组件（在组件模式下）。

第一次选择关系菜单时，预设为查看或改变当前模型（例如，零件模式下的一个零件）中的关系。

要获得对关系的访问，从"部件"或"组件"菜单中选择"关系"，然后从"模型关系"菜单中选择下列命令之一。

● 组件关系：使用组件中的关系。如果组件包含一个或多个子组件，"组件关系"菜单出现并带有下列命令。

当前——缺省时是顶层组件。

名称——键入组件名。

● 骨架关系：使用组件中骨架模型的关系（只对组件适用）。

● 零件关系：使用零件中的关系。

● 特征关系：使用特征特有的关系。如果特征有一个截面，那么用户就可选择：获得对截面"草绘器"中截面"草绘器"中关系的访问，或者获得对作为一个整体的特征中的关系的访问。

● 数组关系：使用数组所特有的关系。

注释：如果试图将截面之外的关系指派给已经由截面关系驱动的参数，则系统再生模型时给出错误信息。试图将关系指派给已经由截面之外关系驱动的参数时也同样。删除关系之一并重新生成。

如果组件试图给已经由零件或子组件关系驱动的尺寸变量指派值时，出现两个错误信息，删除关系之一并重新生成。

修改模型的单位可使关系无效，因为它们没有随该模型缩放。有关修改单位的详细信息，请参阅"关于公制和非公制度量单位"主题。

关系中使用参数符号。一般在关系中使用四种类型的参数符号。

- 尺寸符号：支持下列尺寸符号类型。
√ d#：零件或组件模式下的尺寸。
√ d#：#组件模式下的尺寸。组件或组件的进程标识添加为后缀。
√ rd#：零件或顶层组件中的参考尺寸。
√ rd#：#组件模式中的参考尺寸（组件或组件的进程标识添加为后缀）。
√ rsd#：草绘器中"截面"的参考尺寸。
√ kd#：在草绘"截面"中的已知尺寸（在父零件或组件中）。

- 公差：指与公差格式相关联的参数。当尺寸由数字的转向符号时，出现这些符号。
√ tpm#：加减对称格式中的公差；#是尺寸数。
√ tp#：加减格式中的正公差；#是尺寸数。
√ tm#：加减格式中的负公差；#是尺寸数。

- 实例数：指整数参数，是数组方向上的实例个数。
√ p#：其中，#是实例的个数。

注释：如果将实例数改变为一个非整数值，Pro/E 5.0 将截去其小数部分。例如，2.90将变为 2。

- 用户参数：这些可以是由增加参数或关系所定义的参数。
例如：
Volume = d0 * d1 * d2
Vendor = "Stockton Corp."
注释：

- 用户参数名必须以字母开头（如果它们要用于关系的话）。
- 不能使用 d#、kd#、rd#、tm#、tp#或 tpm#作为用户参数名，因为它们是由尺寸保留使用的。
- 用户参数名不能包含非字母数字字符，诸如!、@、#、$。
- 下列参数是由系统保留使用的。
- PI"π"值 = 3.14159 不能改变该值。
- G"引力常数"缺省值 = 9.8 米/秒^2。
- C1、C2、C3 和 C4 是缺省值，分别等于 1.0、2.0、3.0 和 4.0。
- 可以使用"关系"菜单中的"增加"命令改变这些系统参数的值。这些改变的值应用于当前工作区的所有模型。

8.2 参数

8.2.1 参数概述

参数化设计是 Pro/E 5.0 提供的最基本的功能。尺寸驱动是参数化设计的重要特点,所谓尺寸驱动就是以模型的尺寸标注来确定模型的形状,设计者修改尺寸参数后,经过再生成即可获得模型新的形状。另外,约束和关系式也是参数化设计的重要特点。约束限定了各个要素之间的特殊关系(如平行、垂直、相切、共线等),而关系式则表明了参数之间的数学关系。实际建模过程中,能够用约束表达设计意图时,就不要用尺寸或者关系式。因为约束具有更加明确的物理意义,约束的改变通常意味着设计意图的变更,而尺寸只能表明轮廓的大小变化,是浅层的变更。在 Pro/E 5.0 中参数类型大致有:

局部参数。当前模型中创建的参数,可在模型中编辑局部参数。

外部参数。在当前模型外面创建的用于控制模型某些方面的参数,不能在模型中修改外部参数。

用户定义参数。可连接几何的其他信息,可将用户定义的参数添加到组件、零件、特征或图元。

系统参数。由系统定义的参数,例如,"质量属性"参数,这些参数通常是只读的,可在关系中使用它们,但不能控制它们的值。

注释元素参数。为"注释元素"定义的参数。

受限制值参数。由外部文件定义其值和其他属性的参数。

8.2.2 参数的设置

在如图 8-1 所示的模型 PRT8-1 中设置参数,其步骤如下。

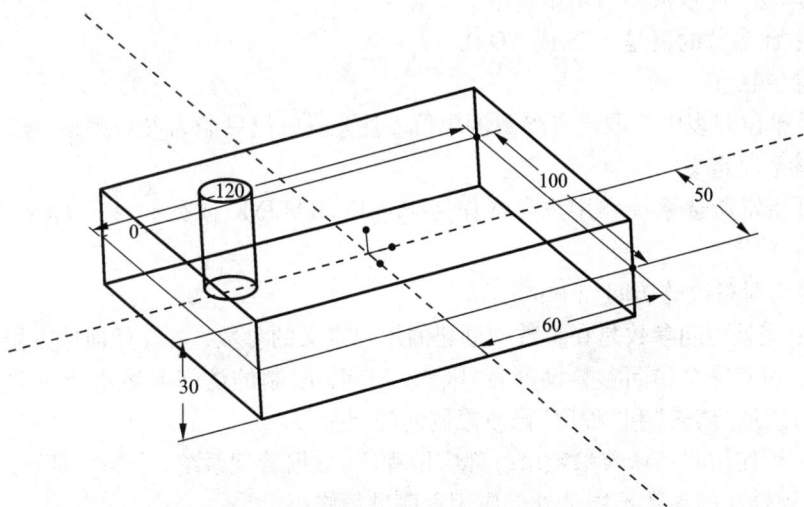

图 8-1 零件 PRT8-1

（1）在工具栏单击"工具"→"参数"，打开"参数"对话框，如图8－2所示。

（2）在"查找范围"中添加参数的对象类型。

（3）在左下角单击 按钮，给PRT8－1.prt中添加新的参数，并定义参数属性。

参数有如下属性：

名称：不能编辑现有用户定义参数的名称。

类型：可支持以下参数类型：

· 整型：此参数的值是数字。

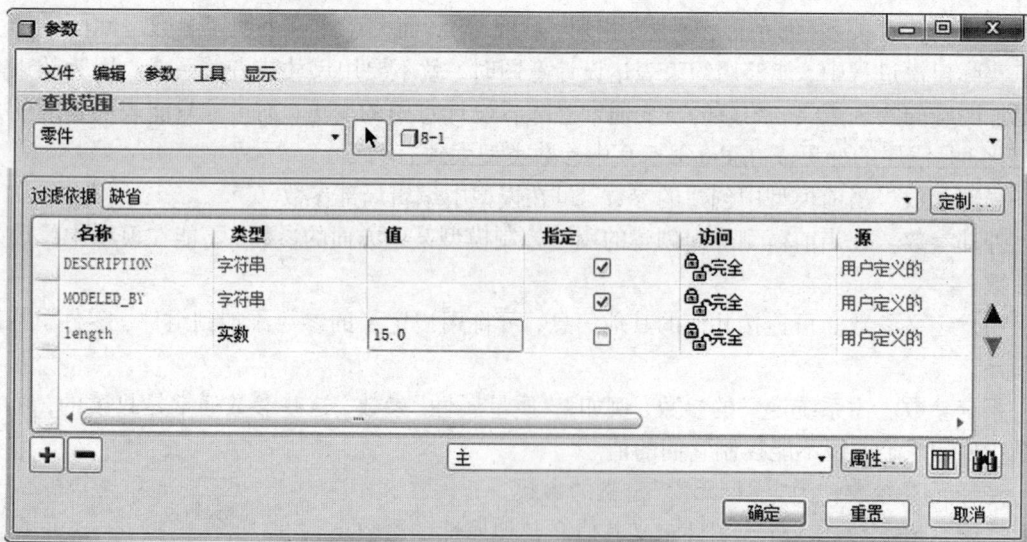

图8－2 参数对话框

· 实型：此参数的值是（十进）小数。

· 字符串型：此参数的值是字符串。

· 是否：此参数的值是 YES 或 NO。

值：指定参数值。

单位：从单位列表中选取定义参数的单位。注意：单位只能为参数类型"实型"定义，并且仅在创建参数时定义。

指定：可指定所选系统和用户参数作为 Pro/INTRALINK 或另一种 PDM 系统中的属性使用。

访问：定义对参数的访问如下：

· 完整：完整访问参数是在参数中创建的用户定义的参数，可在任何地方修改它们。

· 限制：可将完全访问参数设置为"限制"访问，限制的访问参数不能由关系修改。限制访问参数可通过"族表"和"程序"修改限制的访问参数。

· 锁住：锁住访问意味着参数由外部应用程序（数据管理系统、分析特征、关系、程序或族表）创建。被锁住的参数不能从外部应用程序进行修改。

源：指示创建参数的位置或其受驱动的位置。

200

受限制的：指示其属性由外部文件定义的受限制值参数。

（4）在属性"名称"中输入参数名称为"LENGTH"。注意：参数名不能包含非字母数字，字符，如!、"、@和#。在属性"类型"中选取要添加的指定参数的类型。在属性"数值"中指定参数的值。例如添加如图 8 - 3 所示的"名称"类型""数值"。说明：提供参数的说明。

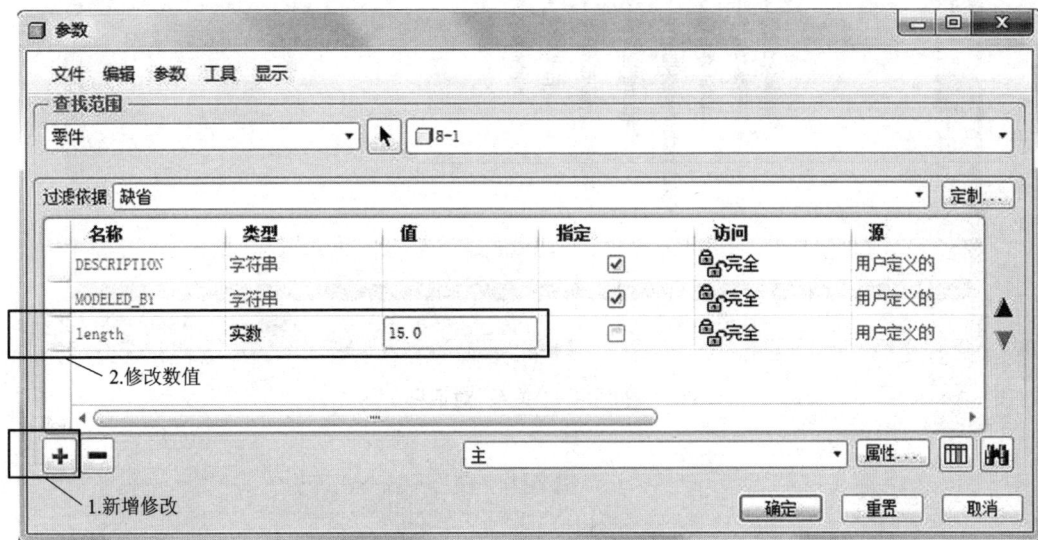

图 8 - 3　添加参数对话框

8.3　创建关系

零件设计时，如果零件的各个参数之间存在某种关系的，则可通过"关系"对话框，控制零件模型中尺寸之间存在的依赖关系，从而方便地设计出一系列不同的产品。完成零件关系的编辑建立后，如果改变零件中的某一尺寸，则与该尺寸存在关系的其他尺寸将做相应地变化。首先在工具栏单击"工具"→"关系"，打开"关系"对话框，如图 8 - 4 所示。

插入运算符：单击如图 8 - 4 所示的关系对话框左侧工具栏上列出的运算符，如图 8 - 5 所示。

"查找范围"：单击零件右侧小三角号，出现下拉菜单，在该栏中选择要添加关系式的对象，如图 8 - 6 所示。

这些工具菜单表示上一步、下一步、剪切、复制、粘贴、删除。与 Windows 窗口菜单的使用方法相同。

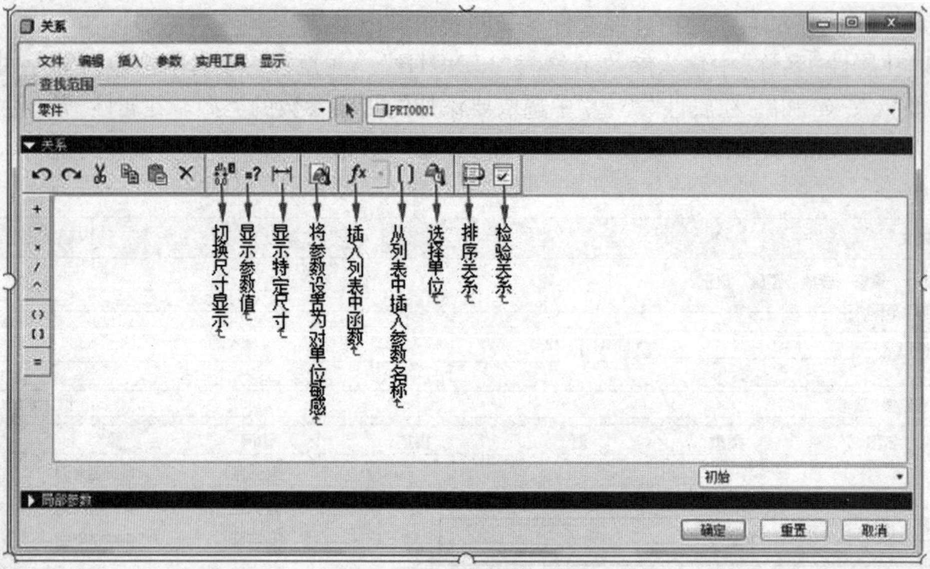

图 8-4 "关系"对话框

图 8-5 关系中的运算符

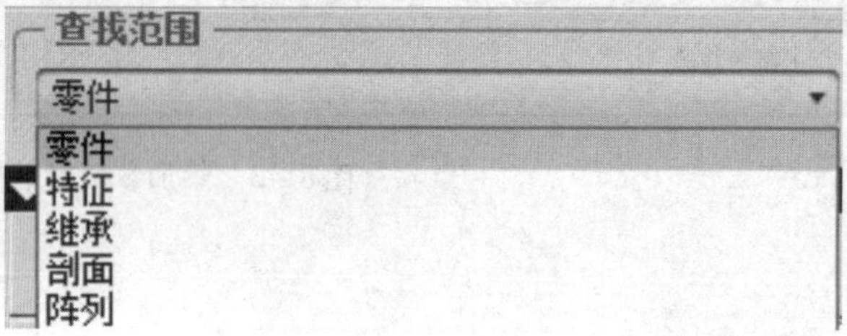

图 8-6 查找范围

：尺寸数值与参数显示的切换按钮。

：单击该按钮,弹出如图 8-7 所示的"评估表达式"对话框,向用户提供计算尺寸、参数、表达式的值。

：显示当前模型中的特定尺寸。单击该按钮,出现"显示尺寸"对话框,如图 8-8 所示。

图 8-7 "评估表达式"对话框

图 8-8 "显示尺寸"对话框

202

f^x：插入函数。点击该按钮，弹出如图 8 - 9 所示的"插入函数"对话框。

〔〕：从现有参数列表中插入参数。点击该按钮，弹出如图 8 - 10 所示的"选取参数"对话框。

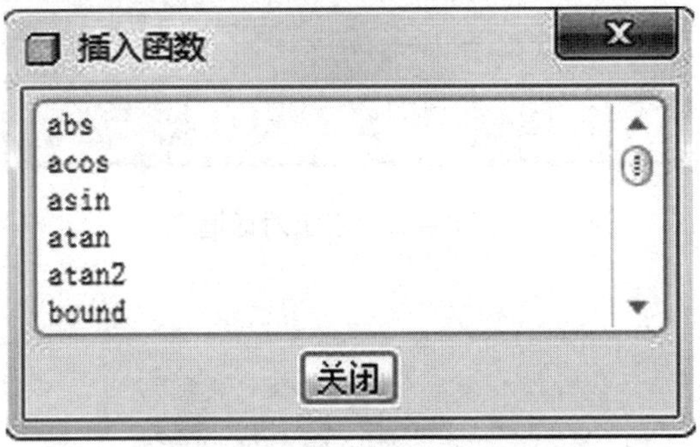

图 8 - 9　插入函数对话框

图 8 - 10　插入参数对话框

：指定关系是应按常规顺序计算，还是在再生后计算，可从列表中选取"初始"（initial）或"后再生"（post regeneration）。

：校验已输入关系的有效性。接受这些关系，单击"确定"（OK）按钮。重新开始，单击"重置"（reset）按钮。

8.4　参数化建模实例

参数化模型在现代设计中应用广泛，下面以齿轮为例介绍参数化建模的一般方法和技巧。创建参数化的齿轮模型时，首先创建参数，然后创建组成齿轮的基本曲线，最后创建齿轮模型，设计通过在参数间引入关系的方法使模型具有参数化的特点，其过程如下。

1. 创建新零件

（1）启动 Pro/E 5.0 界面，单击文件/新建，或单击菜单"文件"→"新建"。

（2）输入零件名称：chilun，取消"缺省"的选中记号，单击"确定"按钮，出现如图 8 - 11 所示对话框。选择系统默认"零件"，子类型"实体"方式，"名称"栏中输入 chilun，同时注意不勾选"使用缺省模板"。选择公制模板 mmns-part-solid，如图 8 - 12 所示，单击"确定"。

2. 创建齿轮设计参数

选择菜单栏"工具"→"参数"命令，出现如图 8 - 13 所示对话框。单击参数按钮出现如图 8 - 14 所示对话框。单击按钮添加参数，如图 8 - 15 所示，依次添加齿轮设计的初始参数：模数 $m = 2$，齿数 $Z = 25$，压力角 alpha = 20，齿顶高系数 hax = 1，顶隙系数 cx = 0.25，齿宽 b = 30。

面齿根圆直径 d_f，齿顶圆直径 d_a，基圆直径 d_b，分度圆直径 d，可以根据关系式计算得到。

图 8-11 新建对话框

图 8-12 模板对话框

图 8-13 工具栏下的参数菜单

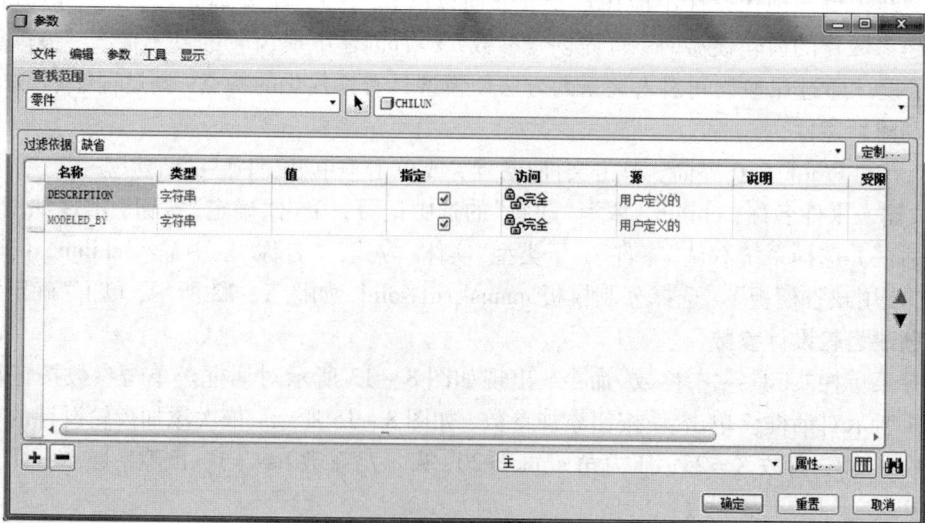

图 8-14 添加参数对话框

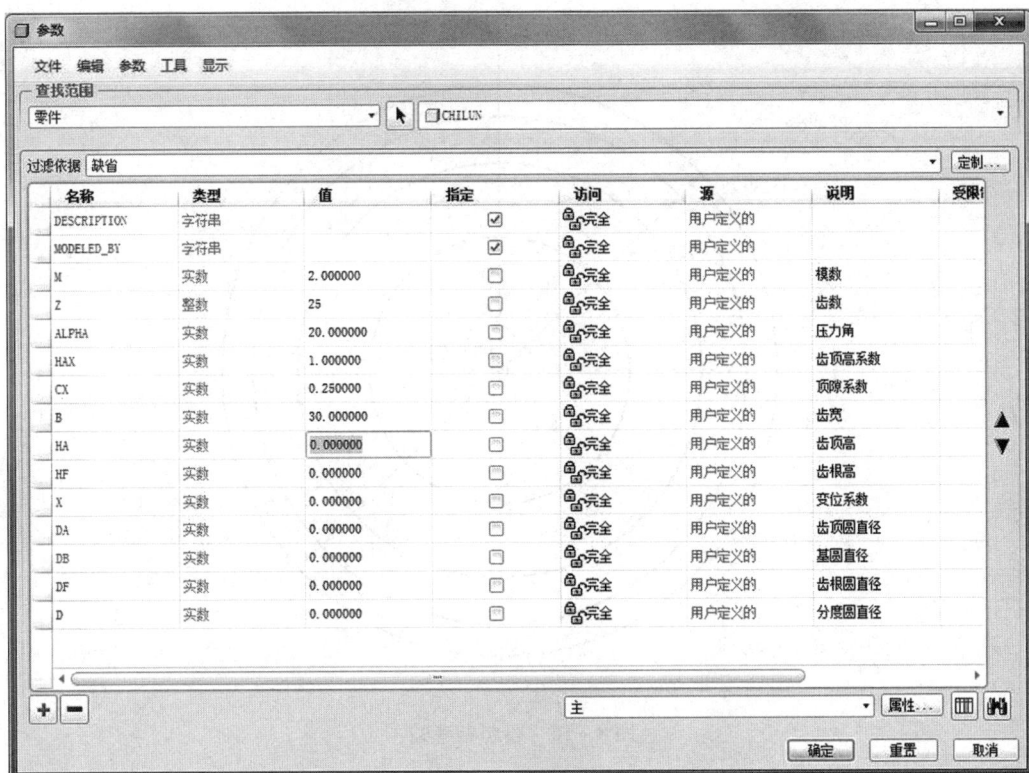

图 8 - 15　添加齿轮设计参数

3. 绘制齿轮参考圆

选择"插入"→"模型基准"→"草绘"特征工具，或单击工具栏⬚选择 FRONT 基准平面为草绘平面，系统自动捕捉与其垂直的 RIGHT 基准平面为参考平面，单击"草绘"确认。

选择工具菜单栏"草绘"→"圆"，或单击"草绘器"工具栏上的◉命令，任意草绘 4 个同心圆，完成后单击"确认"，如图 8 - 16 所示。

4. 创建齿轮关系式，研究齿轮尺寸

如图 8 - 17 所示，选择工具菜单"工具"→"关系"命令，弹出如图 8 - 18 所示对话框。在关系对话框中分别添加齿轮的分度圆直径、基圆直径、齿根圆直径及齿顶圆直径的关系式，通过这些关系式及已知的参数来确定上述参数的数值。此时图形中的参数将以代号的形式显示，如图 8 - 19 所示。

参数与图形尺寸关联：在工作区单击 sd 0，尺寸符号被添加到关系对话框中，编辑关系式，输入 = db，其中尺寸 sd 0，sd 1，sd 2 和 sd 3 新添加了关系，将这四个圆依次指定为基圆、齿根圆和齿顶圆，如图 8 - 20 所示。

在关系对话框中单击 确定 按钮，系统会自动根据设定参数和关系式再生模型并生成新的基本尺寸，最终生成的标准齿轮基本圆。在右侧工具箱中单击按钮，创建的基准曲线如图 8 - 21 所示。

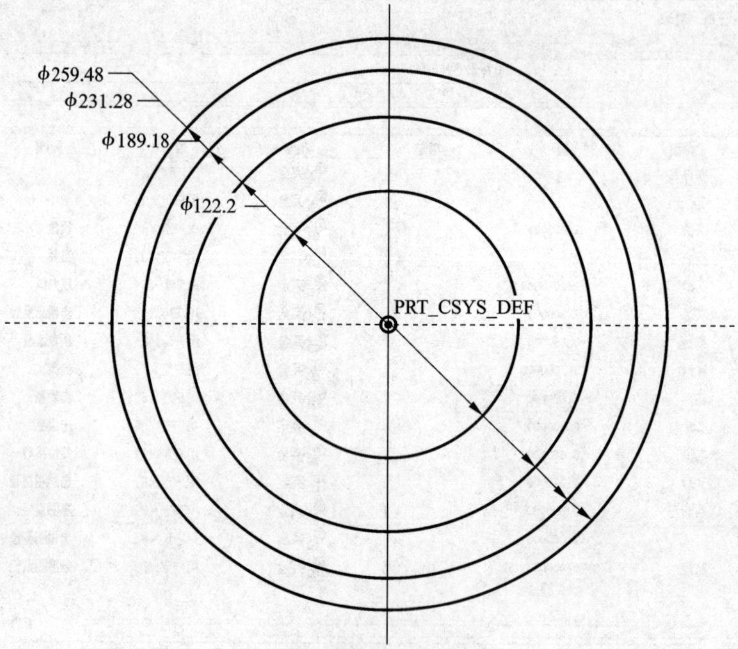

图 8 – 16 绘制参考圆

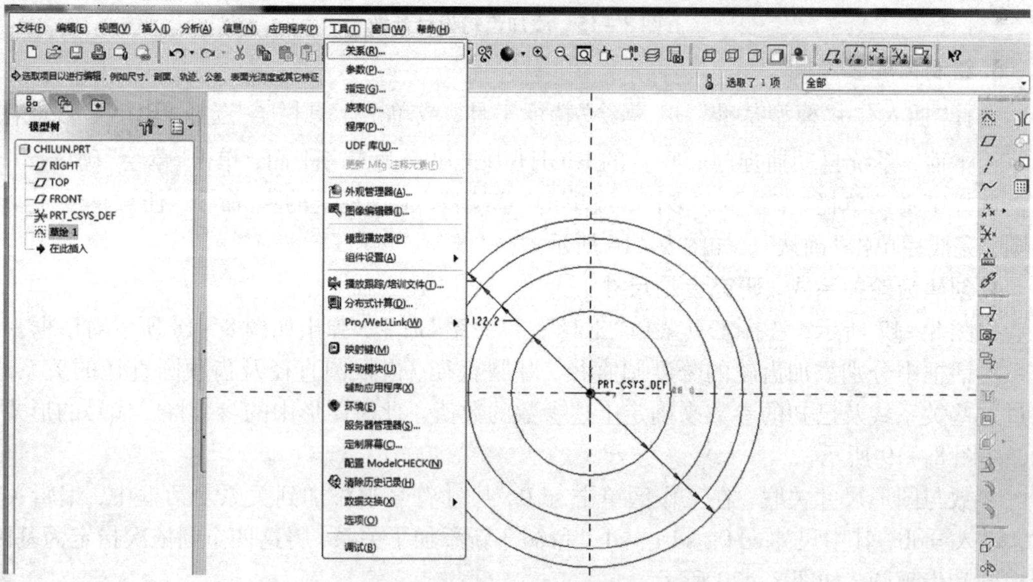

图 8 – 17 关系菜单

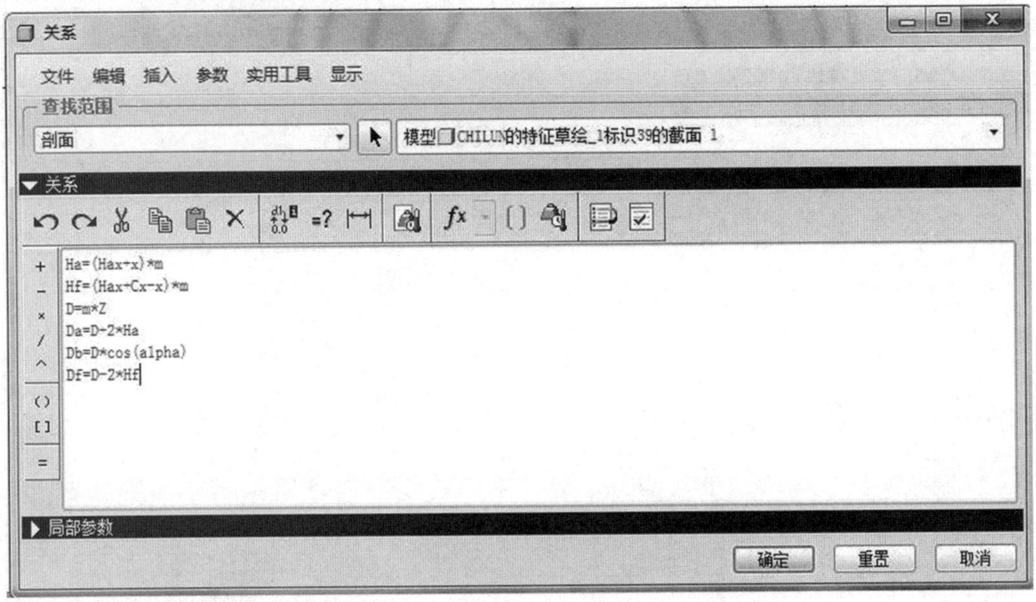

图 8 – 18 关系对话框

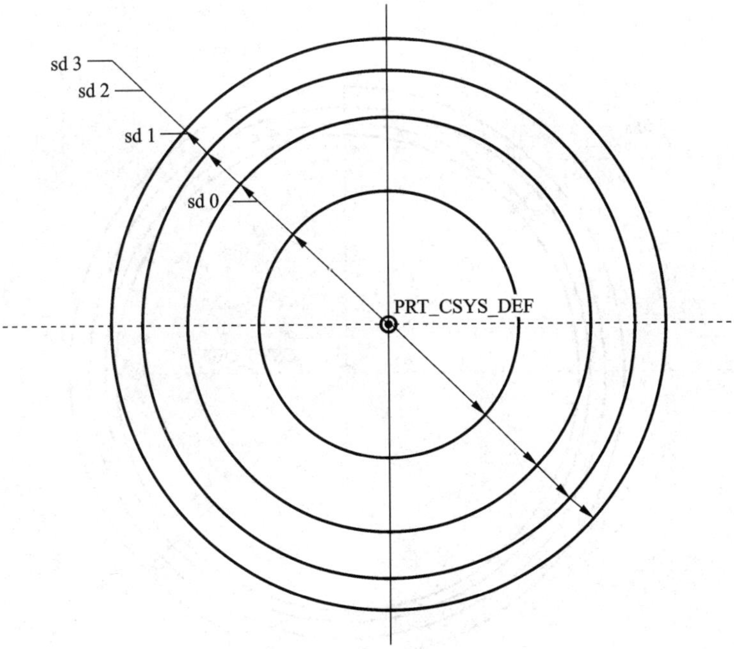

图 8 – 19 显示代号尺寸

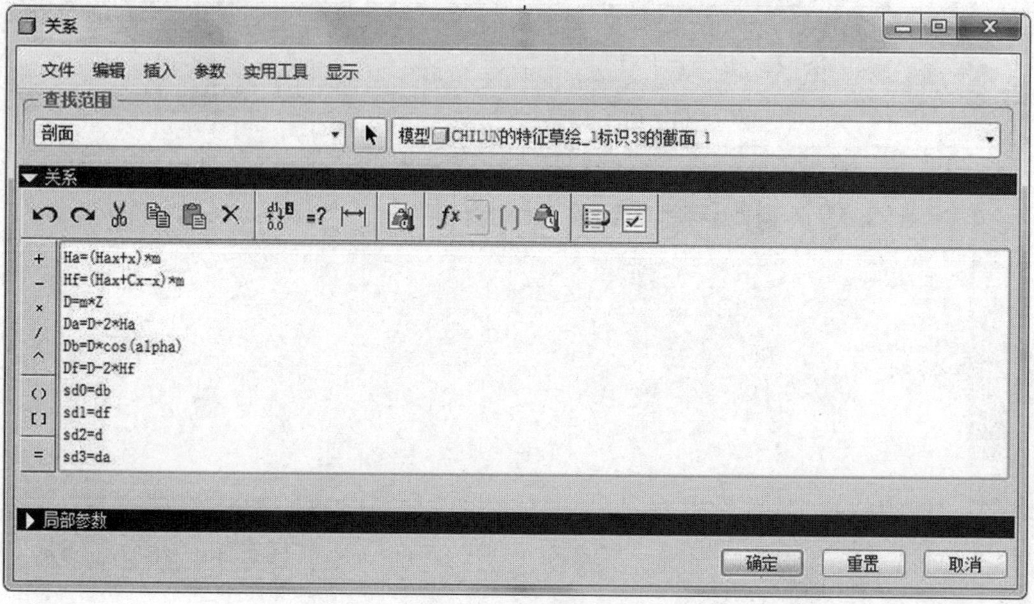
关系
文件 编辑 插入 参数 实用工具 显示
查找范围
剖面
模型CHILUN的特征草绘_1标识39的截面 1
关系
Ha=(Hax+x)*m
Hf=(Hax+Cx-x)*m
D=m*Z
Da=D+2*Ha
Db=D*cos(alpha)
Df=D-2*Hf
sd0=db
sd1=df
sd2=d
sd3=da
局部参数
确定
重置
取消

图 8－20　关系对话框中新添加关系

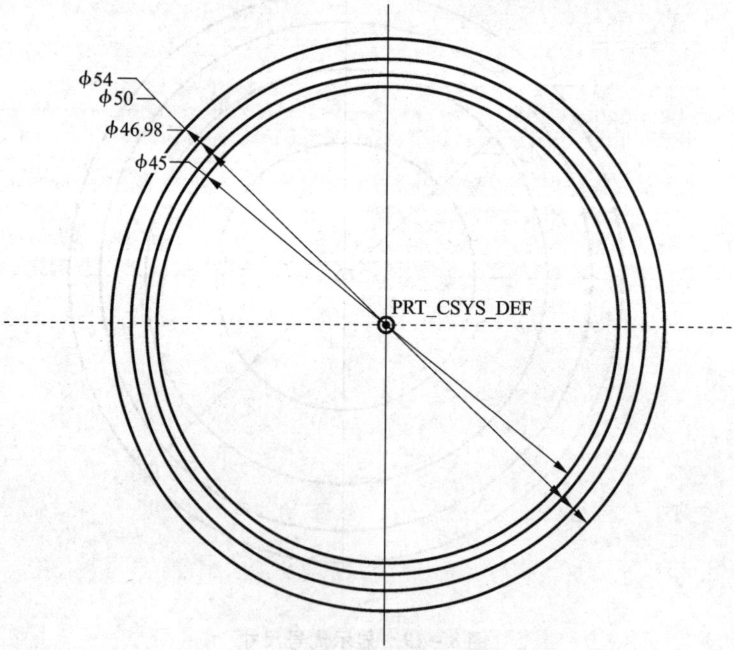
φ54
φ50
φ46.98
φ45
PRT_CSYS_DEF

图 8－21　标准齿轮基本圆

5. 创建渐开线齿轮轮廓曲线

选择"插入"→"模型基准"→"曲线"工具,或者单击工具栏的 ～(基准曲线)命令,出现如图 8 - 22 所示菜单。选择"从方程"建立渐开线,单击"完成"确定。此时系统提示选择坐标系,在工作区或者模型树中单击系统默认坐标系,单击"确定",如图 8 - 23 所示。在设置坐标系类型中选择"笛卡尔"坐标系,如图 8 - 24 所示,系统打开记事本编辑器。

图 8 - 22 曲线选项菜单　　　图 8 - 23 选取坐标系对话框　　　图 8 - 24 设置坐标系类型

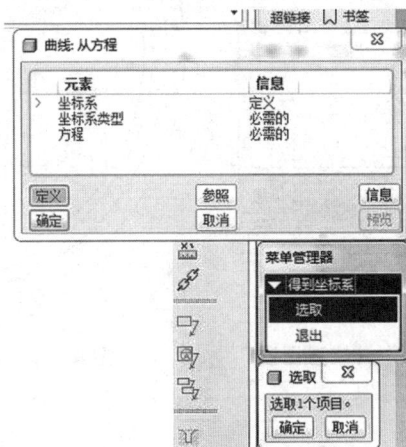

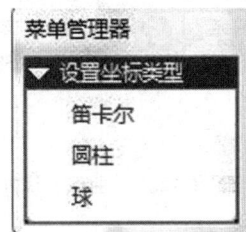

在记事本中添加如图 8 - 25 所示的渐开线方程式,完成后依次选择"文件"→"保存"选项保存方程式,关闭记事本窗口。编辑参数方程时 t 是 Pro/E 5.0 系统默认的变量,取值范围 0 ~ 1,pi 是圆周率,其中间变量用户可以自己定义。"曲线:从方程"创建渐开线对话框如图 8 - 26 所示,点击"确定"后得到渐开线曲线,如图 8 - 27 所示。

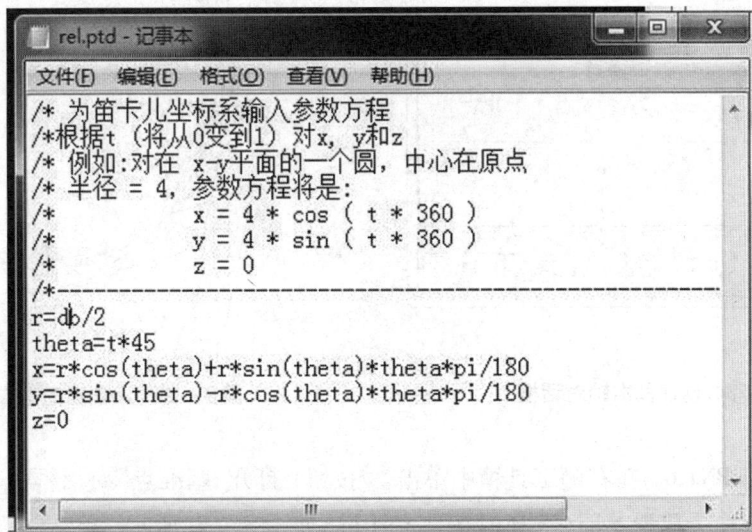

```
/* 为笛卡儿坐标系输入参数方程
/* 根据t(将从0变到1)对x, y和z
/* 例如:对在 x-y平面的一个圆,中心在原点
/* 半径 = 4,参数方程将是:
/*        x = 4 * cos ( t * 360 )
/*        y = 4 * sin ( t * 360 )
/*        z = 0
/*-------------------------------------------
r=db/2
theta=t*45
x=r*cos(theta)+r*sin(theta)*theta*pi/180
y=r*sin(theta)-r*cos(theta)*theta*pi/180
z=0
```

图 8 - 25 编辑渐开线方程式

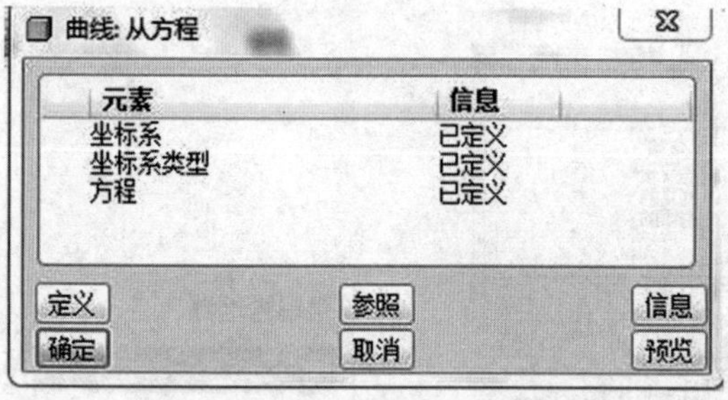

图 8 - 26 "曲线：从方程"创建渐开线对话框

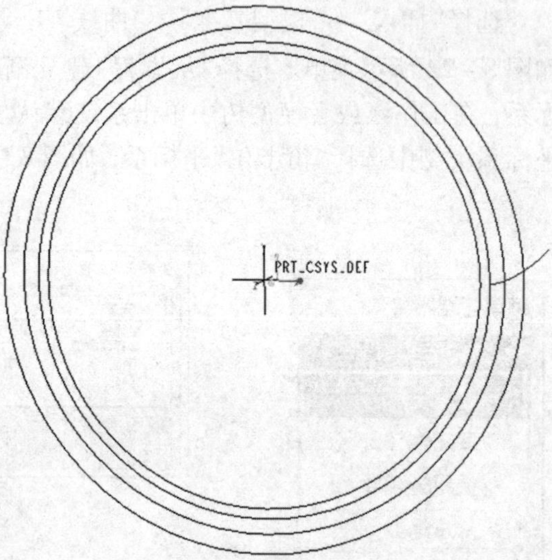

图 8 - 27 用方程创建的渐开线曲线

6. 创建镜像基准平面特征

创建基准轴 A - 1，在右侧工具箱中单击 ✏️ 按钮，打开"基准轴"对话框，选取 TOP 和 RIGHT 基准平面作为放置参照（选择时按住 Ctrl 键）如图 8 - 28 所示，创建基准轴线，如图 8 -29所示。

图 8 - 28 创建基准轴对话框

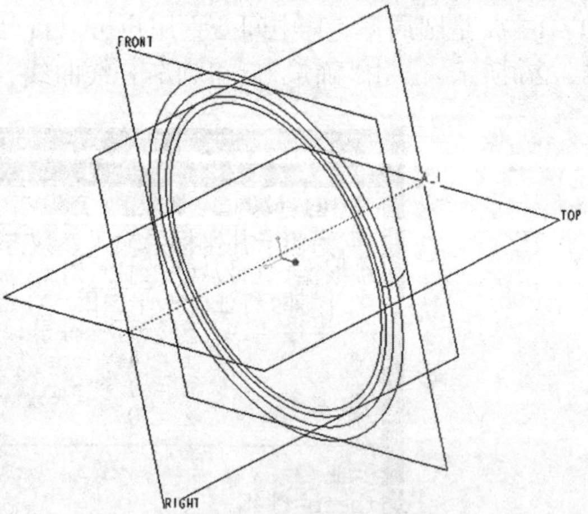

图 8 - 29 新创建的基准轴

创建基准点 PNT 0，在右侧工具箱中单击 ⁑ 按钮，打开"基准点"对话框，选取渐开线和分度圆为基准点作为放置参照（选择时按住 Ctrl 键）如图 8 - 30 所示，单击 **确定** 创建基准点 PNT 0，如图 8 - 31 所示。

210

图 8 - 30　创建点对话框

图 8 - 31　新创建的基准点

创建基准平面 DTM 1，在右工具箱中单击 ⊡ 按钮，打开"基准平面"对话框，选取基准点 PNT 0 和基准轴 A_1 作为放置参照(选择时按住 Ctrl 键)如图 8 - 32 所示，然后单击 **确定** 创建基准平面 DTM 1，如图 8 - 33 所示。

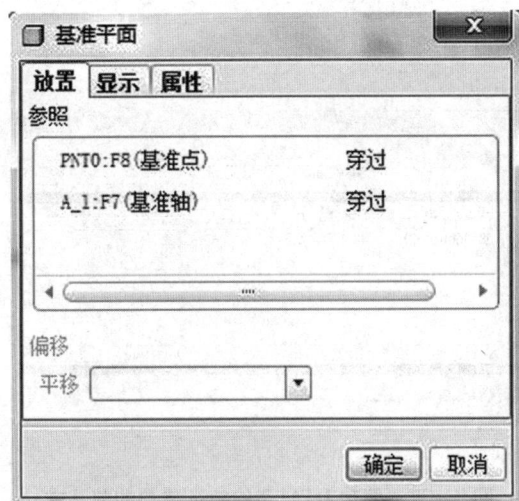

图 8 - 32　创建基准平面对话框

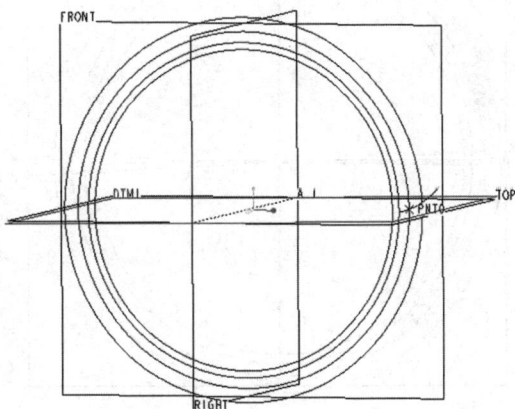

图 8 - 33　新创建的基准平面 DTM 1

创建基准平面 DTM 2，在右侧工具箱中单击 ⊡ 按钮，打开"基准平面"对话框，选取基准平面 DTM 1 和基准轴 A_1 作为放置参照(选择时按住 Ctrl 键)如图 8 - 34 所示。在旋转对话框中输入旋转角度 -360/(4 * z)，单击 **确定** 创建基准平面 DTM 2，如图 8 - 35 所示。

图 8-34 创建基准平面对话框 2

图 8-35 新创建的基准平面 DTM2

在模型树窗口的基准平面 DTM 2 标识上单击鼠标右键,在弹出的快捷菜单中选择编辑选项,点开关系对话框,显示创建该平面的角度参数 d 8(DTM 1 与 DTM 2 的夹角),如图 8-36 所示。单击 d 8,在"关系"对话框中编辑其关系式 d 8 = 360/(4 * z),如图 8-37 所示。

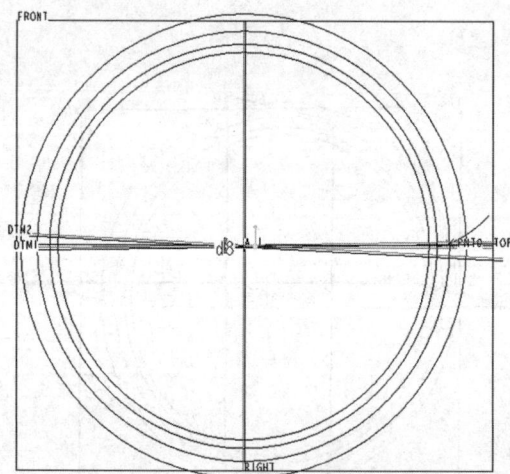

图 8-36 显示特征参数

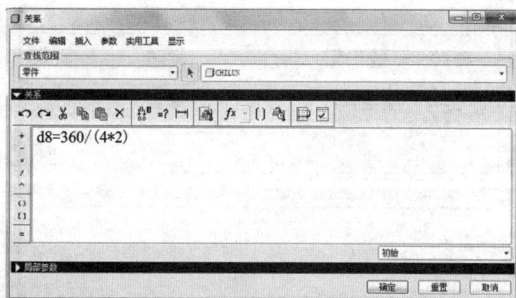

图 8-37 编辑 DTM 2 的特征参数的关系式

镜像渐开线,在工作区中选择已创建的渐开线齿廓曲线,然后单击右侧工具箱中的镜像 按钮,选择基准平面 DTM 2 作为镜像平面,镜像后的渐开线结果如图 8-38 所示。

7. 创建齿顶圆实体特征

在右侧工具箱中单击"拉伸 "按钮,打开控制面板,单击"放置 "按钮。打开草绘面板,单击"定义"按钮,打开"草绘"对话框,选择 FRONT 平面作为草绘平面,其他设置接受系统默认参数,单击"草绘"按钮进入二维草绘模式。

212

在右侧工具箱中单击"通过边创建图元" ▣▾ 按钮，打开"类型"对话框，选择其中的"环"单选按钮，如图 8-39 所示，然后在工作区中选择如图 8-40 所示的曲线作为草绘剖面，最后在右侧工具箱中单击 ✔ 退出二维草绘模式。

图 8-38　镜像后的渐开线　　　图 8-39　类型中的选项　　　图 8-40　选择齿顶圆环作为草绘

在拉伸操作面板中设置拉伸深度为"B"，系统弹出如图 8-41 所示对话框，单击 是(Y) 按钮，确认引入关系式，在选项按钮中选择"对称拉伸" ⫡ 日▾ 30.00 ，单击 ✔ 完成齿顶圆的实体创建，如图 8-42 所示。

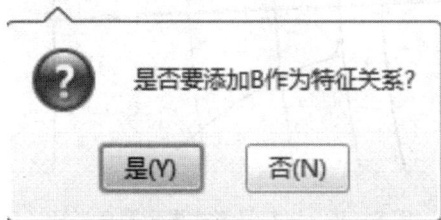

图 8-41　询问对话框

图 8-42　拉伸的齿顶圆

在模型树窗口的拉伸特征标识上单击鼠标右键，在弹出的快捷菜单中选择"编辑"选项，此时图形中显示创建拉伸的深度参数为 30，如图 8-43 所示。在"工具"菜单中打开"关系"对话框，单击 d9，编辑其关系式 d9=B，如图 8-44 所示，单击"确定"关闭对话框。

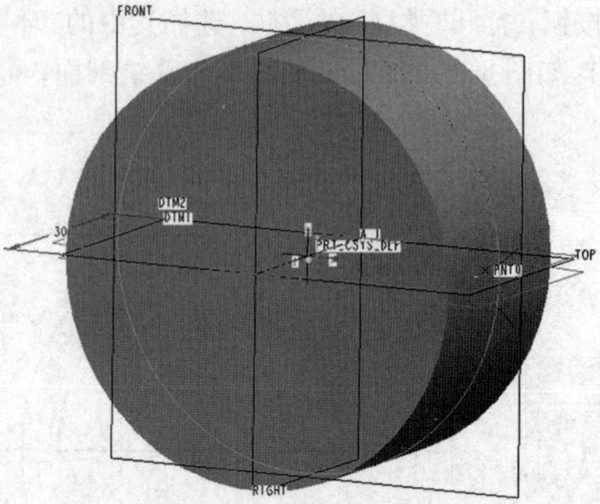

图 8-43　显示特征深度

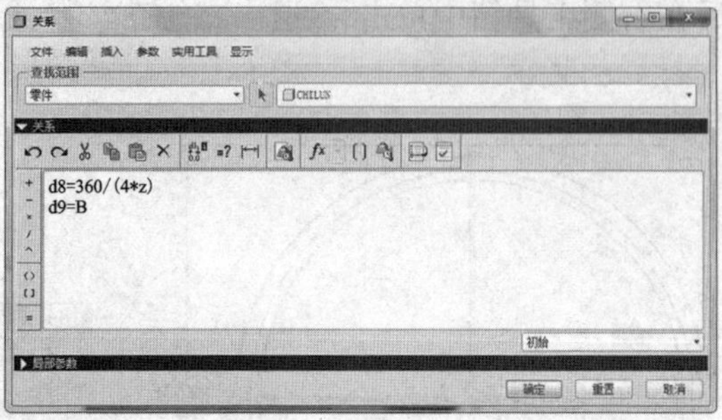

图 8-44　在关系对话框中编辑 d9 关系式

8. 创建齿廓曲线

在右侧工具箱中单击 ，打开"草绘"对话框，选择基准平面 FRONT 做为草绘平面，接受系统默认参照后进入草绘模式。

在右侧工具箱中单击 按钮，打开"类型"对话框，选择"单个"选项，选择两条渐开线及齿顶圆和齿根圆，使用 修剪切掉多余的线条，用 圆角工具导齿根圆角，并约束两个圆角半径相等，得到如图 8-45 所示的草绘齿槽曲线。在右侧工具条中单击 按钮，退出二维草绘模式。

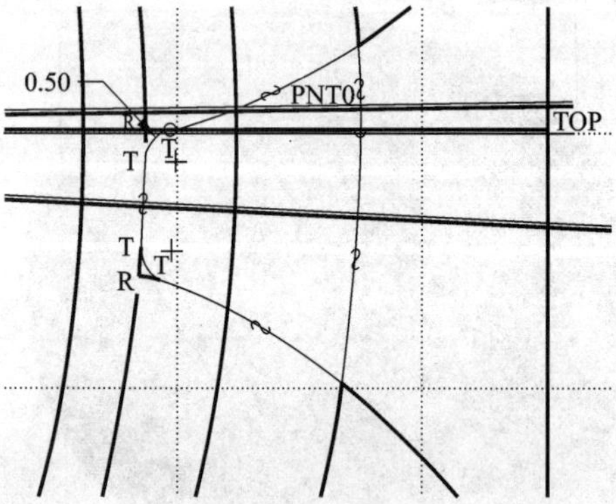

图 8-45　草绘齿槽曲线

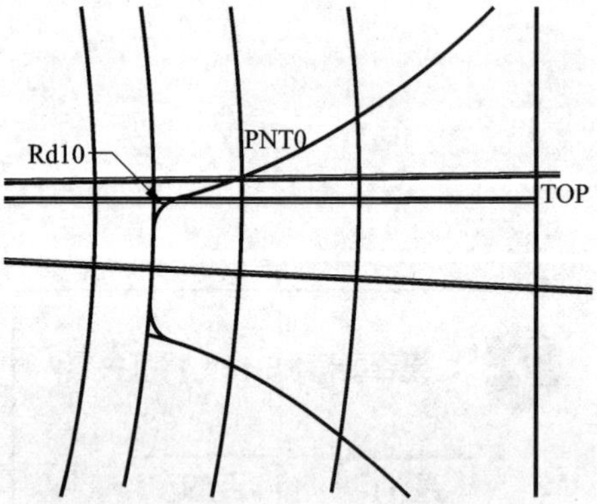

图 8-46　以符号形式显示圆角半径

在模型树窗口的草绘 2 标识上单击鼠标右键，在弹出的快捷菜单中选择"编辑"选项，此时图形中显示创建草绘的尺寸参数圆角半径，如图 8-46 所示。在"工具"菜单中打开"关系"对话框，圆角半径将以符号形式显示为 d 10。在关系对话框中编辑其关系式如图 8-47 所示，单击"确定"关闭对话框。

9. 创建第一个齿槽

在右侧工具箱中单击拉伸 按钮，打开控制面板；单击放置 按钮，打开草绘面板；单

214

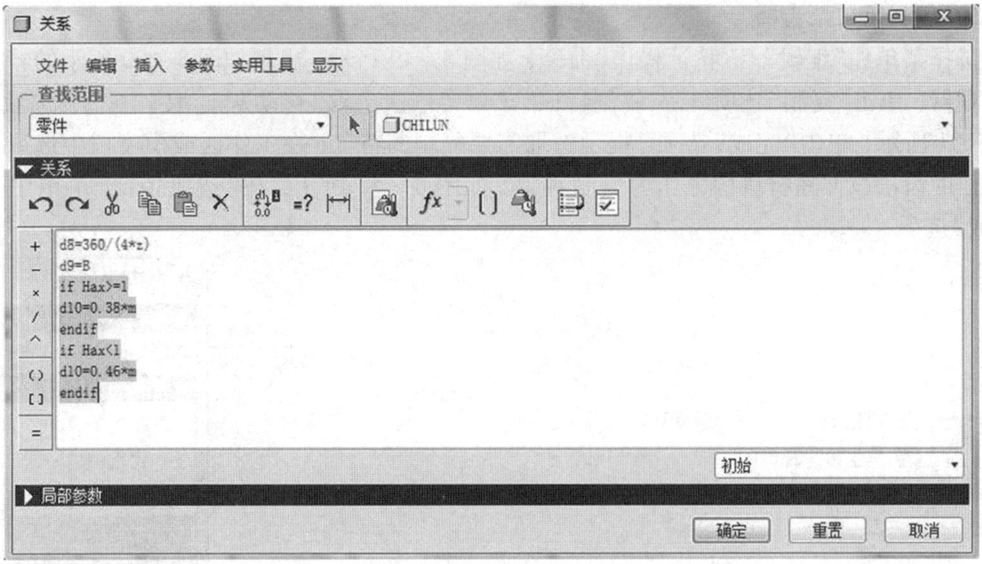

图 8 - 47　在关系对话框中编辑齿根圆角关系式

击定义按钮，打开"草绘"对话框；选择先前平面作为草绘平面，其他设置接受系统默认参数。单击"草绘"按钮进入二维草绘模式，选择刚刚草绘的齿槽曲线作为草绘剖面，设置特征参数，然后单击 ✔ 完成齿槽创建，如图 8 - 48 所示。

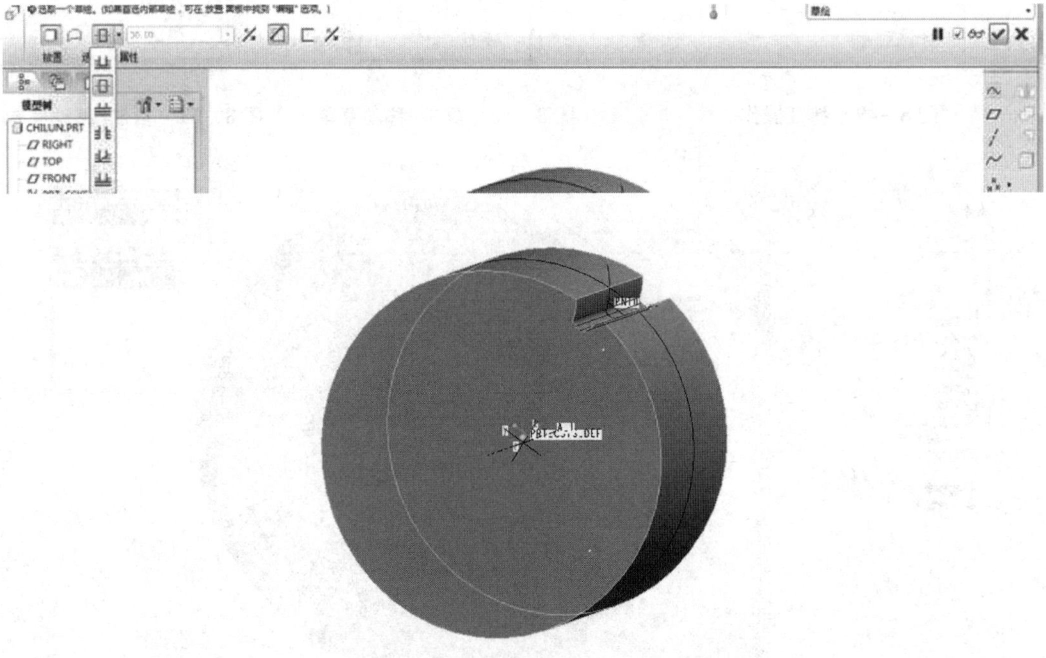

图 8 - 48　创建的第一条齿槽

10. 复制第二条齿槽

选择菜单栏"编辑"→"特征操作"命令，如图 8-49 所示，出现如图 8-50 所示的特征菜单管理器，单击"复制"选项，在"复制特征"菜单中依次选取"移动""选取""独立"选项，如图 8-51 所示，单击"完成"选项，提示选取需要复制的特征，在工作区或模型树中选取上一步创建的齿槽拉伸除材料特征作为复制对象，如图 8-52 所示，在"选取特征"菜单中选择"完成"选项。

图 8-49 特征操作　　图 8-50 复制/移动菜单　　图 8-51 复制/移动菜单

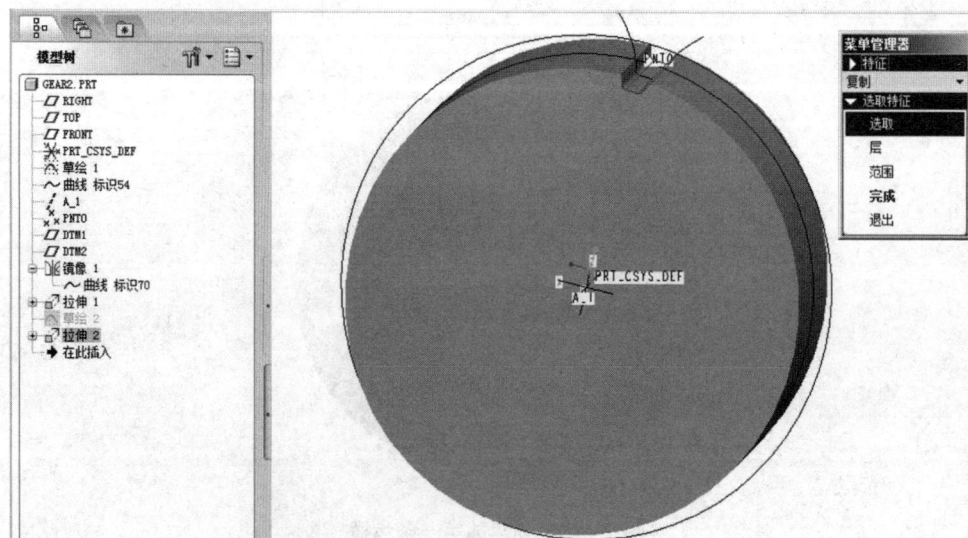

图 8-52 选择复制特征

216

在弹出的"移动特征"菜单中选取"旋转"选项,在"一般选取方向"菜单中选取"曲线/边/轴"选项,如图 8 - 53 所示,选取齿轮毛坯回转轴线作为复制参照。此时红色箭头指示特征移动方向,选择完毕,出现图 8 - 53 所示菜单,选择复制移动方向,单击"正向"确认图示移动方向。系统提示输入旋转角度,如图 8 - 54 所示,输入旋转角度关系式 360/z。单击确认,出现如图 8 - 55 所示的组元素对话框,单击"确定"出现如图 8 - 56 所示菜单,单击完成,生成图 8 - 57 所示第二齿槽。

图 8 - 53　移动特征

图 8 - 54　输入旋转角度

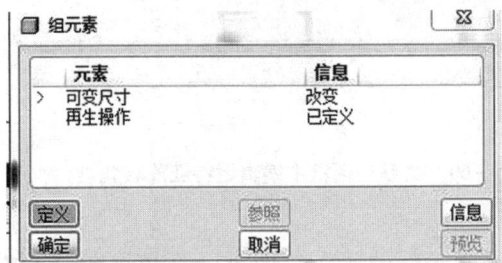

图 8 - 55　组元素特征对话框

图 8 - 56　组元素特征中可变尺寸菜单

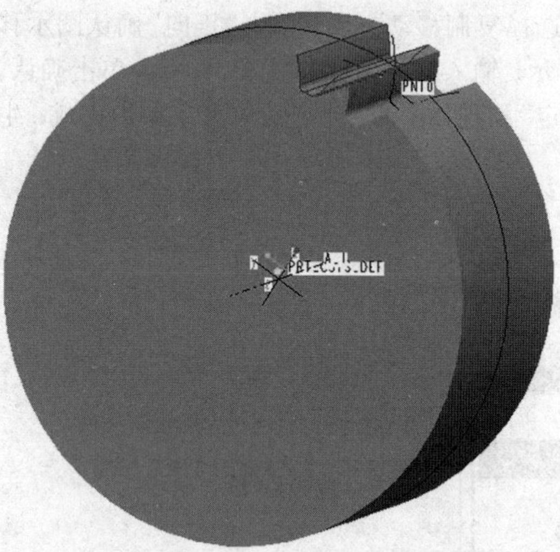

图 8-57 复制的第二条齿槽

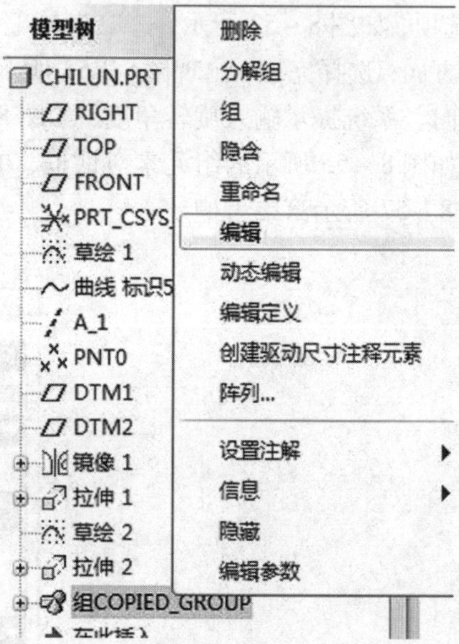

图 8-58 编辑组特征

在模型树中选择刚创建的组特征(复制后的齿槽),单击鼠标右键,在弹出的快捷菜单中选择"编辑"选项,如图 8-58 所示。此时模型上将显示创建复制特征时的基本参数,如图 8-59所示。

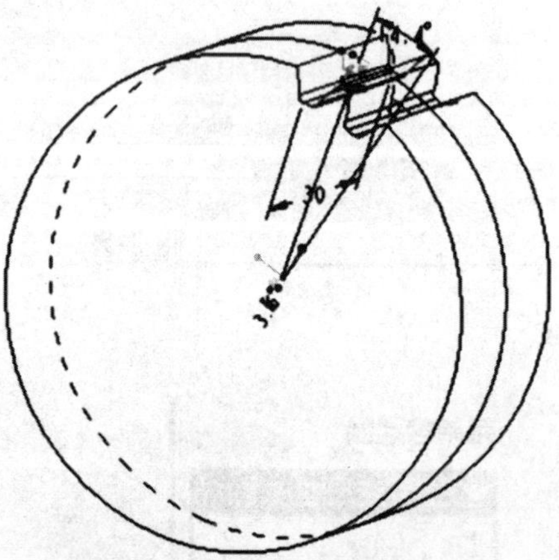

图 8-59 显示第二条齿槽的特征参数

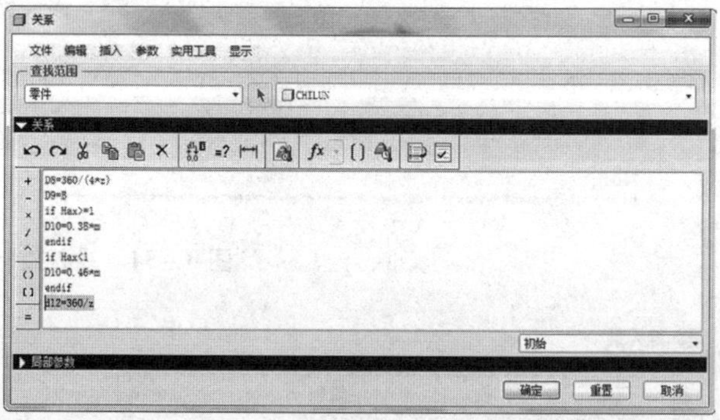

图 8-60 关系对话框中编辑组特征旋转角度

在"工具"菜单中打开"关系"对话框,此时复制特征的旋转角度将以符号形式显示为 d 12；在关系对话框中编辑其关系式,d 12 =360/z,如图 8-61 所示,单击确定关闭对话框。

218

11. 创建齿槽阵列特征

在右侧工具箱中单击阵列 ▦ 按钮，在工作区中单击选中复制特征时的旋转角度参数作为驱动尺寸。在工具条上单击按钮打开阵列参数对话框，按图 8 - 61 所示设置第一个方向上阵列驱动尺寸增量"14.4"、在图标板上输入阵列特征总数"24"。单击确定按钮后生成如图8 - 62所示的齿轮。

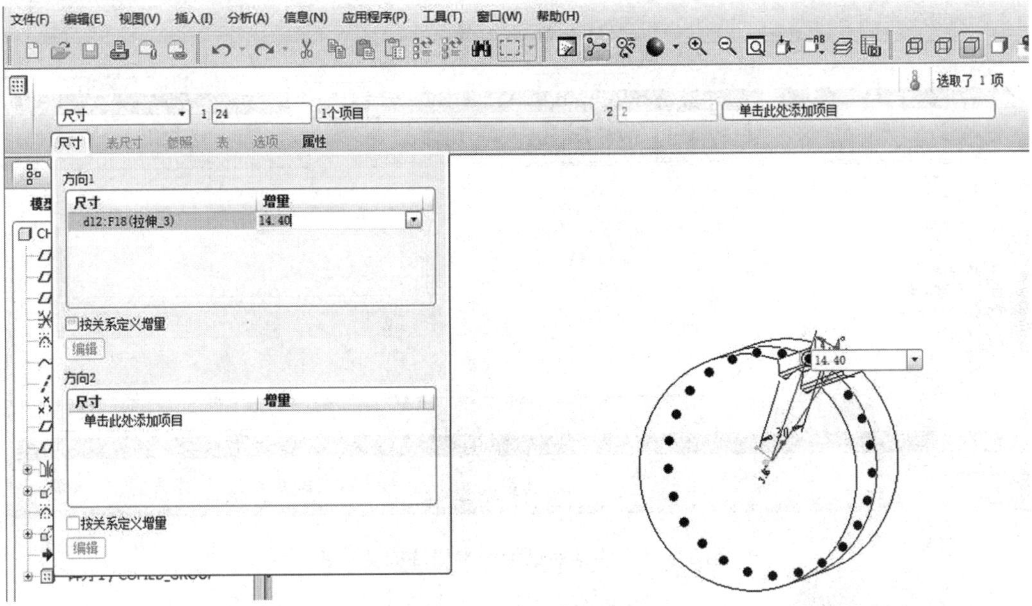

图 8 - 61　齿槽的阵列对话框

图 8 - 62　阵列生成的齿轮

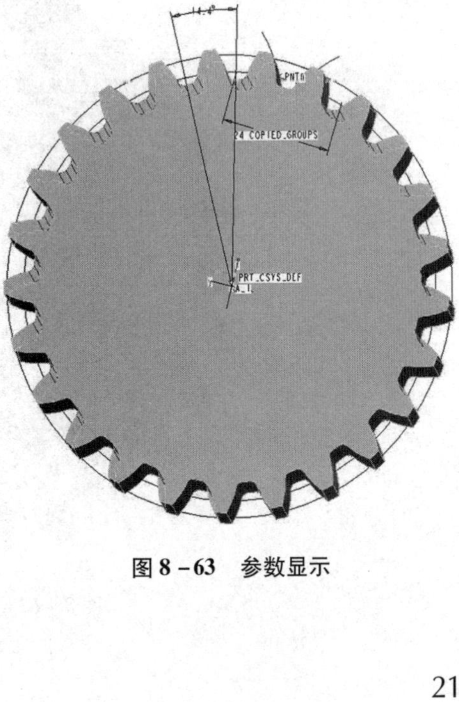

图 8 - 63　参数显示

219

在模型树中选择刚创建的阵列特征，单击鼠标右键，在弹出的快捷菜单中选择"编辑"选项，此时模型上将显示创建阵列特征时的旋转角度参数，如图 8 - 65 所示。从"工具"菜单中选取"关系"选项，打开"关系"对话框，此时模型上将显示创建阵列特征时的旋转角度参数代号；单击代号，并在"关系"对话框中编辑关系式，d 15 = 360/z，如图 8 - 64 所示。

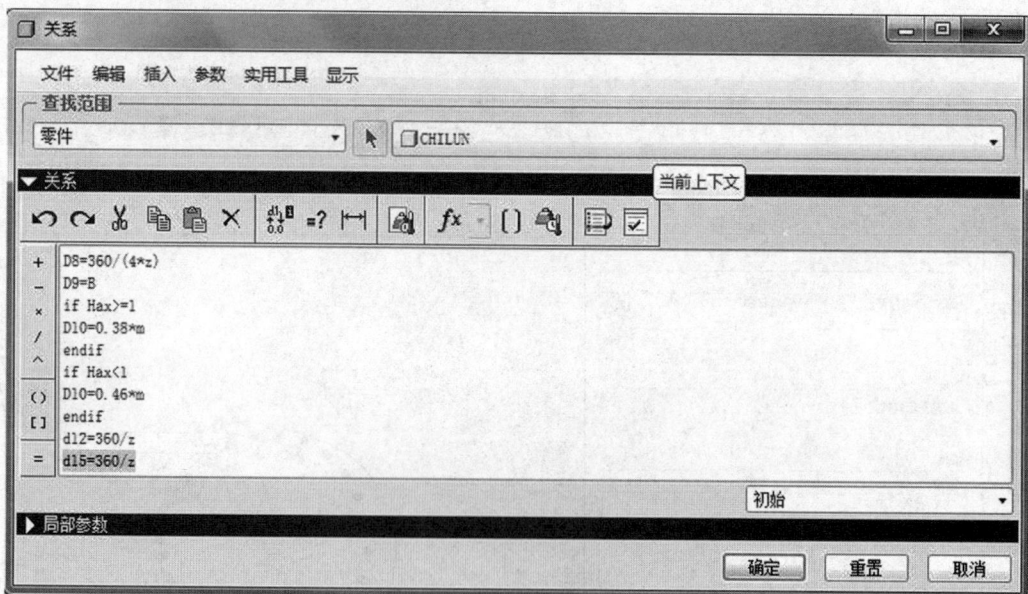

图 8 - 64　关系对话框中编辑阵列关系式

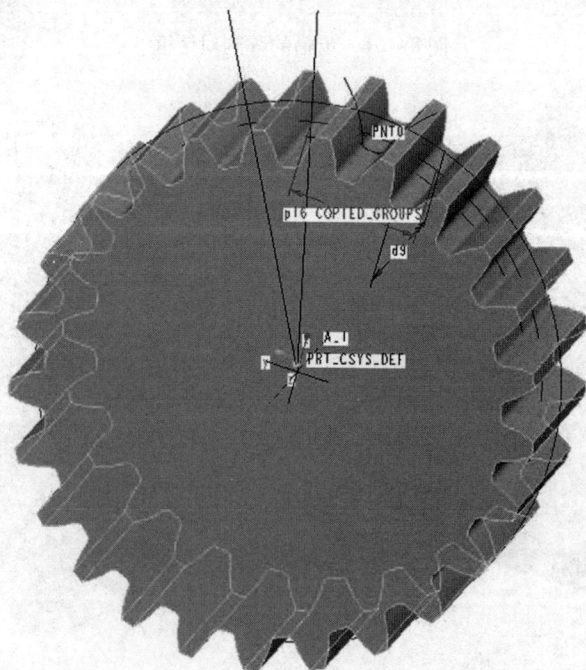

图 8 - 65　特征总数参数显示

继续将图 8 - 65 所示的阵列特征总数代号 p16 添加到"关系"对话框中，然后输入关系式 "p16 = z"，如图 8 - 66 所示，轮齿创建完毕。

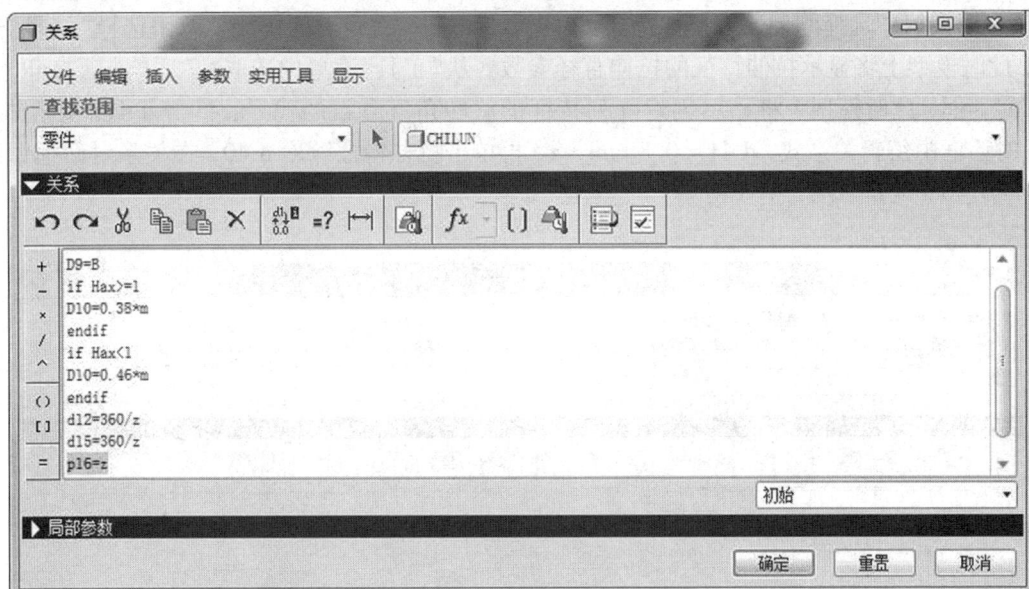

图 8 - 66　关系对话框中编辑阵列关系式

图 8 - 67　拉伸减材后的齿轮

12. 添加修饰特征

在右侧工具箱中单击拉伸 按钮，弹出拉伸操控面板中单击放置 按钮，打开草绘界面，单击定义按钮，打开"草绘"对话框，选择齿轮前端面作为草绘平面，其他设置接受系统默认参数，单击草绘按钮进入二维草绘模式，草绘一直径为 35 的圆，创建减材料拉伸实体特征，拉伸深度为 9，生成如图 8 - 67 所示的实体。

在模型树中选择刚创建的拉伸特征，单击鼠标右键，在弹出的快捷菜单中选择"编辑"选项，此时模型上将显示拉伸特征的拉伸直径参数。从"工具"菜单中选取"关系"选项打开"关系"对话框，此时模型上将显示创建阵列特征的旋转角度参数的代号，单击 d 41，并在"关系"对话框中编辑关系式，d 41 = 0.8 * m * z，再单击拉伸特征深度 d 40，在关系对话框中添加 d 40 = 0.3 * B 如图 8 - 68 所示。

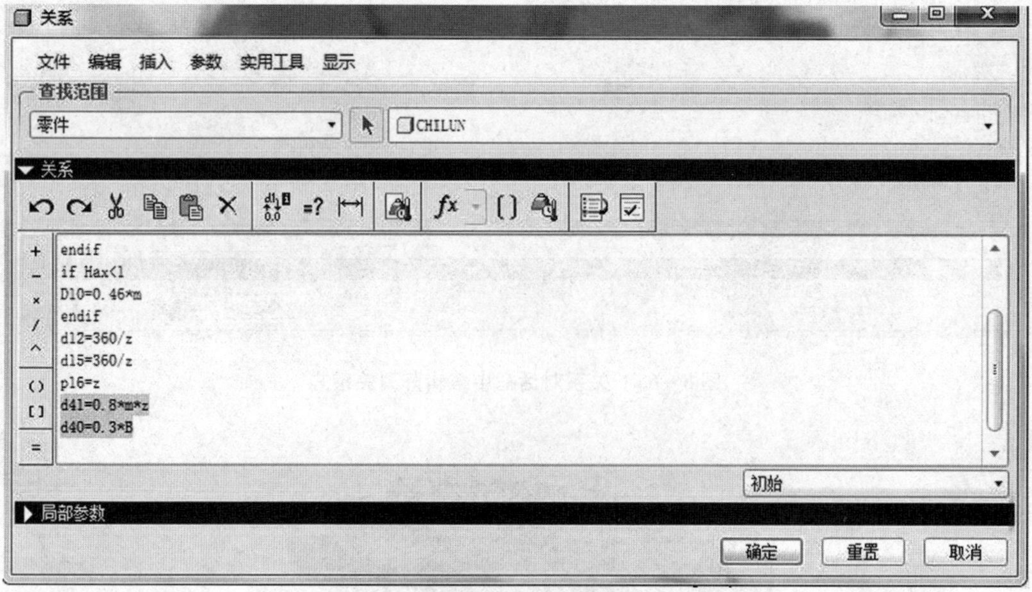

图 8 - 68　在关系对话框中编辑关系式

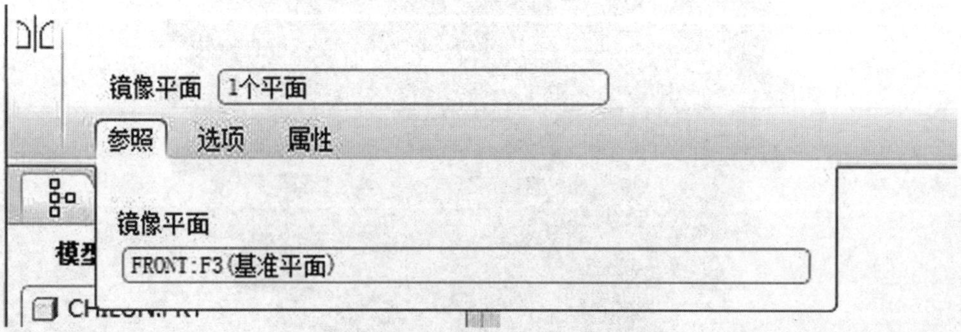

图 8 - 69　镜像控制面板

在模型树中选择刚刚拉伸的特征，在右侧工具箱中单击镜像)|(按钮，在镜像参照中选择 FRONT 平面作为参照，如图 8 - 69 所示，选好后在镜像控制板中单击 ✔ 按钮，完成镜像。

拉伸去除齿轮腹板中的孔及轴孔，选择刚拉伸生成的面做草绘基准平面如图 8 - 70 所示，绘制齿轮轮腹的孔及轴孔，其尺寸如图 8 - 71 所示，选择去除材料。

图 8 - 70　选取草绘基准平面

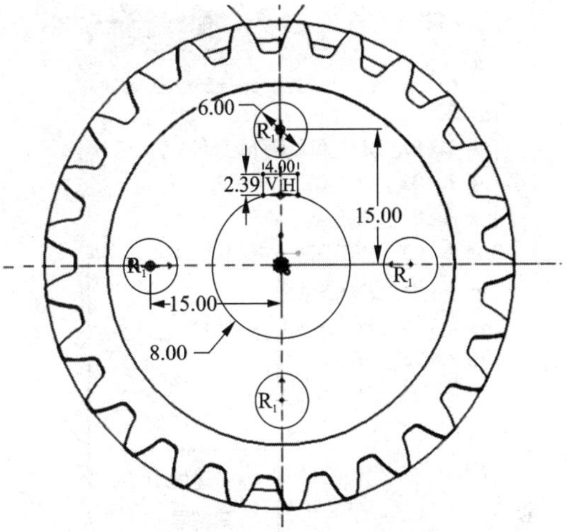

图 8 - 71　草绘剖面图

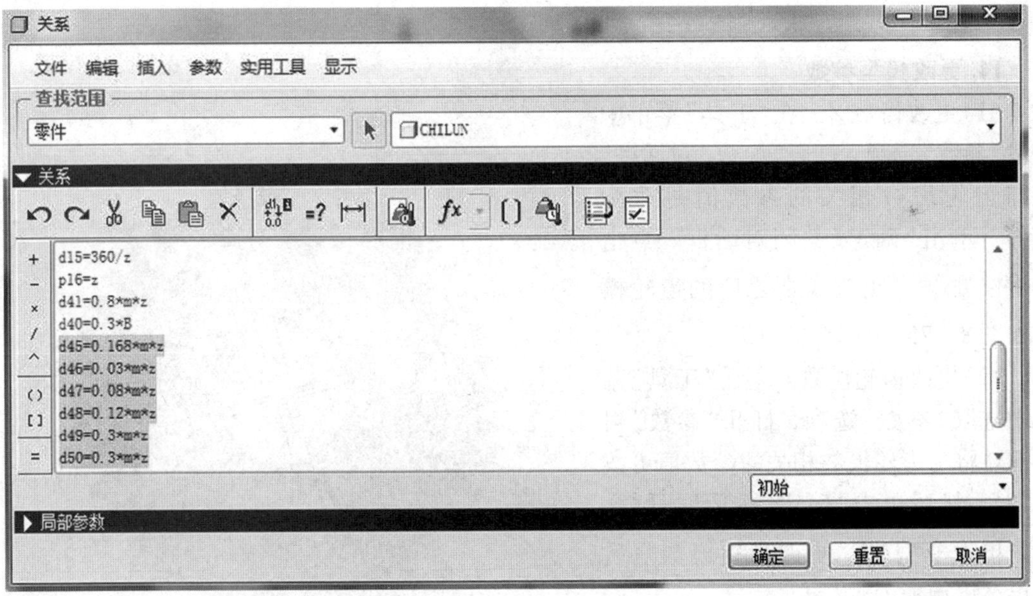

图 8 - 72　关系对话框

13. 隐藏基准特征

单击工具栏中的 按钮，打开"层树"对话框。

在模型树对话窗口中分别选取 03——PRT_ALL_CURVES 和 04——PRT_ALL_DTM_PNT（按住 Ctrl 键）两个图层，单击鼠标右键，在弹出的快捷菜单中，点击"隐藏"选项，所选层被隐藏，如图 8 - 73 所示。基准曲线和参考面隐藏后的齿轮模型如图 8 - 74 所示。

图 8 - 73　选择隐藏层

图 8 - 74　基准曲线和参考面隐藏后的齿轮

14. 更改模型参数

（1）更改齿数 Z。在"工具"菜单中选取"参数"选项，打开"参数"对话框。将与齿轮齿数相关的参数值更改为"40"，单击"确定"关闭对话框。点击再生模型 🔄，更改齿数之后的齿轮模型如图 8 - 75 所示。

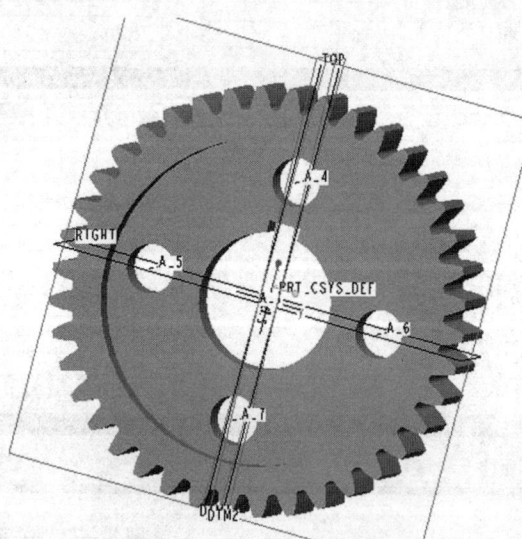

（2）更改齿轮模数 m。在"工具"菜单中选取"参数"选项，打开"参数"对话框。将与齿轮模数相关的参数值更改为"3"，然后单击"确定"关闭对话框，点击再生模型 🔄，更改齿轮模数之后的齿轮模型如图 8 - 76 所示。

（3）更改齿宽 b。"工具"菜单中选取"参数"选项，打开"参数"对话框。

图 8 - 75　更改齿数之后齿轮模型

将与齿轮齿宽相关的参数值更改为"20"，然后单击"确定"关闭对话框，点击再生模型 🔄，更改齿宽之后的齿轮模型如图 8 - 77 所示。

224

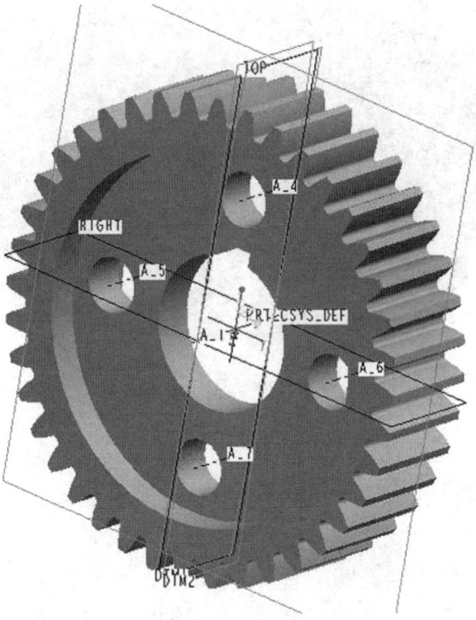

图 8 - 76　更改模数之后齿轮模型

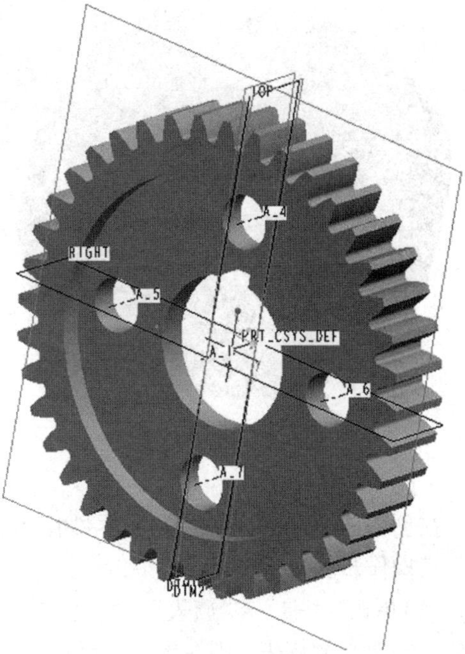

图 8 - 77　更改齿宽之后齿轮

8.5　族表

8.5.1　族表的概念

族表是本质上相似零件（或组件或特征）的集合，但某些方面稍有不同，如大小或详细特征。螺丝有各种尺寸，但外观都是一样并且具有相同的功能。因此，把它们看成是一个零件族是很有用的。族表（family table）中的零件称为表驱动零件。下图是螺钉族。图的上面是类属模型，下面是它的实例。类属模型为父项。使用"族表"（family table）可以：产生和存储大量简单而细致的对象；把零件的生成标准化，既省时又省力；从零件文件中生成各种零件，无须重新构造；对零件产生细小的变化而无须用关系改变模型产生；存储到打印文件并包含在零件目录中的零件表。

族表本质上是电子数据表，由行和列组成，其组成部分如下。

(1)基对象，族的所有成员都建立在它的基础上。

(2)尺寸和参数、特征数、自定义特征名、组件成员名都属于表驱动(以后称之为项目)。

(3)由表产生的所有族成员名（实例）和每一个表驱动项目的相应值。

行包含零件的实例及其相应的值；列用于项目。

8.5.2　利用族表创建螺母

创建如图 8 - 78 所示的螺母模型，其建模过程参见第 6 章螺栓建模过程，此处略，显示参数如图 8 - 79 所示。

图 8 - 78　螺母模型

图 8 - 79　显示参数

在创建族表之前应确定类属零件在实例中变化的尺寸、参数或者特征。

其操作步骤如下

(1)单击"工具"→"族表"。打开"族表 LUOM"对话框,如图 8 - 80 所示,如果模型中不存在已经定义的族表,则在族表对话框中出现图 8 - 80 所示提示信息(系统提示定义族表的行和列,每一个行用来定义一个实例,每一列用来定义模型的尺寸参数或特征)。

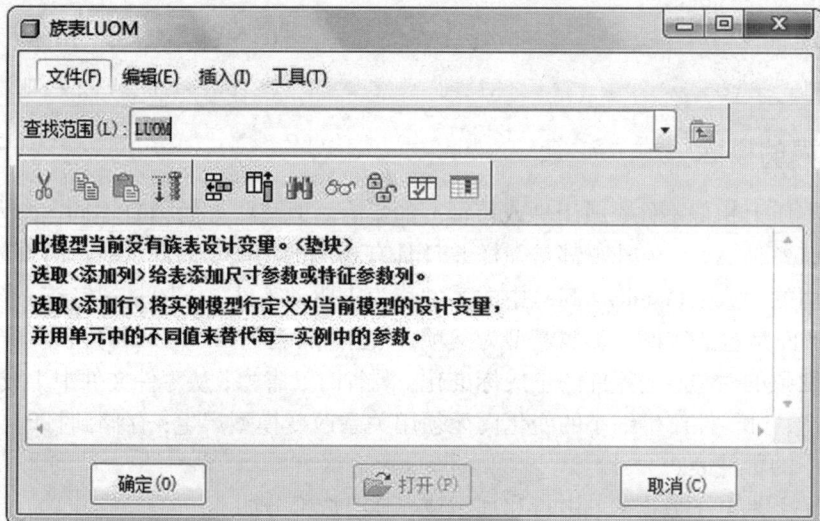

图 8 - 80　族表对话框

(2)单击对话框中的 按钮表示"在所选处插入新的实例",单击实例名可对其重命名如图 8 - 81 所示。单击对话框中的 按钮表示"添加或删除表列",添加模型各尺寸变量、参数或特征,"弹出族项目、普通模型:LM"对话框如图 8 - 82 所示。

(3)在添加项目中选中 ◉ 尺寸 选项,在模型特征中会显示所需的尺寸,单击模型中的尺寸同时也会在图 8 - 82 中显示相应项目。

226

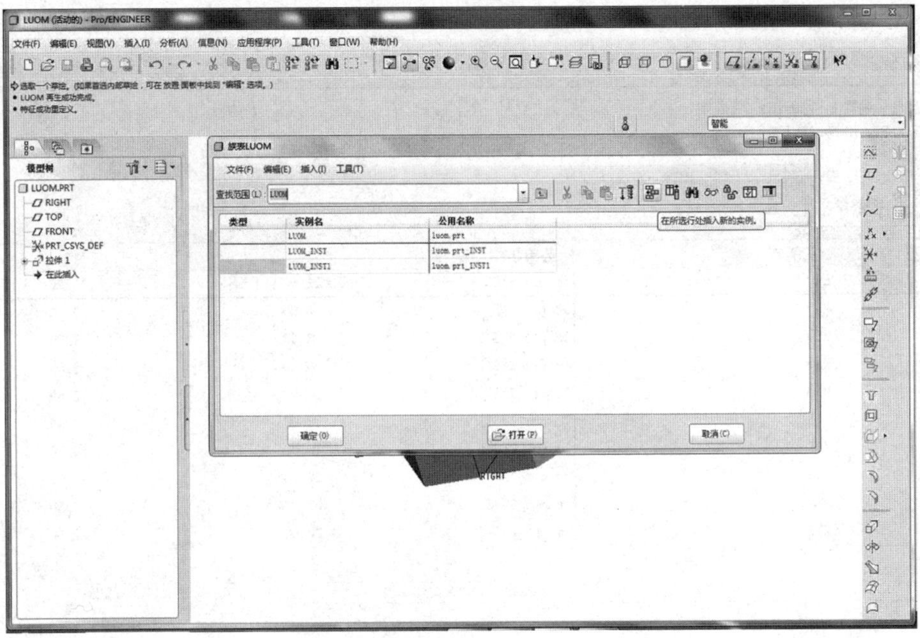

图 8－81　增加实例

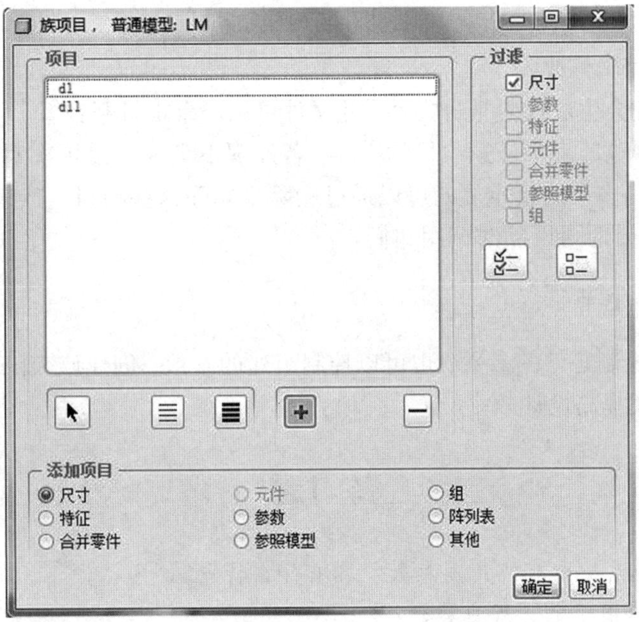

图 8－82　增加实例

（4）单击"确定"按钮回到族表对话框，各实例零件的尺寸项已存在于族表中，依次单击各单元格，输入图 8－83 所示的实例零件尺寸。

（5）验证族表项目。单击族表窗口中的 田 按钮，弹出族树对话框，单击"校验"按钮，系统则会按照族表规定尺寸逐个校验，若项目能够被再生则会校验成功，否则显示"失败"，失

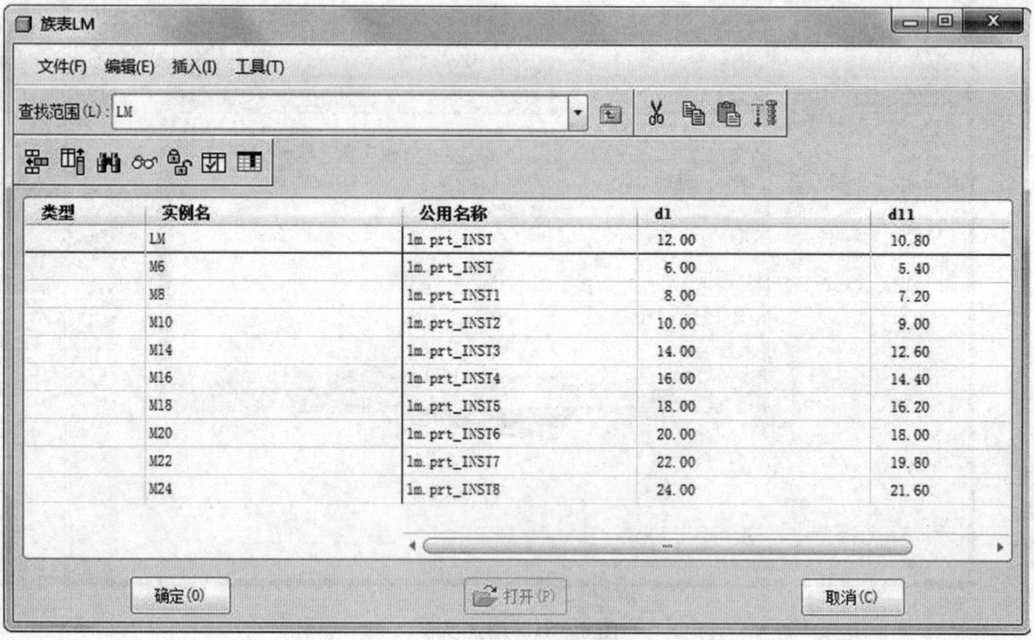

图 8 - 83   定义族表

败则需对项目进行编辑修改。

（6）校验后系统会生成校验报告文件，此文件可用记事本打开查看。

（7）用户可以预览族表中任意项目的模样，若发现不满意可以再次对族表进行修改。若发现族表中有项目是多余的或重复的可以通过删除来删除这些项目。族表编辑后可以按"确定"按钮保存，在需要时可以随时调用它们。

8.5.3   创建族表小节

族表不仅可以控制零件的参数，也可以控制组建的参数，创建族表的方法可以建立零部件标准库，从而大大提高设计效率。

练习题

1. 在 Pro/E 5.0 系统中有哪几类参数？各有什么特点？

2. 哪些参数不能用于定义用户参数？

3. 是否可以随意删除一个模型中的参数？

4. 在关系中出现的参数，是否可以直接在"参数"对话框中访问？

5. 什么是关系式？它有哪些类型？

6. 关系式中最常见的错误类型有哪些？

第9章
曲面特征

现代工业产品，不但强调产品的功能用途，还注重产品的外观，流线形外观给人以美的感受，也给工业产品设计提出了更高的要求。对于产品流线形外观曲面特征，通常的拉伸、旋转、扫描等造型方法难以生成，必须通过专门的曲面造型方法才能构建。

曲面特征可以通过前面介绍的拉伸、旋转、扫描、混合、螺旋扫描等命令创建，还可以通过点创建曲线，再由曲线创建曲面，而且还可以对曲面进行合并、裁剪和延伸等。曲面是没有厚度、没有体积的面，不同于薄板特征，薄板特征是有厚度的，只是非常薄。

曲面模型和实体模型所表达的结果是完全一致的，通常情况下可交替使用实体和曲面特征建模，顺序是先曲面后实体。

9.1　基本曲面特征的创建

9.1.1　拉伸曲面

拉伸曲面的生成方法和拉伸实体特征的生成方法类似。通过选取控制面板中的按钮 ⬚，来创建曲面特征。拉伸曲面特征的创建过程如下。

1. 绘制拉伸截面

在拉伸控制面板中按下曲面按钮 ⬚，选取 FRONT 基准面作为草绘平面，绘制如图 9 − 1 所示的截面。

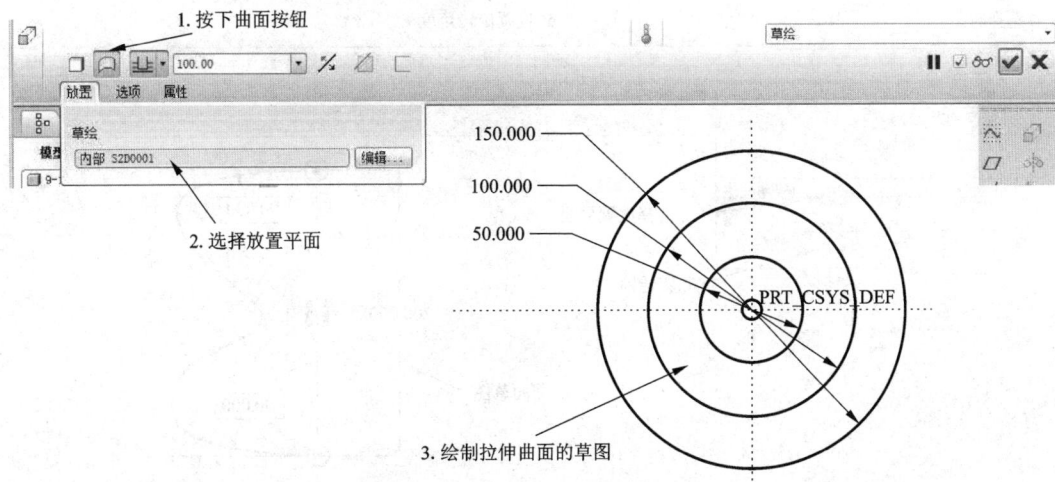

图 9 − 1　草绘截面

229

2. 完成曲面特征

设置拉伸曲面深度为100，单击控制面板中的完成按钮，完成拉伸曲面的创建，如图9-2所示。

曲面有开放曲面和封闭曲面两种，系统默认为开放曲面。在控制面板的"选项"下拉列表中勾选"封闭端"复选框，以设定封闭曲面。注意，封闭曲面的内部是空心的，如图9-3所示。

创建开放曲面时，草绘截面可以是开放的，也可以是封闭的。

创建封闭曲面时，对草绘截面的要求与创建拉伸实体时的相同。

图9-2 拉伸曲面特征

开放曲面   封闭曲面

图9-3 开放曲面与封闭曲面

9.1.2 旋转曲面

旋转曲面特征的创建过程如下。

1. 绘制拉伸截面

在旋转控制面板中按下曲面按钮，选取FRONT基准面作为草绘平面，绘制如图9-4所示的截面。

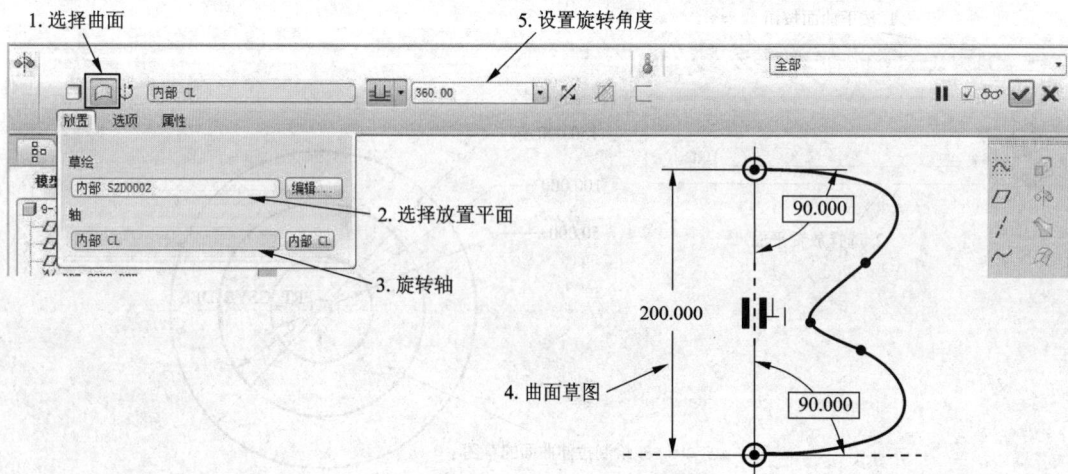

图9-4 旋转截面

230

2. 完成曲面特征

设置旋转角度为 360°，单击控制面板中的完成按钮 ✅，
完成拉伸曲面的创建，如图 9 - 5 所示。

9.1.3　扫描曲面

扫描曲面的创建过程如下。

1. 选取曲面扫描特征

在主菜单中选择"插入"→"扫描"→"曲面"命令，弹出
"曲面"对话框，如图 9 - 6 所示。

2. 绘制扫描轨迹及截面

点击"轨迹"→"定义"，定义"扫描轨迹"，选择"草绘轨迹"，绘制过程如图 9 - 6 所示。

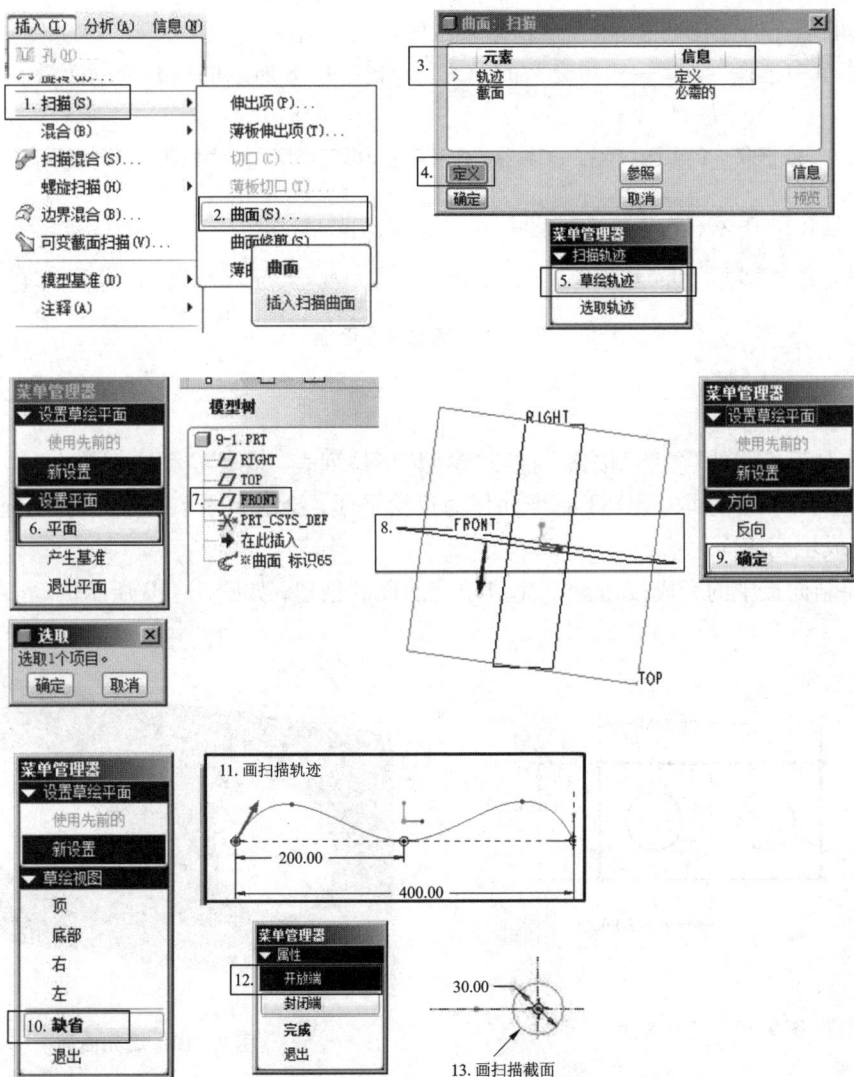

图 9 - 5　旋转曲面

图 9 - 6　扫描轨迹及截面

3. 完成扫描曲面

单击扫描对话框中的"确定"按钮,完成扫描曲面的创建,如图9-7所示。

图9-7 扫描曲面

9.1.4 填充曲面

填充曲面是指由平整的闭环边界生成的平整曲面。创建填充曲面时,既可以选择已存在的平整闭环基准曲线,也可以在内部草绘器中定义新的闭合曲线。

填充曲面的创建过程如下。

(1)选取填充曲面特征

在主菜单中选择"编辑"→"填充"命令,打开如图9-8所示的填充控制面板。

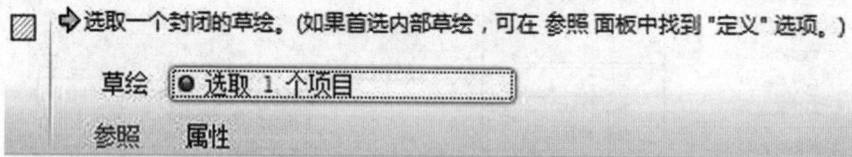

➡ 选取一个封闭的草绘。(如果首选内部草绘,可在 参照 面板中找到 "定义" 选项。)

草绘　● 选取 1 个项目

参照　属性

图9-8 填充控制面板

(2)草绘填充剖面

单击控制面板中的"参照"按钮,打开"参照"下拉列表。在下拉列表中单击"定义"按钮,打开"草绘"对话框。选取 FRONT 基准面作为草绘平面,绘制如图9-9所示的填充剖面。

(3)完成填充曲面

单击控制面板中的完成按钮 ✔,完成填充曲面的创建,如图9-10所示。

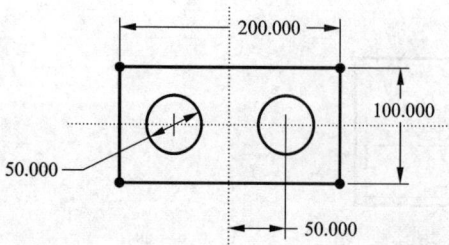

图9-9 填充剖面

图9-10 填充曲面

232

9.1.5　混合曲面

使用混合曲面及填充曲面创建花瓶的过程如下。

（1）选取曲面混合特征

在主菜单中选择"插入"→"混合"→"曲面"→"平行/规则截面/草绘截面"→"完成"命令，设置混合属性为"光滑/开放终点"。

（2）绘制平行混合截面

选取 FRONT 基准面作为草绘平面，分别绘制 5 个混合截面，截面 1 为直径 160 的圆，截面为 2 直径 200 的圆，截面 3 为直径 160 的圆，截面 4 为直径 100 的圆，截面 5 的直径为 120 的圆，如图 9－11 所示。

（3）设置截面间距

设置截面 2 的深度为 120，截面 3 的深度为 120，截面 4 的深度为 80，截面 5 的深度为 60，截面 6 的深度为 60。

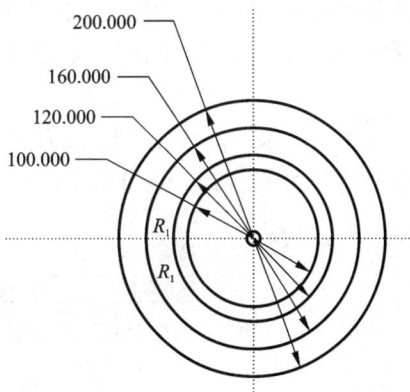

图 9－11　混合截面

（4）完成混合曲面

单击混合对话框中的"确定"按钮，完成混合曲面的创建。此时创建出的花瓶并没有底部，如图 9－12 所示。

（5）使用填充曲面创建花瓶底部

在主菜单中选择"编辑"→"填充"命令，打开填充控制面板。单击控制面板中的"参照"按钮，打开"参照"下拉菜单。在下滑板中单击"定义"按钮，打开"草绘"对话框。选取 FRONT 基准面作为草绘平面，进入草绘环境。使用花瓶底部的圆轮廓线作为填充边界，完成填充曲面的创建，结果如图 9－13 所示。

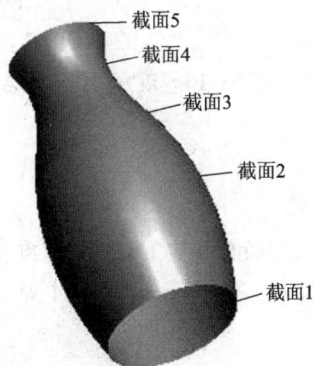

图 9－12　混合曲面特征

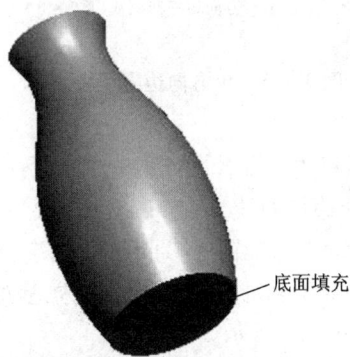

图 9－13　填充曲面特征

9.2 边界混合曲面

(1)边界混合概念

创建曲面的思路是：先创建曲线，再由曲线构建曲面，使用边界混合工具创建曲面正是基于这一思路。

创建曲线的方法有：草绘曲线、投影曲线、相交曲线、由方程式生成曲线等。

构建曲面时每个方向上的曲线数量不能少于两条，曲线的数量越多，所控制的曲面越精细。

单击右侧工具条中的 ⚄ 按钮，或者单击主菜单中的"插入"→"边界混合"命令，可打开边界混合的控制面板，如图 9 – 14 所示。

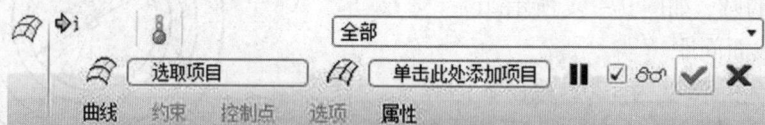

图 9 – 14　边界混合控制面板

(2)边界混合形式

● 单方向边界混合：只有一个方向曲线的混合，如图 9 – 15 所示。
● 双方向边界混合：两个方向曲线的混合，如图 9 – 16 所示。

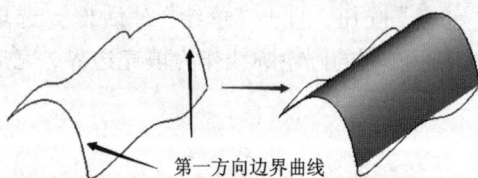

图 9 – 15　单方向边界混合

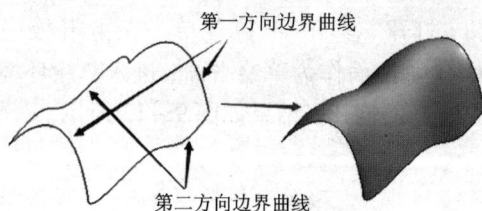

图 9 – 16　双方向边界混合

(3)创建边界混合曲面的过程如下：

a. 创建边界曲线

以 FRONT 基准面为参照建立基准面 DTM 1，DTM 1 基准面与 FRONT 基准面的距离为 200；以 RIGHT 基准平面为参照建立基准面 DTM 2，DTM 2 基准面与 RIGHT 基准面距离为 400，如图 9 – 17 所示。

单击右侧工具栏中的草绘按钮 ▨，进入草绘环境后以 FRONT 基准面为草绘平面，绘制如图 9 – 18 所示的曲线。

使用草绘按钮 ▨ 进入草绘环境后，以 DTM 1 基准面为草绘平面，绘制如图 9 – 19 所示的曲线。同样，在 DTM 2 基准面中绘制如图 9 – 19 所示的曲线。

图 9 – 17　建立基准面

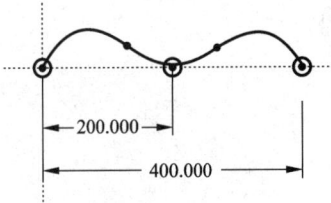

图 9 – 18　曲线一

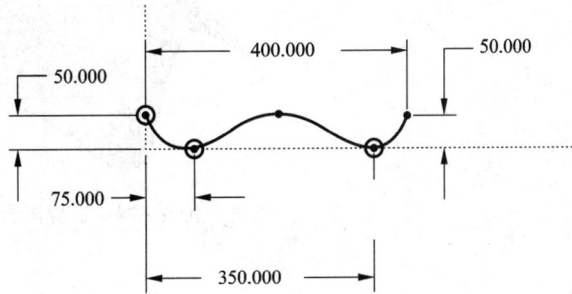

图 9 – 19　曲线二

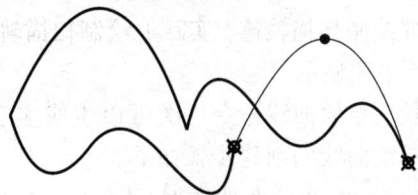

图 9 – 20　选取曲线端点

图 9 – 21　边界曲线

b. 选取边界曲线

单击右侧工具栏中的![按钮]按钮打开边界混合的控制面板，按 Ctrl 键选择第一方向的边界曲线，如图 9 – 22 所示。单击控制面板中的"单击此处添加项目"选项，然后按 Ctrl 键选择第二方向的边界曲线，如图 9 – 23 所示。

使用草绘按钮![图标]进入草绘环境后，以 RIGHT 基准面为草绘平面，绘制如图 9 – 20 所示的曲线。同样，以 DTM2 基准面为草绘平面，绘制如图 9 – 21 所示的曲线。

图 9 - 22　第一方向边界曲线

图 9 - 23　第二方向边界曲线

c.完成边界混合

在边界混合控制面板中单击完成按钮✔，完成边界混合曲面的创建，如图 9 - 24 所示。

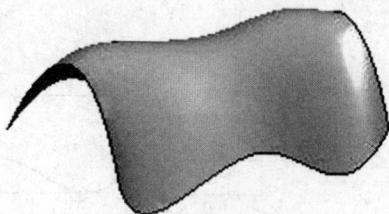

图 9 - 24　边界混合曲面

9.3　曲线的创建及编辑

9.3.1　草绘曲线

以草绘工具来绘制曲线，这个功能可以通过右侧工具栏中的草绘曲线▨按钮来完成。它是使用草绘截面来绘制曲线，所绘制出的曲线为平面曲线。在创建扫描、扫描混合等特征时需要绘制扫描轨迹，实际上绘制扫描轨迹就在草绘曲线，只不过此类草绘曲线包含在特征中，不单独显示。

使用草绘曲线命令一次可以生成多于一条的基准曲线，但在模型树中只表现为一个特征。草绘曲线的创建步骤如下。

（1）选取草绘曲线工具。单击右侧工具栏中的草绘曲线▨按钮，系统打开"草绘"对话框。

（2）绘制曲线。选取 FRONT 基准面作为草绘平面，绘制如图 9 - 25 所示的草绘截面。

（3）完成曲线的绘制。单击草绘环境右侧工具栏中的完成✔按钮，完成草绘曲线的创建。

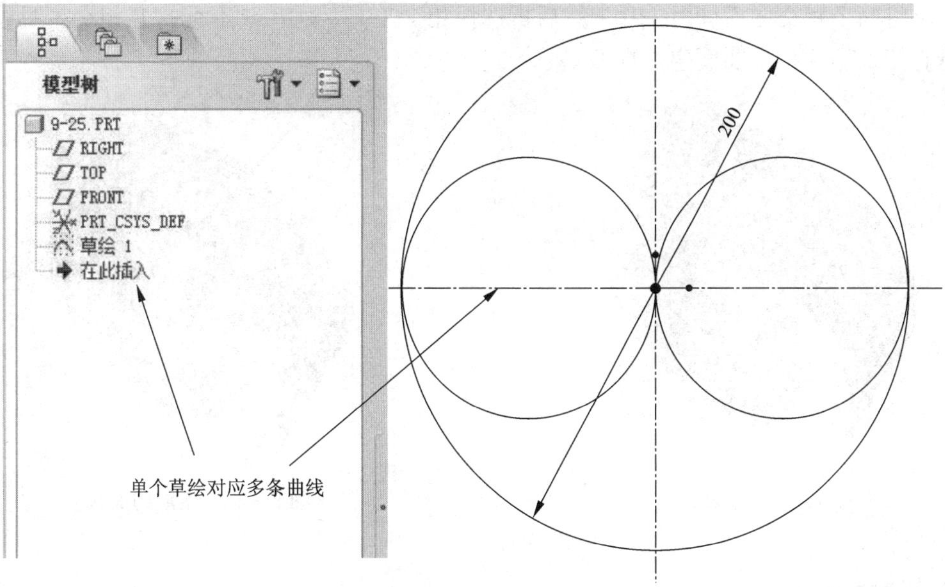

单个草绘对应多条曲线

图 9 – 25　草绘截面

9.3.2　使用基准曲线工具创建曲线

可以通过"基准曲线"工具完成曲线的创建。单击右侧工具栏中的基准曲线按钮 ～，系统打开"曲线选项"菜单，如图 9 – 26 所示。在菜单中有通过点、自文件、使用剖截面和从方程四种创建曲线的方法。使用本工具创建曲线的方法在 3.4 节中有介绍，在此不再赘述。

9.3.3　使用相交工具创建曲线

使用相交工具创建曲线就是在两个曲面的相交处生成曲线，两相交曲面可以是曲面与曲面，也可以是曲面与基准曲面。

图 9 – 26　基准曲线菜单

可以通过在主菜单中单击"编辑"→"相交"命令来选取相交工具。在选择相交工具之前应该首先选取曲面，否则相交工具不可用。

曲线的创建步骤如下。

(1)创建相交曲面

使用拉伸工具创建两相交曲面，尺寸任意。如图 9 – 27 所示。

(2)选取相交工具

首先选取任一曲面，然后在主菜单中单击"编辑"→"相交"命令，系统打开相交工具控制面板。

(3)生成曲线

按 Ctrl 键选取另一曲面，在控制面板中单击完成按钮 ✔，完成相交曲线的创建，如图 9 – 28所示

237

如果将两个相交曲面同时选中，然后再选择相交工具，则系统不会打开相交工具控制面板而是直接根据两相交曲面生成曲线。

图 9 - 27　相交曲面

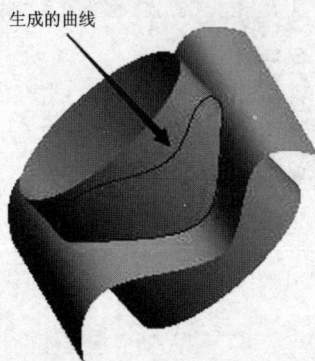

图 9 - 28　生成的曲线

9.3.4　相交曲线

相交曲线是通过将两个相交的草绘平面上绘制的平面曲线合成而创建的一条空间曲线。

生成相交曲线的方法与使用两相交平面生成曲线的方法相同，即首先选取平面曲线，然后选择相交工具，最后生成相交曲线。

创建步骤如下。

（1）绘制平面曲线

分别在 FRONT 和 TOP 基准面上绘制任意曲线，如图 9 - 29 所示。

（2）生成相交曲线

按 Ctrl 键选取两平面中曲线，在主菜单中单击"编辑"→"相交"命令，系统生成相交曲线，同时原平面曲线被隐藏，如图 9 - 30 所示。

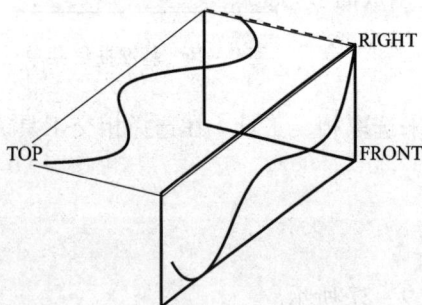

图 9 - 29　原始曲线

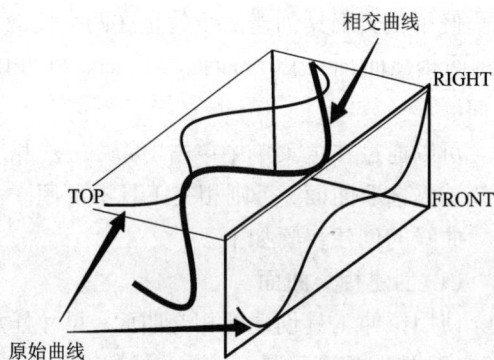

图 9 - 30　相交曲线

9.3.5　曲线投影

曲线投影就是将一条曲线投影至一个曲面或实体的一个曲面上。

238

投影工具的选取方法为：在主菜单中选取"编辑"→"投影"命令，可打开如图 9 - 31 所示的投影控制面板。

图 9 - 31　投影控制面板

在控制面板的"参照"下拉列表中提供了两种曲线投影的方法，如图 9 - 32 所示。

- 投影草绘：创建草绘或将现有草绘复制到模型中进行投影。
- 投影链：选取要投影的曲线或链。

曲线投影的方向有沿方向和垂直于曲面两种，如图 9 - 33 所示。

图 9 - 32　参照下拉列表

图 9 - 33　方向选项

投影曲线的创建步骤如下：

（1）创建曲面

以 FRONT 基准面为草绘平面，创建如图 9 - 34 所示曲面。

（2）创建曲线

在 TOP 基准面上创建任意曲线，如图 9 - 35 所示。

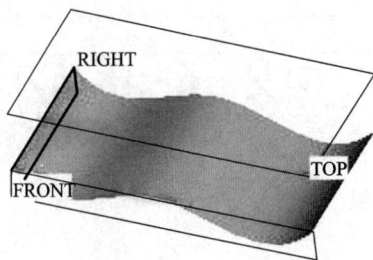

图 9 - 34　曲面

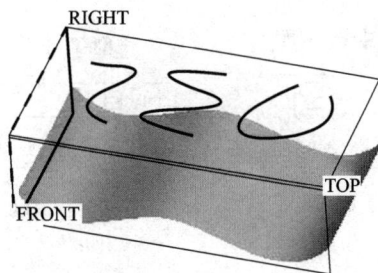

图 9 - 35　曲线

（3）创建投影曲线

选取曲线，在主菜单中选取"编辑"→"投影"命令，系统打开投影控制面板。选取投影曲面，在控制面板中单击完成按钮 ✓ ，完成投影曲线的创建，如图 9 - 36 所示。

若选择投影方向为"垂直于曲面"，则投影结果如图 9 - 37 所示。若选择投影方式为"投影链"，则投影结果如图 9 - 38 所示。

图 9 - 36 完成投影曲线

图 9 - 37 垂直于曲面投影

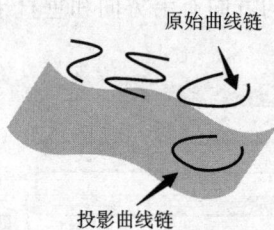

图 9 - 38 投影链

9.3.6 曲线偏移

曲线的偏移就是使用偏移工具对已有的曲线进行偏移。

在主菜单中单击"编辑"→"偏移"命令,选取偏移工具,系统打开偏移控制面板,如图 9 -39所示。在选择偏移工具之前应该首先选取曲线。偏移曲线时需要设置偏移方向及偏移距离,然后完成曲线的偏移。

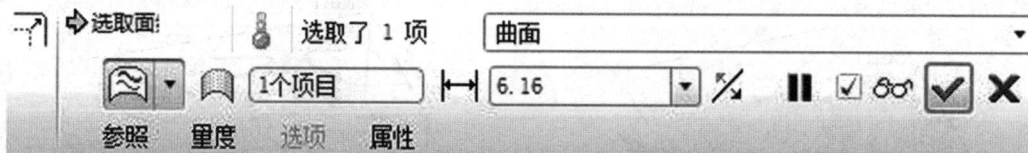

图 9 - 39 偏移控制面板

偏移的方向有两种。

(1)⊠:沿参照曲面偏移曲线,如图 9 - 40 所示。

(2)⊠:垂直于参照曲面偏移曲线,如图 9 - 41 所示。

偏移曲线

原始曲线

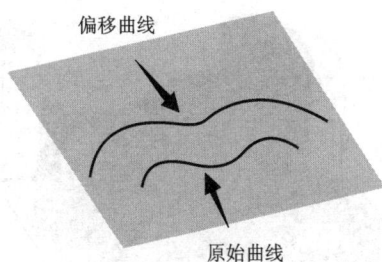

图 9 - 40　沿参照偏移

偏移曲线

原始曲线

图 9 - 41　垂直参照偏移

9.4　曲面的编辑

9.4.1　曲面的镜像

对于一个选定的曲面或面组，可以使用镜像的方式在镜像平面的另一侧产生一个对称的曲面或面组。

曲面镜像的方法如下：

(1)使用拉伸按钮创建任意曲面，如图 9 - 42 所示。

(2)镜像曲面。选取曲面，单击右侧工具栏中的镜像按钮 ⬧⬧，弹出镜像特征控制面板。在绘图区选择 TOP 基准面作为镜像平面，单击控制面板中的完成按钮 ✔，完成曲面的镜像，如图 9 - 43 所示。

图 9 - 42　拉伸曲面

图 9 - 43　镜像曲面

在镜像特征控制面板的"选项"下拉列表中，有"复制为从属项"选项。选中此项则表示镜像的特征与原始特征之间存在从属关系。若对原始特征进行重新编辑，则镜像特征也随之改变，如图 9 - 44 所示。若不选择此项，对原始特征进行重新编辑后，镜像特征保持不变，如图 9 - 45 所示。

图 9 - 44　从属关系

图 9 - 45　非从属关系

9.4.2　曲面的复制

对曲面进行复制参照，复制后的曲面可以粘贴在原始曲面上，也可以根据要求进行重定义、移动或旋转等操作。

1. 普通复制

利用复制命令，可以直接在选定的曲面上创建一个面组，该面组与原始曲面的形状和大小相同。使用该命令可以复制已有的曲面或实体的表面。

进行普通复制时需要将过滤器中的选项设置为"几何"，如图 9 - 46 所示。该"复制"命令只能在绘图区中选择需要复制的曲面。

若选取曲面时过滤器选项为"智能"，或在模型树中选取曲面时系统打开曲面的创建控制面板，则可对复制曲面进行重新定义。

复制曲面的方法如下：

（1）创建曲面。

使用填充曲面的方法创建曲面，并在曲面上创建曲线，如图 9 - 47 所示。

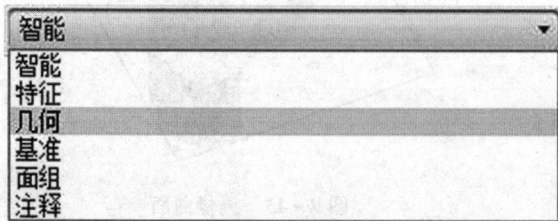

图 9 - 46　过滤器

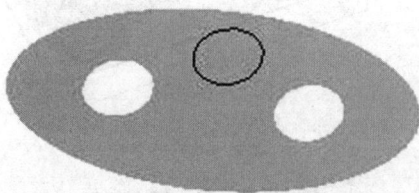

图 9 - 47　填充曲面

（2）选取曲面。

将过滤器中的选项设置为"几何"，在绘图区选取填充曲面。

（3）复制曲面。

按"Ctrl + C"键复制曲面，或在菜单中点击复制按钮，或在主菜单中选择"编辑"→"复

242

制"命令,复制所选的曲面。

(4)粘贴曲面。

按"Ctrl + V"键粘贴曲面,或在菜单中点击粘贴按钮，或在主菜单中选择"编辑"→ "粘贴"命令,粘贴所复制的曲面。同时系统打开"曲面复制"控制面板,如图9 –48 所示。

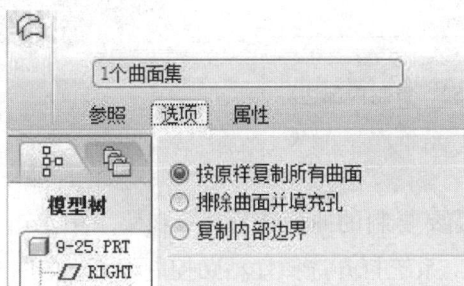

图 9 –48　曲面复制控制面板

(5)完成复制曲面操作。

在控制面板中单击完成按钮，完成曲面的复制。此时要注意,复制的曲面与原始曲面完全重合在一起。

在控制面板中有"参照"和"选项"两个按钮,单击后可分别打开下拉列表,如图9 –49、图9 –50 所示,其含义分别如下所述。

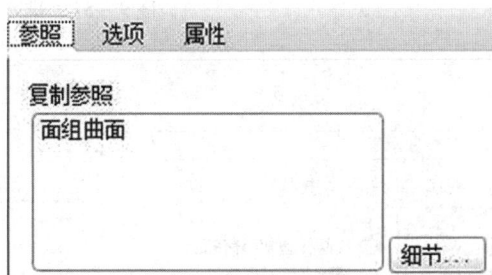

图 9 –49　参照下拉列表

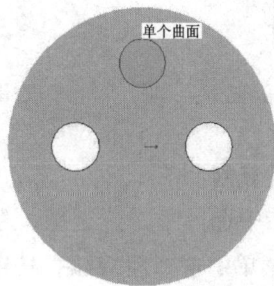

图 9 –50　选项下拉列表

参照:在图形区选取曲面特征后该选项卡就处于有效状态,可以单击该选项卡,重新定义要复制的曲面。

选项下拉列表有三个选项,其功能为:

(1)按原样复制所有曲面:所复制的曲面与原始曲面完全相同,如图9 –50 所示。

(2)排除曲面并填充孔:有选择的复制曲面,并填充曲面上的孔,复制完成后的曲面孔被填充。若曲面上存在多个孔,可根据需要填充选定孔。如图9 –51 所示。

(3)复制内部边界:选择封闭的边界曲线,仅复制边界曲线内的曲面,如图9 –52 所示。

图 9 – 51 排除曲面并填充孔

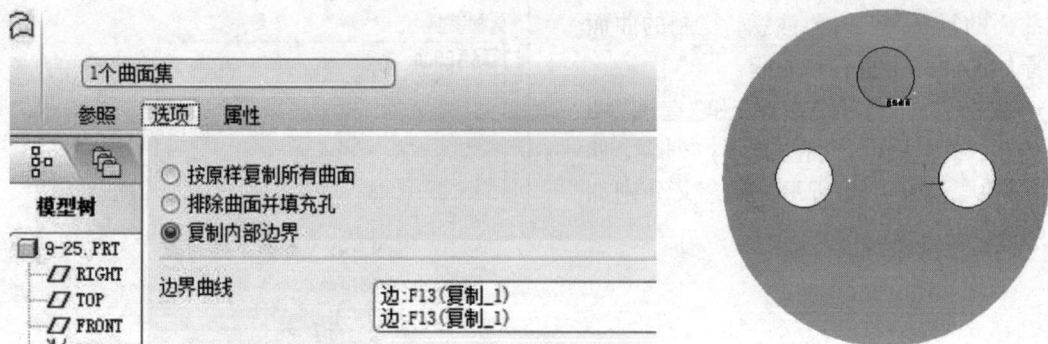

图 9 – 52 复制内部边界

2. 选择性复制

在过滤器中选择"几何"选项,选取需要复制的曲面或面组,在菜单中点击"复制"按钮 ⬚,再单击菜单中选择性"粘贴"按钮 ⬚,系统打开选择性粘贴控制面板,如图 9 – 53 所示。控制面板中各项功能如下。

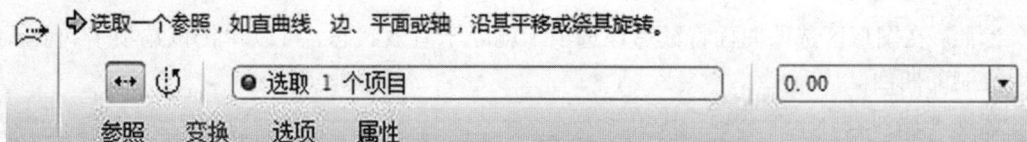

图 9 – 53 选择性粘贴控制面板

(1) ↔:单击该按钮可沿选择的参照平移复制曲面,如图 9 – 54 所示。

(2) ↻:单击该按钮可绕选择的参照旋转复制曲面,如图 9 – 55 所示。

(3) 参照:位于"参照"选项卡,可定义需要复制的曲面。

244

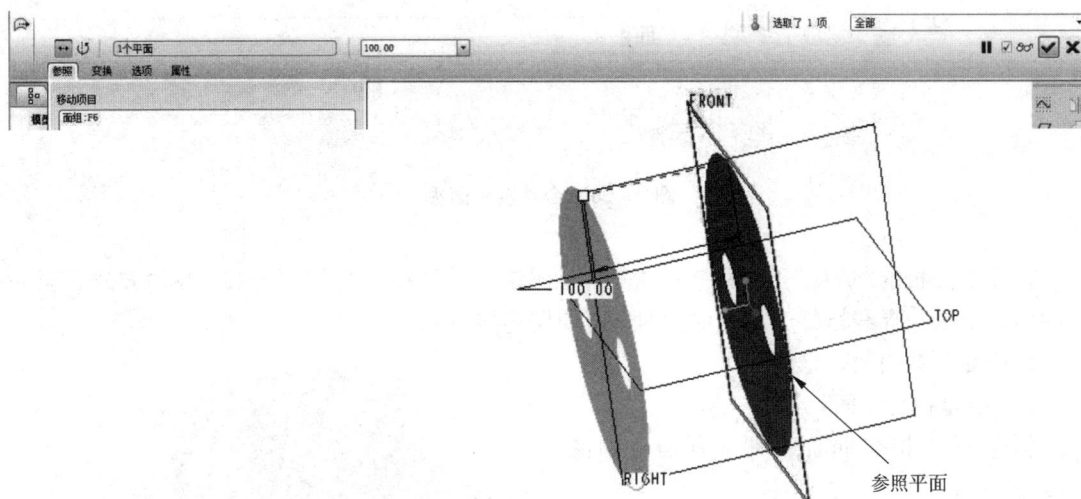

图 9 - 54　平移复制曲面

图 9 - 55　旋转复制曲面

　　(4)变换:位于"变换"选项卡,可定义复制曲面的形式、平移或旋转、平移距离或旋转角度,以及方向参照的设置。

　　(5)选项:位于"选项"选项卡,可设置"复制原始几何"或"隐藏原始几何"。

9.4.3　曲面的合并

　　对于两个相连或相交的曲面组,可以将他们合并为一个曲面组。

　　通过在右侧工具条中单击合并按钮 ⬚,或在主菜单中单击"编辑"→"合并"命令来选取合并工具,系统打开合并控制面板,如图 9 - 56 所示。在选择合并工具之前应该首先选取曲线。

245

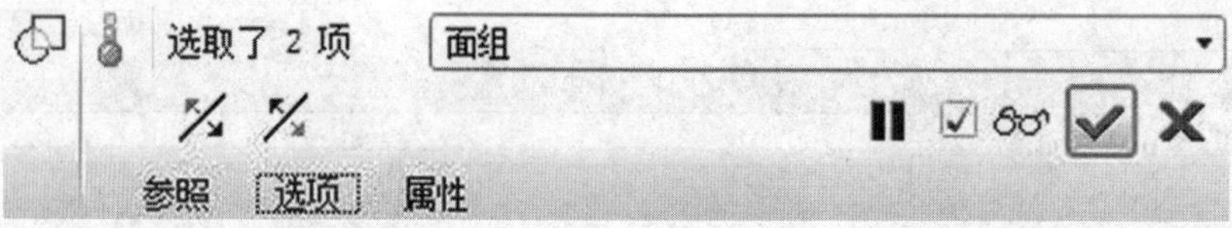

图 9 - 56 合并控制面板

在控制面板的"选项"下拉列表中提供了曲面组合并的"相交"和"连接"两种方式。当一个曲面的某一边界线恰好于另一曲面时,可使用连接方式。

1. 相交合并曲面

(1)创建相交曲面

创建两个相交曲面,尺寸任意,如图 9 - 57所示。

(2)合并曲面

按 Ctrl 键选取两曲面,单击右侧工具栏中的合并按钮 🔲,系统打开合并控制面板,在"选项"下拉列表中选择"相交"选项。在控制面板中分别单击 ⚡(改变要保留的第一曲面侧)和 ⚡(改变要保留的第二曲面侧)按

图 9 - 57 相交曲面

钮,分别选择两曲面的要保留的部分。设置完成后单击控制面板中的完成按钮 ✔,完成曲面的合并。选择不同曲面保留部分的合并结果如图 9 - 58 所示。

图 9 - 58 使用相交合并的不同合并效果

2. 连接合并曲面

(1)创建相交曲面

创建两个相交曲面,尺寸任意,如图 9 - 59 所示。

(2)合并曲面

按 Ctrl 键选取两曲面,单击右侧工具栏中的合并按钮 🔲,系统打开合并控制面板,在"选项"下拉列表中选择"连接"选项。在控制面板中单击 ⚡(改变要保留的第一曲面侧)按钮,选择曲面的要保留的部分。设置完成后单击控制面板中的完成按钮 ✔,完成曲面的合并。

246

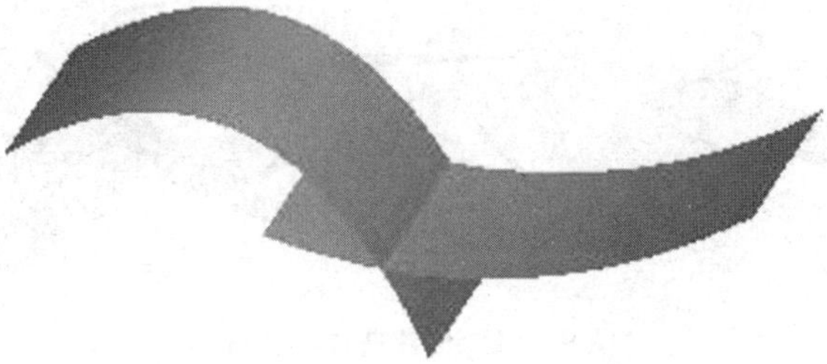

图 9 – 59　连接合并曲面

选择不同保留部分的合并结果如图 9 – 60 所示。

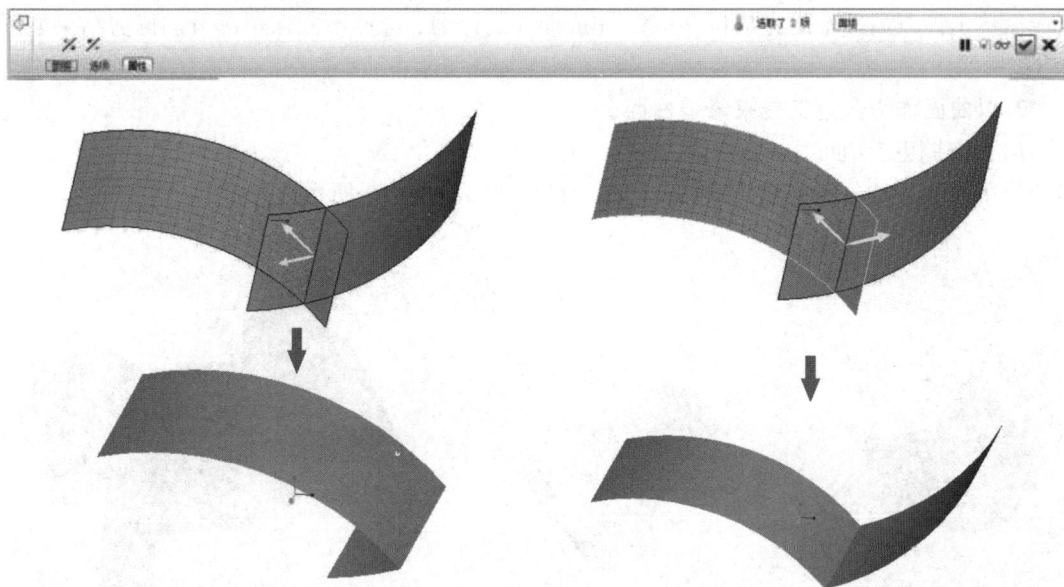

图 9 – 60　曲面合并选择保留部分不同合并结果

9.4.4　曲面的修剪

利用曲面、基准平面或曲面上的曲线可以对曲面进行修剪，被修剪的曲面与修剪工具曲面或基准面必须相交。

通过在右侧工具栏中单击"修剪"按钮 ⬚，或在主菜单中单击"编辑"→"修剪"命令来选取修剪工具，系统打开修剪控制面板。在选择修剪工具之前，应该首先选取被修剪的曲面。

曲面修剪的方式主要有以下两种：

1. 以曲线作为分割工具来修剪曲面

（1）创建曲面及曲面上的曲线

使用拉伸工具创建任意曲面，并使用投影工具在曲面上创建曲线，如图 9 – 61 所示。

图 9 - 61 创建曲面与曲线

（2）修剪曲面

选取被修剪的曲面，单击右侧工具栏中的修剪按钮 ，系统打开修剪控制面板。选取曲面上的投影曲线作为修剪工具，在控制面板中单击 按钮，选择曲面的要保留的部分。设置完成后单击控制面板中的完成按钮 ，完成曲面的修剪，选择不同保留部分的修剪结果如图 9 - 62 所示。

2. 以曲面作为分割工具来修剪曲面

（1）创建相交曲面

使用拉伸工具分别创建任意尺寸的相交曲面，如图 9 - 63 所示。

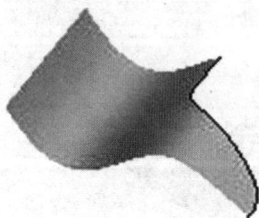

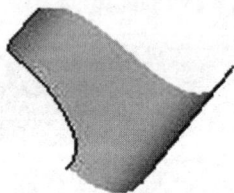

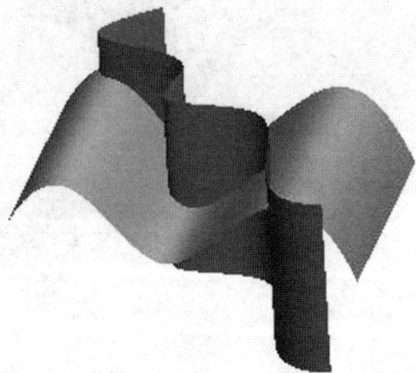

图 9 - 62 以曲线为分割工具的修剪结果

图 9 - 63 相交曲面

（2）修剪曲面

选取被修剪的曲面，如图 9 - 64 所示。单击右侧工具栏中的修剪按钮 ，系统打开修剪控制面板，选取另一曲面作为修剪工具，如图 9 - 65 所示。在控制面板中单击 按钮，选择曲面要保留的部分。设置完成后单击控制面板中的完成按钮 ，完成曲面的修剪。选择不同保留部分的修剪结果如图 9 - 66 所示。

在修剪控制面板的"选项"下拉列表中有"薄修剪"选项，如图 9 - 67 所示。通过此选项可以修剪出特殊缺口形状，如图 9 - 68。

248

图 9 - 64　选取需修剪的曲面

图 9 - 65　选取修剪工具曲面

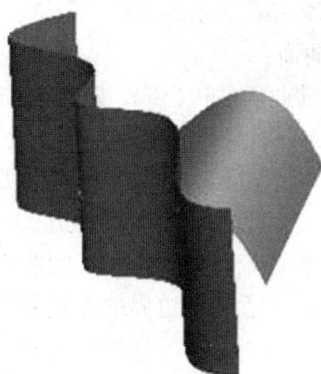

图 9 - 66　以曲面为分割工具的修剪结果

图 9 - 67　选项下拉列表

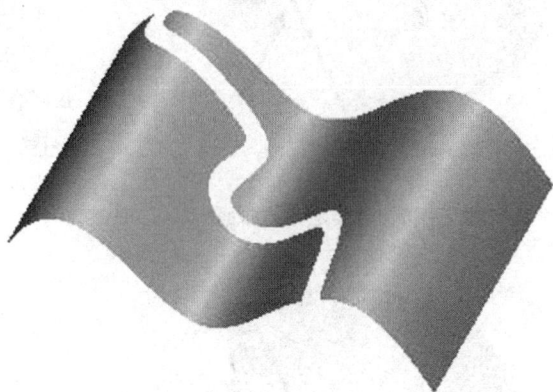

图 9 - 68　薄修剪结果

9.4.5　曲面的延伸

曲面延伸指的是将选择的曲面边缘以指定的方式延伸。在主菜单中单击"编辑"→"延伸"命令，选取延伸工具，系统打开延伸控制面板，如图 9 - 69 所示。在选择延伸工具之前应该首先选取延伸曲面的边线。

图 9 - 69　延伸控制面板

延伸的方式有"沿原始曲面延伸曲面" 和"将曲面延伸至参照平面" 两种。

1. 沿原始曲面延伸曲面

曲面延伸步骤如下。

(1)创建曲面

创建如图9-70所示的曲面。

(2)延伸曲面

选取要延伸曲面的边界线,如图9-70所示。在主菜单中单击"编辑"→"延伸"命令,选取延伸工具,系统打开延伸控制面板,设置延伸长度。

打开"选项"下拉列表,如图9-71所示。在此提供了以下3种延伸曲面的方式。

- 相同:通过选定的曲面边界边,以相同曲面类型来延伸原始曲面,如图9-72所示。
- 相切:创建于原始曲面相切的曲面,如图9-73所示。
- 逼近:以逼近选定边界的方式来创建相应的曲面。

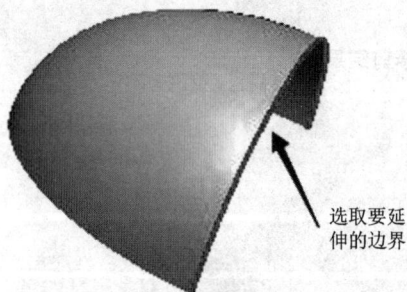

选取要延伸的边界

图 9 - 70　需要延伸的曲面

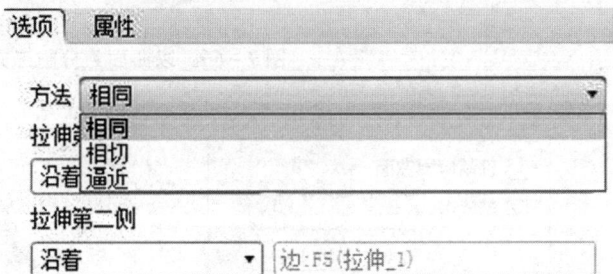

图 9 - 71　选项下滑板

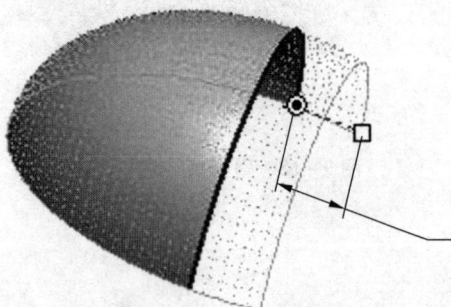

图 9 - 72　相同方式延伸曲面

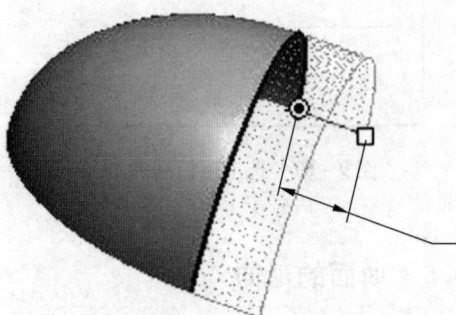

图 9 - 73　相切方法延伸曲面

250

使用"逼近"方式延伸曲面时，需要打开控制面板"量度"下拉列表中的测量点列表框，如图 9-74 所示。在测量点列表框内右击，选择"添加"命令，可以添加一个测量点，并设置测量点的位置及长度。然后使用相同方式添加所需的测量点，如图 9-75 所示。使用逼近方式的最终延伸效果如图 9-76 所示。

点	距离	距离类型	边	参照	位置
1	50.000	垂直于边	边:F5(旋转_1)	顶点:边:F5(旋转_1)	终点1
2	70.000	垂直于边	边:F5(旋转_1)	点:边:F5(旋转_1)	0.500
3	30.000	垂直于边	边:F5(旋转_1)	点:边:F5(旋转_1)	0.750
4	40.000	垂直于边	边:F5(旋转_1)	点:边:F5(旋转_1)	0.800

图 9-74 测量点列表框

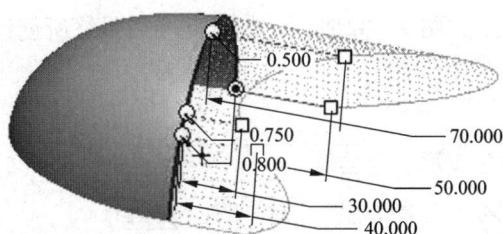

图 9-75 设置各测量点

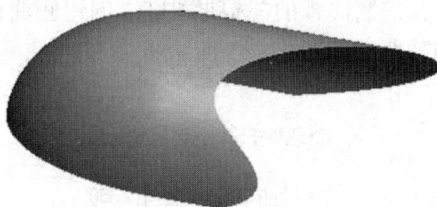

图 9-76 逼近方式延伸曲面最终效果

2. 将曲面延伸至参照平面

曲面延伸的操作步骤如下。

（1）创建曲面

创建如图 9-77 所示的曲面。

（2）延伸曲面

选取要延伸曲面的边界线，如图 9-77 所示。在主菜单中单击"编辑"→"延伸"命令选取延伸工具，系统打开延伸控制面板，单击"将曲面延伸至参照平面" ，选取 DTM 1 基准面为延伸参照面，如 9-78 所示。

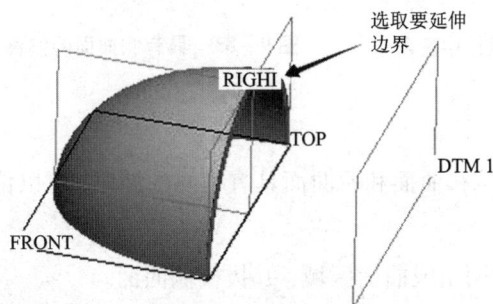

图 9-77 创建曲面

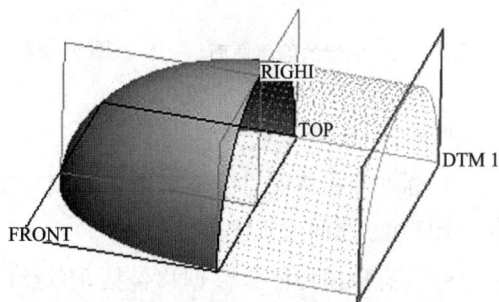

图 9-78 延伸曲面

9.4.6 曲面的偏移

使用主菜单中的"编辑"→"偏移"命令可以对实体表面进行偏移,也可以对曲面进行偏移。曲面偏移的操作步骤如下。

1. 创建曲面

创建如图 9 - 79 所示的曲面,尺寸任意。

2. 偏移曲面

选取曲面,单击主菜单中的"编辑"→"偏移"命令,打开偏移控制面板,如图 9 - 80 所示。在控制面板中设置偏移的距离为 7.50,设置完成后单击控制面板中的完成按钮 ✓,完成曲面的偏移,如图 9 - 81 所示。

图 9 - 79　创建曲面

在控制面板的"选项"中有"创建侧曲面"选项,如图 9 - 82 所示,勾选此项后最终所创建的偏移曲面如图 9 - 83 所示。

图 9 - 80　偏移控制面板

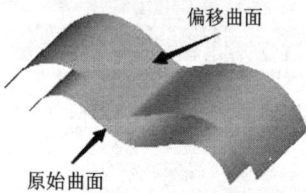

图 9 - 81　创建的偏移曲面　　图 9 - 82　控制面板中选项卡　　图 9 - 83　具有侧曲面的偏移

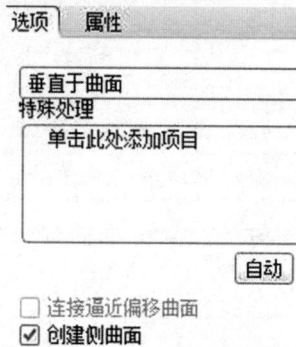

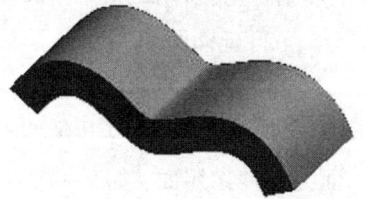

曲面偏移包含 4 种类型。

● 标准偏移特征 ⬛：系统默认的偏移类型,偏移曲面和原曲面具有相同的性质,可以偏移一个面组、曲面或实体表面。

● 具有拔模特征 ⬛：偏移包括在草绘内部的面组或曲面区域,并拔模侧曲面。

● 具有展开特征 ⬛：在封闭面组或实体草绘的选定面之间创建一个连续体积块,使用"草绘区域"复选框时,将在开放面组或实体的选定面之间创建连续的体积块。

● 替换特征 ⬛：用基准平面或面组替换实体上指定的曲面。

252

9.4.7　曲面的加厚

曲面的厚度为零时，可以使用加厚命令将曲面加厚为一定厚度。创建加厚曲面的步骤如下：

(1)选取要加厚的曲面。

(2)单击主菜单中的"编辑"→"加厚"命令，系统打开加厚控制面板，如图 9 - 84 所示，在控制面板中设置加厚的厚度值，通过单击 按钮，改变加厚的方向。

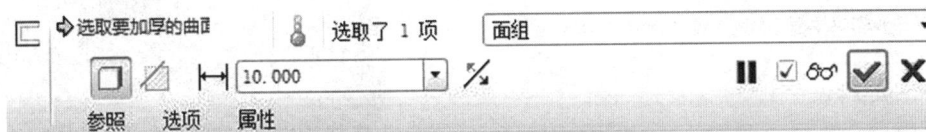

图 9 - 84　加厚控制面板

(3)单击控制面板中的完成按钮 ，完成曲面的加厚，如图 9 - 85 所示。

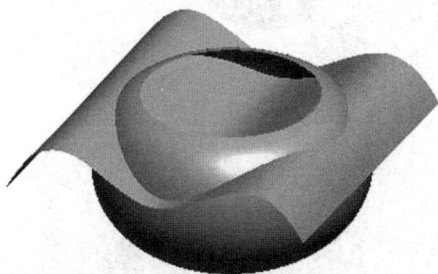

图 9 - 85　加厚曲面

9.4.8　曲面实体化

曲面的实体化是指将曲面特征转化为实体特征。需要转化为实体的曲面特征可以是完全封闭的曲面特征，也可以是曲面与实体表面相交而构成封闭的曲面空间。曲面实体化的步骤如下。

(1)创建曲面

创建两个曲面，如图 9 - 86 所示。

(2)合并曲面

将两个曲面合并，使其形成封闭的曲面，如图 9 - 87 所示。

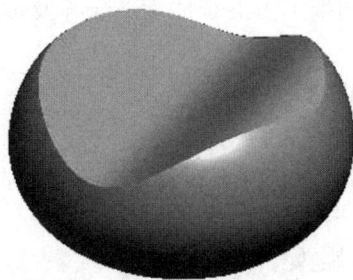

图 9 - 86　创建曲面

图 9 - 87　合并曲面

253

（3）实体化

选取合并后的封闭曲面，选择主菜单中的"编辑"→"实体化"命令，系统打开实体化控制面板，如图9-88所示，单击控制面板中的完成按钮✔，完成封闭曲面的实体化，如图9-89所示。

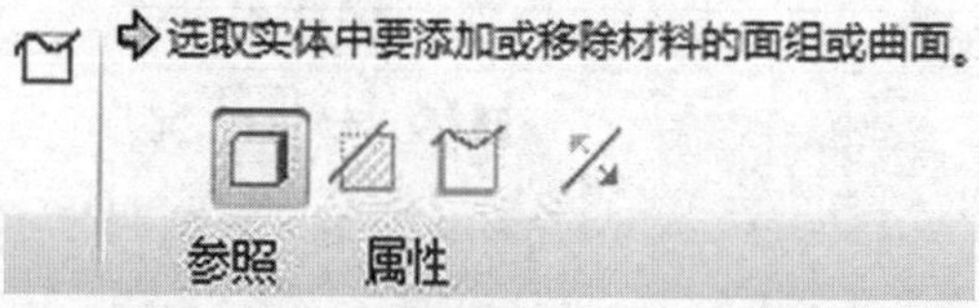

图9-88 实体化控制面板

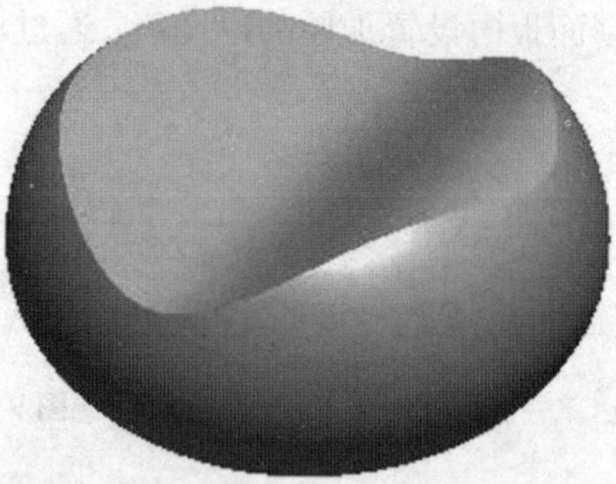

图9-89 实体化结果

最终生成的实体化特征从外观上看和封闭的曲面并无区别，但它具备所有实体特征的基本属性，可以对它进行实体特征的所有特征。

实体化特征的类型分为伸出项实体、切口实体和面组替换实体3种。

- 伸出项实体：用实体材料填充由曲面或面组构成的体积块，要求曲面或面组必须是封闭的，对于不封闭的面组首先要使其封闭，然后再实体化。
- 切口实体：使用曲面或面组作为边界来移除曲面或面组内侧或外侧的材料。
- 面组替换实体：使用曲面或面组替换指定的实体曲面，只有选定的曲面或面组边界位于实体曲面上时才可以使用。

9.5 曲面综合实例

9.5.1 实例一 仿形娃娃

仿形娃娃完成效果如图9-90所示。通过此例来练习混合曲面、合并及加厚等知识点。具体设计步骤如下。

（1）旋转头部曲面

使用旋转工具，选取 FRONT 基准面作为草绘平面，创建直径为100的球型曲面，如图9-91所示。

（2）旋转身体部分曲面

使用旋转工具，选取 FRONT 基准面作为草绘平面，创建长轴为200、短轴为160

图9-90 仿形娃娃

254

的椭圆形曲面，如图 9 - 92 所示。

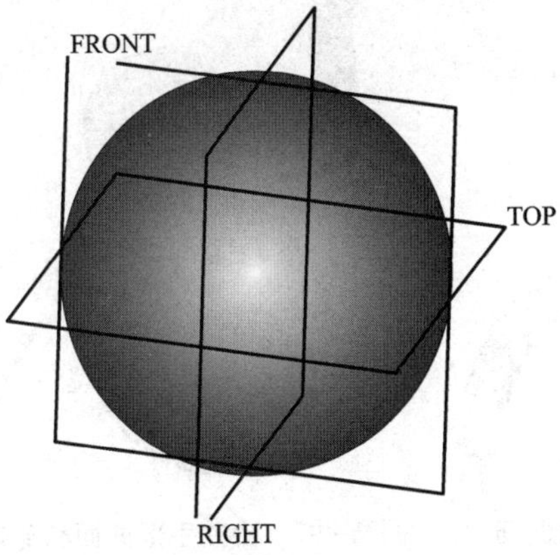

图 9 - 91　球型曲面

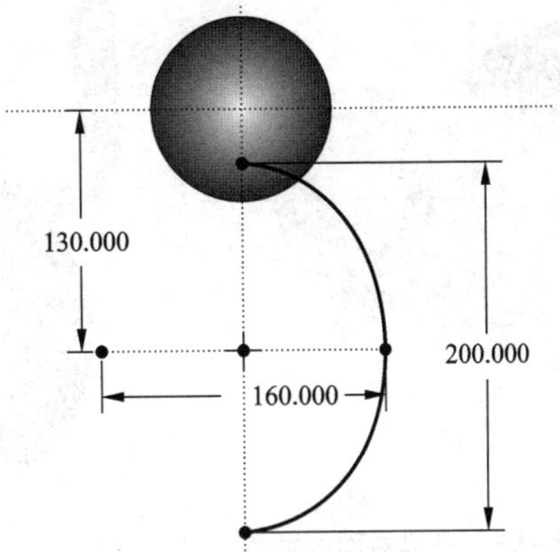

图 9 - 92　椭圆形曲面

（3）草绘手部曲线

使用草绘工具，选取 FRONT 基准面作为草绘平面，创建两条样条曲线，如图 9 - 93 所示。

（4）合并两曲面

按 Ctrl 键选取球体和椭圆形曲面，在主菜单选取"编辑"→"合并"命令，将球体和椭圆形曲面合并，如图 9 - 94 所示

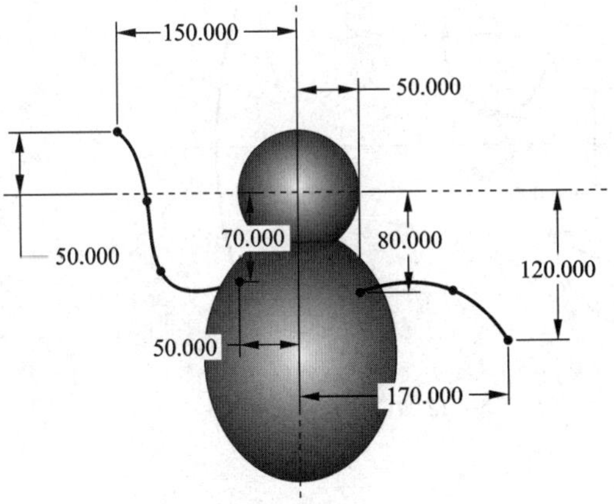

图 9 - 93　草绘手部曲线

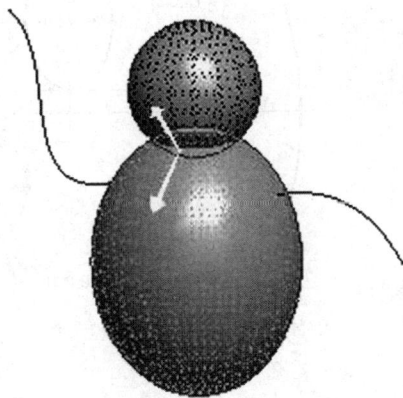

图 9 - 94　合并两曲面

（5）扫描臂部曲面

分别扫描左右两条草绘臂部曲线，扫描曲面截面如图 9 - 95 所示，扫描完成效果如图 9 - 96 所示。

（6）合并臂部曲面和身体曲面

按 Ctrl 键选取臂部曲面和身体部分曲面，在主菜单选取"编辑"→"合并"命令，将臂部曲面和身体部分曲面合并，如图 9 - 97 所示。

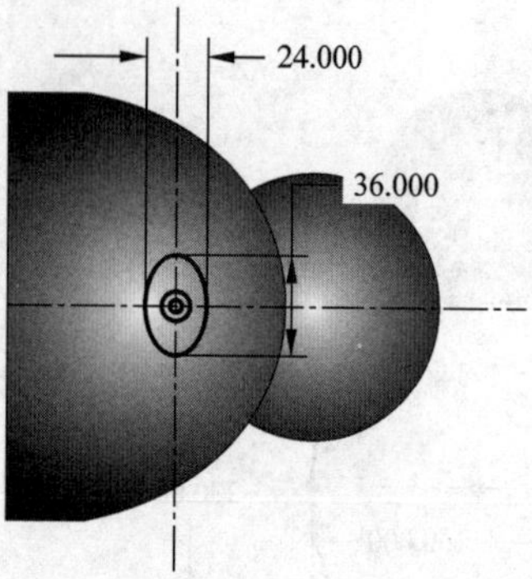

图9-95 扫描曲面的截面 　　　　图9-96 扫描后手部曲面 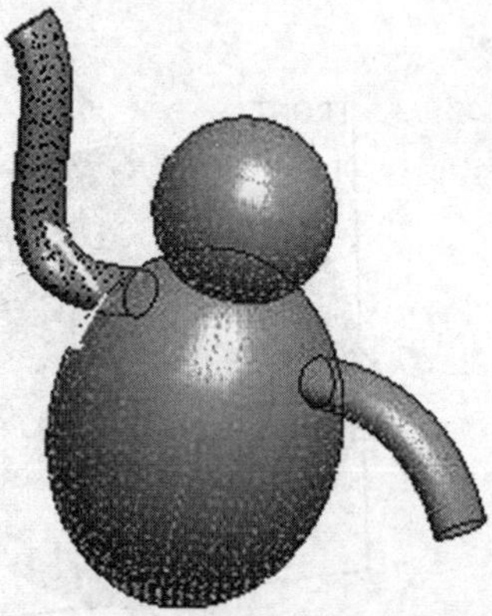　　　　图9-97 合并手部曲面和身体曲面

（7）草绘面部曲线

选取 FRONT 基准面为草绘面，完成如图9-98所示的草绘面部曲线。

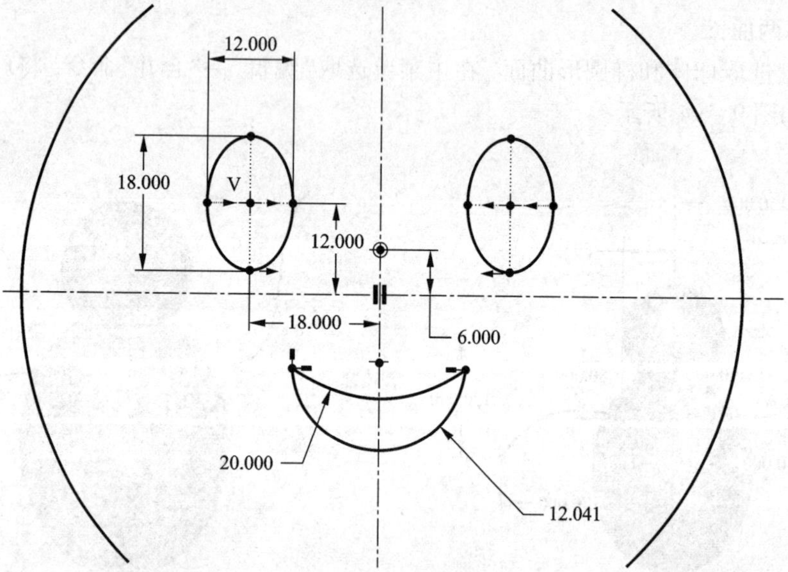

图9-98 草绘面部曲线

（8）投影面部曲线

在主菜单选取"编辑"→"投影"命令，选取头部曲面，将草绘面部曲线投影到头部曲面上，如图9-99所示。

（9）旋转帽子曲面

选择旋转命令，选取 FRONT 基准面为草绘面，做帽子草绘进行旋转，草绘截面如图9-100所示。

256

图 9 – 99　投影面部曲线

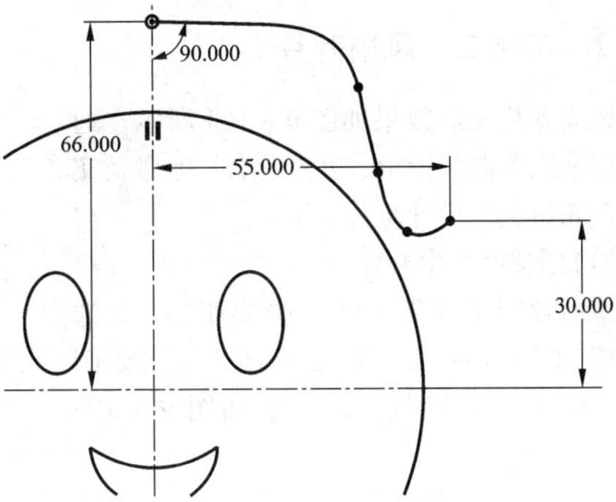

图 9 – 100　旋转帽子曲面

（10）加厚帽子曲面

选择帽子曲面，在主菜单选取"编辑"→"加厚"命令，设置加厚厚度为 2，如图 9 – 101 所示。

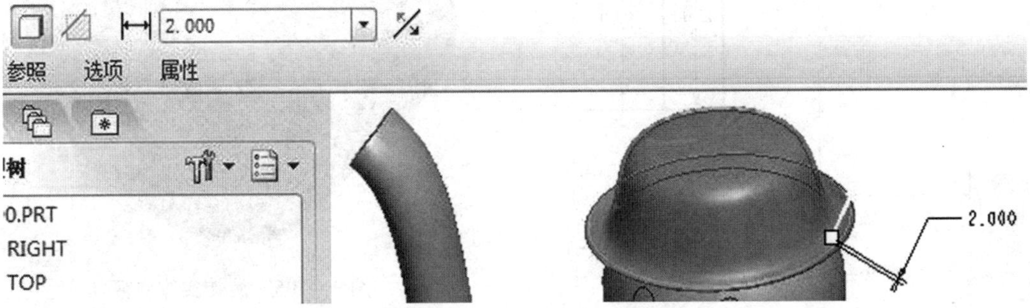

图 9 – 101　加厚帽子曲面

（11）完成效果图如图 9 – 102 所示

图 9 – 102　仿形娃娃完成图

9.5.2 实例二 风扇叶片

风扇叶片完成效果如图 9 - 103 所示。通过此例来练习曲线投影、边界混合、加厚及实体化等知识点。设计步骤如下。

(1)创建叶片中心座

使用旋转工具创建叶片中心座实体,选取 FRONT 基准面作为草绘平面,绘制如图 9 - 104 所示的旋转截面,结果如图 9 - 105 所示。

图 9 - 103 风扇叶片

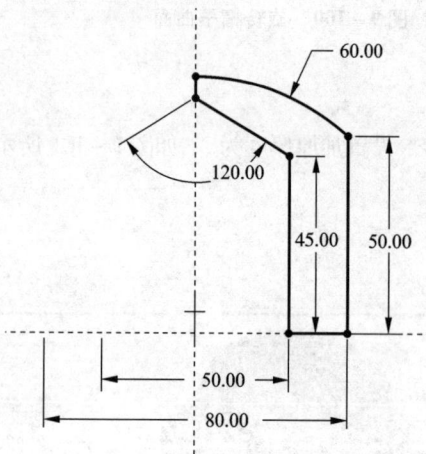

图 9 - 104 旋转截面

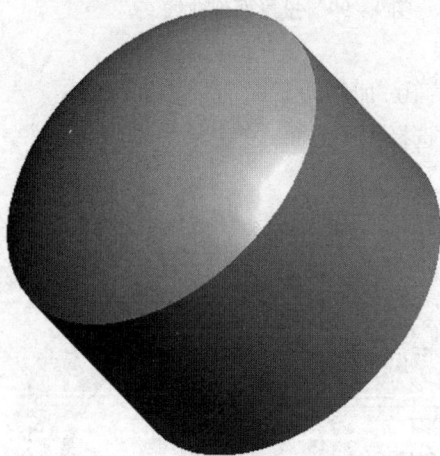

图 9 - 105 旋转实体特征

(2)复制旋转实体的外圆柱面

按 Ctrl 键选取实体的外圆柱面(为方便选择可将过滤器的选项设置为"几何"),如图 9 - 106 所示。按 Ctrl + C 键复制所选的曲面,然后按 Ctrl + V 键粘贴复制的曲面,在系统打开的"复制"控制面板中单击完成按钮 ✓,完成曲面的复制。

(3)偏移曲面

选取上一步复制的曲面,选取主菜单中的"编辑"→"偏移"命令,在打开的"偏移"控制面板中设置偏移距离为 150,单击完成按钮 ✓,完成曲面的偏移,如图 9 - 107 所示。

(4)创建基准平面 DTM 1

选取右侧工具栏中的创建基准平面按钮 ▱,以 FRONT 基准面和叶片中心座的旋转轴线为参照,如图 9 - 108 所示。设置新基准面与 FRONT 基准面的夹角为 35°,创建 DTM 1 基准面,如图 9 - 109 所示。

按Ctrl键选取圆柱面

图 9－106　选取圆柱面

图 9－107　偏移曲面

按Ctrl键选取FRONT
基准面和旋转轴线

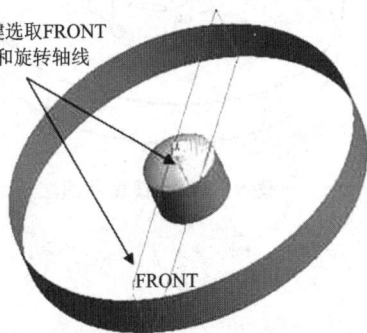

FRONT

图 9－108　选取参照

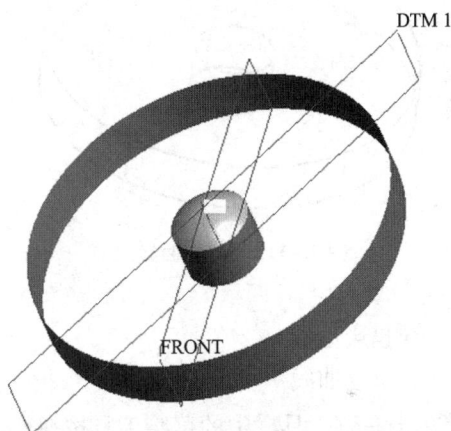

DTM 1

FRONT

图 9－109　新基准面 DTM 1

（5）创建基准曲线

（a）创建相交曲线一

按 Ctrl 键选取 DTM 1 基准面和偏移曲面，在主菜单中选取"编辑"→"相交"命令，在"相交"控制面板中单击完成按钮✔，完成相交曲线一的创建，如图 9－110 所示。

（b）镜像相交曲线一

选取相交曲线一，点击右侧工具栏中的镜像按钮 ⅫⅢ，选取基准面 FRONT 作为镜像平面，在"镜像"控制面板中单击完成按钮✔，完成相交曲线一的镜像，如图 9－111 所示。

（c）创建相交曲线二

按 Ctrl 键选取 DTM 1 基准面和复制曲面，在主菜单中选取"编辑"→"相交"命令，在"相交"控制面板中单击完成按钮✔，完成相交曲线二的创建，如图 9－112 所示。

（d）镜像相交曲线二

选取相交曲线二，点击右侧工具栏中的镜像按钮 ⅫⅢ，选取基准面 FRONT 作为镜像平面，在"镜像"控制面板中单击完成按钮✔，完成相交曲线二的镜像，如图 9－113 所示。

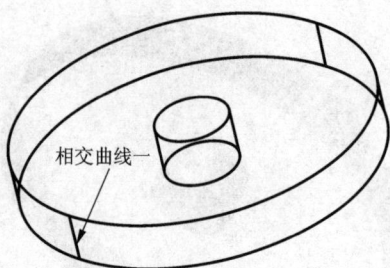

图 9 -110 相交曲线一

图 9 -111 镜像曲线一

图 9 -112 相交曲线二

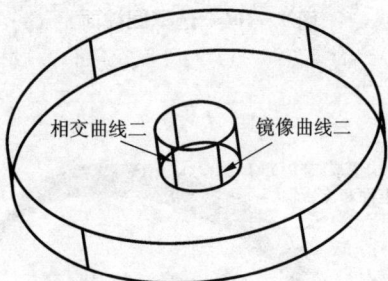

图 9 -113 镜像曲线二

（6）创建投影曲线

（a）草绘曲线一

单击右侧工具栏中的草绘工具按钮，以基准面 RIGHT 为草绘平面，绘制如图 9 -114 所示的圆弧线。为绘图方便可将偏移曲面隐藏。

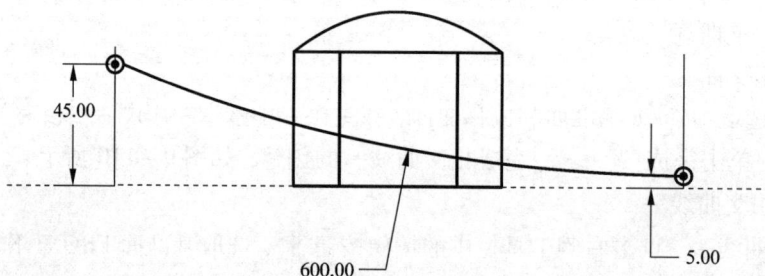

图 9 -114 草绘曲线一

（b）投影草绘曲线一

选取草绘曲线一，在主菜单中选取"编辑"→"投影"命令，选取偏移曲面作为投影面；在"投影"控制面板中单击完成按钮，完成投影曲线一的创建，如图 9 -115 所示。

（c）草绘曲线二

单击右侧工具栏中的草绘工具按钮，以基准面 RIGHT 为草绘平面，绘制如图 9 -116

260

所示的圆弧线。为绘图方便可将偏移曲面、草绘曲线一、投影曲线一等特征进行隐藏。

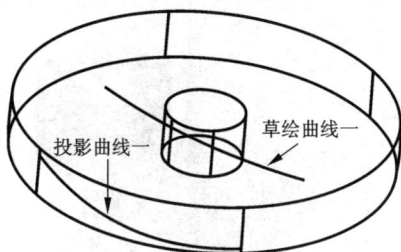

图 9 – 115 投影曲线一

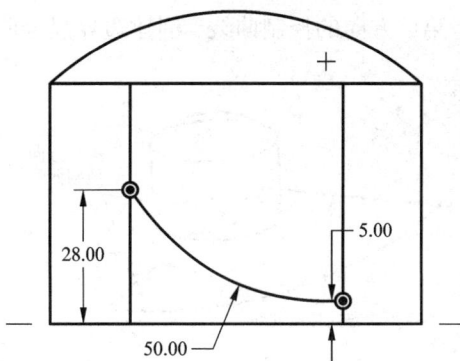

图 9 – 116 草绘曲线二

（d）投影草绘曲线二

选取草绘曲线二，在主菜单中选取"编辑"→"投影"命令，选取复制曲面作为投影面；在"投影"控制面板中单击完成按钮 ✔，完成投影曲线二的创建，如图 9 – 117 所示。

（7）创建连接基准曲线

单击右侧工具栏中的基准曲线按钮 ～，选择"通过点"选项创建曲面。选取投影曲线一和投影曲线二的对应端点，如图 9 – 118 所示，创建基准曲线一，如图 9 – 119 所示。使用同样的操作，选取两条投影曲线的另外两个端点创建基准曲线二，如图 9 – 120 所示。为绘图方便可将偏移曲面、相交曲线、草绘曲线、镜像曲线等特征进行隐藏。

图 9 – 117 投影曲线二

图 9 – 118 选取投影曲线端点

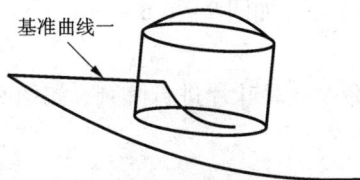

图 9 – 119 基准曲线一

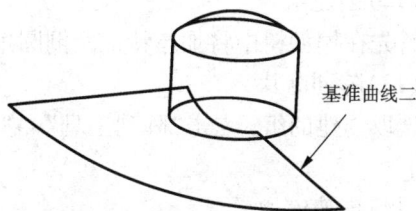

图 9 – 120 基准曲线二

（8）通过边界混合曲面创建叶片

单击右侧工具栏中的边界混合工具 ，分别以图9-121所示的曲线作为边界混合第一、第二方向的控制曲线，创建边界混合曲面。创建的叶片结果如图9-122所示。

图9-121　控制曲线

图9-122　边界混合曲面

（9）隐藏辅助曲线、曲面

将所创建的所有曲线和偏移曲面进行隐藏。

（10）加厚边界混合曲面

选取边界混合曲面，点击主菜单中的"编辑"→"加厚"命令，设置曲面厚度值为2，结果如图9-123所示。

（11）倒圆角

使用倒圆角工具，按照如图9-124所示对各边进行倒圆角。倒圆角结果如图9-125所示。

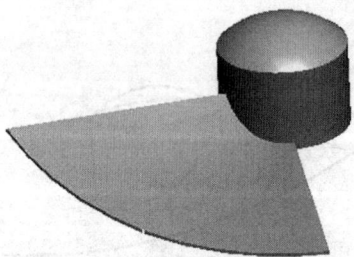

图9-123　加厚曲面

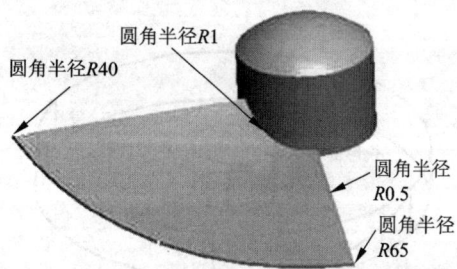

图9-124　倒圆角半径

（12）创建组

首先在模型树中将加厚特征及倒圆角特征创建为一个组，如图9-126所示。

（13）阵列叶片

选取创建的组，点击"阵列工具"→"轴阵列方式"命令，对叶片进行阵列，如图9-127所示。

（14）创建键槽

利用剪切材料的拉伸命令创建键槽，选取FRONT基准面为草绘平面，草绘截面如图9-128所示，拉伸深度为28.8，拉伸后效果如图9-129所示。

262

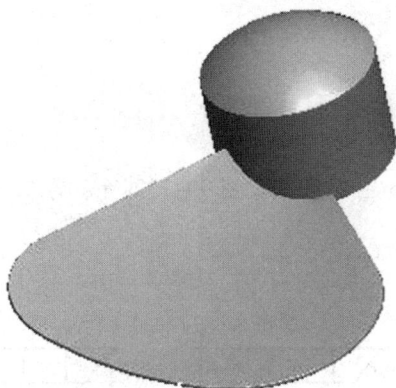

图 9 - 125　叶片的倒圆角

图 9 - 126　创建组

图 9 - 127　阵列叶片

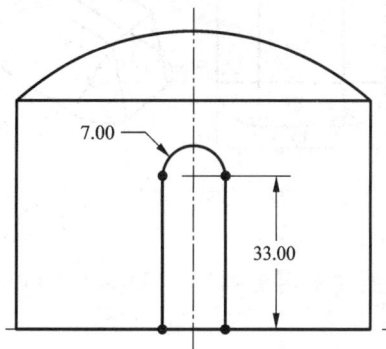

图 9 - 128　拉伸截面

(15) 倒角

利用倒角工具对安装孔进行倒角，设置倒角值为 2 × 45°，效果如图 9 - 130 所示。风扇叶片的最终创建效果如图 9 - 103 所示。

图 9 - 129　键槽特征

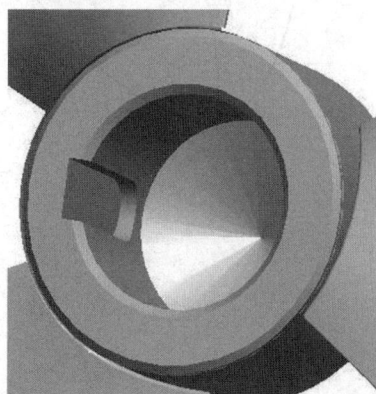

图 9 - 130　倒角特征

263

练习题

1.利用基准点、基准曲线和基准平面功能,建立如图9-131、图9-132所示的三维曲线模型。

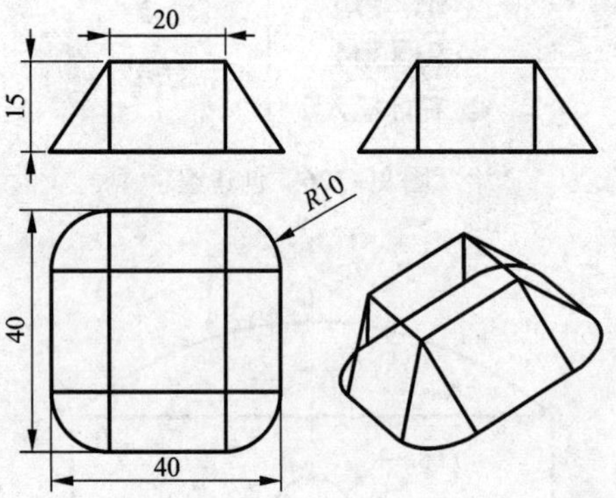

图9-131 练习1

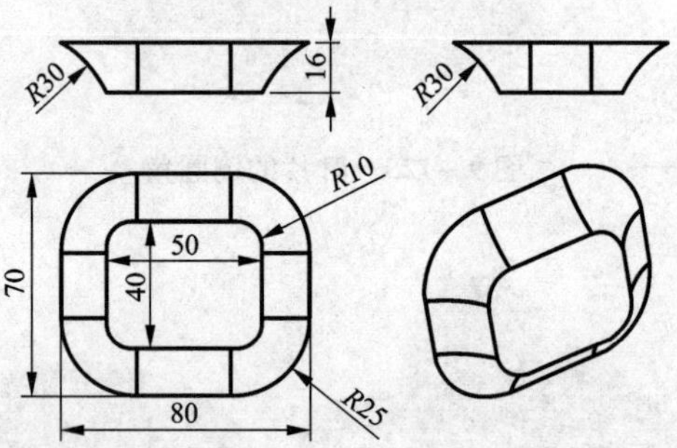

图9-132 练习2

2.创建如图9-133、图9-134所示的2个模型,要求首先建立三维线模型,然后进行曲面造型。

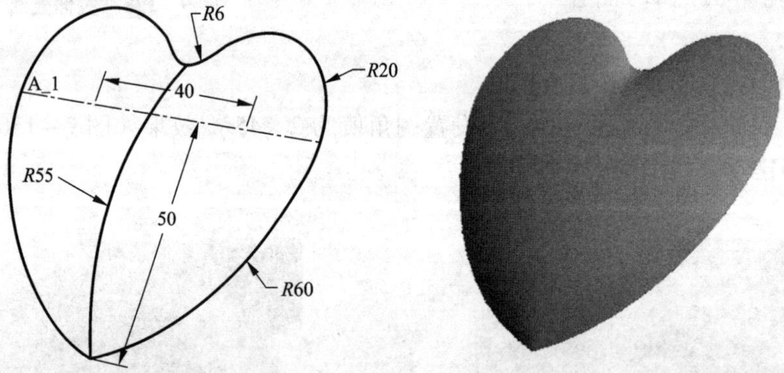

图9-133 练习3

图 9 – 134　练习 4

3. 用边界混合命令创建如图 9 – 135 所示的灯罩模型。提示：首先创建曲面，再加厚。其中，灯罩的顶部为一个圆，底部为星形线，灯罩尺寸自定。

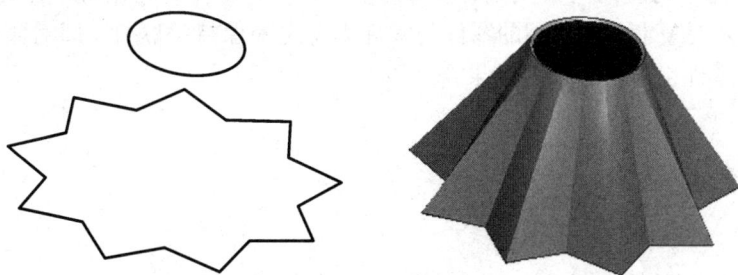

图 9 – 135　灯罩模型

第10章
零件的装配

在前面，我们介绍了采用各种实体和曲面进行造型及编辑的方法，通过这些方法可完成零件的设计和建模。在机械设计中，大多数产品是由多个单一零件组合而成的，这类产品的设计在 Pro/E 5.0 中是通过装配模式来完成的。

零件的装配过程就是在装配中建立各个零件之间的链接关系，它是通过一定的配对关联条件在零件之间建立对应的约束关系，从而确定零件在装配体中的位置。在装配中，零件是被装配引用，而不是复制，被引用的零件与零件本身之间保持关联性，即对零件本身进行修改，装配体中的零件也会根据修改结果自动更新。

10.1　零件装配简介

装配模型设计与零件模型设计的过程类似，零件模型是通过向模型中增加特征来完成零件设计，而装配模型是通过向装配模型中增加零件来完成产品的装配设计。

10.1.1　进入装配环境

单击工具栏中的新建文件按钮 📄，或单击主菜单中的"文件"→"新建"命令，系统打开"新建"对话框。在对话框的"类型"选项组中选择"组件"选项，在"子类型"选项组中选择"设计"选项。在"名称"文本框中输入组件名称，并取消勾选"使用缺省模板"复选框。单击对话框中的"确定"按钮，如图 10 - 1 所示。系统弹出"新文件选项"对话框，如图 10 - 2 所示，在模板列表中选择

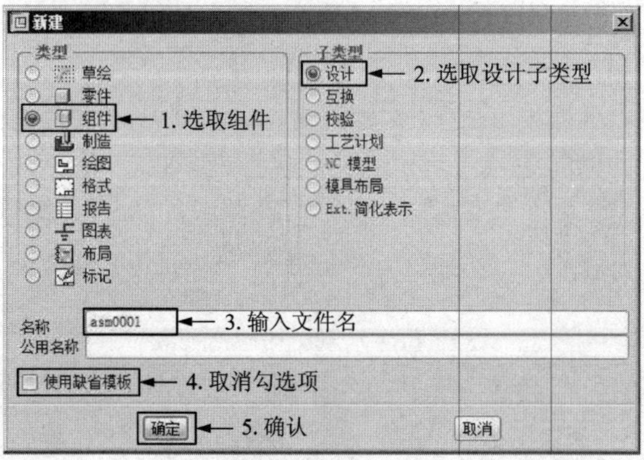

图 10 - 1　新建组件对话框

模板类型为"mmns_asm_design"后，单击"确定"按钮，进入零件装配环境。

在装配模式下，系统会自动创建 3 个基准平面 ASM_TOP、ASM_FRONT、ASM_RIGHT 和一个坐标系 ASM_DEF_CSYS，其使用方法与零件模式相同，如图 10 - 3 所示。

图 10 – 2　新文件选项对话框

图 10 – 3　基准平面

10.1.2　添加新元件

在装配模式下的主要操作是添加新元件，添加新元件的方法有两种：装配元件和创建元件。

（1）装配元件

在零件装配环境中，单击右侧工具栏中的"装配"按钮，或单击主菜单中的"插入"→"元件"→"装配"命令，系统弹出"打开"对话框；在对话框中选择要进行装配的零件后，单击对话框中的"打开"按钮；系统显示"元件放置"控制面板，如图 10 – 4 所示，在该控制面板中可以使用各种约束对元件定位。

图 10 – 4　元件放置控制面板

在控制面板中单击"放置"选项卡，可打开"放置"下拉列表，其主要用于启动和显示元件放置和连接定义，如图 10 – 5 所示。

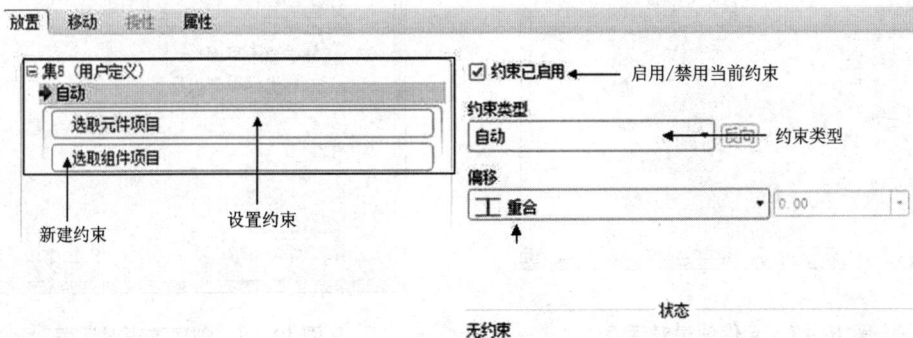

图 10 – 5　放置选项卡

在控制面板中单击"移动"选项卡，可打开"移动"下拉列表，它可以移动正在装配的元件，使元件的取放更加方便，如图 10-6 所示。

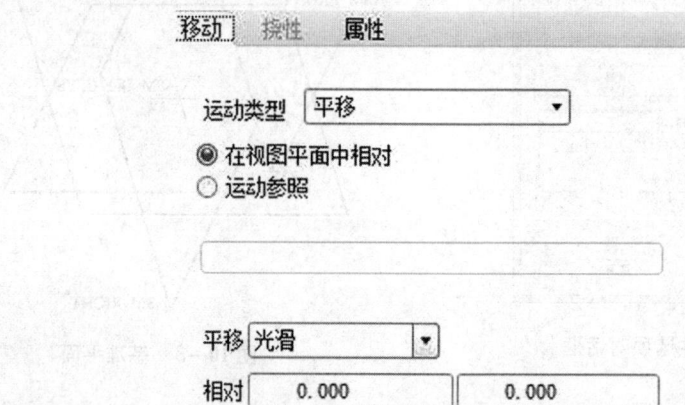

图 10-6 移动选项卡

（2）创建元件

除了采用插入方式装配元件外，还可以在装配模式中创建元件。单击右侧工具栏中的"创建"按钮□，或单击主菜单中的"插入"→"元件"→"创建"命令，系统弹出"元件创建"对话框，如图 10-7 所示。单击对话框中的"确定"按钮，系统打开"创建选项"对话框，如图 10-8 所示。随后就可以像在零件模式下一样对各种特征进行创建。完成特征的创建后，在模型树的装配模型名称上右击，在弹出的快捷菜单中选择"激活"命令，返回装配环境对创建的元件进行装配约束设置。

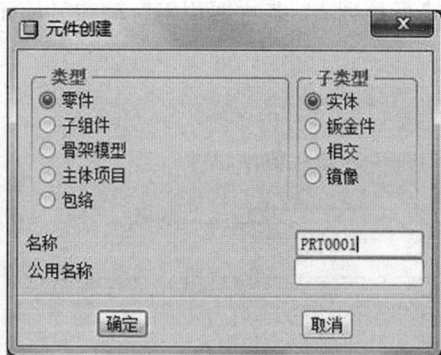

图 10-7 元件创建对话框

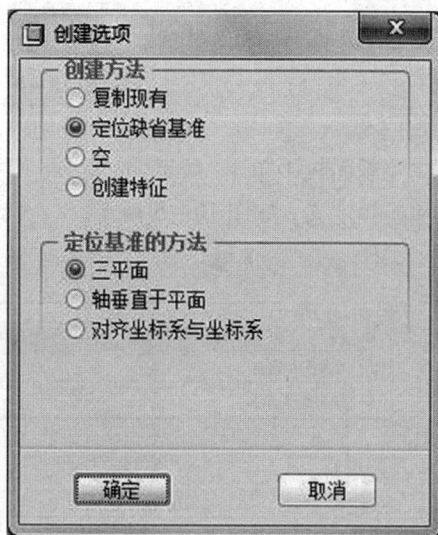

图 10-8 创建选项对话框

10.2 零件装配的约束条件

零件装配约束条件即零件之间的配合关系,用来确定零件的相对位置。通过约束条件,可以指定一个元件相对于组件中另一元件的放置方式和位置。在元件装配过程中,控制元件之间的相对位置,通常需要设置多个约束条件。

10.2.1 约束类型

载入元件后,在"元件放置"控制表面中选择"放置类型"下拉菜单,或单击控制面板中的"放置"按钮,打开放置选项卡,显示约束类型。约束类型共有配对、对齐、插入等 11 种,如图 10-9 所示。

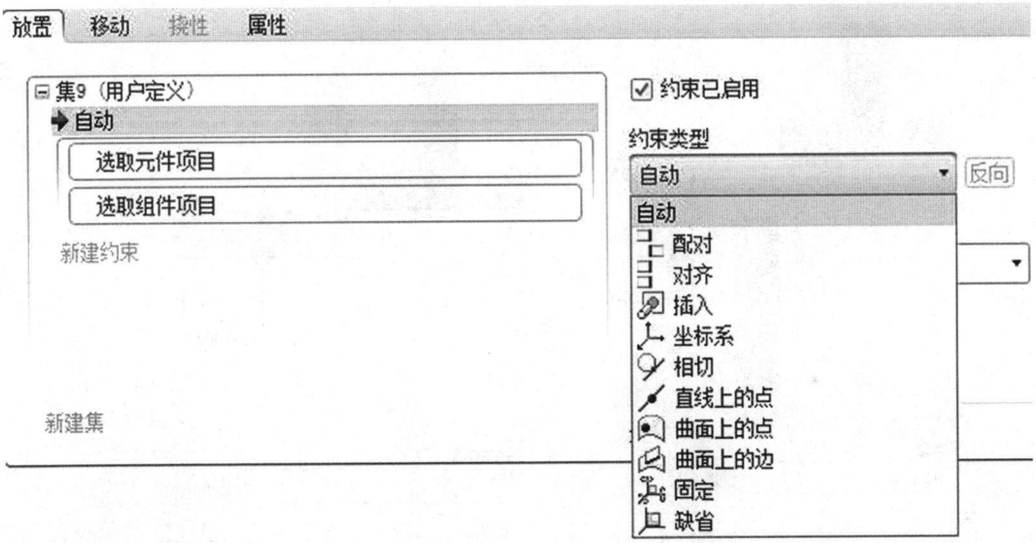

图 10-9 装配的约束类型

在这些约束类型中,如果使用"固定"或"缺省"约束类型,只需要选取对应的约束类型,而不需要选取约束参照;如果使用"坐标系"约束类型,只需要选取一个约束参照;如果使用其他约束类型,则需要指定至少 2 个约束参照。

在设置装配约束时,需要注意以下原则:

(1)选取约束类型。首先选取约束类型,然后选取元件参照和组件参照,不限顺序。元件参照和组件参照在元件和装配体中用于约束位置和方向的点、线、面。若使用系统默认的放置约束的"自动"类型后,选取一对有效参照,系统将自动选取一个相应的约束类型。

(2)从"偏移"列表中选取偏移类型。

(3)如果需要使用多个约束来限制元件的自由度,则需要分别设置约束。在一个约束定义完成后,系统会自动激活一个新约束,直到元件被完全约束为止。

(4)有时在装配过程中,即使元件的位置已经被完全约束,为了确保装配元件达到设计意图，需要为元件指定附加的约束。

（5）当元件约束状态为"无约束""部分约束""完全约束"时，单击控制面板中的完成按钮，系统就在当前约束的条件下放置该元件。当约束状态为"约束无效"时，则不能将其放置到组件中，必须首先完成约束定义。

1. 配对约束

配对约束主要用于定位两个选定的平面或基准面，使两个面相互贴合，也可以使其保持一定偏移距离或旋转一定角度。配对约束类型包括偏移、重合、定向和角度偏移4种类型。

偏移：配对时，两平面之间存在一定偏移距离，且法线方向相反，如图10-10所示。

重合：配对时，两平面重合，且法线方向相反，如图10-11所示。

定向：与"偏移"选项相似，且两平面间的偏移距离未定，如图10-12所示。

角度偏移：角度偏移是配对约束的特殊形式，只有在选取两个相互倾斜的平面时才会出现，如图10-13所示。

图10-10 偏移约束类型

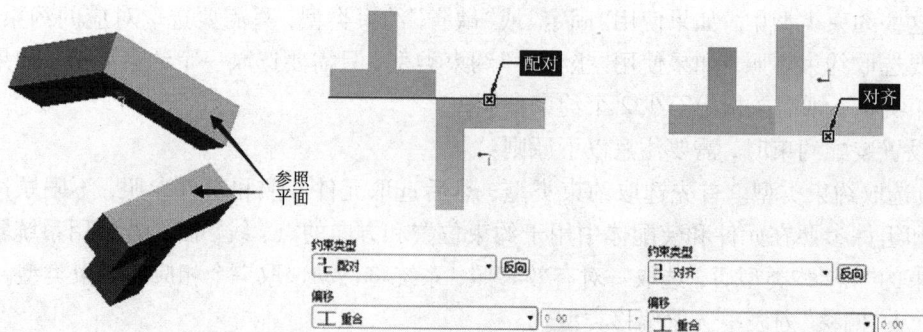

图10-11 重合约束类型

270

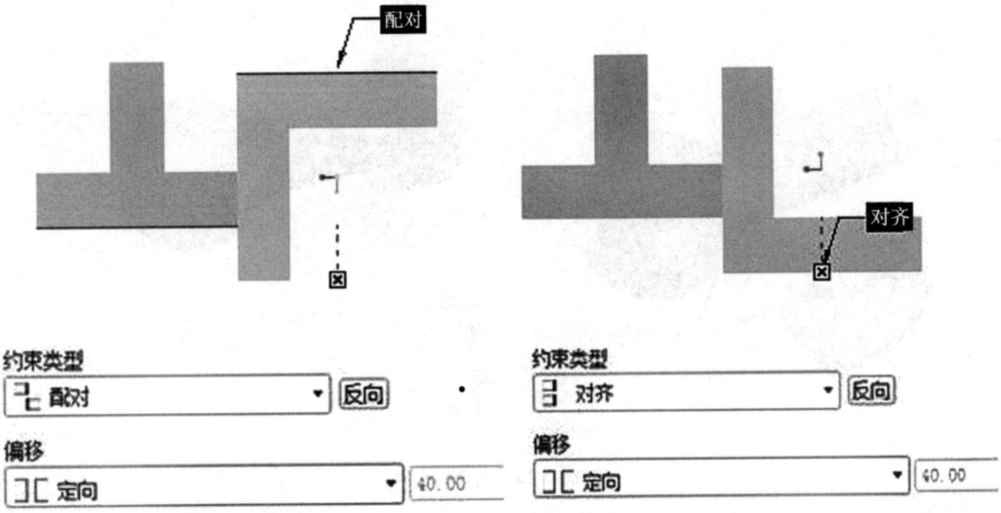

图 10 – 12　定向约束类型

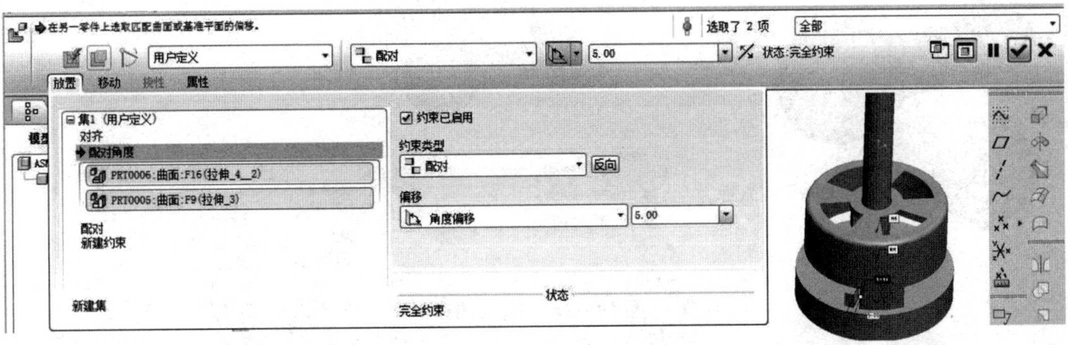

图 10 – 13　角度偏移

2. 对齐约束

对齐约束主要用于两个平面重合且法线方向相同的元件装配, 并可以将两个选定的参照偏移类型设置为重合、定向或偏移。

对齐约束和配对约束对偏移类型的设置方式相似, 如图 10 – 10 ~ 图 10 – 13 所示。另外对齐约束也可以用于设定两个轴线重合或两个点重合, 如图 10 – 14 为将两元件的轴线对齐。

在使用配对约束和对齐约束时, 所选取的约束参照必须为同一类型, 即平面对平面、轴线对轴线、点对点。

3. 插入约束

插入约束主要用于将一个旋转曲面插入另一个旋转曲面中, 并且自动对齐两曲面的轴线, 如图 10 – 15 所示, 插入约束的约束对象主要是弧形面元件。

4. 坐标系约束

坐标系约束主要用于将两个元件的坐标系对齐, 或将元件与组件的坐标系对齐。坐标系对齐就是将两个坐标系的 X、Y、Z 轴各自对齐, 如图 10 – 16 所示。这种约束可以一次完全定位指定元件, 完全限制 6 个自由度。

271

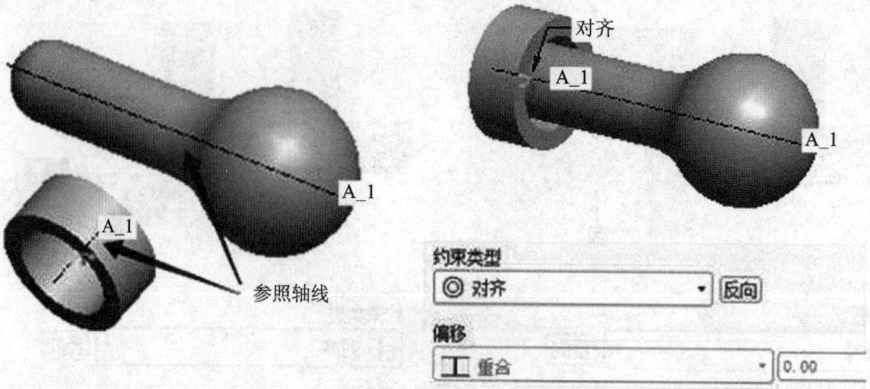

图 10 – 14　轴线对齐

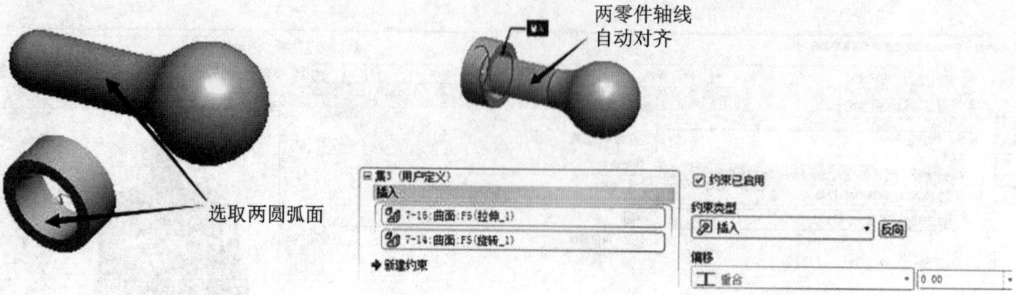

图 10 – 15　插入约束

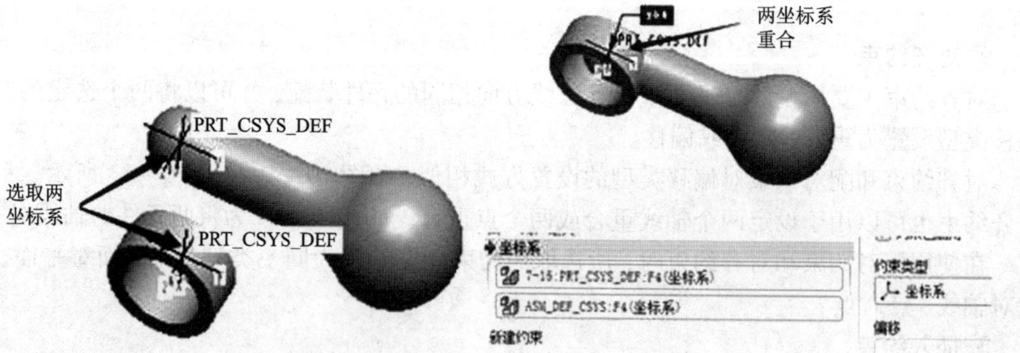

图 10 – 16　坐标系约束

5. 相切约束

相切约束主要用于控制两个曲面的切点的接触，如图 10 – 17 所示，相切约束仅匹配曲面但不对齐曲面。

图 10－17　相切约束

6. 直线上的点约束

直线上的点约束主要用于控制边、轴或基准曲线与点之间的接触，如图 10－18 所示。点可以是零件或装配体上的顶点或基准点。约束后点可以在边线上，也可以在边线的延长线上。

7. 曲面上的点约束

曲面上的点约束主要用于控制基准平面、曲面特征或零件表面与点之间的接触，如图 10－19 所示。点可以是零件或装配体上的顶点或基准点。与直线上的点约束类似，点可以在平面上，也可以在面的扩展面上。

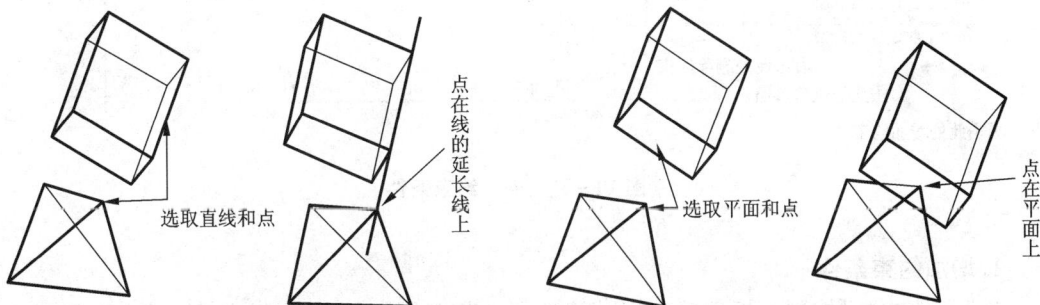

图 10－18　直线上的点约束　　　　图 10－19　曲面上的点约束

8. 曲面上的边约束

曲面上的边约束主要用于控制基准平面、曲面特征或零件表面与边之间的接触，如图 10－20 所示。

9. 缺省约束

缺省约束主要用于将系统创建的元件缺省坐标系与组件的缺省坐标系自动对齐，与使用坐标系约束时类似，坐标系的选取工作由系统自动完成。

10. 固定约束

固定约束主要用于将元件固定在图形区域的当前位置，通常在装配体放置第一个元件时使用此约束。

图 10 - 20 曲面上的边约束

11. 自动约束

自动约束是系统的默认方式,它可以根据实际情况自动选择约束类型。

10.2.2 装配约束条件的增删

在进行元件装配时,根据需要可以增加、删除或修改约束条件,如图 10 - 21 所示。

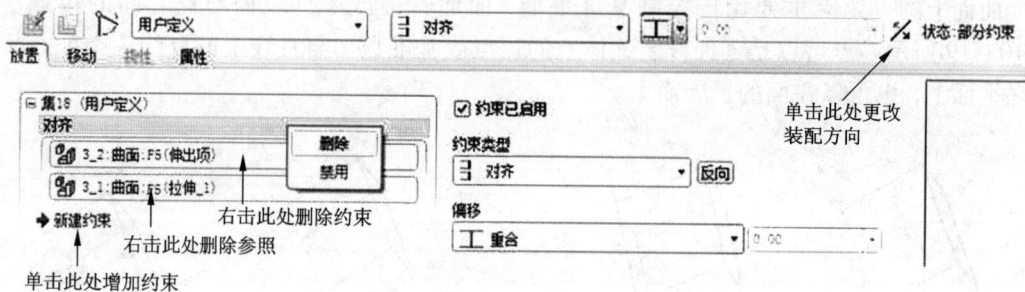

图 10 - 21 编辑约束条件

1. 增加约束条件

在"元件放置"控制面板中单击"放置"选项卡打开"放置"下拉列表后,单击下拉列表中的"新建约束"按钮,即可增加约束条件。

2. 删除约束条件

在"放置"下拉列表中欲删除的约束条件上右击,在弹出的快捷菜单中选择"删除"命令。

3. 更改约束参照

在"放置"下拉列表中欲删除的约束参照上右击,在弹出的快捷菜单中选择"删除"命令,然后重新选取约束参照即可。

4. 更改装配方向

单击控制面板中的更改约束方向或在约束类型中点击"反向" 按钮即可。

10.2.3 装配元件的显示

在装配环境下,新载入的元件有多重显示方式可供选择,可通过"元件放置"控制面板中的"子窗口显示元件" 按钮和"组件窗口显示元件" 按钮来控制元件的显示方式。

　　"子窗口显示元件" 按钮：将待装配的元件在子窗口中显示，而主窗口中只显示已经装配完毕的组件，如图 10 - 22 所示。使用这种方法装配元件时，由于元件和组件分别在两个窗口中显示，因此无法实时显示装配结果，但这种显示方式有利于约束设置，因此适用于两个装配对象几何尺寸相差较大或装配时由于相互重叠难以看清参照的情况。

图 10 - 22　待装配元件在子窗口中显示

　　"主窗口显示元件" 按钮：将待装配的元件在主窗口中显示，如图 10 - 23 所示。这种方式是系统默认的显示方式。使用这种方法可以实时显示装配结果，一般情况下使用这种方式较为方便。

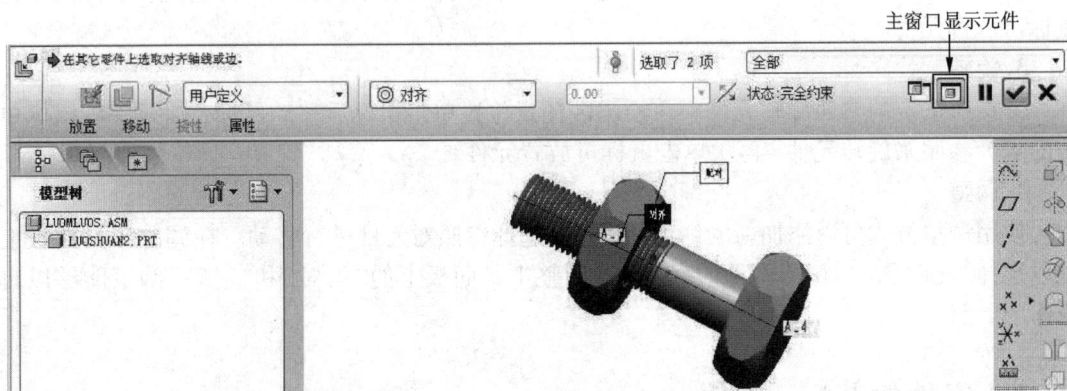

图 10 - 23　待装配元件在主窗口中显示

　　同时按下 和 按钮，待装配的元件可同时在子窗口和主窗口中显示，如图 10 - 24 所示。

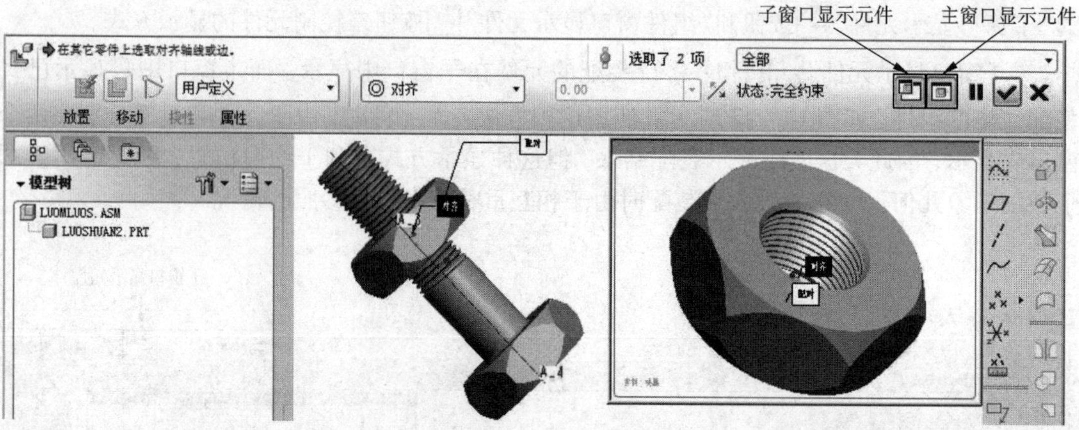

子窗口显示元件　　主窗口显示元件

图 10 - 24　待装配元件同时在主窗口和子窗口中显示

10.2.4　装配元件的移动

在"元件放置"控制面板中,点击"移动"选项卡可打开"移动"下拉列表。使用"移动"下拉列表可移动正在装配的元件,使元件的取放更加方便。当"移动"下拉列表处于打开状态时,将暂停其他所有元件的放置操作。

使用"移动"下拉列表提供的选项,可以调节元件在组件中的位置,其中包含以下 4 种类型选项。

1. 定向模式

通过定向模式,可以在组件窗口中任意旋转或移动新载入的元件。在组件窗口中选取待移动的新元件后,元件上会显示一个三角形图标,拖动鼠标中键可旋转元件;按住 Shift 键后拖动鼠标中键可平移元件。

2. 平移

即使用平移方式移动元件。按下该选项后选取元件后移动鼠标即可移动元件,再次单击鼠标可放置元件。

3. 旋转

即按照选定的参照旋转元件。在绘图区任意位置单击鼠标后移动鼠标,则元件以鼠标单击的点为参照来旋转元件,再次单击鼠标可放置元件。

4. 调整

使用调整方式可以添加新的约束,并通过选择参照对元件进行移动。在调整工具面板上可以选择"配对"或"对齐"两种约束,另外调整工具面板上的"配对"和"对齐"约束能够以自身作为参照。

10.3　组件的装配、编辑

本节通过简单支座组件来介绍组件的装配与编辑。

10.3.1　设置工作目录

(1)在硬盘指定位置创建文件夹,命名为"ZHIZUO"。

276

（2）启动 Pro/E 5.0，设置"ZHIZUO"文件夹为工作目录。

（3）将随后创建的零件模型及组件模型保存于"ZHIZUO"文件夹中，否则，再次打开 Pro/E 5.0，将无法打开已保存的组件。

10.3.2 创建零件模型

根据图 10 – 25 ~ 图 10 – 29 中的底板、支架、轴轮、垫圈、螺钉零件图完成这些零件的三维模型，并保存于"ZHIZUO"文件夹中备用。

图 10 – 25　底板零件图

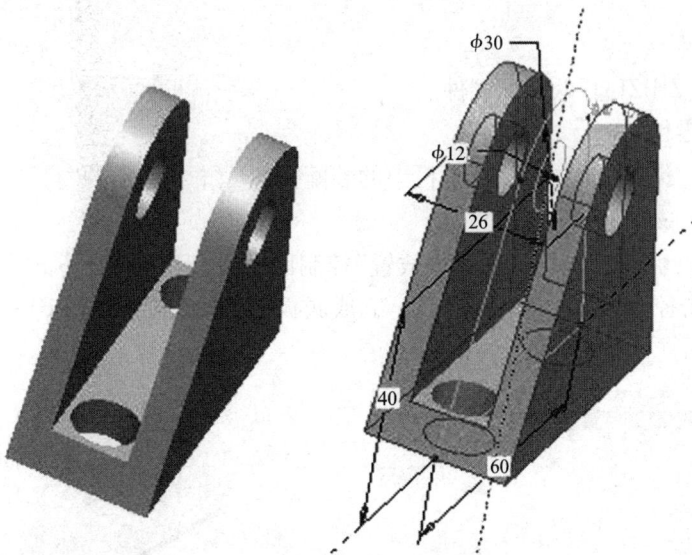

图 10 – 26　支架零件图

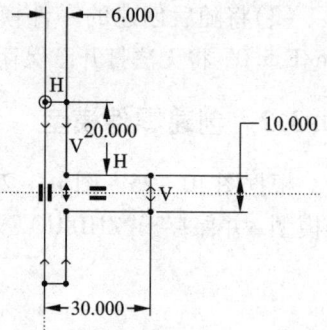

图 10 - 27　轴轮零件图

图 10 - 28　垫圈零件图

图 10 - 29　螺钉零件图

10.3.3　装配

1. 建立新文件

建立名称为"ZHIZUO"的装配文件。

2. 装配底板零件

(1) 调入底板零件。单击右侧工具栏中的装配按钮 ，在弹出的"打开"对话框中找到底板零件，双击打开该零件。

(2) 定义装配约束条件。单击"元件放置"控制面板中，用"缺省"方式作为底板零件的装配约束条件，单击控制面板中的完成按钮，完成底板零件的装配，如图 10 - 30 所示。

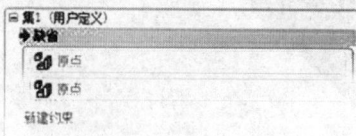

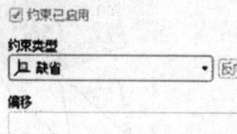

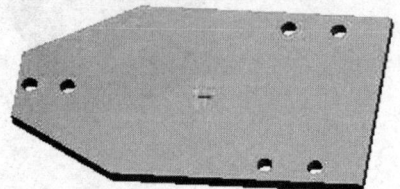

图 10 - 30　装配底板零件

278

零件一定要通过约束条件来装配，系统在约束状态中显示"无约束"，在装配模型树中，该零件前面会显示矩形框。

3. 装配支架零件

（1）调入支架零件。单击右侧工具栏中的装配按钮🗗，在弹出的"打开"对话框中选择支架零件，双击打开该零件，支架模型显示在装配界面中。

（2）定义装配约束条件 1。打开"放置"选项卡，选择"约束类型"为"配对"，偏移类型为"重合"，选取支架的底面和底板的台阶面作为装配参照，如图 10 – 31 所示。

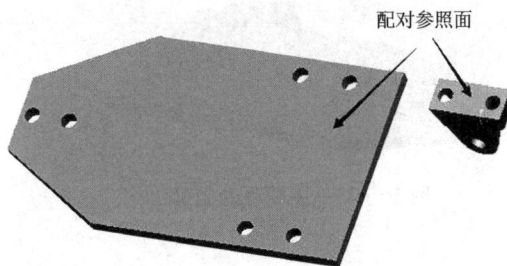

图 10 – 31　选择配对参照

（3）定义装配约束条件 2。在"放置"选项卡中单击"新建约束"按钮创建新约束，选择新约束类型为"对齐"，选取支架底面孔轴线和底板台面孔轴线作为装配参照，如图 10 – 32 所示。

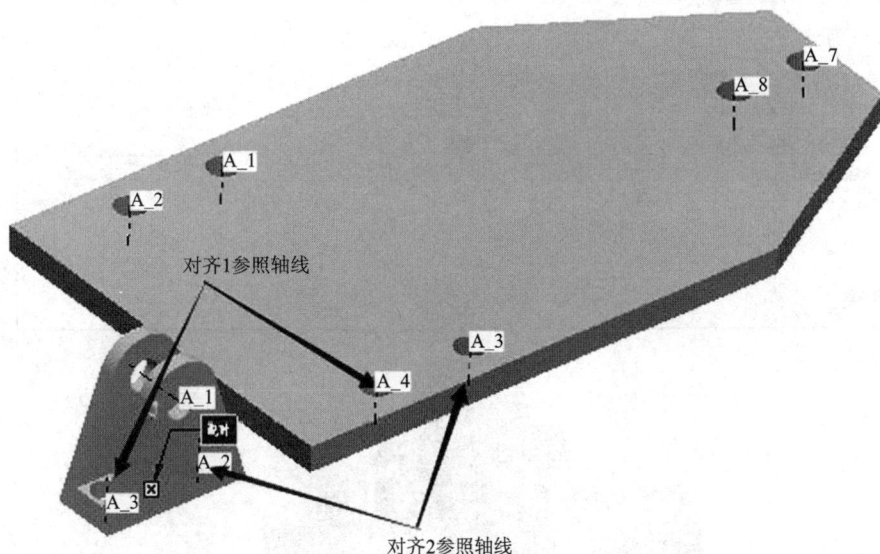

图 10 – 32　选择对齐参照

（4）定义装配约束条件 3。创建新约束并选择新约束类型为"对齐"，选取支架底面孔轴线和底板台面孔轴线作为装配参照，如图 10 – 32 所示。单击"元件放置"控制面板中的完成按钮✔，完成支架零件的装配，如图 10 – 33 所示。

4. 装配其余两个支架零件

按照步骤 3 的方法，完成其余两个支架零件的装配，如图 10 – 34 所示。

图 10 –33　装配后的组件　　　　　　　图 10 –34　完成支架零件的装配

5. 装配轴零件

（1）调入轴零件，轮轴。

（2）定义装配约束条件 1。选择约束条件为"对齐"，选取轴零件的轴线和支架零件的轴孔轴线作为装配参照，如图 10 –35 所示。

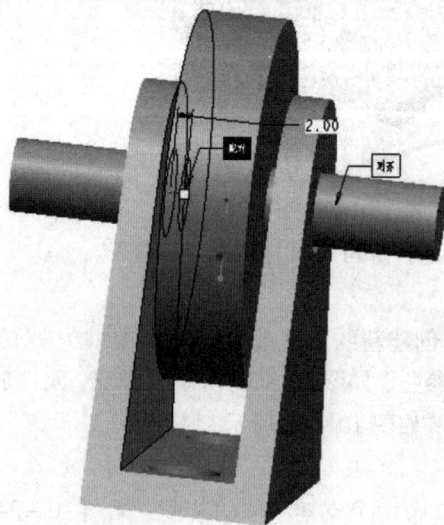

图 10 –35　装配轮轴零件参照

280

（3）定义装配约束条件 2。新建"对齐"约束条件，选取轴零件的端面和支架零件的端面作为装配参照，如图 10 - 35 所示。分别将 3 个轮轴装配完成，图 10 - 36 为轴零件的装配效果图。

6. 装配垫片零件

（1）调入垫片零件。

（2）定义装配约束条件 1。选择约束条件为"配对"，选取垫片的上表面和支架的台面作为装配参照，如图 10 - 37 所示。

（3）定义装配约束条件 2。新建"对齐"约束条件，选取垫片的轴线和支架底面孔轴线作为装配参照，如图 10 - 37 所示。图 10 - 38 为垫片零件的装配效果图。

图 10 - 36　完成轴零件的装配

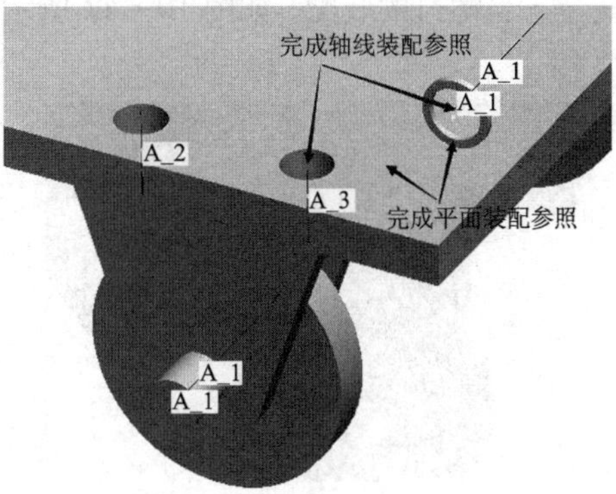

图 10 - 37　装配垫片零件参照

7. 阵列垫片

使用阵列方式，对垫片零件进行阵列，完成其余 3 组垫片的装配，如图 10 - 39 所示。

图 10 - 38　完成垫片零件的装配

图 10 - 39　阵列垫片零件

8. 装配螺钉零件

（1）调入螺钉零件。

（2）定义装配约束条件1。选择约束条件为"配对"，选取螺钉的台阶面和垫圈的上表面面作为装配参照，如图10-40所示。

（3）定义装配约束条件2。新建"对齐"约束条件，选取螺钉的轴线和垫圈的轴线作为装配参照。图10-41为轴零件的装配效果图。

9. 阵列螺钉

使用阵列方式，对螺钉零件进行阵列，完成其余3组螺钉的装配，如图10-42所示。

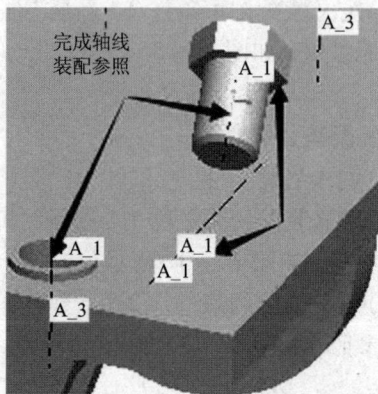

图 10-40   装配螺钉零件参照

图 10-41   完成螺钉零件的装配

图 10-42   阵列螺钉零件

10. 保存组件

将装配好的组件保存于"ZHIZUO"文件夹中备用。

10.3.4 装配技巧

（1）当装配零件数量较多，不利于观察和选择要找的对象时，可将一些不必要的零件暂时隐藏起来。

（2）在装配环境中，默认情况下，模型树中只显示零件，而不显示基准特征。这在利用基准特征进行装配时很不方便，因此需要让基准特征显示在模型树中。设置方法为：在模型树窗口的右上角单击"设置"按钮，选择其中的"树过滤器"选项，在弹出的"模型树项目"对话框左上角选中"特征"选项，如图10-43所示。这一操作可将所有的基准特征显示在模型树中，如图10-44所示。可根据需要在模型树中对基准特征进行隐藏操作。

（3）可将一些零件改为线框显示状态或设置为半透明状态。设置零件半透明状态的方法为：在"视图"工具条中，打开外观库的下拉菜单；首先为零件设置一种颜色，然后单击下拉菜单中"编辑模型外观"按钮；在打开的"模型外观编辑器"对话框中拖动"透明"滑块，来设置零件的透明状态；最终效果如图10-45所示。

282

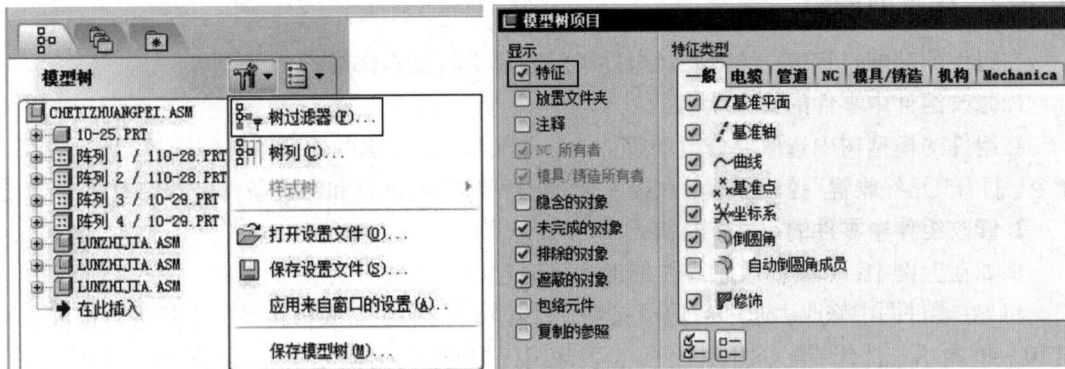

图 10 – 43 显示特征

图 10 – 44 基准特征在模型树中显示

（4）对于多个重叠在一起的零件，要想选取其中一个零件比较困难，这时可在该零件附近按住鼠标右键，在弹出的快捷菜单中选择"从列表中拾取"命令，系统打开"从列表中拾取"对话框，在对话框中选取零件。

（5）当待装配零件与组件的尺寸相差较大时，可将待装配零件单独显示在小窗口中，以利于画面的简洁和约束参照的选取。

图 10 – 45 零件的半透明状态

10.3.5　组件的编辑

在组件的装配过程中，经常要对组件中的零件进行编辑修改。

1. 修改组件中零件的约束状态

在组件的模型树中选取要修改的零件，右击鼠标，在弹出的快捷菜单中选择"编辑定义"命令，打开"元件放置"控制面板，在控制面板中可对各项设置和约束条件进行修改。

2. 修改组件中零件的尺寸、形状

例如在上例中，如要修改轴零件的形状可通过以下两种方法。

（1）在零件图中修改。通过"打开"按钮，打开底板零件，对底板零件的形状进行修改，如图 10 - 46 所示。打开装配好组件文件，会发现组件中的轴零件随之改变，如图 10 - 47 所示。

图 10 - 46　修改后的底板 　　　　　　图 10 - 47　组件中的底板

（2）在组件中修改。在组件的模型树中选取要修改的零件，右击鼠标，在弹出的快捷菜单中选择"打开"命令，系统打开零件，在此对零件进行修改。

由于 Pro/E 5.0 系统采用单一数据库，因此在产品的设计过程中，不论是在零件模式下还是在装配模式下对零件进行修改，其修改结果都会随时更新到整个设计中。

3. 修改组件中的零件名称

完成零件的装配后，若要改变零件的名称，必须按以下方式进行，否则在打开组件文件时会发生找不到文件的错误。

（1）在 Pro/E 5.0 中同时打开要更改名称的零件文件和包含该零件的组件文件。

（2）在零件窗口中，点击主菜单中的"文件"→"重命名"命令，对零件进行重命名。

（3）对零件重命名后，系统会自动将其反映在组件中。

4. 在组件中删除零件

在组件的模型树中，选中要删除的零件单击鼠标右键，在快捷菜单中选择"删除"命令，在弹出的"删除"对话框中单击"确定"按钮，将该零件在组件中删除。这种方法只是取消了该零件在组件中的装配，而不会删除该零件的原文件。

10.4　爆炸图

爆炸图其实就是装配组件的分解视图。Pro/E 5.0 系统提供了两种生成分解视图的方法，分别是：

● 自动分解。系统自动生成分解视图，但在这种方式中各零件的位置是由系统自动确定的，往往不符合设计要求。

● 自定义分解。根据需要自己定义分解视图中各零件的具体位置。

以上例中创建的组件来介绍爆炸图的创建过程。

10.4.1　创建自动爆炸图

创建自动爆炸图的方法很简单。首先打开装配完成的组件文件，在主菜单中选择"视图"→"分解"→"分解视图"命令，如图 10 – 48 所示，系统自动生成爆炸图，如图 10 – 49 所示。

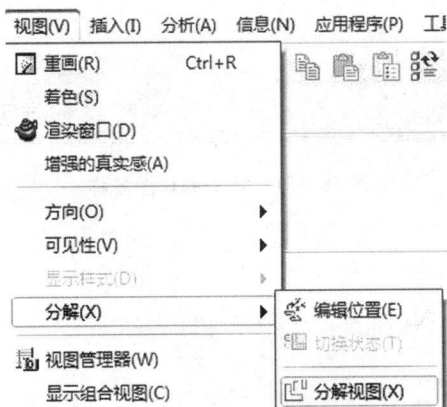

图 10 – 48 分解视图命令

图 10 – 49　系统自动生成的爆炸图

如果要取消分解爆炸图，恢复装配状态，可在主菜单中选择"视图"→"分解"→"取消分解视图"命令，则组件恢复装配状态。

10.4.2　创建自定义爆炸图

1. 选择命令

在"视图"工具条中，单击"视图管理器"按钮，或在主菜单中选择"视图"→"视图管理器"命令，系统打开"视图管理器"对话框，选择"分解"选项卡，如图 10 – 50 所示。在"名称"列表中系统提供的"缺省分解"就是自行建立的爆炸图。

2. 设置自定义爆炸图名称

在"视图管理器"对话框中，单击"新建"按钮，系统自动创建以 ExpY001 命名的爆炸图；接受系统默认的名称，按鼠标中键或按 Enter 键，如图 10 – 51 所示。

3. 打开编辑位置控制面板

在"视图管理器"对话框中选中 ExpY001 爆炸图，单击"编辑"按钮，打开"编辑"下拉菜单，选取"编辑位置"命令（或按住鼠标右键，在快捷菜单中选取），系统打开"编辑位置"控制面板，如图 10 – 52 所示。

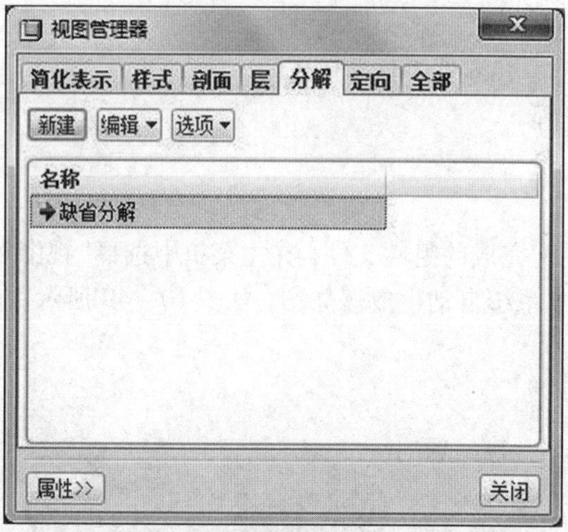

图 10 - 50　视图管理器对话框

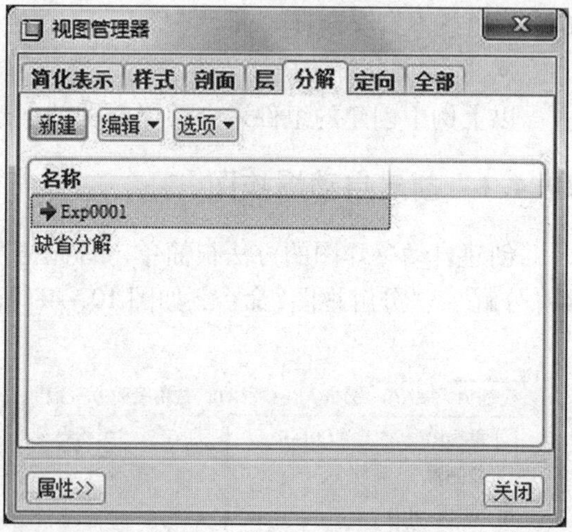

图 10 - 51　定义爆炸图名称

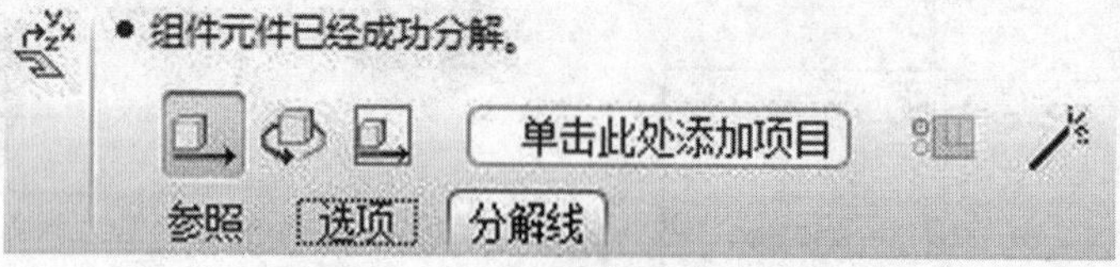

图 10 - 52　编辑位置控制面板

控制面板中提供了 3 种元件移动方式。

● 平移🔲：按照选定的 X、Y、Z 轴方向移动元件。使用此种方式选取要移动的元件时，元件上会出现 X、Y、Z 轴，选取某一轴线后，拖动元件，则元件在选定的轴线方向上移动。

● 旋转🔄：按照选定的旋转轴线来旋转元件。使用此种方式时，需要指定元件旋转的参照线，参照线可以在该元件上选取也可以在其他元件上选取。选取元件和旋转参照后，在元件上会出现白色小方块，拖动此方块，即可实现元件的旋转移动。

● 视图平面🔲：在当前的视图平面内任意平移元件，此种方法不需要移动参照。选取元件后，拖动元件上的白色方块，即可实现元件在视图平面上的移动。

4. 移动元件

(1)使用"平移"方式，在组件的模型树中选取装配的 4 个螺钉(选取多个元件时须按 Ctrl 键)，系统显示 X、Y、Z 轴。选取 Y 轴作为移动参照，拖动螺钉，将其放置在适当位置，如图 10 - 53 所示。

(2)使用"平移"方式，按照步骤 1 的方法，移动 4 个垫圈，如图 10 - 54 所示。

(3)使用"平移"方式，按照步骤 1 的方法，移动轮轴，如图 10 - 55 所示。

(4)使用"平移"方式，按照步骤 1 的方法，移动支架，如图 10 - 56 所示。

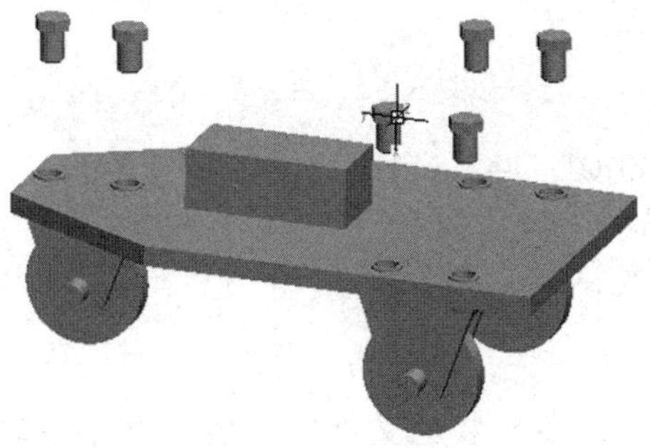

图 10 – 53　移动螺钉

图 10 – 54　移动垫圈

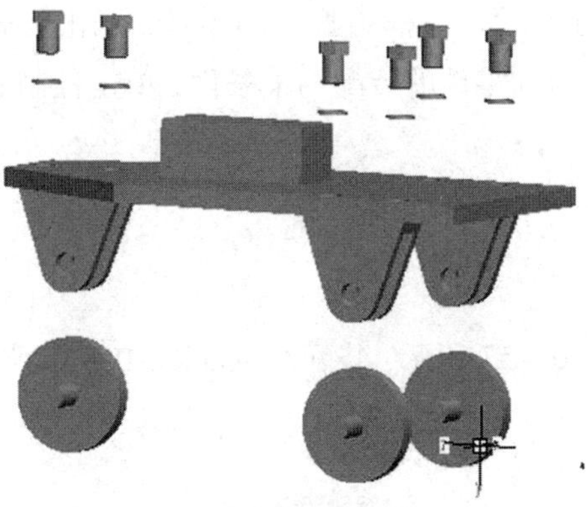

图 10 – 55　移动轮轴

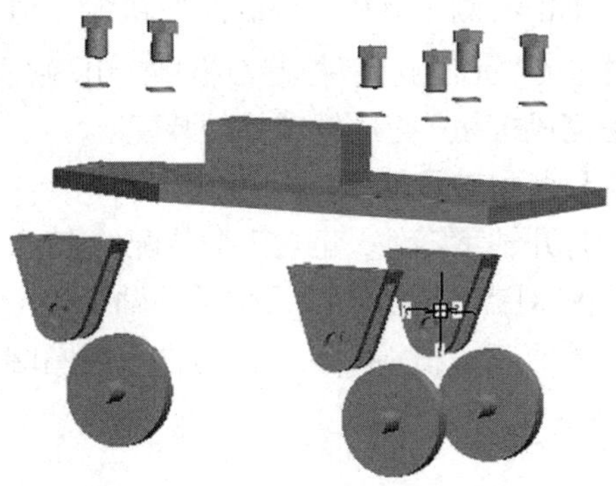

图 10 – 56 移动支架

（5）单击编辑位置控制面板中的完成按钮✔，完成元件的移动。

5. 保存爆炸图

如果想在下次打开该装配组件时看到刚创建的爆炸图，则需要对爆炸图进行保存。方法如下：

在"视图管理器"对话框"名称列表"中选中 ExpY001 爆炸图，在"编辑"按钮的下拉菜单中，选中"保存"命令，即可将元件的移动位置保存在 ExpY001 爆炸图中，关闭"视图管理器"对话框完成自定义爆炸图的创建。

6. 爆炸图的显示

将爆炸图保存后，在主菜单中选择"视图"→"分解"→"取消分解视图"命令，则组件恢复到装配状态。若要再次显示爆炸图，可打开"视图管理器"对话框中的"分解"选项，双击爆炸图名称 ExpY001 来再次显示爆炸图。

在同一个装配组件中，可以建立多个不同的爆炸图，可通过"视图管理器"对话框中的"分解"选项来显示不同的爆炸图。

10.5　装配综合实例

下面通过一个具体实例——带轮座的装配，来进一步熟悉各种装配约束关系的使用，进而更好地掌握零件装配方法。

10.5.1 设置工作目录

在硬盘指定位置，新建文件夹命名为"DAILUNZUO"，并将设置此文件夹为工作目录。

10.5.2 装配

1. 新建装配文件

新建装配文件，设置名称为"ZHOU_LINGJIAN"，在此装配文件中需要装配轴及轴上零件。

2. 载入轴

单击右侧工具栏中的装配按钮 ，在弹出的"打开"对话框中找到轴零件，双击打开该零件。在"元件放置"控制面板中，用"缺省"方式作为轴零件的装配约束条件，单击控制面板中的完成按钮，完成轴零件的装配。

3. 装配轴承 1

打开轴承零件，建立 2 个装配约束。

- 对齐：轴的轴线与轴承的轴线。
- 配对：轴 $\phi 44$ 处端面与轴承内圈端面，如图 10 – 57 所示，装配结果如图 10 – 58 所示。

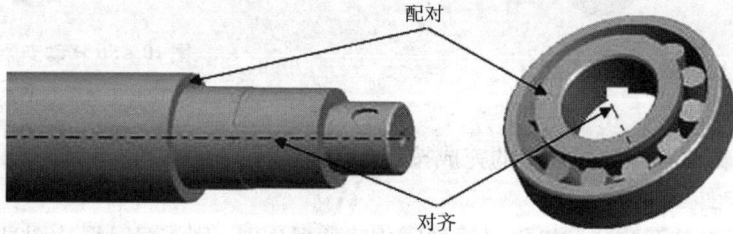

图 10 – 57　装配轴承 1 参照

图 10 – 58　装配轴承 1

4. 装配轴承 2

再次打开轴承零件，参照步骤 3 的设置，装配轴承 2，装配结果如图 10 – 59 所示。

图 10 - 59　装配轴承 2

5. 装配调整环

打开调整环零件，建立 2 个约束。

- 对齐：轴的轴线与调整环轴线。
- 配对：调整环端面与轴承外圈端面，如图 10 - 60 所示，装配结果如图 10 - 61 所示。

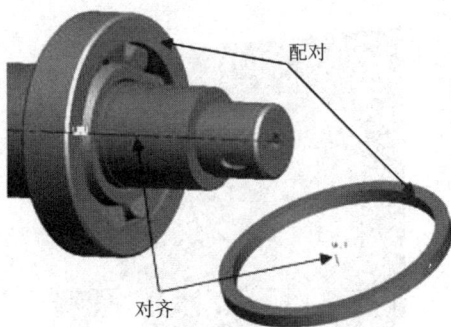

图 10 - 60　装配调整环参照

图 10 - 61　装配调整环

6. 装配键

打开键零件，建立 2 个约束。

- 配对：键的底面与键槽底面。
- 插入：键的圆弧端面与键槽的圆弧面，如图 10 - 62 所示，装配结果如图 10 - 63 所示。

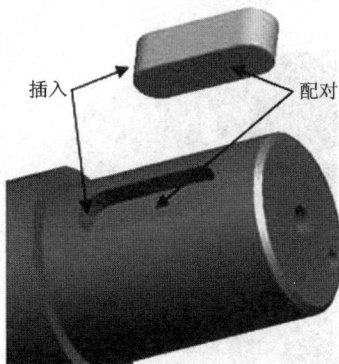

图 10 - 62　装配键参照

图 10 - 63　装配键

7. 保存"ZHOU_LINGJIAN"组件

将"ZHOU_LINGJIAN"组件保存，备用。

8. 新建装配文件

新建装配文件，设置名称为"DAILUNZUO"，在此装配文件中完成所有零件的装配。

9. 载入底座零件

在新装配文件中载入底座零件，设置"缺省"约束，完成底座零件的装配。

10. 装配轴承端盖 1

打开轴承端盖，建立 3 个约束。

- 对齐：轴承端盖轴线与底座中心孔轴线。
- 配对：轴承端盖端面与底座端面。
- 对齐：轴承端盖螺钉孔轴线与底座端面螺钉孔轴线，如图 10 - 64 所示，装配结果如图 10 - 65 所示。

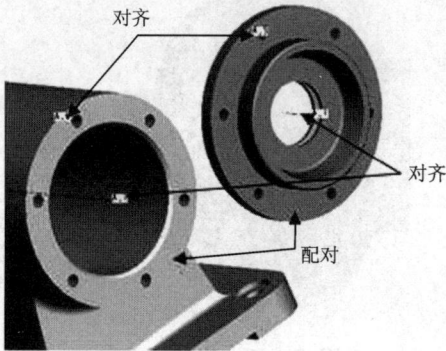

图 10 - 64　装配轴承端盖参照

图 10 - 65　装配轴承端盖

11. 装配毡圈 1

打开毡圈零件，建立 2 个约束。

- 对齐：毡圈轴线与轴承端盖轴线。
- 配对：毡圈锥面与轴承端盖内锥面，如图 10 - 66 所示，装配结果如图 10 - 67 所示。

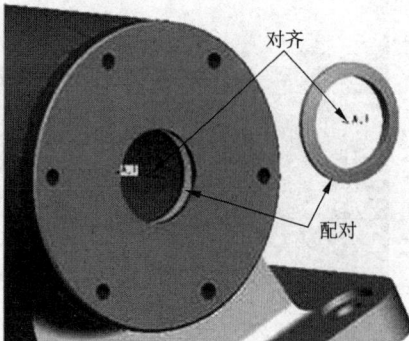

图 10 - 66　装配毡圈参照

图 10 - 67　装配毡圈

12. 装配螺钉 1

打开 M 8 螺钉文件，建立 2 个约束。

- 对齐：螺钉轴线与轴承端盖螺钉孔轴线。
- 配对：螺钉台阶面与轴承端盖端面，如图 10 – 68 所示，对装配的螺钉进行阵列，完成螺钉的装配，结果如图 10 – 69 所示。

图 10 – 68　装配 M8 螺钉参照

图 10 – 69　装配螺钉

13. 装配轴组件

打开装配完成的轴组件，为装配方便在此步可将底座隐藏，建立 2 个约束。

- 对齐：轴的轴线与轴承端盖轴线。
- 配对：轴承外圈端面与轴承端盖端面，如图 10 – 70 所示，结果如图 10 – 71 所示。

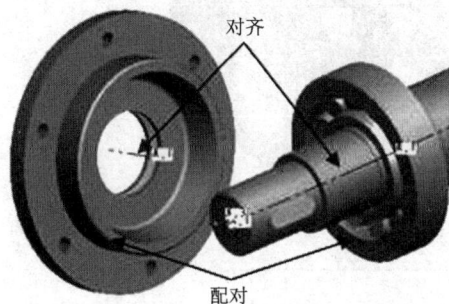

图 10 – 70　装配轴组件参照

图 10 – 71　装配轴组件

14. 装配轴承端盖 2、毡圈 2 和螺钉 2

按照步骤 10、11、12 所述的方法，在底座另一端装配轴承端盖 2、毡圈 2 和螺钉 2。

15. 装配带轮

打开带轮零件，建立 3 个约束。

- 对齐：轴的轴线与带轮轴线。
- 配对：轴上键的侧面与带轮键槽侧面。
- 配对：带轮端面与轴台阶面，如图 10 – 72 所示。

图 10 – 72　装配带轮参照

16. 装配挡圈

打开挡圈零件, 建立 3 个约束。

- 配对: 挡圈端面与带轮端面。
- 对齐: 挡圈定位孔轴线与轴端定位孔轴线。
- 对齐: 挡圈轴线与轴的轴线, 如图 10 – 73 所示。

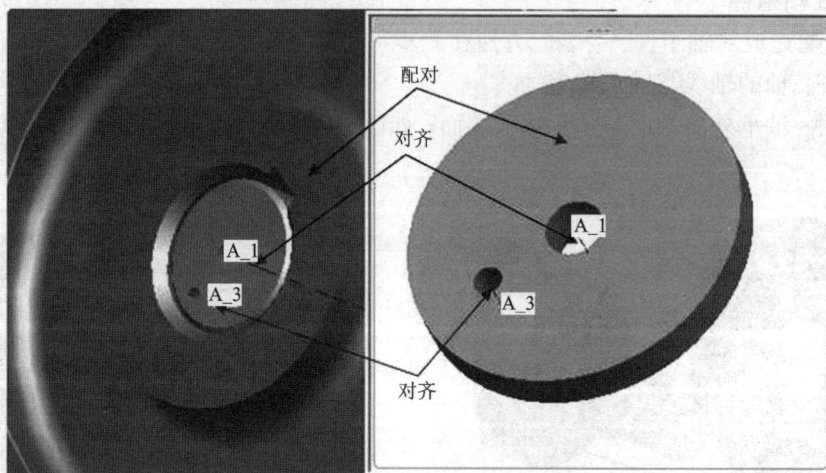

图 10 – 73　装配挡圈参照

17. 装配销

打开销零件, 建立 2 个约束。

- 对齐: 销端面与挡圈端面。
- 对齐: 销轴线与挡圈定位孔轴线, 如图 10 – 74 所示。

18. 装配 M6 螺钉

打开 M6 螺钉, 建立 2 个约束。

- 对齐: 螺钉轴线与挡圈轴线。
- 配对: 螺钉台阶面与挡圈端面, 如图 10 – 75 所示。

292

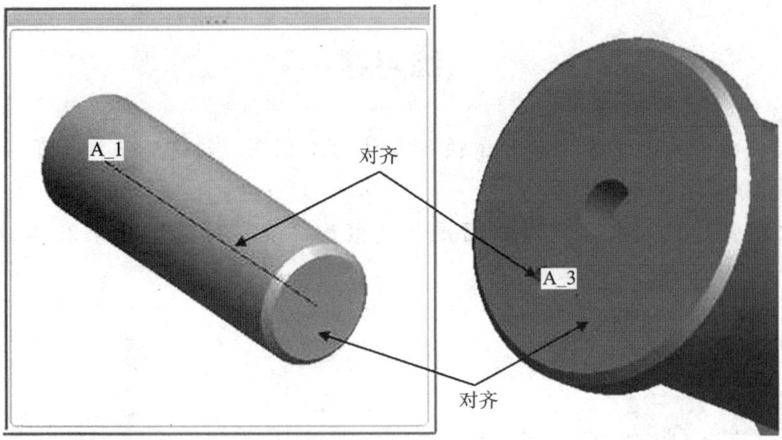

图 10 – 74　装配销参照

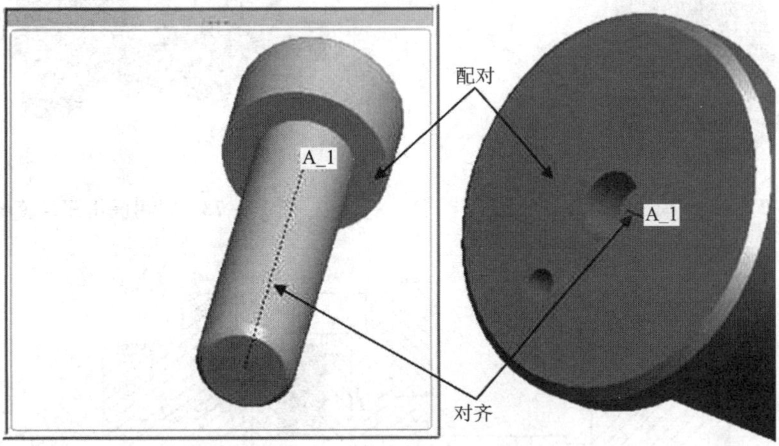

图 10 – 75　装配 M 6 螺钉参照

19. 保存装配文件

将装配完成的组件文件保存，完成组件的装配，装配完成的组件如图 10 – 76 所示。

图 10 – 76　组件装配图

练习题

1.根据文件夹中的文件练习中千斤顶各零件的工程图，创建其三维模型，并完成装配。装配效果如图 10-77 所示。

2.利用文件夹中的文件，完成机用虎钳的装配。其三维装配效果及二维装配图如图 10-78、图 10-79 所示。

图 10-77　千斤顶三维装配效果图

图 10-78　机用虎钳三维装配效果图

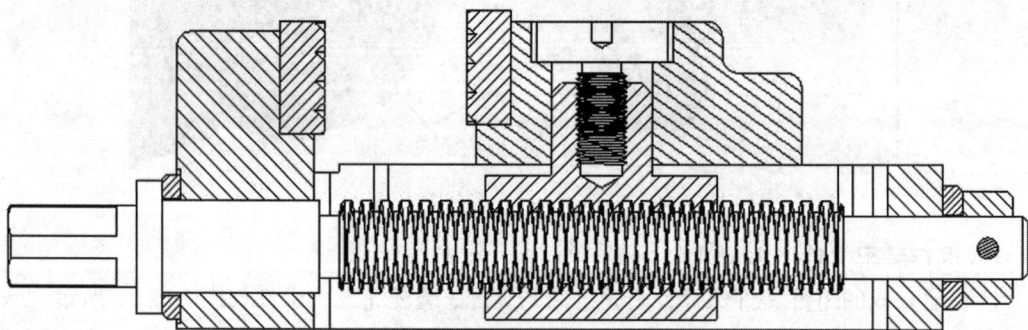

图 10-79　机用虎钳二维装配图

第11章
工程图

11.1　工程图的类型

11.1.1　视图的形成

一般工程图都是采用正投影法绘制正投影图，用正投影法所绘制出的物体图形称为视图。投影时一般采用三投影体系，即采用正投影法向三个相互垂直的投影面进行投影，三个投影面把空间分为八个分角。我国采用第一角投影法，把产品置于第一分角进行投影，而欧美等国家采用第三角投影法，把产品置于第三分角进行投影。

在第一角投影体系中，正面投影由前向后进行投影，称为主视图；垂直投影由上向下进行投影，称为俯视图；侧面投影由左向右进行投影，称为左视图，如图 11 –1 所示。

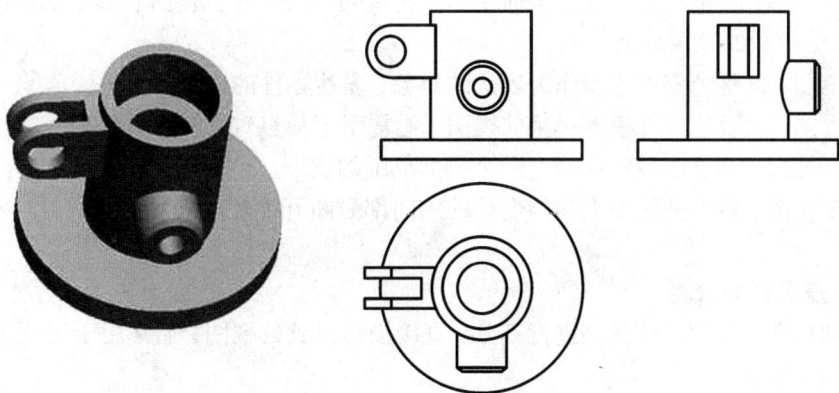

图 11 –1　第一角投影

在第三角投影体系中，正面投影由前向后进行投影，称为前视图；垂直投影由下向上进行投影，称为仰视图；侧面投影由右向左进行投影，称为右视图，如图 11 –2 所示。

11.1.2　视图类型

在表达模型时，大多数情况下仅使用一个视图是很难表达出一个空间模型的全部细节，因此需要使用多个视图来表达模型。Pro/E 5.0 系统提供了丰富的视图类型，可根据设计需要进行选择。

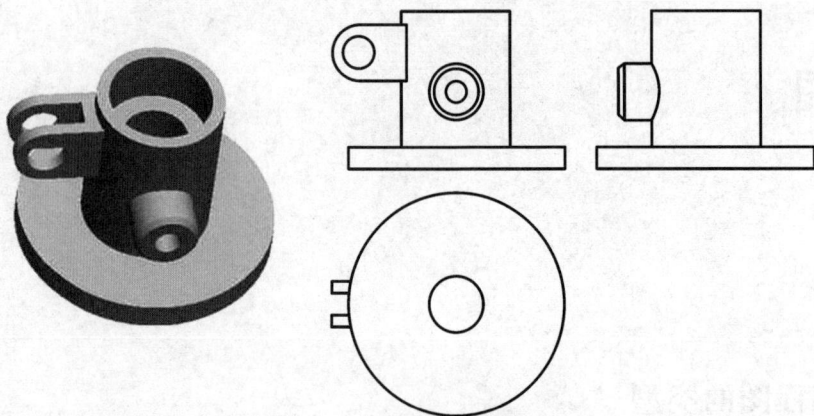

图 11 - 2 第三角投影

1. 按视图方向分类

● 一般视图：也称主视图，是系统默认创建的第一个视图，是其他视图的基础和依据，一般用来表达模型的主要结构。

● 投影视图：与主视图有正投影关系的视图，用来进一步表达模型。

● 详细视图：相当于工程制图中的局部放大图，用来表达模型的细小结构和尺寸。

● 辅助视图：辅助视图也是一种投影视图，相当于工程制图中的斜视图，用来表达零件上的特殊结构。

● 旋转视图：将不在一个投影平面中的结构旋转到一个平面内进行表达的视图。

2. 按表达模型的范围分类

● 全视图：以整个零件模型作为表达的对象，表达零件的全部。

● 半视图：只表达零件模型一半的视图，通常用于具有对称结构的模型。

● 局部视图：只表达零件模型上一个局部范围的视图。

● 破断视图：将零件模型上均匀变化的中间部分断开缩短后表示的视图，常用于长而一致的结构。

3. 根据是否剖分分类

● 非剖视图：未对零件模型进行剖分，直接投影得到的视图，通常用于表达零件模型的外形。

● 剖视图：使用剖截面把模型剖分开来进行表达，主要用于表达零件的内部结构。

4. 按视图的比例分类

● 定制比例：自定义建立放大或缩小视图。

● 默认比例：按系统默认的比例建立的视图，比例大小由系统自动设定。

11.2 工程图模块

11.2.1 进入工程图环境

在工程图环境中可以自由地创建、修改、删除视图及进行各种标注。

创建工程图文件的一般步骤如下:

(1)在菜单栏选择"文件"→"新建"命令,或单击工具栏的"新建"按钮,系统弹出"新建"对话框。在对话框的"类型"选项组中选择"绘图",在"名称"文本框中输入名称,取消勾选"使用缺省模板"复选框,单击"确定"按钮完成设置,如图 11-3 所示。

(2)系统弹出"新建绘图"对话框,如图 11-4 所示。

● 指定零件模型。在"新建绘图"对话框中的"缺省模型"选项组中,单击"浏览"按钮,可选择将要绘制工程图的三维模型。如果在新建工程图文件之前打开一个模型文件,系统自动将该模型设置为"缺省模型"。

● 准备图纸。在"新建绘图"对话框中的"指定模板"选项组中,提供了"使用模板"、"格式为空"和"空"3 个选项,其含义如下。

使用模板:若选择此项,系统会在"新建绘图"对话框中显示"模板"选项组,如图 11-5 所示。在这里 Pro/E 5.0 提供了 11 种可供选择的图纸模板,其中,a 0_drawing ~ a 4_drawing 对应公制 A0 ~ A4 图纸,a_drawing ~ f_drawing 对应英制 A ~ F 图纸。使用此选项时,需要在"缺省模型"选项组中指定三维模型,才能进入工程图环境。

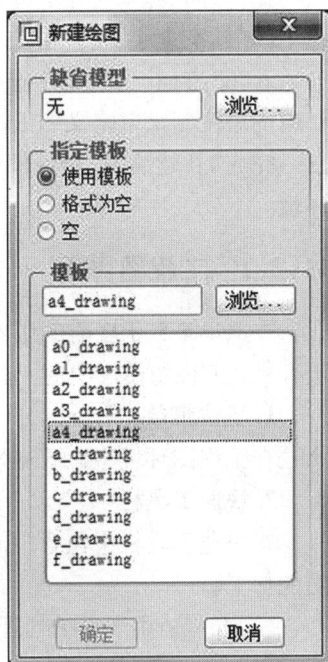

图 11-3　新建对话框　　　　图 11-4　新建绘图对话框　　　　图 11-5　图纸模板

格式为空:若选择此项,系统会在"新建绘图"对话框中显示"格式"选项组,如图 11-6 所示。单击"格式"选项组中的"浏览"按钮,系统随即打开选择文件的"打开"对话框,在此可选择相应图纸格式,如图 11-7 所示。

空:若选择此项,系统会在"新建绘图"对话框中显示"方向"和"大小"选项组,如图 11-4 所示。

图 11-6 图纸格式

图 11-7 选取图纸格式

在"方向"选项组中,可通过选择"纵向"或"横向"来设置图纸方向,可通过"大小"选项组中的"标准大小"下拉菜单选择公制或英制的图纸类型。

若在"方向"选项组中选择"可变",则可以在"大小"选项组中激活"长度"、"宽度"以及对应的单位制来自定义图纸的大小。

完成"新建绘图"对话框中的各项设置后,单击对话框中的"确定"按钮,即可进入工程图环境。

11.2.2 工程图界面

在 Pro/E 5.0 之前的版本中,工程图模块的工具主要由下拉菜单来处理。从 Pro/E 5.0 版开始,工程图模块中的工具分别由下拉菜单和快速工具栏两部分来处理。

1. 下拉菜单

在工程图环境中,下拉菜单的功能与其他环境中类似,在此不做介绍。

2. 快速工具栏

在快速工具栏中包含"布局"、"表"、"注释"、"草绘"、"审阅"和"发布"6 个选项卡,其功能如下。

(1)布局:用来容纳处理工程图界面布局方面的工具,如图 11-8 所示。

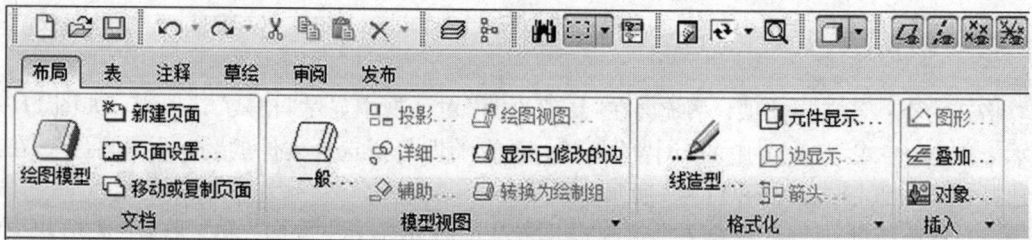

图 11-8 布局选项卡

298

图 11 - 9　表选项卡

（2）表：用于插入、设置、修改及保存表格等，如图 11 - 9 所示。

（3）注释：用来容纳处理尺寸标注方面的工具，如图 11 - 10 所示。

图 11 - 10　注释选项卡

（4）草绘：用于绘制工程图素，并设置图素的绘制方式，如图 11 - 11 所示。

图 11 - 11　草绘选项卡

（5）审阅：用来容纳有关辅助绘图方面的工具，如图 11 - 12 所示。

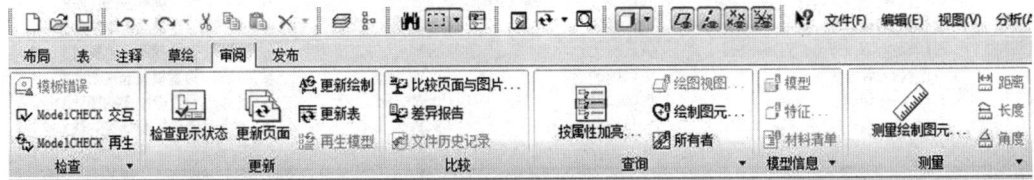

图 11 - 12　审阅选项卡

（6）发布：用来容纳处理有关打印设置方面的工具，如图 11 - 13 所示。

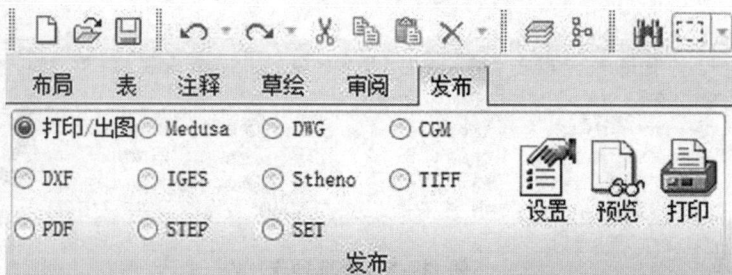

图 11 –13　发布选项卡

11.2.3　配置工作环境

我国国家标准对工程图规定了许多要求，例如：几何公差标准、箭头的大小、文字的高度等。在工程图模块中，这些项目都是由配置文件（prodetail. dtl）来控制的。在该文件中，每一个要素对应一个参数选项，系统为这些参数选项赋予默认值，正确地设置这些参数值，可以使创建的工程图基本符合我国国家标准。因此，创建工程图之前需要设置这些参数，即配置工作环境。

1. 配置工程图工作环境的方法如下

在工程图工作环境中，选择"文件"→"绘图选项"命令，系统打开如图 11 –14 所示的"选项"对话框，在对话框中提供了系统默认配置文件的选项，可以修改和设置所需的参数。

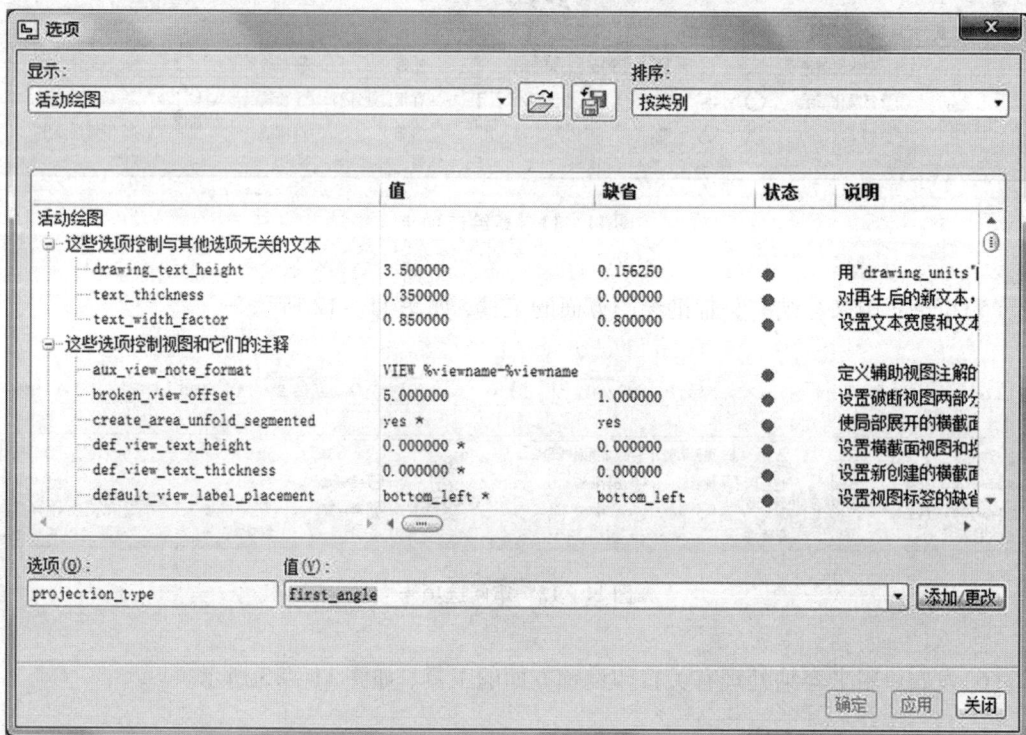

图 11 –14　选项对话框

300

例如：将投影类型由第三角修改为第一角，在对话框中的"选项"文本框中输入 projection_type（或在列表框中找到该项并选取）；在对话框下方的"值"文本框中选择 first_angle 选项，单击"添加/更改"按钮进行参数修改，单击"应用"按钮应用设置，单击"关闭"按钮，完成参数设置。

此种方法设置的参数只能用于当前的工程图文件，为了设置的参数以后还能使用，完成参数值的修改后，可在"选项"对话框中单击 按钮，将当前的配置保存起来，供以后使用。

2. 常用工程图配置参数

以下是几个比较重要的参数设置：

projection_type	first_angle（设置为第一角投影，系统默认第三角）
drawing_units	mm（设置绘图单位为毫米，系统默认为英制）
drawing_text_height	3.00（设置字体高度 3 毫米，此项可根据需要设置合适数值）
default_font	stfangso（设置字体为仿宋体）

11.3　自定义图纸格式

虽然 Pro/E 5.0 提供了一些常用的图纸格式，但这些格式不一定能够满足个性化需求，因此，Pro/E 5.0 提供了格式模块，在此模块中可根据自己的需要自定义个性化的图纸格式。

在 Pro/E 5.0 中创建图纸格式的方式有 3 种：在格式模块中定义；由外部系统导入；使用草绘模块绘制后导入。在此主要介绍在格式模块中定义图纸格式，下面以创建 A4 图纸为例来介绍自定义图纸格式的操作步骤。

11.3.1　新建图纸格式文件

（1）在菜单栏选择"文件"→"新建"命令，或单击工具栏的新建按钮，系统弹出"新建"对话框。在对话框的"类型"选项组中选择"格式"，在"名称"文本框中输入名称 A4，单击"确定"按钮，如图 11 - 15 所示。

（2）系统打开"新格式"对话框，在"指定模板"选项组中选择"空"，在"方向"选项组中，选择"横向"，在"大小"选项组中的"标准大小"下拉菜单中选取"A4"格式，并单击"确定"按钮，如图 11 - 16 所示。

（3）系统进入图纸格式界面，在此界面中，系统给出 A4 图纸的边界线，如图 11 - 17 所示。

11.3.2　绘制图框

（1）在快速工具栏中，单击"草绘"选项卡，如图 11 - 18 所示。

（2）使用偏移工具，通过偏移边界线来得到图框，具体操作如下。

在草绘选项卡中的"插入"选项组中单击偏移按钮 ，选取"偏移"工具，系统弹出"偏移操作"菜单管理器和"选取"对话框，选取左侧边界线，如图 11 - 19 所示。系统打开"偏移量"文本输入框，同时在左侧边界线显示箭头，指示偏移方向，如图 11 - 20 所示。在文本输入框输入 25，按 Enter 键，完成第一条偏移线的创建。偏移线位于边界线的内侧。

在此需注意，若偏移箭头的方向与所需的偏移方向相反，则在输入数值时输入负值。

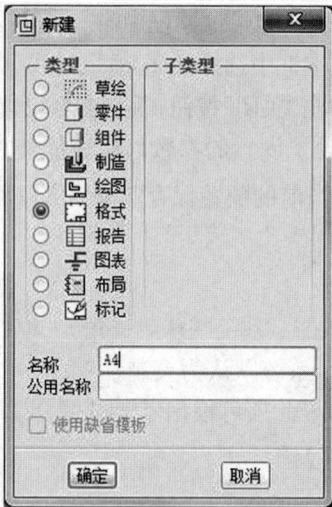

图 11-15　新建对话框

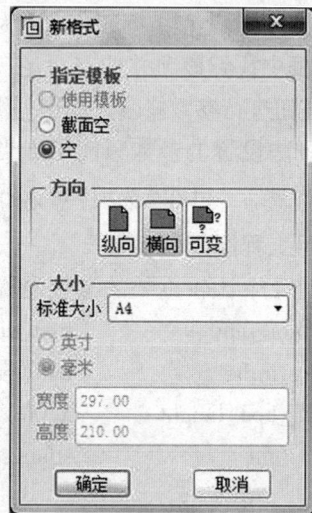

图 11-16　新格式对话框

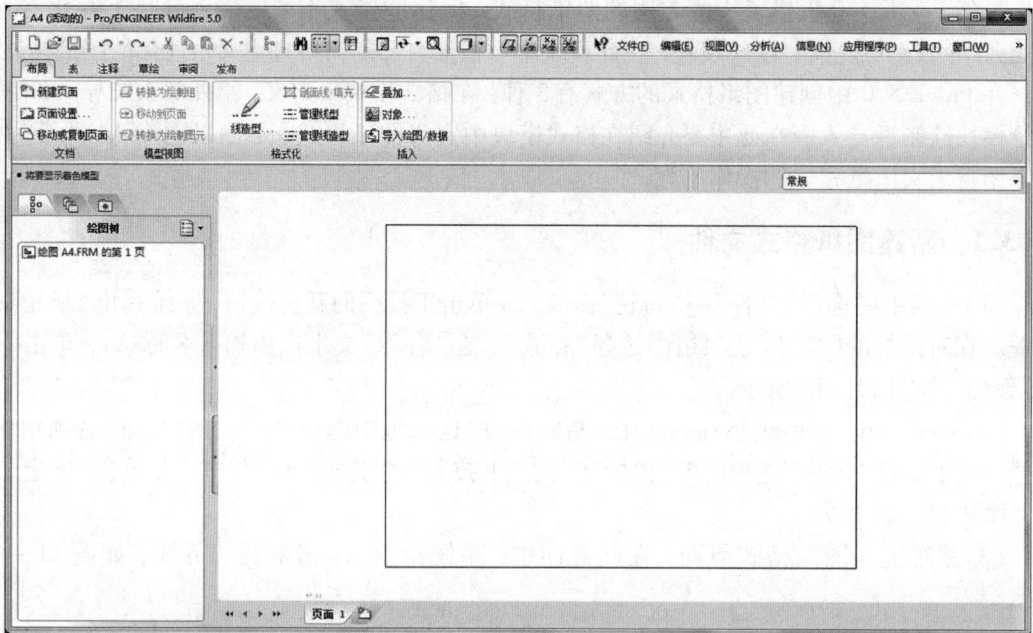

图 11-17　图纸格式界面

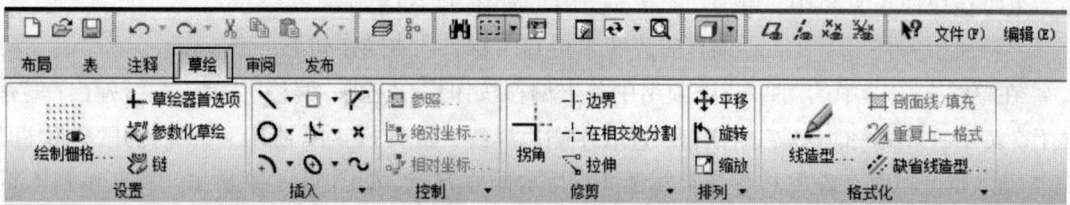

图 11-18　草绘选项卡

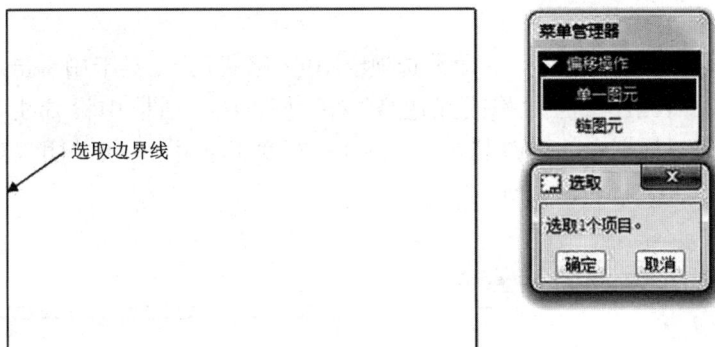

图 11 – 19　选取边界线作为偏移参照

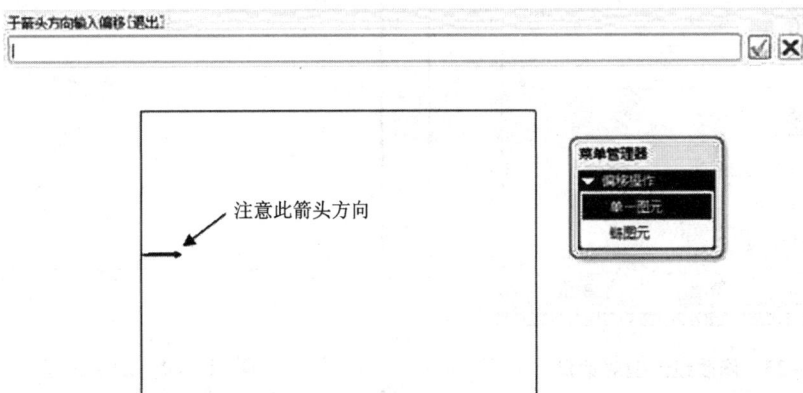

图 11 – 20　输入偏移量

　　按照相同的方法，完成另外三条边界线的偏移。设置偏移量为 5，向内侧偏移，如图 11 – 21 所示。完成所有边界线的偏移后，按鼠标中键结束"偏移"命令。

　　(3) 使用拐角工具修剪图框

　　在草绘选项卡的"修剪"工具卡中单击拐角按钮┐├，选取"拐角"工具，按 Ctrl 键依次选取需要修剪的两条相交偏移线，完成图框的修剪，如图 11 – 22 所示。

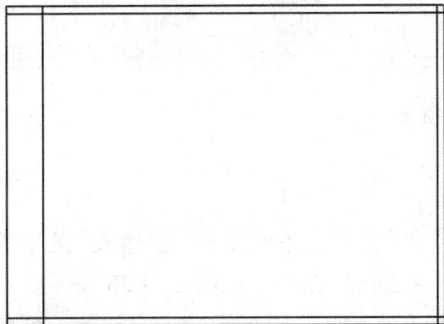

图 11 – 21　偏移得到的图框

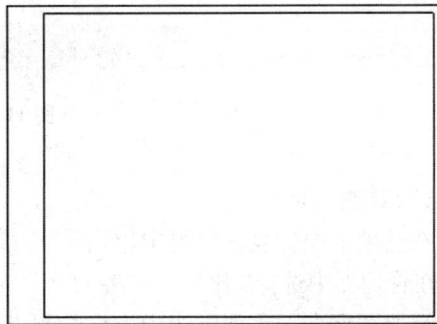

图 11 – 22　修剪后的图框

（4）加粗图框

按 Ctrl 键选取图框的 4 条边，在草绘选项卡中的"格式化"工具卡中单击线造型按钮 ✐，选取"线造型"工具。系统打开"修改线造型"对话框，在对话框中设置线宽度为 2，如图 11-23 所示。单击对话框中的"应用"按钮，将线的宽度值应用，系统关闭该对话框完成图框的加粗，加粗效果如图 11-24 所示。

图 11-23　修改线造型对话框

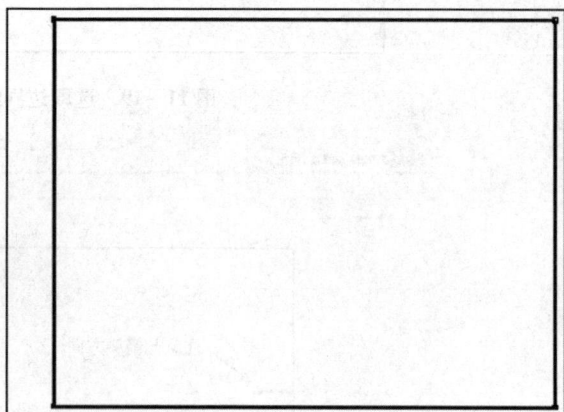

图 11-24　加粗图框

11.3.3　绘制标题栏

（1）"表"选项卡

在快速工具栏中，单击"表"选项卡，如图 11-25 所示。

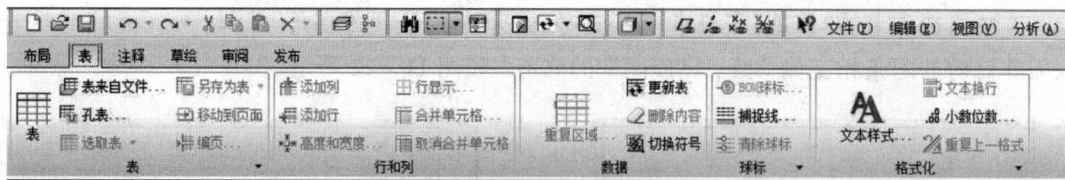

图 11-25　表选项卡

（2）绘制表格

在选项卡中的表选项组中单击"表"按钮，选取"表"工具，系统打开"创建表"菜单管理器，在管理器中选择"升序"→"左对齐"→"按长度"→"顶点"命令，如图 11-26 所示。在绘图区选取图框右下角顶点作为表格的起点。系统打开文本输入框，提示输入表格第一列的宽度值，输入 20，按 Enter 键，依次输入 2~8 列的宽度值 15、15、15、15、20、25、15。输入完成后，系统会提示输入第九列的宽度值，此时，不输入任何值，按 Enter 键。系统要求输入表

304

格各行的高度值，分别输入 8、8、8、8、8 共 5 行，当系统提示输入第六行的高度值时，按 Enter 键，完成表格的绘制，如图 11 – 27 所示。

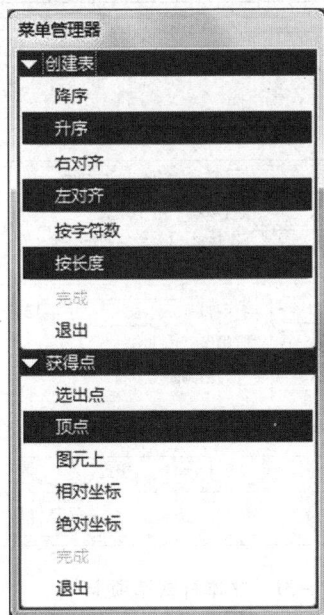

图 11 – 26　创建表菜单管理器

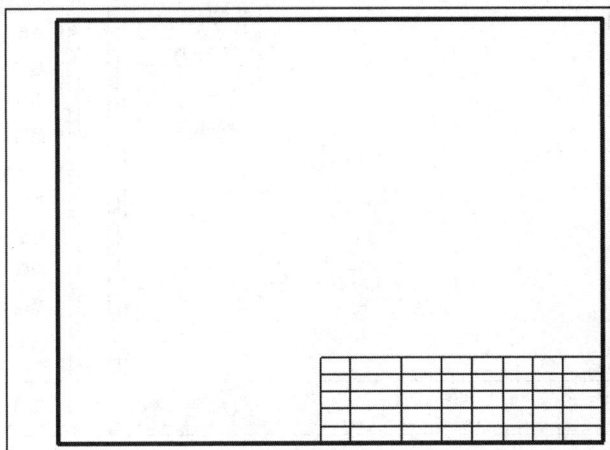

图 11 – 27　创建标题栏

（3）合并单元格

在"行和列"工具卡中单击合并单元格按钮，选取"合并单元格"工具，系统弹出"表合并"菜单管理器，如图 11 – 28 所示。接受系统默认的"行 & 列"命令，在表格中依次单击需要合并的单元格，完成单元格的合并，如图 11 – 29 所示。

图 11 – 28　表合并菜单管理器

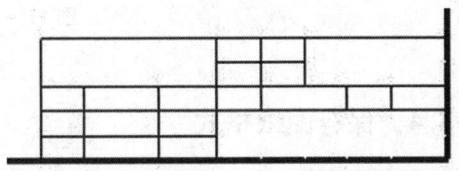

图 11 – 29　合并单元格

（4）输入文本

在需要输入文本的单元格中双击，系统弹出"注解属性"对话框，如图 11 – 30 所示。在该对话框的"文本"选项卡中输入文本。单击对话框的"文本样式"按钮，转入"文本样式"选项卡，如图 11 – 31 所示。在该选项卡中可设置文本字体、文本高度、文本水平、垂直位置等样式，设置完成后单击"确定"按钮。最终标题栏如图 11 – 32 所示。

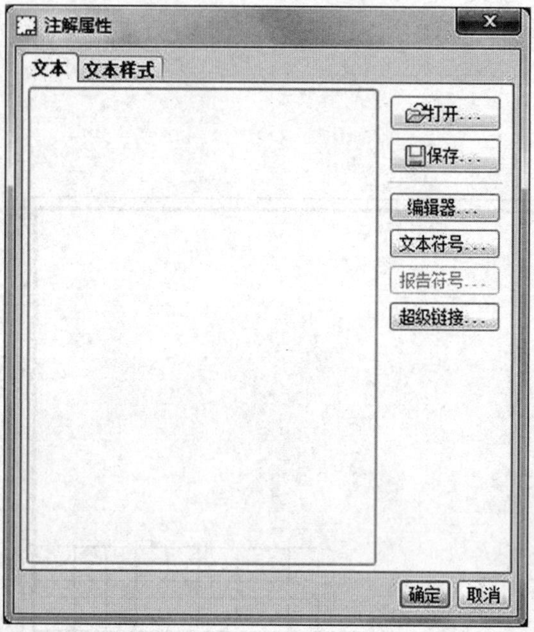

图 11 –30　注解属性对话框

图 11 –31　文本样式选项卡

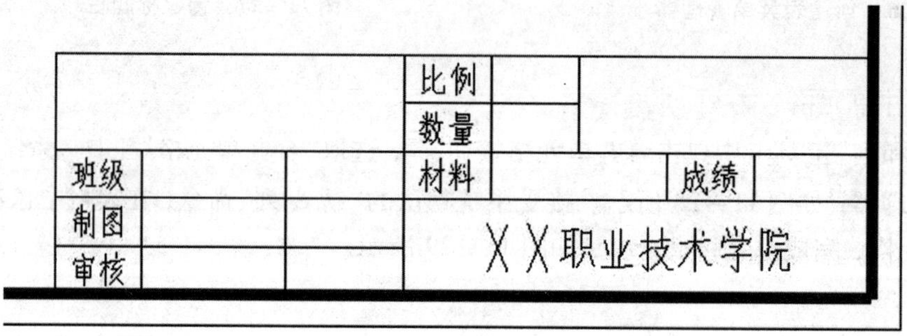

图 11 –32　最终标题栏

11.3.4　保存图纸格式

选择"文件"→"保存"命令将文件保存,以备绘制工程图时调用该格式。

11.4　创建视图

机械制图中规定了各种视图来表达零件形状,视图是工程图的基础,尺寸、形位公差等各种标注都依附于视图上,因此应当选用合理的视图表达零件的特征。

11.4.1　一般视图

在工程图界面中,当绘图区没有任何视图时,创建的第一个视图就是一般视图,它是其他视图的基础。使用图 11 - 33 所示的零件模型创建一般视图，其方法如下。

1. 进入一般视图设置环境

（1）设置工作目录至零件模型所在的目录。

（2）新建一个工程图文件，在"新建"对话框中，选择文件类型为"绘图"，输入文件名称，取消勾选"使用缺省模板"选项，单击"确定"按钮。在"新建绘图"对话框的指定模板选项中选取"空"，在大小选项中选择 A4 图纸，单击"确定"按钮，进入工程图环境。

图 11 - 33　零件模型

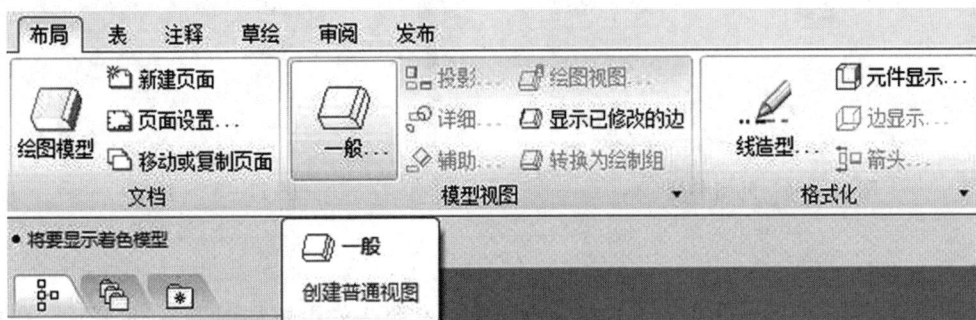

（3）在绘图区按住右键，在弹出的快捷菜单中选择"插入普通视图"命令，或者在快速工具栏中的"布局"选项组中单击"一般"按钮，如图 11 - 34 所示。

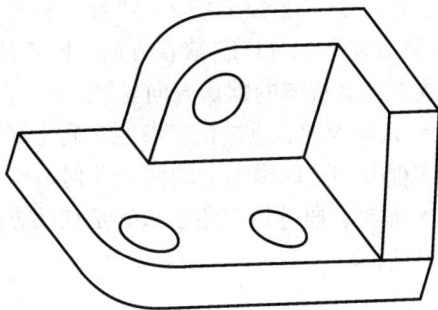

图 11 - 34　创建普通视图命令

（4）如果在"新建绘图"对话框中，没有指定零件模型，则此时系统弹出"打开"对话框，在对话框中选取零件模型。随后系统在信息提示区会出现"选取绘制视图的中心点"提示（若在"新建绘图"对话框中已经指定了零件模型，则系统不会弹出"打开"对话框，在信息提示区会出现"选取绘制视图的中心点"提示），在绘图区适当位置单击鼠标左键，指定视图的中心点，此时在中心点处出现模型的轴测视图。打开"绘图视图"对话框，系统默认"视图类型"选项卡，如图 11 - 35 所示。

可在"视图名"文本框中输入视图名称，也可使用系统默认的名称。

在"视图方向"选项组中提供了 3 种选取定向方法。

- 查看来自模型的名称：使用系统提供的一组已经命名的方位来确定视图方向。使用

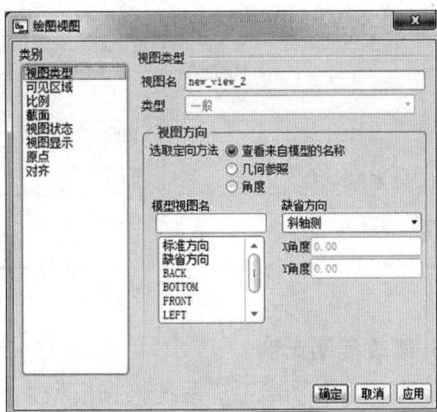

图 11 - 35　绘图视图对话框

此方法时,可在"模型视图名"列表框中选取相应的视图名作为视图定向;若选择"标准方向"和"默认方向"时,可在"缺省方向"下拉列表中通过"等轴测"、"斜轴测"和"用户自定义"3种方式来定义视图的默认方向。

- 几何参照:通过指定参照来确定视图方向。使用此方法时,可利用"参照1"和"参照2"列表框分别选取模型上的两个几何参照来定向模型,如图11-36所示。
- 角度:通过指定角度来确定视图方向。使用此方法时,可通过添加或删除参照角度来定向模型,如图11-37所示。

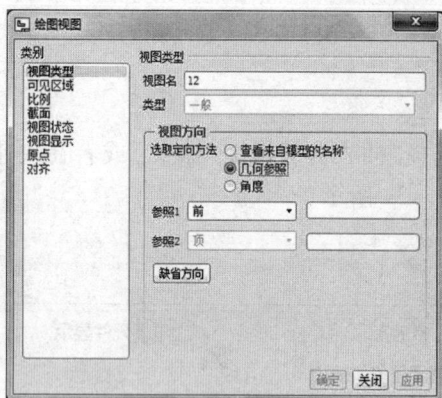

图11-36 几何参照

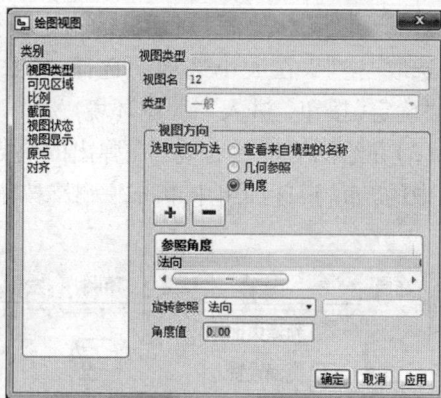

图11-37 角度

2. 定向视图

使用"几何参照"的方式来定向模型,参照1和参照2的设置如图11-38所示。完成参照设置后,系统将根据所设参照自动定向模型。

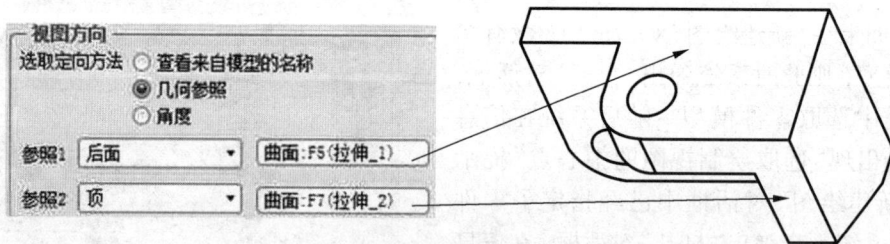

图11-38 几何参照设置

3. 修改视图比例

选取模型和图纸后,系统根据模型大小及图纸大小自动生成一个默认比例,若比例不合适可以对默认比例进行修改,也可以使用"定制比例"选项设置比例。

修改默认比例方法如下:默认比例位于绘图区的左下角,如图11-39所示。双击默认比例,系统打开文本输入框,输入比例值,可修改默认比例。

设置"定制比例"方法:在"绘图视图"对话框左侧的"类别"中选择"比例"选项,转换到"比例"选项卡,如图11-40所示。选取"定制比例"选项,输入比例值,可设置定制比例。

图 11-39　默认比例

图 11-40　定制比例

4. 完成一般视图创建

单击"绘图视图"对话框中的"确定"按钮,完成一般视图的创建,如图 11-41 所示。

11.4.2　投影视图

创建投影视图时需要制定一个视图作为父视图,投影视图的比例由其父视图决定,不能单独指定其比例。创建投影视图的方法如下。

在创建投影视图之前需要首先将投影视角设置为第一角。

1. 进入投影视图创建环境

在绘图区选取父视图,长按鼠标右键,在系统弹出的快捷菜单中选择"插入投影视图"命令,或在快速工具栏中单击"投影"按钮 □□ 投影。

2. 确定投影视图位置

移动鼠标,在父视图的上、下、左、右都会有相应的投影视图出现,在合适的位置单击鼠标左键,生成投影视图。图 11-42 是以图 11-41 视图为父视图建立的投影视图。

图 11-41　一般视图

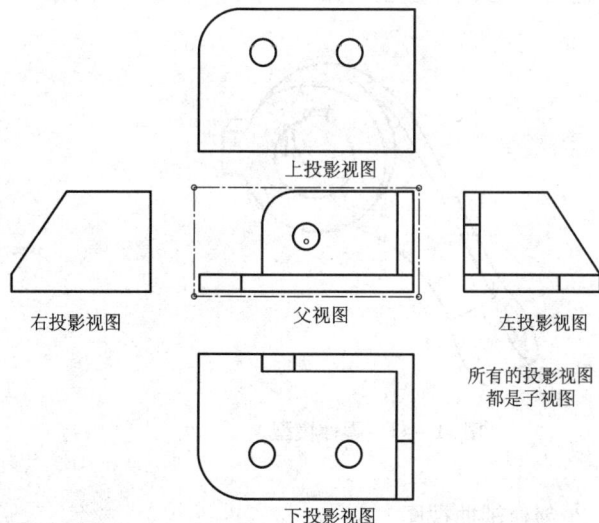

图 11-42　投影视图

309

11.4.3　视图操作

1. 视图的移动、锁定

视图创建完成后,若某些视图位置不合适,可将其移动到合适位置,具体方法为:在需要移动的视图上单击,然后按住鼠标右键,在弹出的快捷菜单中查看"锁定视图移动"命令是否被勾选(即是否有√)。若该命令被勾选则该视图被锁定,不可移动。再次单击该命令即可取消勾选(去除命令前的√),此时可用鼠标拖动该视图,将其移动到合适的位置。再次点击鼠标,勾选"锁定视图移动"命令,即可将视图锁定。

2. 视图的修改

如果创建的视图不够理想,可以对视图进行修改,其方法为:在需要修改的视图上双击鼠标左键,或先选取该视图,按住鼠标右键后在弹出的快捷菜单中选择"属性"命令。系统打开"绘图视图"对话框,在对话框中可对该视图的不同项目进行修改。

3. 视图的删除

如果要删除某个视图,可单击该视图,然后按鼠标右键,在弹出的快捷菜单中选择"删除"命令即可删除该视图。也可在选中该视图后,按键盘上的 Delete 键进行删除。

对视图的移动、锁定及删除操作适用于所有类型的视图,若对父视图进行移动、删除操作,则由父视图创建的其他子视图也会随之移动、删除。

11.4.4　辅助视图

辅助视图与投影视图相似,都由投影生成,但辅助视图可以是父视图沿着选取的斜面、基准面的法线方向或某一轴线方向的投影。辅助视图主要用作绘制斜视图、向视图等视图。

下面通过图 11 - 43 所示的零件模型来介绍辅助视图的创建方法。

1. 创建父视图

进入工程图环境创建如图 11 - 44 所示的父视图。

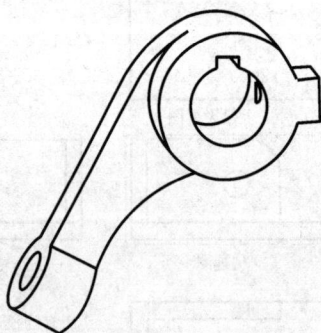

图 11 - 43　零件模型　　　　　　　　　图 11 - 44　父视图

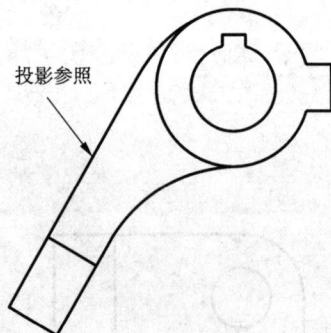

2. 创建辅助视图

在快速工具栏中单击"辅助"按钮 ◇ **辅助**,系统提示选取投影参照,在父视图上选取投影参照,随后将辅助视图放置在合适位置,如图 11 - 44 所示。

3. 添加投影方向箭头

双击投影视图,系统打开"绘图视图"对话框,在对话框中将视图名称改为"A",选择投影箭头为"单一",如图 11 - 45 所示。单击"确定"按钮,效果如图 11 - 46 所示。

图 11 - 45　添加箭头

图 11 - 46　辅助视图

11.4.5　局部视图

局部视图是指在模型视图上划定封闭边界,只显示该边界内的几何,边界外的几何不显示。

下面通过图 11 - 47 所示的零件模型,来介绍图 11 - 48 所示局部视图的创建方法。

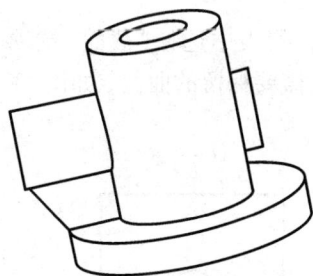

图 11 - 47　零件模型

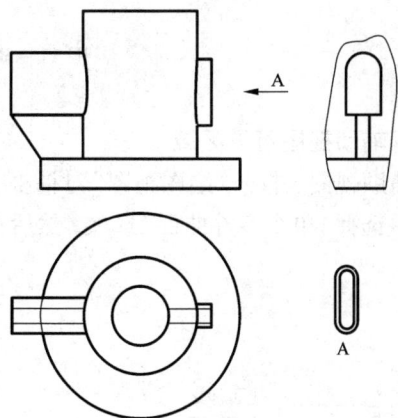

图 11 - 48　局部视图

1. 创建三视图

2. 将左视图创建为局部视图

双击左视图,系统打开"绘图视图"对话框,在左侧的"类别"列表中选择"可见区域"选项,在该选项卡的"视图可见性"下拉菜单中选取"局部视图"选项。在视图中选取某个边线作为局部视图的中心点,正确选取后在中心点显示×,并围绕中心点绘制样条曲线来确定局部视图的范围。单击鼠标中键结束绘制,如图 11 - 49 所示。

311

图 11 - 49 设置局部视图边界

3. 创建辅助视图

在主视图上选取参照线创建辅助视图,将辅助视图名称改为"A",投影箭头设置为"单一",完成辅助视图的创建,如图 11 - 50 所示。

图 11 - 50 辅助视图

4. 选取辅助视图可见区域

双击辅助视图,打开"绘图视图"对话框。在左侧的"类别"列表中选择"截面"选项,在该选项卡中选择"单个零件曲面"选项,然后在辅助视图中指定需要保留的曲面,如图 11 - 51 所示。

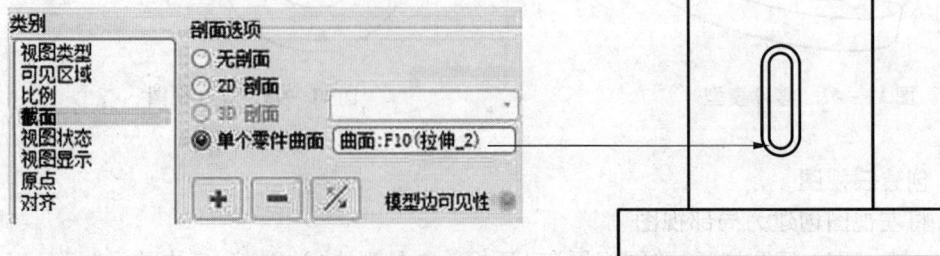

图 11 - 51 设置显示曲面

312

5. 移动视图

按住右键，在快捷菜单中解除"锁定视图移动"项。双击辅助视图，在"绘图视图"对话框左侧的"类别"列表中选择"对齐"选项，在该选项卡中取消勾选"将此视图与其他视图对齐"选项。将辅助视图移动到合适位置，如图 11 – 52 所示。

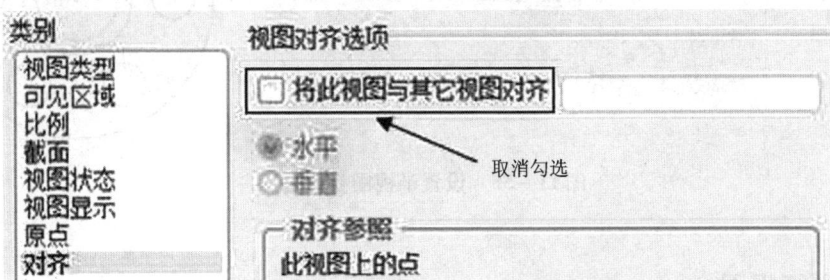

图 11 – 52　设置对齐选项

11.4.6　半视图

当零件模型为对称结构时，可使用半视图来表达。创建半视图的关键是选取一个合适的平面或基准面作为切割面，使用切割面将视图进行切割，拭除一部分保留一部分，且在半视图中切割面必须垂直于屏幕。

下面以图 11 – 53 所示的零件模型为例，来介绍图 11 – 54 所示半视图的创建方法。

图 11 – 53　零件模型

图 11 – 54　半视图

1. 创建一般视图

首先创建一般视图，以一般视图为基础来创建半视图。

2. 创建半视图

双击一般视图，在"绘图视图"对话框左侧的"类别"列表中选择"可见区域"选项，在该选项卡的"视图可见性"下拉列表中选择"半视图"选项。选取视图中的对称面，作为切割面，同时视图中会出现箭头，提示要保留的方向，可通过选项卡中的"保持侧"按钮来调整保留方向，如图 11 – 55 所示。

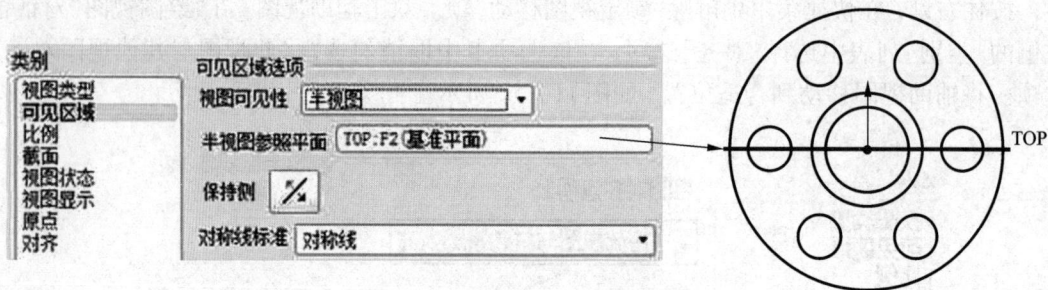

图 11 –55　设置半视图参照平面

11.4.7　详细视图

详细视图也就是工程制图中的局部放大图。详细视图是以较大比例显示已有视图的一部分，以便查看几何和尺寸。

下面通过图 11 –56 所示的实例，来介绍详细视图的创建方法。

查看细节 A

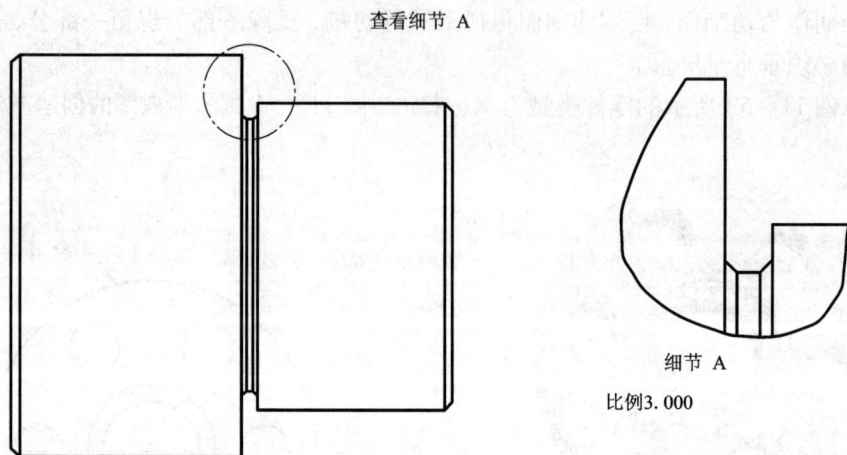

细节 A

比例3.000

图 11 –56　详细视图

1. 创建视图

首先创建视图，以某视图作为父视图来创建详细视图。

2. 确定详细视图位置

在快速工具栏的"布局"选项卡中单击"详细"按钮 详细，在需要创建详细视图的父视图中选择一点来定义详细视图的中心点；围绕中心点绘制一条封闭样条曲线，用于确定详细视图的显示范围；按鼠标中键结束绘制，样条曲线变成圆；在页面适当位置单击鼠标左键放置详细视图。

314

3. 设置详细视图属性

双击详细视图，在"绘图视图"对话框中可对详细视图的名称、边界类型、比例等属性进行设置。

11.4.8　破断视图

创建破断视图，首先需要在当前视图上生成破断线，系统将破断线之间的视图删除，保留其余部分。破断视图适用于长度较长且沿长度方向的形状一致或按一定规律变化的零件模型。

图 11 - 57　破断视图

如图 11 - 57 所示的破断视图的创建方法如下。

1. 开始创建破断视图

在需要创建破断视图的视图上双击，打开"绘图视图"对话框。在对话框左侧的"类别"列表中选择"可见区域"选项，在该选项卡的"视图可见性"下拉菜单中选取"破断视图"选项。

2. 定义破断线

在对话框中单击➕按钮，添加断点。在视图的几何线上选取一个点来定义破断线。选取点后，移动鼠标，所选取的点上会延伸一条直线，这条直线随鼠标移动，表示要创建的破断线的方向。单击鼠标，即在所选的方向上创建一条破断线。

完成第一条破断线后，用相同的方法创建第二条破断线。

3. 定义破断线样式

完成两条破断线的创建后，在"破断线造型"下拉列表中选取合适的样式。

4. 完成破断视图

单击对话框中的"确定"按钮，完成破断视图的创建。破断视图的创建过程如图 11 - 58 所示。

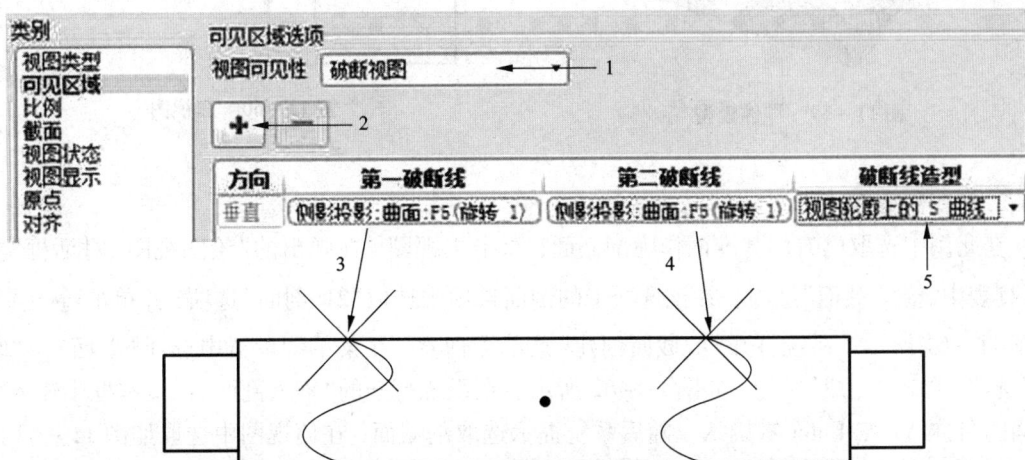

图 11 - 58　创建破断视图

315

11.5 剖视图

在创建剖视图时必须创建剖截面，创建剖截面的方法有两种：一是在零件或组件模式下选择"视图"→"视图管理器"命令，在弹出的"视图管理器"对话框中创建。通过此方法创建的剖截面可以在工程图环境中直接选取使用，零件或组件中的基准面也可作为剖截面使用。二是在工程图模式下临时创建。

11.5.1 全剖视图

全剖视图是用剖切面完全地剖开模型所得的剖视图。当模型的内部结构比较复杂，外形较为简单时，可采用全剖视图来表达模型的内部结构。

下面以图 11-59 所示的零件模型为例，来介绍全剖视图的创建方法。

1. 创建三视图

根据零件模型创建如图 11-60 所示的三视图。

图 11-59　零件模型

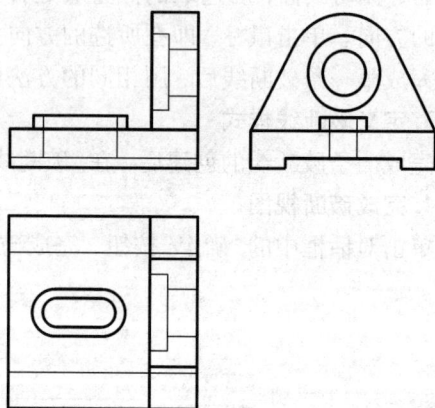

图 11-60　三视图

2. 创建剖截面

在此例中选取已有的基准面作为剖截面，双击主视图，在弹出的"绘图视图"对话框"类型"列表中选择"截面"选项。在该选项卡的剖面选项中选取"2D 剖面"选项，并单击➕按钮，如图 11-61 所示。系统打开"剖截面创建"菜单管理器，在菜单管理器中选择"平面"→"单一"选项，单击"完成"按钮，如图 11-62 所示。在系统打开的"输入剖面名"文本框中输入剖截面的名称 A，按 Enter 键确认。随后系统提示选取剖截面，在俯视图中选取如图 11-63 所示的基准面作为剖截面。

3. 设置剖切区域

在"绘图视图"对话框中的剖切区域下拉列表中，系统提供了 5 种选项，分别为：

316

- 完全。将模型沿剖面全部剖切创建剖视图，用于创建全剖视图。
- 一半。关于剖面对称，只剖切模型的一半，用于创建半剖视图。
- 局部。自定义剖切区域，在局部范围内创建剖视图，用于创建局部剖视图。
- 全部(展开)。显示一个展开的全部剖视图，使剖面平行于屏幕。
- 全部(对齐)。显示绕某轴展开的完整剖视图，用于创建旋转剖视图。

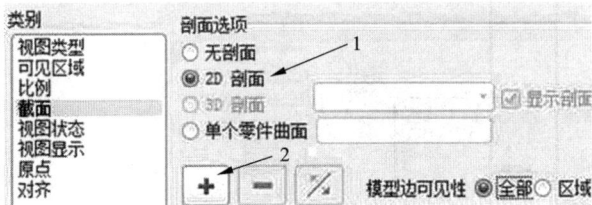

图 11 - 61　创建截面

图 11 - 62　剖截面创建管理器

在剖切区域下拉列表中选择"完全"，如图 11 - 64 所示，用于创建全剖视图。单击"确定"按钮，完成全剖视图的创建。

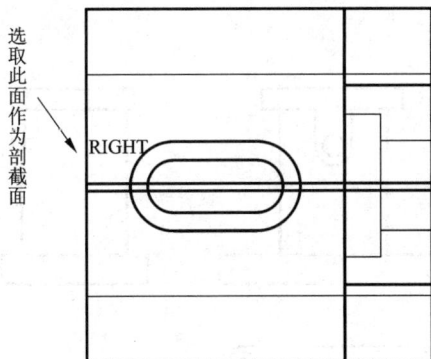

图 11 - 63　选取剖截面

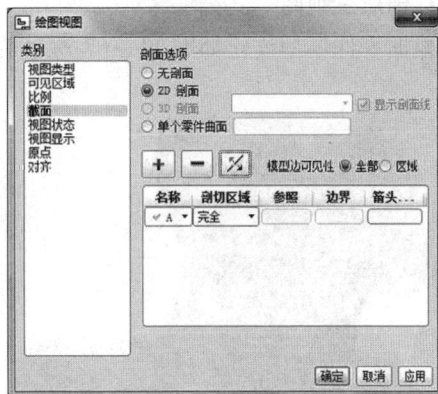

图 11 - 64　设置剖切区域

4. 添加箭头

单击选中刚创建的全剖视图，按住鼠标右键，在弹出的快捷菜单中选择"添加箭头"命令，单击俯视图，完成投影箭头的添加，创建结果如图 11 - 65 所示。

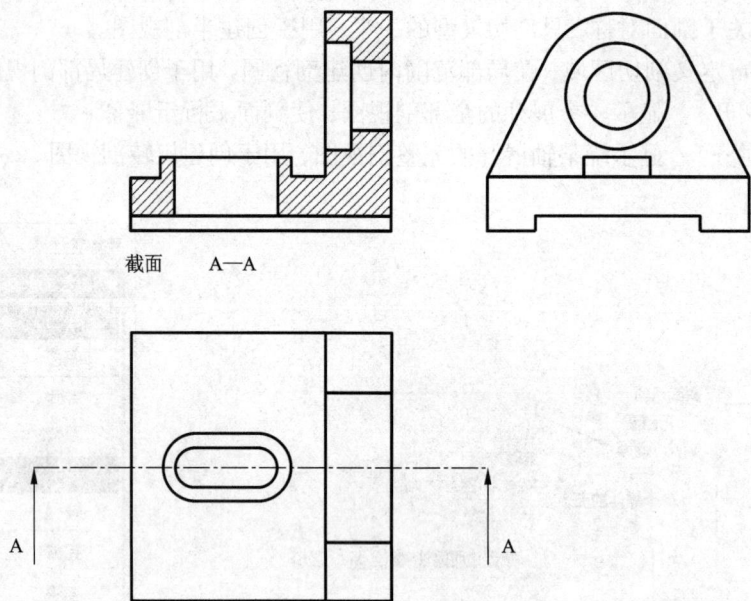

截面 A—A

图 11-65 全剖视图的创建

11.5.2 半剖视图

以图 11-66 所示的零件模型为例，来介绍半剖视图的创建方法。

1. 创建三视图

根据零件模型创建如图 11-67 所示的三视图。

图 11-66 零件模型

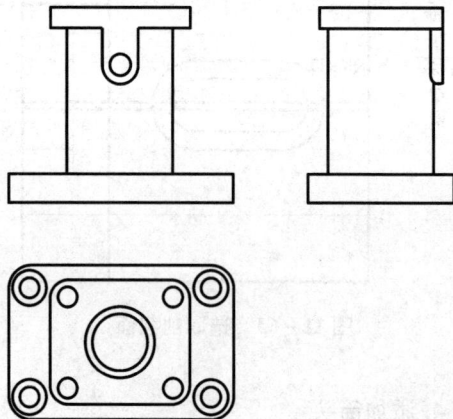

图 11-67 三视图

2.创建剖截面

在此例中选取已有的基准面作为剖截面。双击左视图，在弹出的"绘图视图"对话框的"类型"列表中选择"截面"选项。在该选项卡的剖面选项中选取"2D 剖面"选项，并单击 ✚ 按钮。在"剖截面创建"菜单管理器中选择"平面"→"单一"选项，单击"完成"按钮。在系统打开的"输入剖面名"文本中，输入剖截面的名称 B，按 Enter 键确认。系统提示选取剖截面，在主视图中选取 RIGHT 基准面作为剖截面，如图 11 -68 所示。

3.设置剖切区域

在剖切区域下拉列表中选择"一半"，用于创建半剖视图。

4.设置参照平面

在左视图中选取 TOP 基准面作为参照平面后，在左视图中出现剖切方向箭头。系统提示需要剖切的方向，可在参照平面两侧单击鼠标左键来调整箭头方向，如图 11 -69 所示。

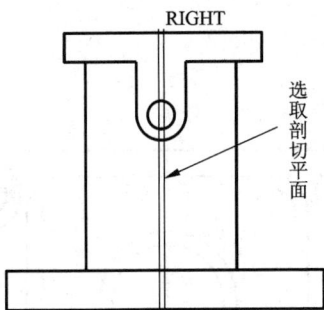

图 11 -68　选取剖切平面

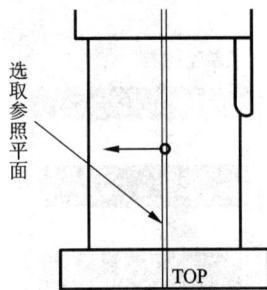

图 11 -69　选取参照平面

5.添加箭头

为半剖视图添加投影方向箭头，创建结果如图 11 -70 所示。

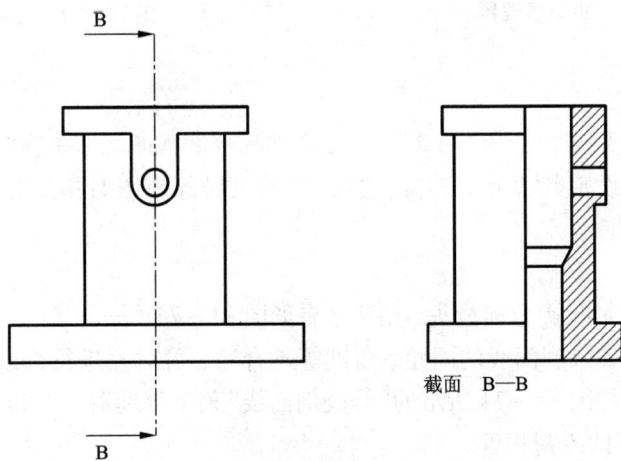

图 11 -70　半剖视图

319

11.5.3　局部剖视图

在上例图 11 -67 中主视图中创建局部剖视图,以表达下底板上孔的结构。

1. 创建剖截面

在此例中没有合适的基准面作为剖截面,因此需要创建剖截面。

双击主视图,在弹出的"绘图视图"对话框的"类型"列表中选择"截面"选项,在该选项卡的剖面选项中选取"2D 剖面"选项,并单击 ✚ 按钮。在"剖截面创建"菜单管理器中选择"偏移"→"双侧"→"单一"选项,单击"完成"按钮,如图 11 -71 所示。

在系统打开的"输入剖面名"文本框中,输入剖截面的名称 C,按 Enter 键确认,系统自动进入三维零件模块。注意,创建工程图之前一定要打开模型的三维零件图。系统提示选择草绘平面,选取下底板的上表面作为草绘平面。进入草绘环境后,绘制如图 11 -72 所示的轮廓线,单击右侧工具栏的"完成"按钮,回到工程图界面。

图 11 -71　菜单管理器

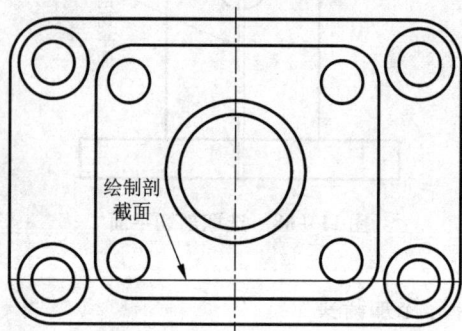

图 11 -72　绘制剖截面

2. 设置剖切区域

在剖切区域下拉列表中选择"局部",用于创建局部剖视图。在主视图中指定局部剖视图中心,并用样条曲线设定其边界。其操作方法与创建局部视图时指定显示区域的操作方法相同。

3. 添加箭头

为局部剖视图添加投影方向箭头,创建结果如图 11 -73 所示。

创建剖视图时,如果剖面线的间距、角度等不合适,可对其进行修改。修改方法为:双击剖面线,系统弹出如图 11 -74 所示的"修改剖面线"菜单管理器。有如下几种修改项。

- 间距:剖面线的疏密程度。
- 角度:剖面线的倾斜角度。
- 偏距:剖面线的偏置距离。
- 线样式:剖面线的线型。

- 新增直线：在剖面线中增加线。
- 保存：存储设定好的剖面线，以便调用。
- 检索：打开系统内部设定好的不同材料的剖面线，以供调用。
- 剖面线：采用标准方式的剖面线。
- 填充：用色块填充。

修改剖面线时，可根据需要选择菜单中的相应项目，按照系统提示进行修改。

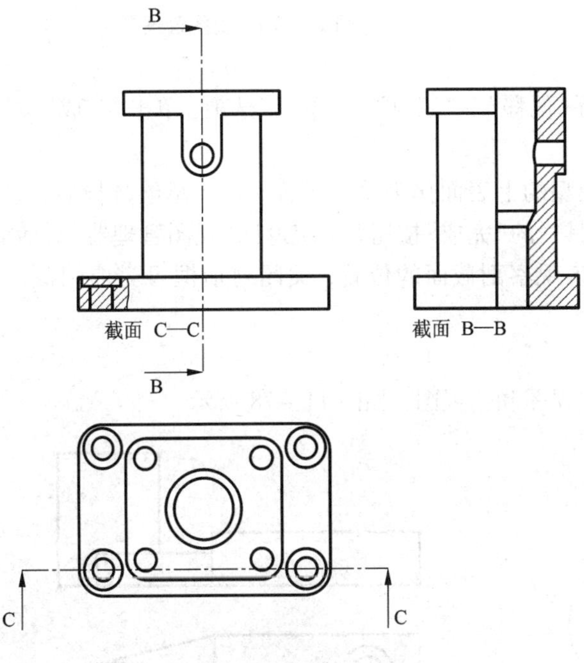

图 11 - 73　局部剖视图

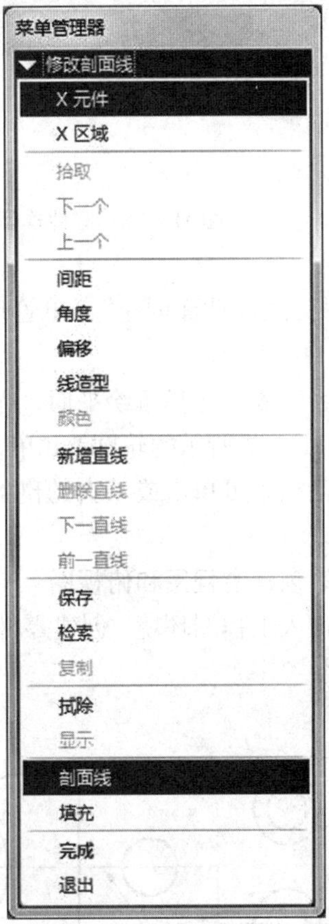

图 11 - 74　修改剖面线菜单

11.5.4　阶梯剖视图

阶梯剖视图的创建方法与全剖视图类似，不同的只是剖截面是由多个平行平面组成。在本例中以图 11 - 75 所示的零件模型为例，介绍在零件模式下创建剖截面的方法。

1.创建剖截面

在零件模式下，在主菜单中选择"视图"→"视图管理器"命令，或在工具栏中单击"视图管理器"按钮，系统弹出"视图管理器"对话框。将对话框切换到"剖面"选项卡，单击"新建"按钮，系统在"名称"列表框中创建默认名称为 Xsc 0001 的截面。将截面名称修改为 A，并按鼠标中键或键盘上 Enter 键确认，如图 11 - 76 所示。

图 11 −75 零件模型

图 11 −76 视图管理器

打开"剖截面创建"菜单管理器,选择"偏移"→"双侧"→"单一"选项,单击"完成"按钮,如图 11 −71 所示。

系统提示选择草绘平面,选取零件模型的上表面作为草绘平面,进入草绘环境后,绘制如图 11 −77 所示的轮廓线,单击右侧工具栏的"完成"按钮,系统返回"视图管理器"对话框。在对话框中可单击或双击的剖截面名称来观察剖截面的位置,关闭对话框可完成剖截面的创建。

2. 创建主视图和俯视图

进入工程图环境,创建零件模型的主视图和俯视图,如图 11 −78 所示。

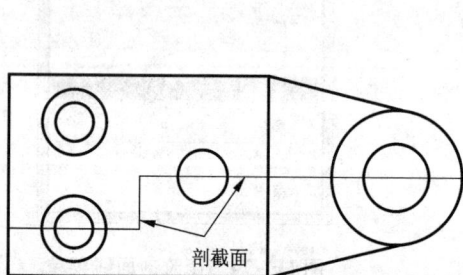

图 11 −77 绘制剖截面

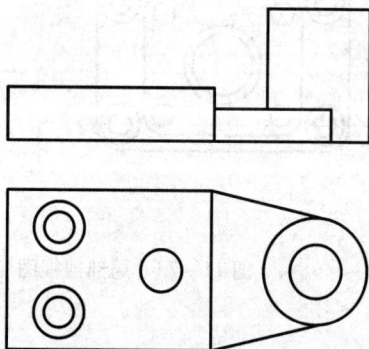

图 11 −78 主、俯视图

3. 在主视图中创建阶梯剖视图

双击主视图,在"绘图视图"对话框中点击"截面"选项卡,选择"2D 剖面"选项,单击 ➕ 按钮,在名称下拉列表中选取已经创建好的 A 剖截面,设置剖切区域为"完全",如图 11 −79 所示。单击"确定"按钮,完成阶梯剖视图的创建,并设置显示箭头,结果如图 11 −80 所示。

322

图 11 – 79　选取剖截面

图 11 – 80　阶梯剖视图

11.5.5　旋转剖视图

下面以图 11 – 81 所示的零件模型为例，来介绍旋转剖视图的创建方法。

1. 创建剖截面

在零件模式下创建如图 11 – 82 所示的剖截面。

图 11 – 81　零件模型

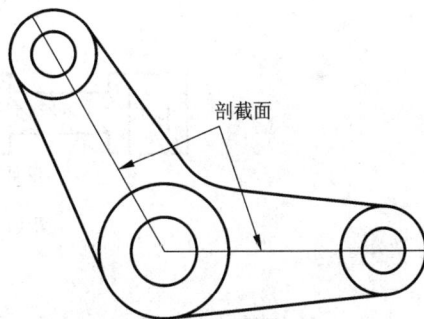

图 11 – 82　创建剖截面

2. 创建主视图和俯视图

进入工程图环境，创建零件模型的主视图和俯视图，如图 11 – 83 所示。

3. 在俯视图中创建旋转剖视图

双击主视图，在"绘图视图"对话框中点击"截面"选项卡，选择"2D 剖面"选项，单击 按钮，在名称下拉列表中选取已经创建好的 B 剖截面，设置剖切区域为"完全（对齐）"，系统提示选取参照轴，在俯视图中选取旋转中心线（剖截面 B 的交线），如图 11 – 84 所示。单击对话框中的"确定"按钮，完成旋转剖视图的创建，并设置显示箭头，结果如图 11 – 85 所示。

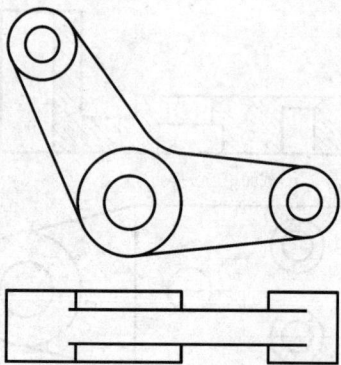

图 11 - 83　主、俯视图

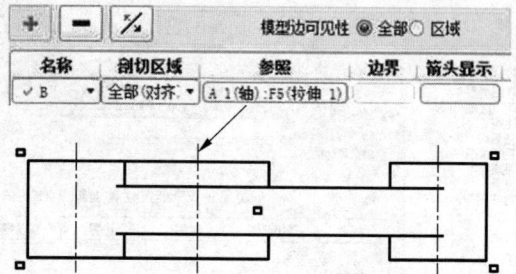

图 11 - 84　选取参照轴

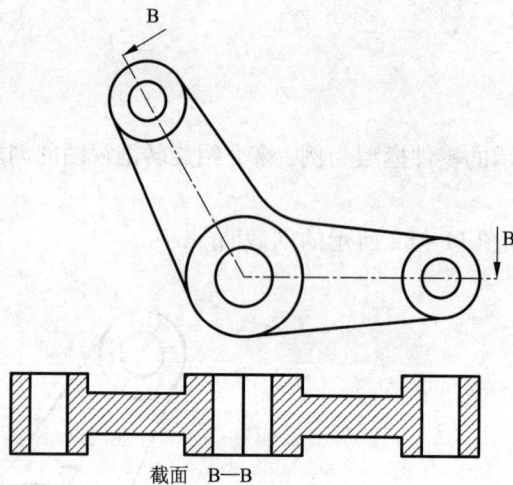

截面　B—B

图 11 - 85　旋转剖视图

11.5.6　旋转视图(断面图)

旋转视图是现有视图的一个断面,它绕剖截面投影旋转90°,用于显示剖开的模型截面。它包括一条标记视图的旋转轴线,旋转视图只能沿旋转轴线移动,移动到视图内侧则为重合断面图,移动到视图外侧则为移出断面图。

下面以图 11 - 86 所示的零件模型为例,来介绍旋转视图(断面图)的创建方法。

1. 创建剖截面

在零件模式下,在键槽位置创建与零件轴线垂直的基准面作为断面图的剖截面,如图 11 - 86 所示。

2. 创建主视图

进入工程图环境,创建零件模型的主视图,如图 11 - 87 所示。

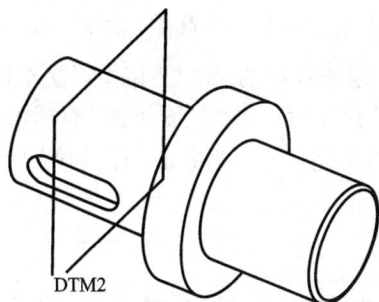

图 11-86　零件模型

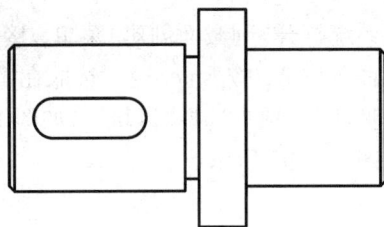

图 11-87　主视图

3. 创建断面图

在"布局"选项卡的"模型视图"选项组中选择"旋转"工具，如图 11-88 所示。系统提示选取断面图的父视图，选取创建的主视图作为父视图后，系统提示"选取绘图制图的中心点"，在绘图区合适位置单击左键，确定断面图的放置位置。

系统打开"绘图视图"对话框及"剖截面创建"菜单管理器，在菜单管理器中接受默认设置，按"完成"按钮。系统打开"输入剖面名"文本框，在文本框中输入剖截面名称 A，按 Enter 键。

选取在零件模式下创建的基准面作为剖截面，系统自动生成断面图，如图 11-89 所示。

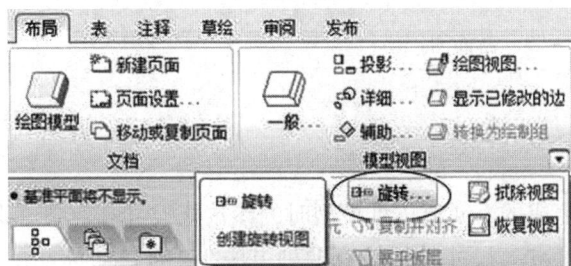

图 11-88　旋转工具

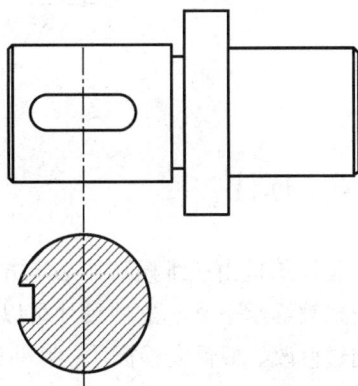

图 11-89　断面图

11.5.7　投影视图

另外，还可以通过投影视图的剖面图来创建断面图，创建步骤如下。以图 11-86 所示的模型为例，来创建断面图。

1. 创建剖截面

在零件模式下，在键槽位置创建与零件轴线垂直的基准面作为断面图的剖截面，如图 11-86 所示。

2. 创建主视图和左视图

进入工程图环境，创建零件模型的主视图和左视图，如图 11-90 所示。

3.创建断面图

双击左视图，在"绘图视图"对话框中选择"截面"选项，选取"2D截面"选项，并单击 ✚ 按钮。系统打开"剖截面创建"菜单，接受默认设置，在系统弹出的"输入剖面名"文本框中输入剖截面名称A，按Enter键。选取在零件模式下创建的基准面，在"绘图视图"对话框的"模型边可见性"选项中选择"区域"，如图11-91所示。创建完成后，为断面图添加箭头，最终效果如图11-92所示。

图 11-90　主视图、左视图

图 11-91　设置模型边可见性

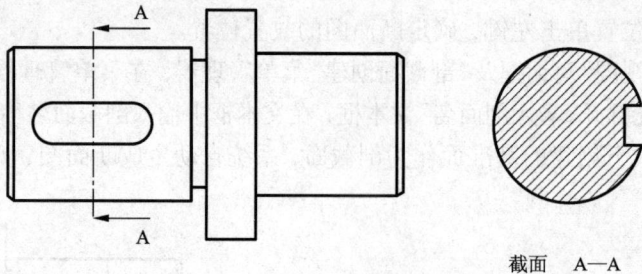

截面　A—A

图 11-92　断面图

11.6　标注

工程图是由三维模型按一定方法自动生成的，创建三维模型时的参数化尺寸在二维工程图中也被继承下来。这些尺寸可以显示或隐藏。尺寸的标注有两种方法，一是自动标注，然后通过修改、编辑完善标注；另一种是通过手工标注。

11.6.1　自动标注尺寸

下面通过图11-93所示的零件模型来介绍尺寸的自动标注方法。

自动标注尺寸即将隐藏的尺寸进行显示。工程图模块有尺寸自动显示功能，该功能用来自动显示或隐藏一些工程图符号，如尺寸、注释、几何公差及表面粗糙度等。单击位于快速工具栏"注释"选项卡中的"显示模型注释"图标，打开"显示模型注释"对话框。在该对话框中有6个选项卡，分别为尺寸 ┣━┥、几何公差 ▦、注释 ▲≡、粗糙度 ³²✓、符号 ▲ 及基准 🔩（基准面、基准轴、轴等），如图11-94所示。

（1）根据图11-93所示的零件模型创建三视图，其中对主视图和左视图进行阶梯剖，剖截面分别为A和B，如图11-95所示。

（2）打开"显示模型注释"对话框，选择"尺寸"选项卡。选取需要显示尺寸的视图，需要

326

在多个视图显示尺寸时,可按 Ctrl 键选取(也可先选取视图再打开对话框),此时视图中隐藏的尺寸显示在"尺寸"选项卡的列表中,如图 11 - 96 所示。

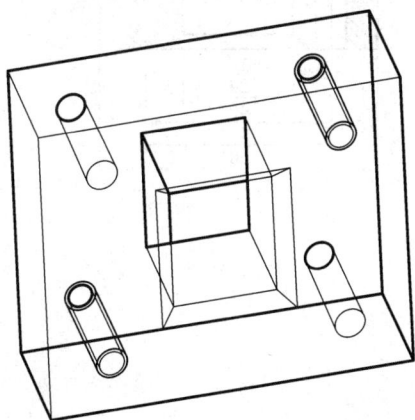

图 11 - 93　零件模型

图 11 - 94　显示模型注释对话框

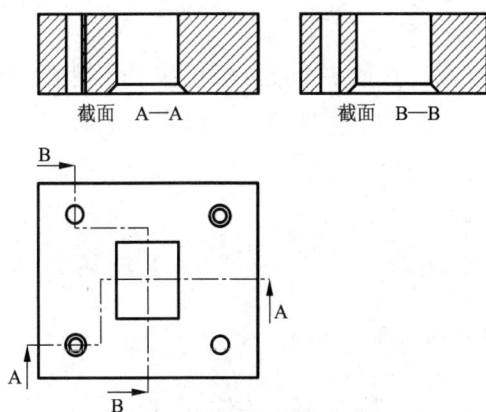

截面　A—A　　　　　截面　B—B

图 11 - 95　零件三视图

图 11 - 96　尺寸列表

　　(3)根据需要在列表中选取需要显示的尺寸,也可单击对话框中的 按钮选中所有尺寸,单击"确定"按钮,将选中的尺寸显示在视图中。也可使用相同的方法显示轴线,显示结果如图 9 - 97 所示。

11.6.2　尺寸的整理

　　由于工程图上的尺寸是自动生成的,视图中的尺寸可能相互交错,造成图面的混乱,这就需要对尺寸进行整理。可以使用"尺寸整理"功能对尺寸进行整理。该功能位于快速工具栏"注释"选项卡的"排列"选项组内,单击 清除尺寸 按钮,即可打开如图 11 - 98 所示的"清除尺寸"对话框。在该对话框内可对尺寸偏移量、尺寸增量、尺寸文本位置等进行调整。

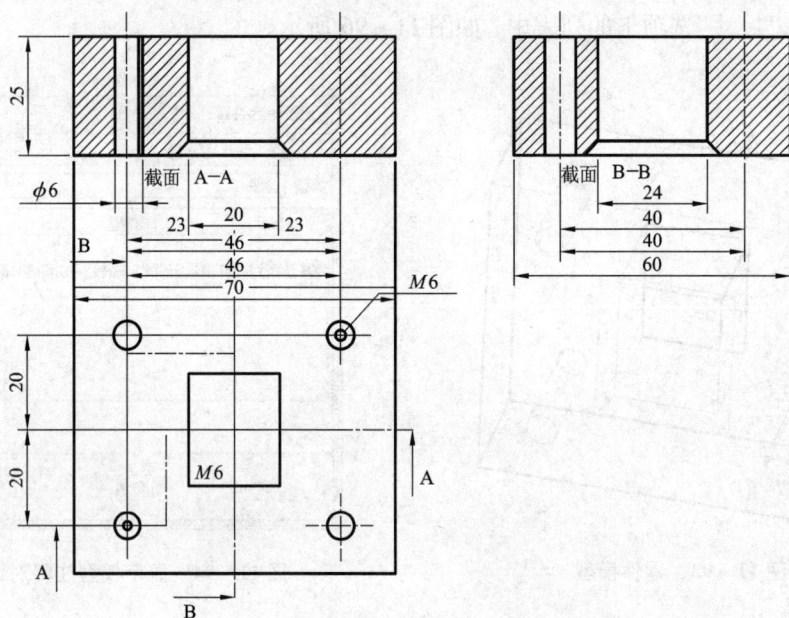

图 11 - 97   显示尺寸

进行尺寸整理的步骤为: 选取需要整理的尺寸(需要选取多个尺寸时可按 Ctrl 键或按鼠标左键进行框选),然后单击 ⊞ 清除尺寸 按钮,打开"清除尺寸"对话框,设置完成后单击对话框中的"应用"按钮关闭对话框即可。

11.6.3   尺寸移动与拭除

1. 尺寸的移动

当自动生成的尺寸位置不合理时,则需要将尺寸移动到合理的位置。

(1)在同一个视图内移动尺寸。

单击需要移动的尺寸,尺寸被加亮并出现控制点,此时按住鼠标左键拖动,移动尺寸到合适的位置。

(2)在视图之间移动尺寸。

单击需要移动的尺寸,按住鼠标右键,系统弹出如图 11 - 99 所示的快捷菜单。在快捷菜单中选择"将项目移动到视图"命令,单击想要尺寸移动到的视图处,完成视图之间尺寸的移动。

2. 拭除尺寸

在三维建模过程中,不同特征的尺寸经常会出现相同的尺寸值,这些尺寸全部显示在工程图中就会产生多余的尺寸。有些尺寸并不符合制图标注的加工要求,也应将其拭除。拭除后再标出所需的尺寸。

单击需要拭除的尺寸(需要拭除多个尺寸时可按 Ctrl 键选取),按住鼠标右键,在弹出的快捷菜单中选择"拭除"命令,单击鼠标左键确认,即可将尺寸拭除。

328

图 11 -98　清除尺寸对话框

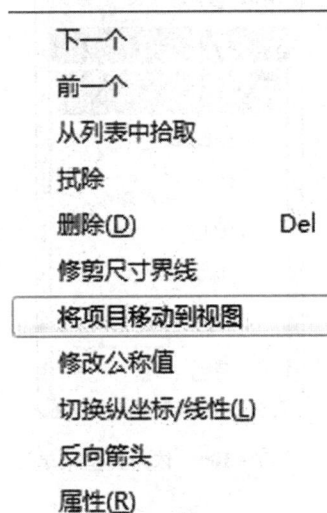

图 11 -99　右键快捷菜单

3. 尺寸箭头反向

对于一些细小结构,尺寸线的箭头拥挤在一起不利于读图,这就需要将箭头反向,使尺寸清晰。尺寸箭头反向步骤如下。

单击需要反向箭头的尺寸,按住鼠标右键,在快捷菜单中选择"反向箭头"命令,即可将箭头反向。

11.6.4　调整中心线(轴线)

如果对中心线(轴线)的长度不满意,可对其进行调整。方法为:单击中心线(轴线),使其出现控制点,将鼠标移动到控制点上,当鼠标指针变为移动符号时,按鼠标左键拖动即可调节其长度。

11.6.5　手动标注尺寸

1. 无公差的尺寸标注

(1)尺寸标注。单击快速工具栏"注释"选项卡"插入"选项组中的"尺寸"按钮 ，系统弹出如图 11 -100 所示的"依附类型"菜单管理器。在该菜单中接受系统默认的"图元上"选项,选择需要标注的图元,在视图的合理位置按鼠标中键,完成尺寸的标注。标注结果如图 11 -101 所示。如果尺寸的位置不合适,可拖动尺寸将其移动到合适位置。

(2)修改尺寸

从图 11 -101 来看,有些尺寸并不符合要求,如"$\phi 6$"圆孔应为"$2 \times \phi 6H7$","$\phi 6$"螺纹孔应为"$2 \times M6 - 6h$",应该对其进行修改。

图 11 - 100　依附类型菜单

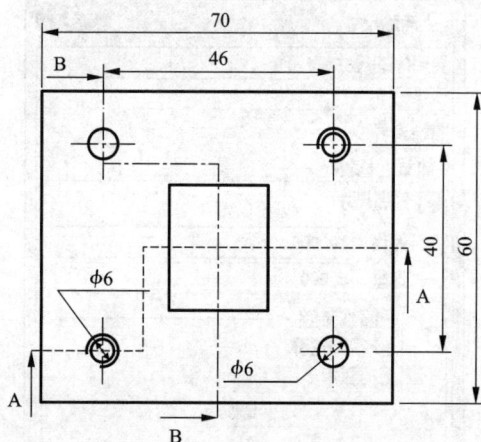

图 11 - 101　标注尺寸

修改"φ6"圆孔：双击该尺寸，或左键选中该尺寸后，按住鼠标右键在弹出的快捷菜单中选择"属性"命令，系统打开"尺寸属性"对话框，选择"显示"选项卡，如图 11 - 102 所示。在"前缀"文本框中输入"2×"，在"后缀"文本框中输入"H7"，并在文本框中另起一行输入"销孔配做"，如图 11 - 103 所示。单击对话框中的"确定"按钮，将尺寸移动到合适的位置，完成尺寸的修改。

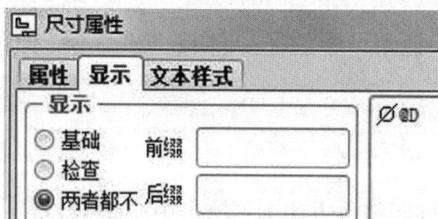

图 11 - 102　显示选项卡

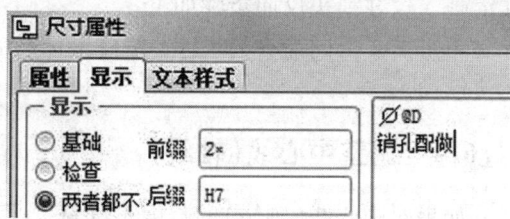

图 11 - 103　添加前、后缀

修改"φ6"螺纹孔：与修改"φ6"圆孔进行同样的操作。双击此尺寸，打开"尺寸属性"对话框，选择"显示"选项卡，在"前缀"文本框中输入"$2 \times M$"，在"后缀"文本框中输入"$-6h$"，并删除文本框中"ϕ"符号，如图 11 - 104 所示。单击对话框中的"确定"按钮，将尺寸移动到合适的位置，完成尺寸的修改，修改后的尺寸如图 11 - 105 所示。

2. 带尺寸公差的尺寸标注

（1）标注该类尺寸时，需要将配置文件"Peodetail. dtl"中的"tol_display"的值改为"yes"。其操作步骤为：在主菜单中选择"文件"→"绘图选项"命令，打开"选项"对话框，在该对话框中进行设置。

（2）标注公差。如图 11 - 106 所示，需要将尺寸"20"添加上下偏差。其操作如下：双击尺寸值，打开"尺寸属性"对话框，选择"属性"选项卡，在"公差模式"下拉列表中选择"加 -减"选项，在"上公差"文本框中输入" +0.052"，在"下公差"文本框中输入"0"，取消"小数

330

位数"中"缺省"勾选，设置小数位数为 3，如图 11 – 107 所示。单击对话框中的"确定"按钮，完成尺寸公差的标注，结果如图 11 – 108 所示。

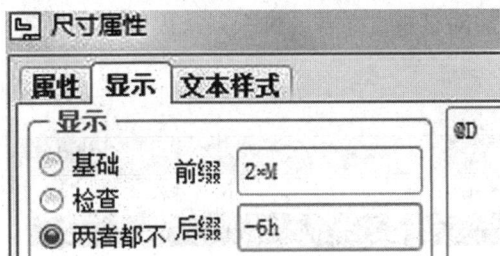

图 11 – 104　添加前、后缀

图 11 – 105　尺寸修改结果

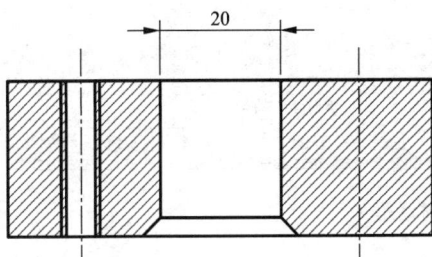

图 11 – 106　需要修改的尺寸

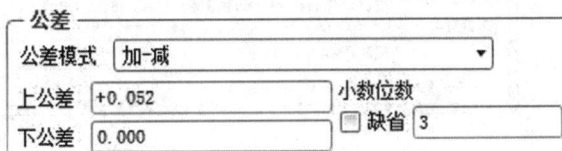

图 11 – 107　尺寸公差设置

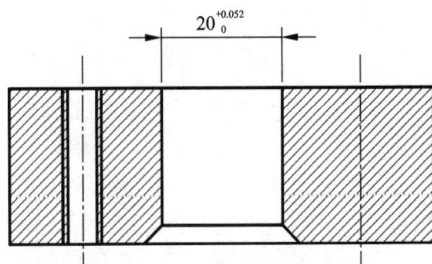

图 11 – 108　带公差的尺寸标注

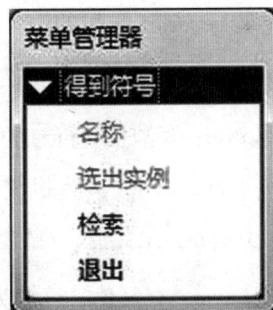

图 11 – 109　得到符号菜单

11.6.6　标注表面粗糙度

1. 调用系统提供的表面粗糙度

(1) 单击快速工具栏"注释"选项卡"插入"工具卡中的"表面光洁度"按钮 ³²√，系统弹出"得到符号"菜单管理器，如图 11 – 109 所示。菜单中的各个项目含义如下。

● 名称：表示用户可以从已调入图中的表面粗糙度符号名称中选取，此命令在第一次使用时为灰色，不能使用。

● 选出实例：表示可在图中已创建的表面粗糙度符号中选取一个符号类型作为即将创

建的表面粗糙度符号的模板。

- 检索：表示可以从系统的符号库中选择一种类型来创建表面粗糙度。
- 退出：退出菜单。

选择该菜单中的"检索"命令，系统弹出"打开"对话框，并自动进入系统表面粗糙度符号库所在的目录，如图 11 – 110 所示。

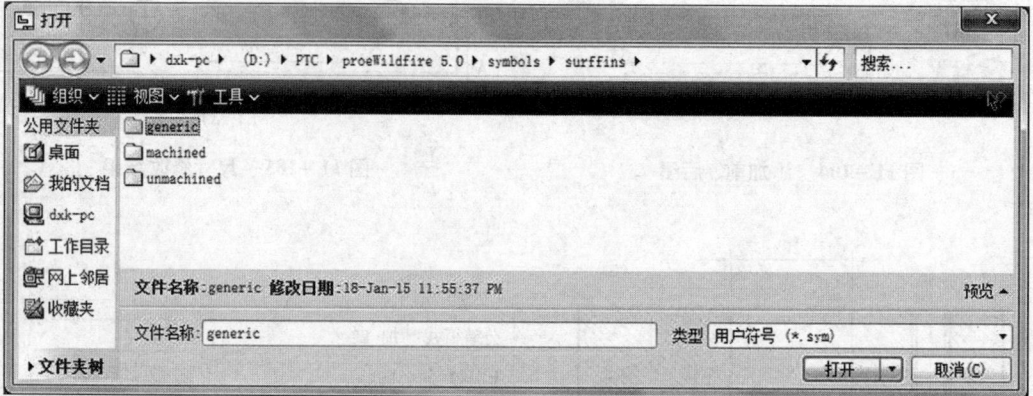

图 11 –110　打开对话框

（2）在该目录下有 3 个文件夹，每个文件夹中有 2 种粗糙度形式：一种是无数值的，另一种是有数值的。

- 文件夹 generic（一般的）。

no_value. sym：无数值，符号为 √。

standard. sym：有数值，符号为 $\sqrt[32]{}$。

- 文件夹 machinde（进行机械加工）。

no_value1. sym：无数值，符号为 ▽。

standard1. sym：有数值，符号为 ∇^{32}。

- 文件夹 unmachinde（不进行机械加工）。

no_value 2. sym：无数值，符号为 ⊘。

standard 2. sym：有数值，符号为 $\oslash^{32}$。

（3）打开 machinde 文件夹并选择 standard 1. sym 类型，系统打开"实例依附"菜单管理器，如图 11 –111 所示，菜单管理器中各个选项的含义如下。

- 引线：用引线来标注符号。
- 图元：直接将符号标注在图元上，且符号处于水平方向（适用于水平图元）。
- 法向：直接将符号标注在图元上，且符号与图元保持垂直（适用于垂直图元）。
- 无引线：可将符号放置在任何位置。
- 偏移：符号的放置位置与所选图元有一定距离。

2. 标注表面粗糙度

选取 machinde 文件夹中的 standard1. sym 符号类型, 在图 11 - 108 所示的视图中进行标注。

在"实例依附"菜单管理器中选择"图元"选项, 在视图中选取图形的上表面作为依附图元, 在弹出的文本框中输入粗糙度值"1.6", 按 Enter 键确认, 并按鼠标中键结束。

继续为其他表面标注粗糙度, 在"实例依附"菜单管理器中选择"法向"选项, 标注尺寸为 20 的方孔内表面及零件的底面, 若符号的位置不合理可将其移动到合适位置, 完成结果如图 11 - 112 所示。

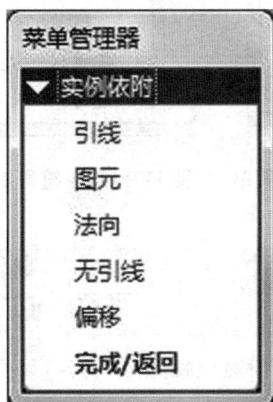

图 11 - 111 实例依附菜单

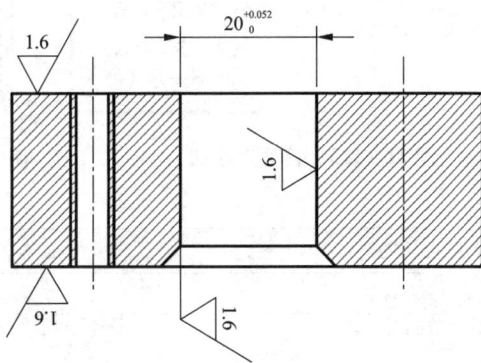

图 11 - 112 标注结果

3. 创建自定义粗糙度符号

从图 11 - 112 中可以发现, 方孔内表面左侧和零件底面的粗糙度符号数值方位不符合工程制图的标注, 这就需要创建自定义粗糙度符号, 以便与制图标准相符号。

在此, 以倒转类型的表面粗糙度符号△为例介绍其创建方法。

(1)单击快速工具栏"注释"选项卡"格式化"选项组中的"符号库"按钮 符号库, 如图 11 - 113 所示, 系统打开如图 11 - 114 所示的"符号库"菜单管理器。

(2)在菜单管理器中选择"定义"选项, 系统打开"输入符号名"文本框, 在此输入符号的名称"No. 1", 按 Enter 键确认。系统进入符号编辑器界面, 打开如图 11 - 115 所示的"符号编辑"菜单管理器。

(3)在"符号编辑"菜单中选择"绘图复制"选项, 系统返回工程图界面。在工程图界面中选取一个已有的粗糙度符号, 单击"符号编辑"菜单中的"完成"按钮, 完成粗糙度符号的复制。系统返回符号编辑器界面, 界面中出现粗糙度符号, 并弹出"符号定义属性"对话框, 如图 11 - 116 所示。

(4)在"符号定义属性"对话框中勾选"垂直于图元"复选框, 并在符号编辑器界面中选择如图 11 - 117 所示的粗糙度符号顶点作为垂直放置时的放置原点。

(5)继续在"符号定义属性"对话框中选中"可变的 - 相关文本"单选框, 并单击"选取文本"按钮, 在界面中选择粗糙度符号的文本, 如图 11 - 118 所示。单击"符号定义属性"对话框中的"确定"按钮，完成符号属性的定义。

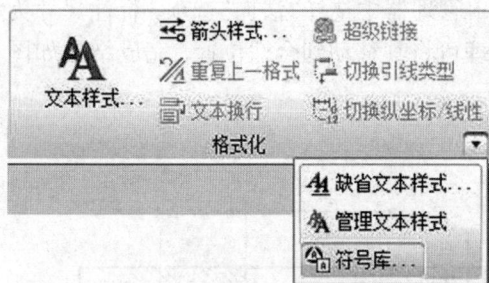

图 11 –113　符号库按钮　　　图 11 –114　符号库菜单　　图 11 –115　符号编辑菜单

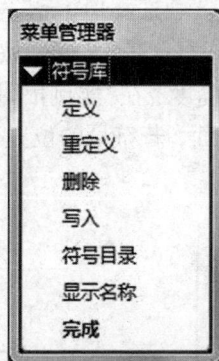

图 11 –116　符号定义属性对话框

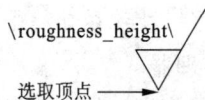

图 11 –117　选取放置原点　　　　　　　　　　图 11 –118　选取文本

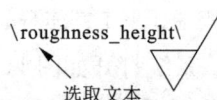

　　（6）在符号编辑器界面中双击粗糙度符号的文本，系统弹出"注释属性"对话框，选择"文本样式"选项卡，在角度栏中输入"180"，单击"确定"按钮，完成文本的倒置，如图11 –119所示。单击该文本将其拖至如图 11 – 120 所示的位置。单击"符号编辑"菜单中的"完成"命令，退出符号编辑器。

　　（7）系统返回工程图界面，关闭"符号编辑"菜单，返回"符号库"菜单。在"符号库"菜单中选择"符号目录"命令，系统弹出"打开"对话框（默认位置为我的文档），单击对话框中的"打开"按钮，设置自定义符号的保存目录为"我的文档"。

图 11 – 119　倒置文本

图 11 – 120　拖移文本

（8）在"符号库"菜单中选择"写入"命令，系统打开文本框，提示输入存盘路径。在此不用输入任何文字，直接按 Enter 键，完成自定义符号的存盘。单击"符号库"菜单中的"完成"按钮，完成自定义符号的设计。

（9）使用自定义的粗糙度符号进行标注。单击快速工具栏"注释"选项卡"插入"选项组中的"表面光洁度"按钮 ，在系统弹出的"得到符号"菜单中选择"检索"命令，在"打开"对话框中找到保存在"我的文档"中的 No.1.sym 文件。调用自定义的粗糙度符号对图 11 – 112 进行重新标注，标注结果如图 11 – 121 所示。

图 11 – 121　重新标注结果

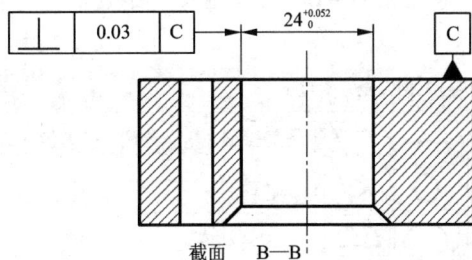

图 11 – 122　垂直度公差

11.6.7　标注形位公差

如图 11 – 122 所示，需要标注零件中间方孔轴线与上平面之间的垂直度，公差值为 0.03，操作标注如下。

1. 建立标注基准

方孔轴线的垂直度是以零件上表面为基准的，所以首先要建立标注基准。

（1）单击快速工具栏"注释"选项卡"插入"选项组中的"模型基准平面"按钮 ，如图 11 – 123 所示，系统弹出"基准"对话框，如图 11 – 124 所示。

（2）在对话框的"名称"文本框中输入"C"，单击类型选项组中的 按钮，单击定义选项组中的"在曲面上……"按钮，在零件图中选取零件的上表面作为标注基准，单击对话框的"确定"按钮，完成标注基准 C 的建立。

2. 标注垂直度公差

（1）单击快速工具栏"注释"选项卡"插入"选项组中的"几何公差"按钮 ，系统弹出"几何公差"对话框，如图 11 – 125 所示。

335

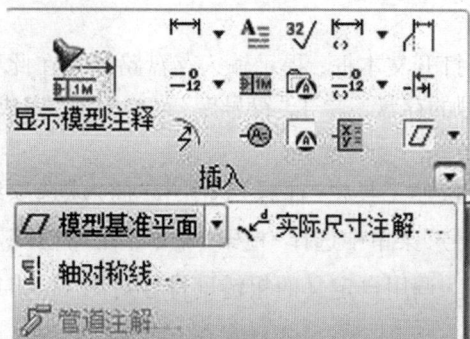

图 11-123　模型基准平面按钮

图 11-124　基准对话框

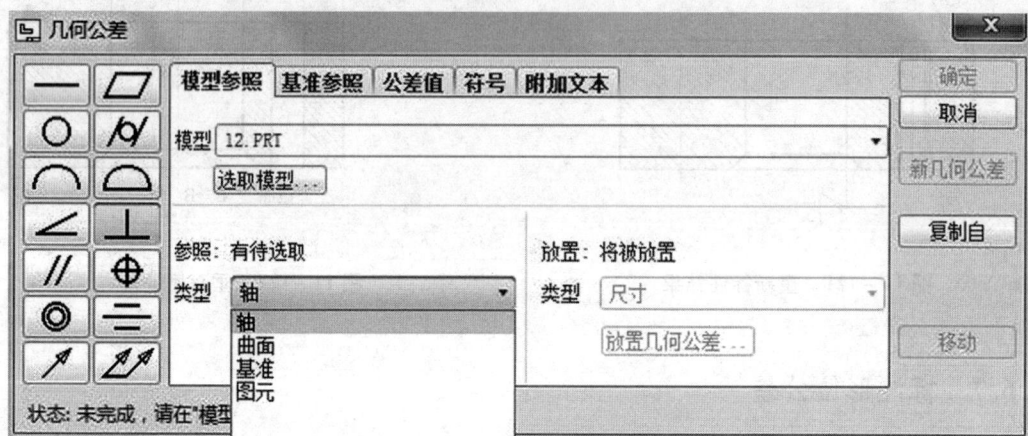

图 11-125　几何公差对话框

（2）在对话框左侧单击垂直度符号 ⊥ ，在参照"类型"下拉列表中选择"轴"选项，然后在视图中选取方孔轴线。

（3）选择"基准参照"选项卡，在"首要"基本下拉列表中选择刚刚建立的基准 C，如图 11-126 所示。

（4）选择"公差值"选项卡，在总公差文本框中输入公差值"0.03"，如图 11-127 所示。

（5）选择"模型参照"选项卡，在放置"类型"下拉列表中选择"法向引线"选项，如图 11-128 所示。系统弹出如图 11-129 所示的"引线类型"菜单，接受系统默认的"箭头"选项，在零件图中选取尺寸界线作为垂直度公差引线箭头的放置参照，如图 11-130 所示。随后系统提示"选取放置位置"，在合适位置单击鼠标左键，即为选取垂直度公差的放置位置，系统在零件图上显示垂直度公差。

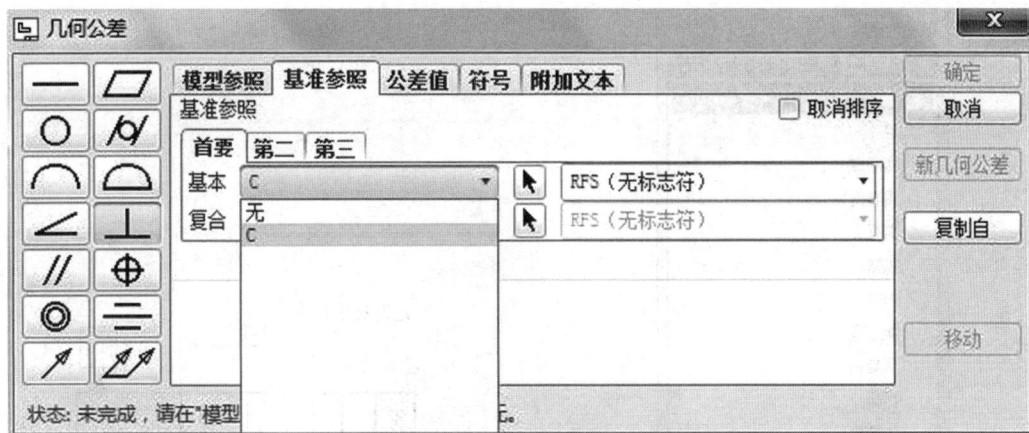

图 11 - 126　基准参照选项卡

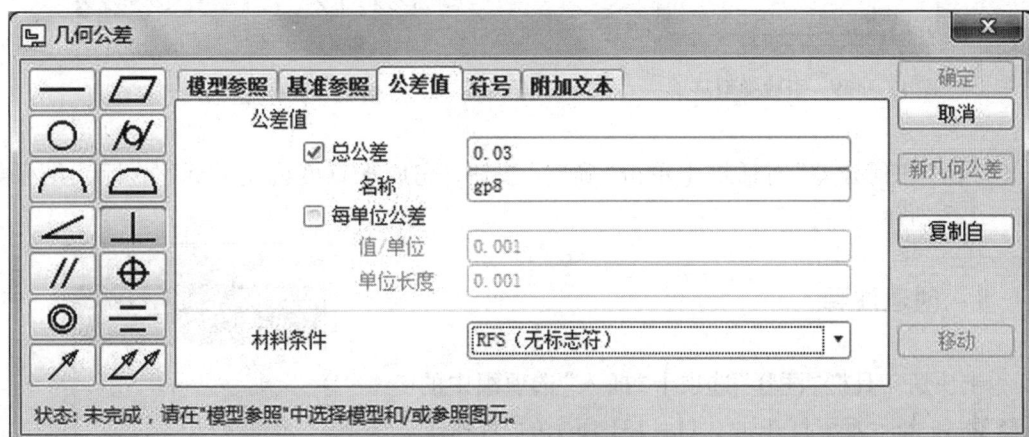

图 11 - 127　公差值选项卡

图 11 - 128　模型参照选项卡

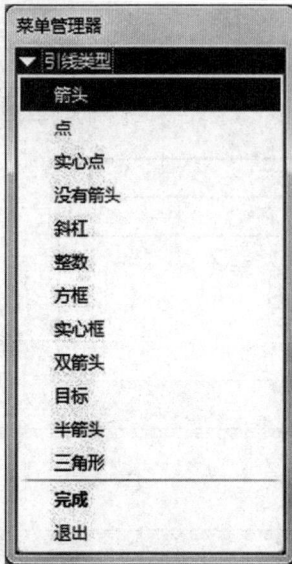

图 11 – 129　引线类型菜单

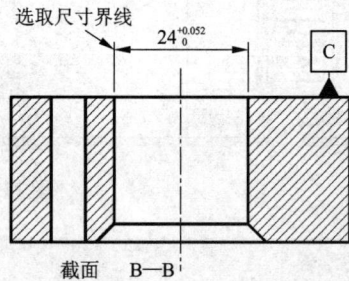

图 11 – 130　选取尺寸界线

（6）在"几何公差"对话框中单击"确定"按钮，完成垂直度公差的标注，标注结果如图 11 – 122 所示。

11.6.8　创建注释

单击快速工具栏"注释"选项卡"插入"选项组中的"注释"按钮 ，系统打开如图 11 – 131 所示的"注解类型"菜单管理器。在该菜单中可设置引线、注释内容输入方法、注释放置角度、注释对齐方式等，设置完成后单击"进行注解"选项，系统打开"获得点"菜单管理器，如图 11 – 132 所示。使用鼠标在工程图窗口中选择某点，系统弹出"输入注解"文本输入框，并打开如图 11 – 133所示的"文本符号"框。

在文本框中输入一行后，按 Enter 键，进入下一行。若已完成文本的输入，按两次 Enter 键即可完成文本的输入。

前面已经对尺寸、公差、粗糙度、形位公差的标注方法等做了一定的介绍，利用前面介绍的内容完成图 11 – 95 所示的零件三视图的标注，标注结果如图 11 – 134所示。

图 11 – 131　注解类型菜单

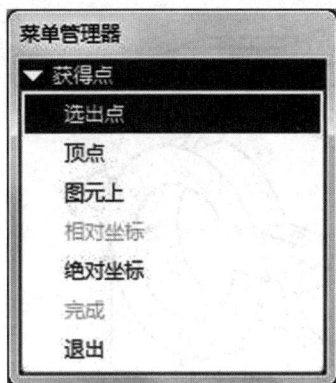

图 11 –132　获得点菜单

图 11 –133　文本符号框

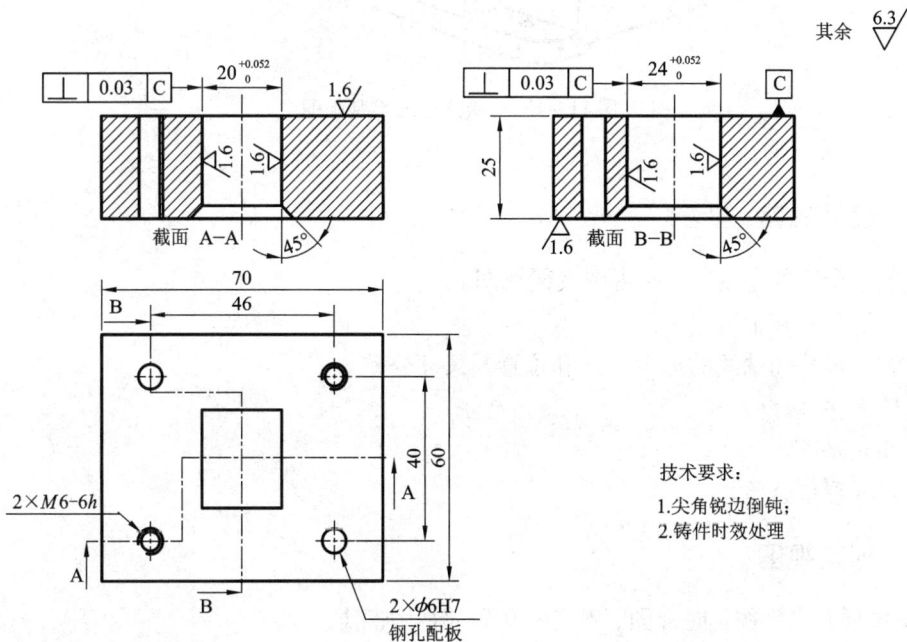

图 11 –134　三视图标注结果

11.7　综合实例

11.7.1　设计要求

根据给定零件"jiansuqixiangti. prt"生成如图 11 –135 所示的减速箱三维装配图。

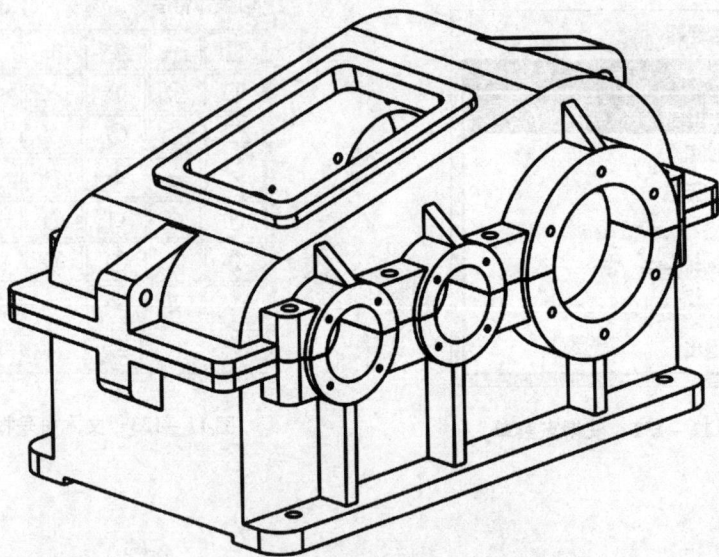

图 11 - 135　减速箱三维装配图

11.7.2　设计思路

(1)创建全剖的主视图、左视图及剖视图。

(2)显示尺寸和轴线。

(3)调整尺寸和轴线的显示样式和位置及尺寸公差。

(4)插入注释。

(5)插入基准。

(6)插入形位公差。

11.7.3　创建视图

视图包括基本视图、向视图、斜视图和局部视图四类。

(1)基本视图:包括主、俯、仰、左、右和后视图六种,是沿水平、竖直方向投影得到的视图。在 Pro/E 5.0 绘图环境中,操作步骤是:选中或创建一个视图做为主视图,点击下拉菜单"插入"→"绘图视图"→"投影";或者使用右键快捷菜单,插入投影视图,依次创建其他视图。其中,后视图是以右视图作父视图创建的。注意,如果主视图是第一视图,则只能用创建一般视图命令。

(2)向视图:指可以自由配置的视图。向视图配置法是指图样上视图或剖视图自由配置的表示方法,通常标注在主视图上表示投射方向的箭头旁大写字母识别。在 Pro/E 5.0 绘图环境中,通过两个操作步骤创建向视图:先创建投影视图(视图或剖视),再更改投影视图的类型为一般视图,移动到适当位置。例如,将左视图改为向视图的具体工作流程:创建左视图→双击左视图,打开"绘图视图"对话框→将视图类型"投影"切换为"一般","应用"→移动视图到合适位置。

340

（3）斜视图是物体向不平行于基本投影平面方向投影得到的视图，表达机件上倾斜结构的真实形状，通常按向视图方式配置和标注，必要时允许旋转斜视图。操作步骤：不选中任何视图情况下，点击下拉菜单"插入"→"绘图视图"→"辅助"→在父视图上选取投射方向参照（轴、基准平面或与父视图所在面垂直的实体面投影边）→点取斜视图放置中心。如果需要旋转视图，则应该先将辅助视图类型改为一般视图类型，然后将一般视图重新定向到合适方位。

（4）局部视图用于表达机件的局部形状，断裂边界可以用波浪线或双折线表示，按照向视图、基本视图方式配置。对称结构可以创建一半或 1/4 局部形状。在 Pro/E 5.0 中的操作步骤：先创建投影或辅助视图，再对视图的可见区域（全视、半视和局部视图）进行设置。图 11 - 136 所示为创建半视、局部视图命令的对话框。

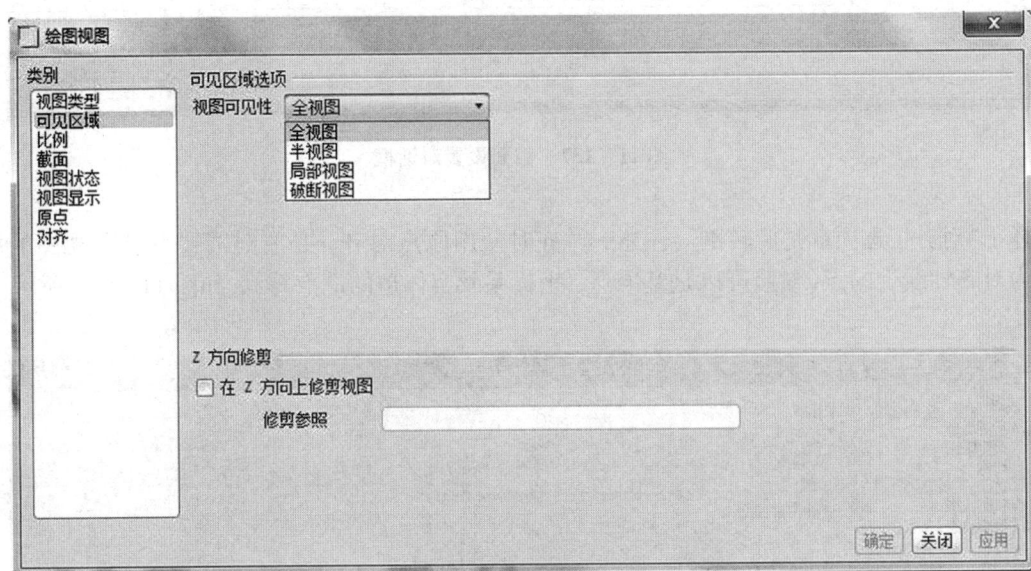

图 11 - 136 创建局部视图命令对话框

1/4 局部形状可以通过创建剖视图的流程来创建：双击视图打开"绘图视图"对话框，选中"截面"类别，选择"2D 剖面"选项；添加剖面，创建新的命名，"偏距"剖截面，在三维环境绘制 1/4 边界线，完成草绘；返回"绘图视图"对话框，点击"应用"，如图 11 - 137 所示。

在 Pro/E 5.0 中创建剖视和断面的操作步骤：先创建投影、辅助或一般视图，然后对该视图进行剖切设置。具体图样类型画法如下。

● 剖视和断面：在"绘图视图"对话框的"剖面"→"模型边可见性"选项中选择"全部"和"区域"，分别对应国标中的剖视和断面类型。

● 全剖、半剖、局部剖：从"绘图视图"对话框中选择"剖面类别"→"2D 截面"→剖切区域中操作，操作流程与局部视图的操作雷同。

● 单一剖和多剖：剖截面创建菜单下，"平面"和"偏距"分别与单一剖和多剖方法相对应。使用多剖（偏距）方式时，草绘剖切线的方式决定了是旋转剖还是阶梯剖。

对于剖切线过同一轴的剖切方式，不选择对齐选项，就是普通的投影或辅助视图；如果

图 11 - 137　截面设置对话框

选择了"对齐"选项就是旋转剖。注意，对齐时使用原点对齐，必要时需要调整父视图的原点为对齐轴线上的点(参照可以是基准点、坐标系及实体边的端点等)，如图 11 - 138 所示。

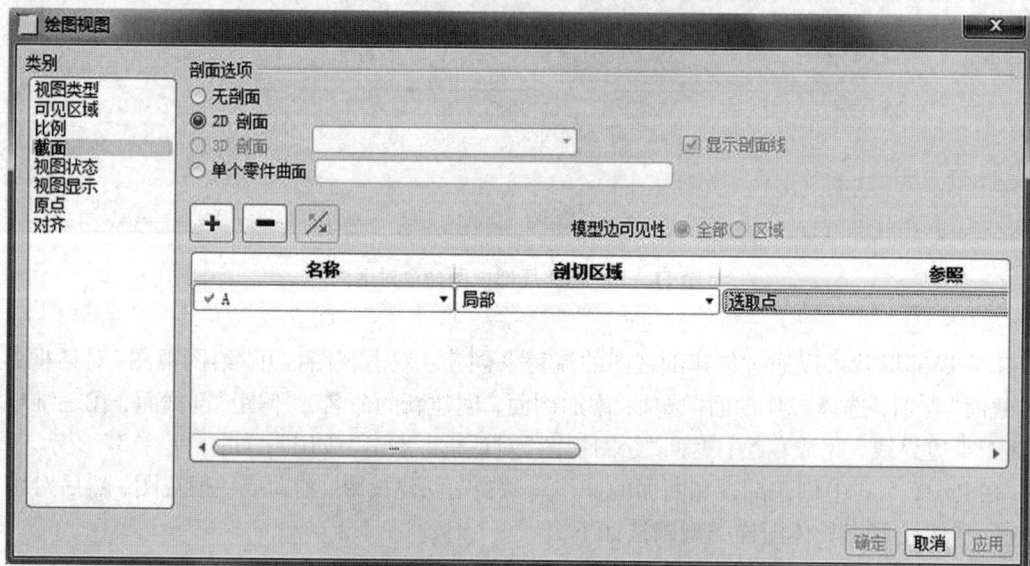

图 11 - 138　设置局部剖视图对话框

(5)创建局部剖视图。

• 创建工程图文件，名为"jiansuqixiangti. drw"，默认模型使用"jiansuqixiangti. prt"，模板使用"a3heng. drw"，根据提示输入相应信息，进入工程环境图。

• 选择(绘制)工具栏插入一般视图工具。

●　在图形区使用鼠标左键拾取某点作为视图的中心点，出现(绘图视图)对话框。设置(绘图)视图对话框，如图 11－139 所示。

●　选取主视图，单击鼠标右键，在出现的快捷菜单中选择(插入投影视图)命令。

●　根据消息提示在主视图右方拾取左视插入点，完成左视图，如图 11－140 所示。

●　双击主视图，在出现的(绘图视图)对话框的(类别)列表中选择(剖面)选项。设置完成后的对话框如图 11－138 所示。注意，选取"FRONT"面作为剖面。

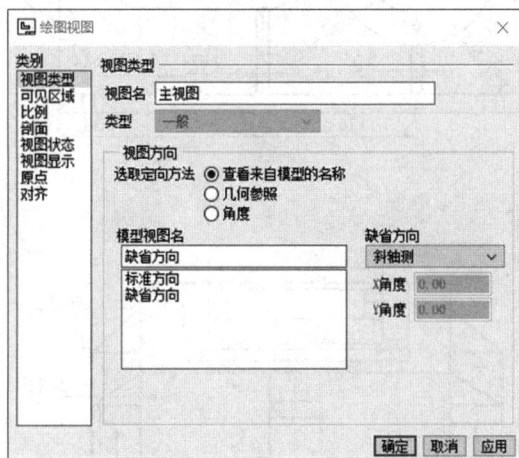

图 11－139　设置主视图绘制图

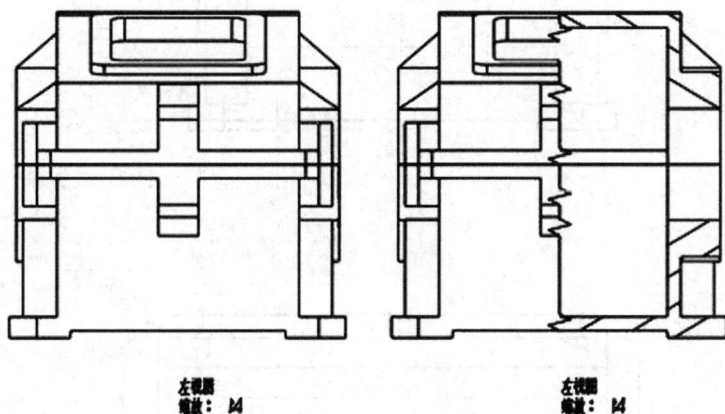

图 11－140　左视图及局部剖视图

11.7.4　显示尺寸和轴线

(1)选择菜单"视图"→"显示及拭除"命令，按照前面的步骤操作，并显示全部的轴线和尺寸。

(2)选择所有多余的尺寸和轴线，单击鼠标右键，在出现的快捷菜单中选择"拭除"命令。

(3)根据提示选择局部放大图，选中的尺寸移动到局部放大图标注。

(4)将其余全部尺寸按照国家标准的要求移动到合适的视图，如图 11－141 所示。

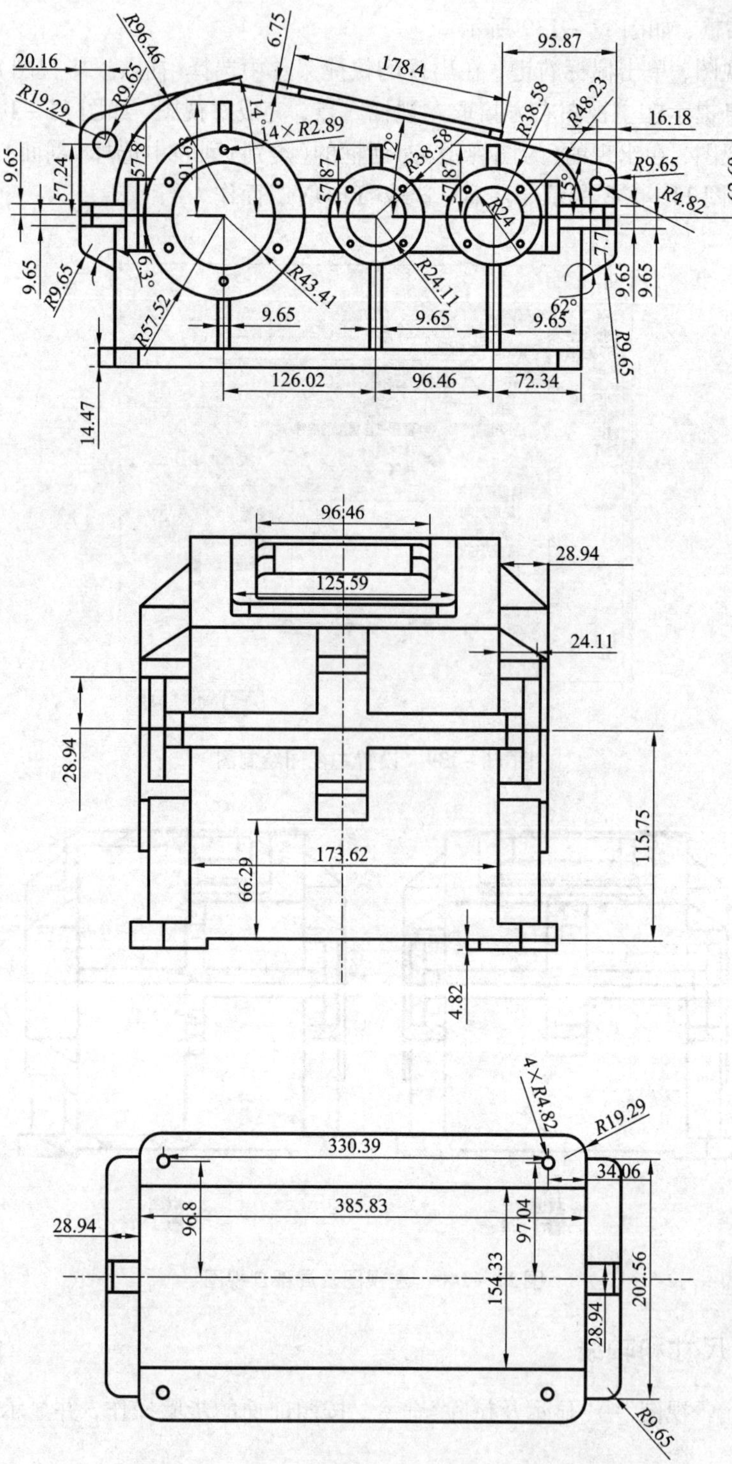

R96.46 R9.65 6.75 178.4 95.87
20.16
R19.29
14° 14×R2.89 R38.58 R48.23 16.18
9.65
57.87 57.24 91.63 12° R38.58 57.87 R9.65 62.69
57.87 R24 R4.82
15°
7.7
9.65 R9.65 6.3° R43.41 R24.11 R9.65 9.65
R57.52 62° 9.65
14.47 9.65 9.65 9.65
126.02 96.46 72.34

96.46
28.94
125.59
24.11
28.94
115.75
66.29 173.62
4.82

4×R4.82 R19.29
330.39 34.06
96.8 385.83 97.04
28.94
154.33 202.56
28.94
R9.65

图 11-141　标注尺寸的减速箱工程图

344

11.7.5　插入注释

(1)选择"绘制"工具栏创建注释工具,弹出"注释类型"菜单。

(2)选择"带引线"→"输入"→"水平"→"标准"→"默认"→"制作注释"命令,出现"获得点"菜单。

(3)选择"图元上"命令,在主视图左端选择螺纹孔的轴线,在合适的位置按鼠标中键确定注释位置。

(4)消息区提示"输入注释",输入"6XM3"按鼠标中键接受输入。

(5)再次出现提示,不输入任何值,按鼠标中键完成输入,完成后如图 11 - 142 所示。

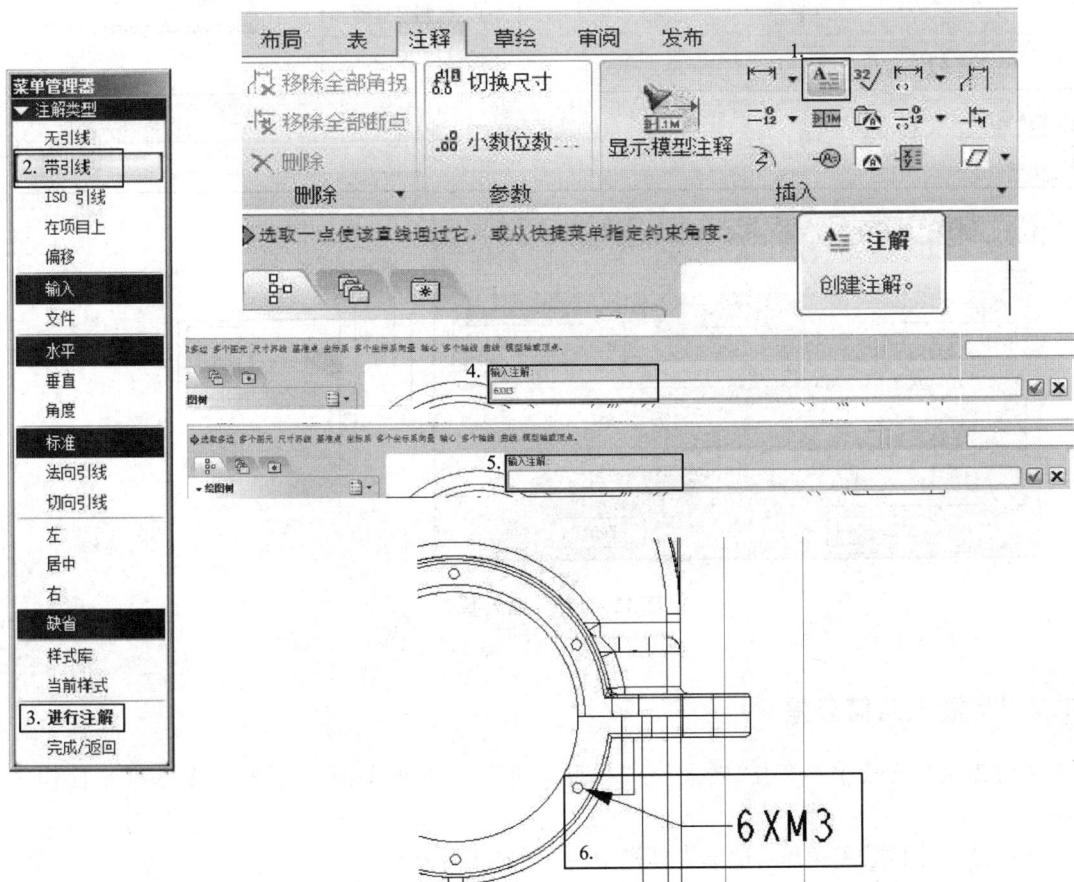

图 11 - 142　插入注释

11.7.6　插入基准

(1)选择菜单"插入"→"创建绘制轴"→"轴"命令。

(2)弹出"菜单管理器"对话框,选择"获得点"→"选出点",输入轴名"B"。

(3)单击轴名"Draft:B"出现一个对话框,选择 [A◄] ,点击"确定",基准面 B 创建完成。如图 11 - 143 所示。

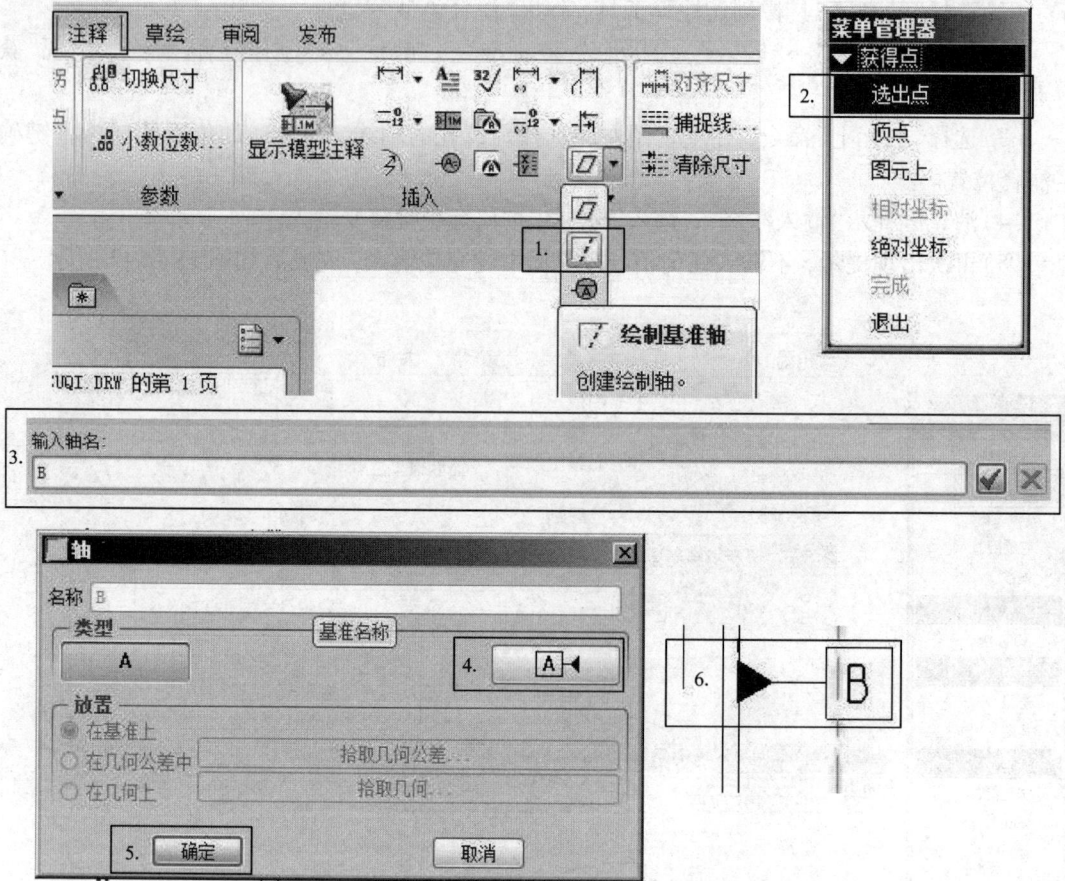

图 11 - 143 插入基准

11.7.7 插入几何公差

（1）指定基准菜单：单击"插入"→"模型基准"→"基准平面"，选择一个基准平面作为基准。

（2）添加形位公差菜单：选择工具栏中的"创建几何公差"。

（3）弹出"几何公差"对话框，如图 11 - 144 所示。

（4）在模型参照中，指定放置参考。

（5）在基准参照中，指定基准（第 1, 2, 3, 基准），如 DTM1。

（6）在公差值指定公差大小。

（7）完成后如图 11 - 145 所示。

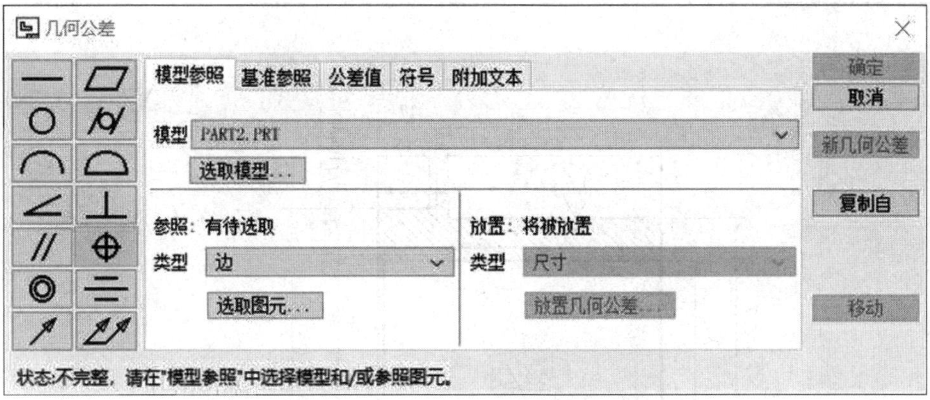

图 11 - 144　插入形位公差对话框

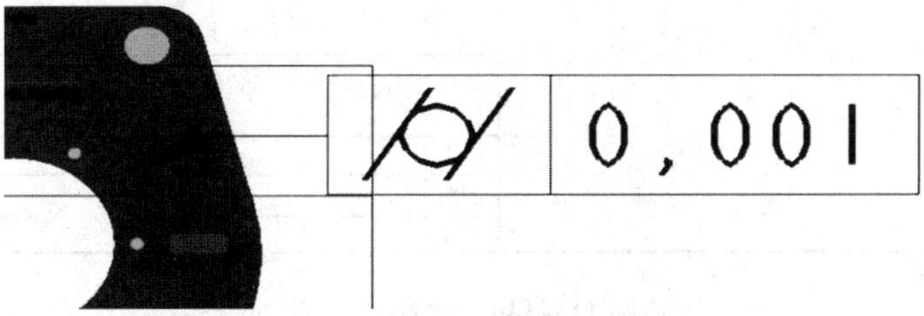

图 11 - 145　插入形位公差

练习题

1. 根据图 11 - 146 所示的工程图创建千斤顶中螺套的三维模型,再根据三维模型创建零件的工程图。

2. 根据图 11 - 147 所示的工程图创建千斤顶中螺杆的三维模型,再根据三维模型创建零件的工程图。

3. 根据图 11 - 148 所示的工程图创建千斤顶中顶垫的三维模型,再根据三维模型创建零件的工程图。

4. 根据图 11 - 149 所示的工程图创建千斤顶中绞杠的三维模型,再根据三维模型创建零件的工程图。

5. 根据图 11 - 150 所示的工程图创建千斤顶中底座的三维模型,再根据三维模型创建零件的工程图。

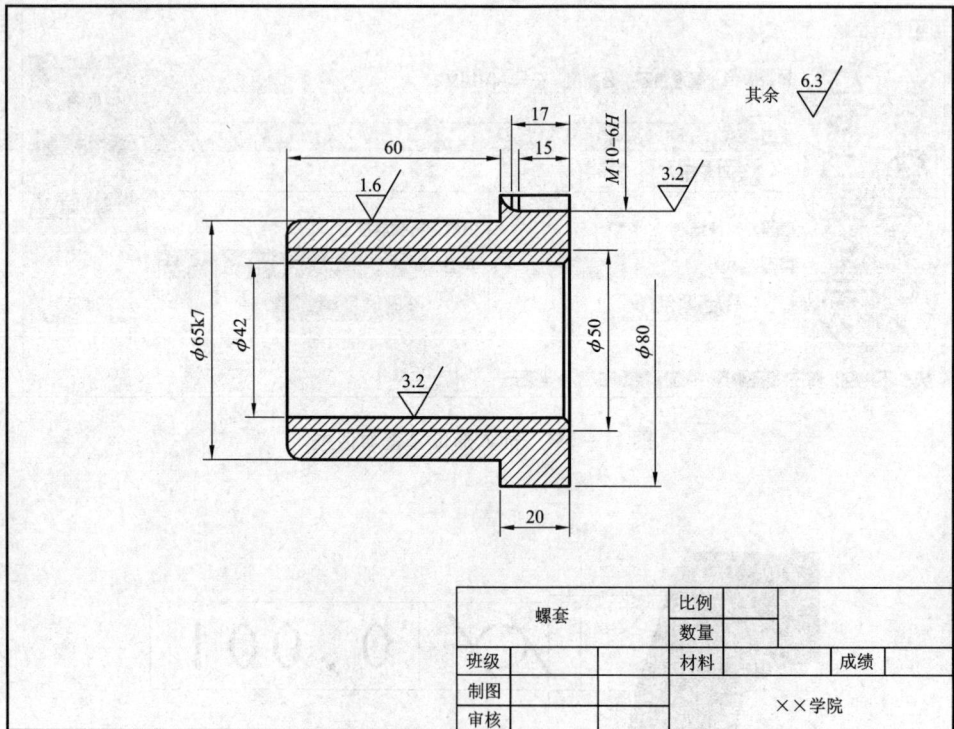

图 11 – 146 螺套工程图

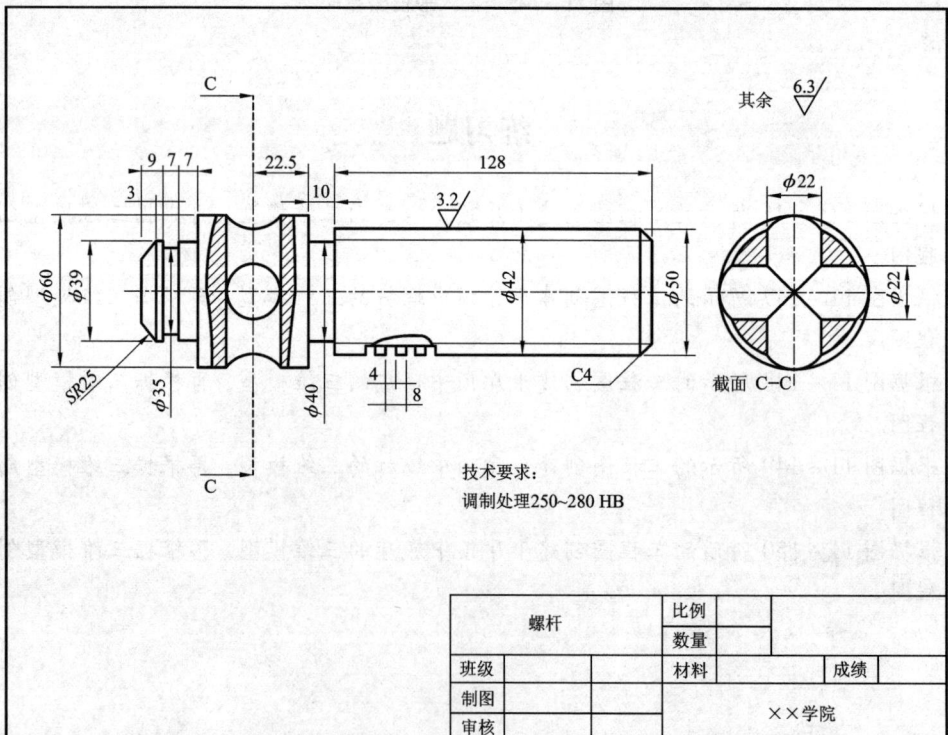

技术要求：
调制处理250~280 HB

图 11 – 147 螺杆工程图

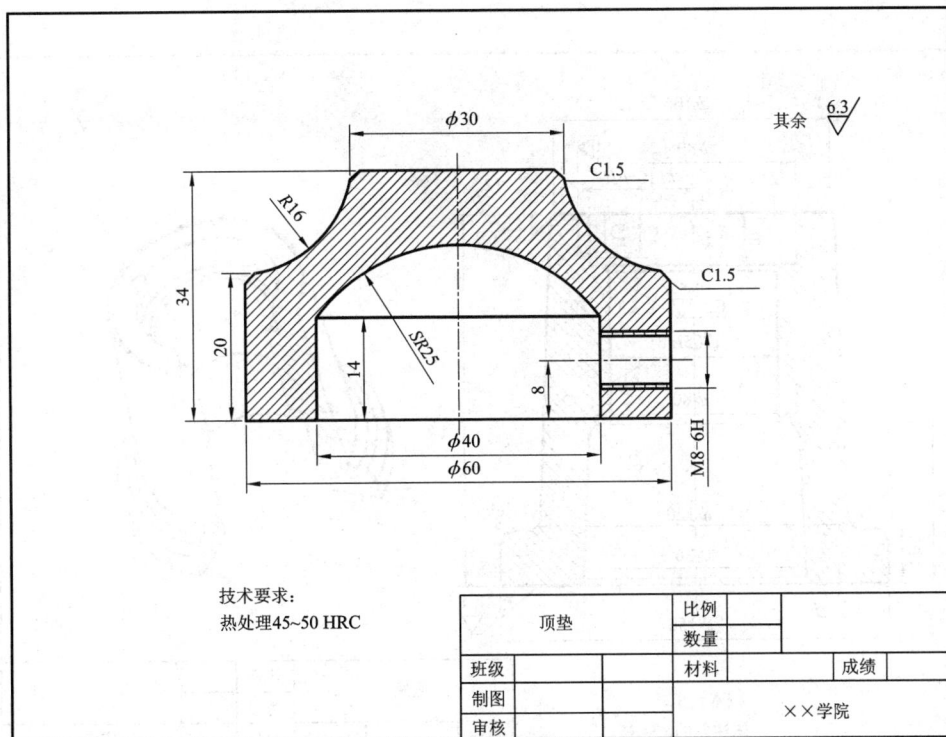

图 11 - 148 顶垫工程图

技术要求：
热处理45~50 HRC

顶垫		比例		
		数量		
班级		材料		成绩
制图		××学院		
审核				

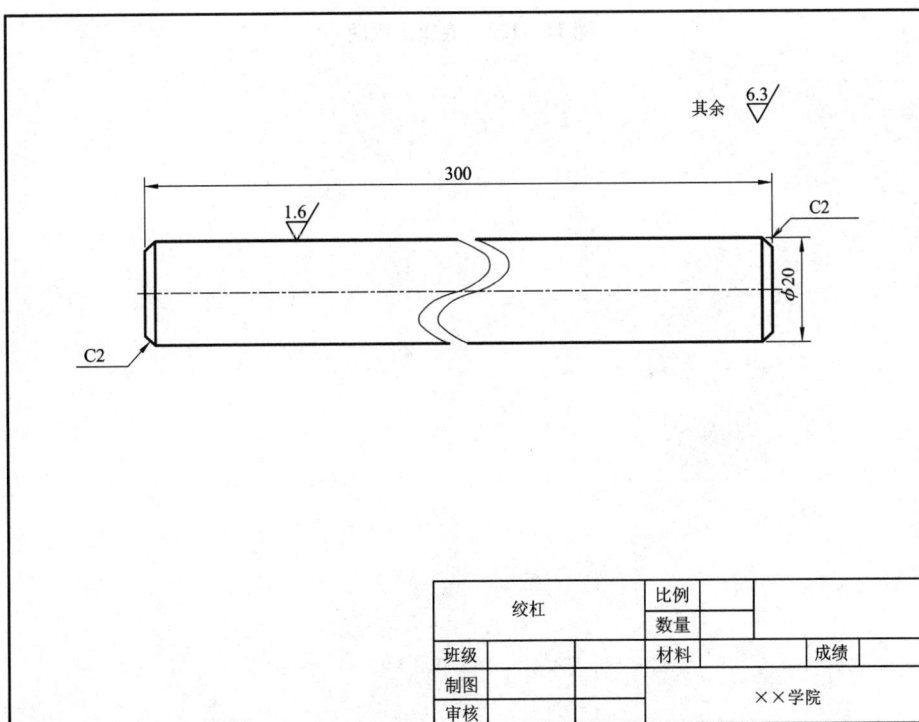

图 11 - 149 绞杠工程图

绞杠		比例		
		数量		
班级		材料		成绩
制图		××学院		
审核				

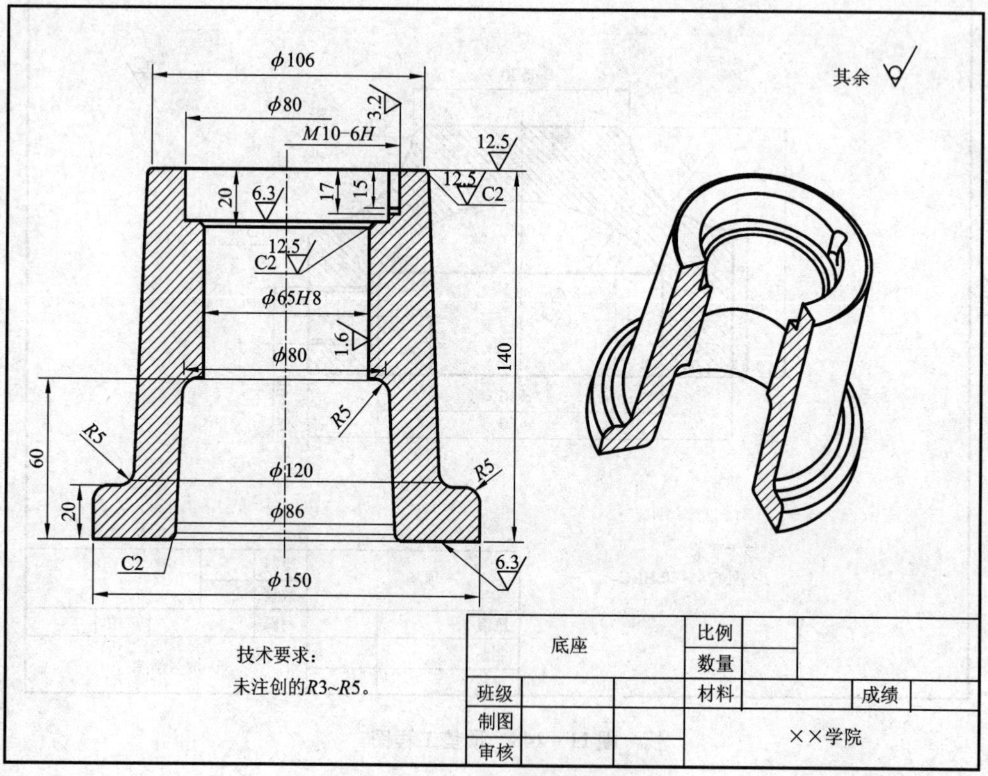

图 11 - 150　底座工程图

技术要求:
未注创的R3~R5。

底座		比例		
		数量		
班级		材料		成绩
制图			××学院	
审核				

其余 ▽

φ106
φ80
M10-6H
3.2
12.5
12.5
C2
20
6.3
17
15
12.5
C2
φ65H8
φ80
1.6
140
R5
R5
60
R5
φ120
φ86
20
C2
φ150
6.3

第12章
Pro/ENGINEER 运动仿真分析

机构的动力学分析是 Pro/E 5.0 的一个仿真模块,使用机构模块,可实现对机构的定义,使机构中的零件移动,并对机构的运动进行分析研究。其分析功能相当于进行机械运动仿真,使用"机构"分析功能来创建某种机构,定义特定运动幅,创建能使其运动起来的伺服电动机,实现机构的运动模拟,可以观察并记录分析,可以测量诸如位置、速度、加速度等运动特征,可以通过图形直观地显示这些测量值,也可创建轨迹曲线和运动包络,用物理方法描述运动。

使用"机械动态"分析功能可在机构上定义重力、力和力矩、弹簧、阻尼等特征,可以设置机构的材料、密度等特征,使其更加接近现实中的结构,达到真实的模拟现实的目的。

如果单纯地研究机构的运动,而不涉及质量、重力等参数,只需要使用"机构"分析功能即可,即进行运动分析。如果还需要更进一步分析机构受重力、外界输入的力和力矩、阻尼等的影响,则必须使用"机构"来进行静态分析、动态分析等。

12.1　机构动力学分析基础知识

机构动力学分析使用 Mechanism 模块,可实现对机构的定义,是 Pro/E 5.0 的一个仿真模块,可以进行各种机构的运动仿真。先介绍一下相关术语。

主体(body)——一个元件或彼此无相对运动的一组元件,主体内 DOF = 0。

连接(connections)——定义并约束相对运动的主体之间的关系。

自由度(degrees of freedom, DOF)——允许的机械系统运动,连接的作用是约束主体之间的相对运动,减少系统可能的总自由度。

拖动(dragging)——在屏幕上用鼠标拾取并移动机构。

动态(dynamics)——研究机构在受力后的运动。

执行电动机(force motor)——作用于旋转轴或平移轴上(引起运动)的力。

齿轮副连接(gear pair connection)——应用到两连接轴的速度约束。

基础(ground)——不移动的主体,其他主体相对于基础运动。

机构(joints)——特定的连接类型(例如销钉机构、滑块机构和球机构)。

运动学(kinematics)——研究机构的运动,而不考虑移动机构所需的力。

环连接(loop connection)——添加到运动环中的最后一个连接。

运动(motion)——主体受电动机或负荷作用时的移动方式。

放置约束(placement constraint)——组件中放置元件并限制该元件在组件中运动的图元。

回放(playback)——记录并重放分析运行的结果。

伺服电动机(servo motor)——定义一个主体相对于另一个主体运动的方式。可在机构或几何图元上放置电动机,并可指定主体间的位置、速度或加速度运动。

LCS——与主体相关的局部坐标系。LCS 是与主体中定义的第一个零件相关的缺省坐标系。

UCS——用户坐标系。

WCS——全局坐标系。组件的全局坐标系,包括用于组件及该组件内所有主体的全局坐标系。

12.2　运动件的装配

Pro/E 5.0 运动仿真分析流程如图 12 - 1 所示,其流程主要包括创建机构模型,建立运动模型、添加建模图元、分析机构模型、获取分析结果。

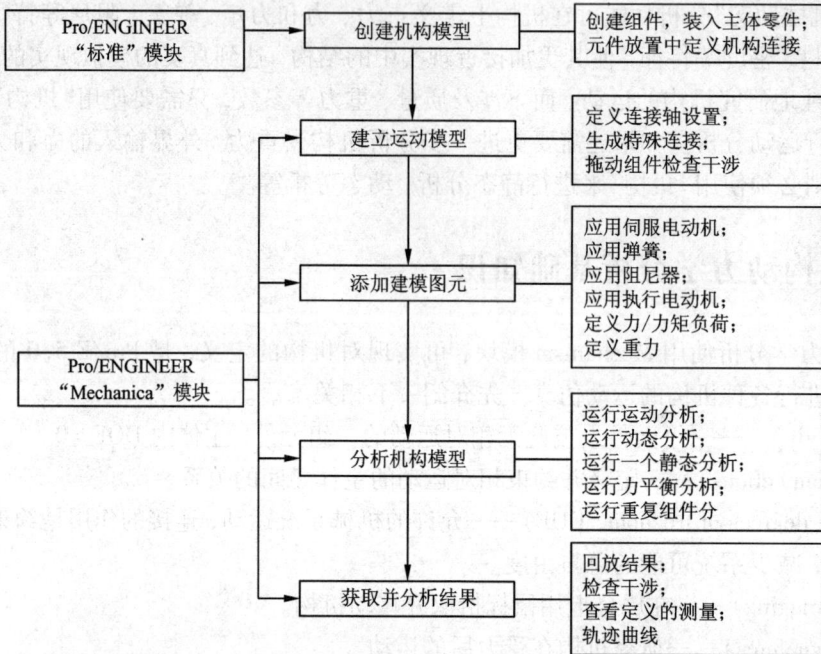

图 12 - 1　运动分析工作流程

Pro/E 5.0"机构"模块包括"机械设计运动"(运动仿真)和"机械设计动态"(动态分析)两部分,使用"机构"分析功能,可在不考虑作用于系统上的力的情况下分析机构运动,并测量主体位置、速度和加速度。和前者不同的是,"机械动态"分析包括多个建模图元,如弹簧、阻尼器、力/力矩负荷以及重力等。可根据电动机所施加的力及其位置、速度或加速度来定义电动机。除重复组件和运动分析外,还可运行动态、静态和力平衡分析。也可创建测量,以监测连接上的力以及点、顶点或连接轴的速度或加速度。可确定在分析期间是否出现碰撞,并可使用脉冲测量定量由于碰撞而引起的动量变化。由于动态分析必须计算作用于机

352

构的力，所以它需要用到主体质量属性。两者进行分析时流程基本一致，如表 12 - 1 所示。

表 12 - 1　分析流程表

类型	机械设计流程	机械动态动流程
创建模型	定义主体； 生成连接； 定义连接轴设置； 生成特殊连接	定义主体； 指定质量属性； 生成连接； 定义连接轴设置； 生成特殊连接
检查模型	拖动组件； 检查装配连接情况	拖动组件； 检查装配连接情况
添加建模图元	应用伺服电动机	应用伺服电动机； 应用弹簧； 应用阻尼器； 应用执行电动机； 定义力/力矩负荷； 定义重力
创建分析模型	运行运动学分析； 运行重复组件分析	运行运动学分析； 运行动态分析； 运行静态分析； 运行力平衡分析； 运行重复组件分析
获得结果	回放结果； 检查干涉； 查看测量； 创建轨迹曲线； 创建运动包络	回放结果； 检查干涉； 查看定义的测量和动态测量； 创建轨迹曲线和运动包络； 创建要转移到 MECHANICA 结构的负荷集

　　装入元件的两种方式：机构连接与约束连接。向组件中增加元件时，会弹出"元件放置"窗口，此窗口有三个页面："放置""移动""连接"。传统的装配元件方法是在"放置"页面给元件加入各种固定约束，将元件的自由度减少到 0，因元件的位置被完全固定，这样装配的元件不能用于运动分析(基体除外)。另一种装配元件的方法是在"连接"页面给元件加入各种组合约束，如"销钉""圆柱""刚体""球""6DOF"等，使用这些组合约束装配的元件，因自由度没有完全消除(刚体、焊接、常规除外)，元件可以自由移动或旋转，这样装配的元件可用于运动分析。传统装配法可称为"约束连接"，后一种装配法可称为"机构连接"。

　　约束连接与机构连接的相同点：都使用 Pro/E 5.0 中的约束来放置元件，组件与子组件的关系相同。

约束连接与机构连接的不同点：约束连接使用一个或多个单约束来完全消除元件的自由度，机构连接使用一个或多个组合约束来约束元件的位置。约束连接装配的目的是消除所有自由度，元件被完整定位，机构连接装配的目的是获得特定的运动，元件通常还具有一个或多个自由度。

12.3　连接和连接类型

12.3.1　自由度

为机构选取合适的连接，了解自由度至关重要。在机构系统中，自由度（DOF）的数量表示在系统中指定每个主体的位置或运动所需的独立参数的数量。表 12－2 列出了 Pro/E 5.0 中的连接类型。

预定义的连接集作用是约束或限制主体之间的相对运动，减少系统可能的总自由度。

完全不受约束的主体有六个自由度：三个平移自由度和三个旋转自由度。如果将销钉连接应用于主体，则会限制主体绕轴进行的旋转运动，而主体的自由度也将由六个减少为一个。

选取一个应用到模型的预定义的连接集之前，应知道要对主体加以限制的运动及所允许的运动。表 12－2 描述了可在元件放置期间创建的预定义连接集及相应的自由度。注意，对于一般连接类型，表 12－2 显示了与指定自由度相关的 Pro/E 5.0 约束组。

表 12－2

总自由度	旋转	平移	连接类型	一般连接（与 DOF 相关的约束）
0	0	0	焊缝（weld）：将两个主体粘在一起	
0	0	0	刚性（rigid）：在改变底层主体定义时将两个零件粘结在一起。受刚性连接约束的零件构成单一主体	
1	0	1	滑块（slider）：沿轴平移	平面－平面对齐/配对
1	1	0	销钉（pin）：绕轴旋转	
2	2	0	一般	点－点对齐（如果点在边上）；平面上的边
2	1	1	圆柱（cylinder）：沿指定轴平移并绕该轴旋转	直线上的点；平面－平面定向
2	0	2	一般	平面上的边，假定该平面既不与边垂直，亦不与其平行；平面－平面定向
3	3	0	球（ball）：以任意方向旋转	点－点对齐

续表 12 - 2

总自由度	旋转	平移	连接类型	一般连接（与 DOF 相关的约束）
3	2	1	一般	平面上的边； 线上的点（线和边必须对齐）
3	1	2	平面（planar）：通过平面接头连接的主体在平面内相对运动。相对于垂直该平面的轴旋转	平面 - 平面对齐/配对
3	0	0	一般	平面 - 平面定向； 平面 - 平面定向（不与第一组平面平行）
4	3	1	轴承（bearing）：组合球形接头及滑块接头	直线上的点
4	2	2	一般	平面上的边
4	1	3	一般	平面 - 平面定向
5	3	2	一般	平面上的点
6	3	3	6DOF：按任意方向平移及旋转	

　　注意：用 6DOF 连接建模具有三根旋转运动轴和三根平移运动轴的接头，该接头不影响模型元件之间的相对运动，因为没有应用任何约束。6DOF 连接后可用作应用伺服电动机或建模任何所需类型接头的位置。

　　一般连接用于表示模型中元件所需的任意自由度数目，确定自由度的数目后，可在"元件放置"（component placement）操控板中重定义一般连接。有关"元件放置"的更详细信息，请搜索"Pro/ENGINEER 5.0 帮助"系统的"组件"。

　　某些一般连接的自由度数与其他连接类型（例如：球、圆柱或销）的自由度数相同。

　　创建一般连接后，系统将放置一个可显示其自由度的图标，该图标是一个使用平移和旋转箭头指示自由度的坐标系。

12.3.2　连接类型

　　Pro/E 5.0 提供了十种连接定义，主要有销钉连接、滑动杆连接、圆柱连接、平面连接、球连接、焊接、轴承、刚性连接、常规、6DOF（自由度）等。

　　连接与装配中的约束不同，连接都具有一定的自由度，可以进行一定的运动。

　　预定义连接集有三种用途：

　　（1）定义在模型中放置元件时使用哪些放置约束。

　　（2）限制主体之间的相对运动，减少系统可能的总自由度（DOF）。

　　（3）定义一个元件在机构中可能具有的运动类型。

　　选取预定义的连接集之前，必须了解如何使用放置约束和自由度来定义运动。然后可选取相应连接以使机构按设计者所希望的运动方式运动。

1. 销钉连接

此连接需要定义两个轴重合，两个平面对齐，元件相对于主体旋转，具有一个旋转自由度，没有平移自由度。如图 12 - 2 所示。

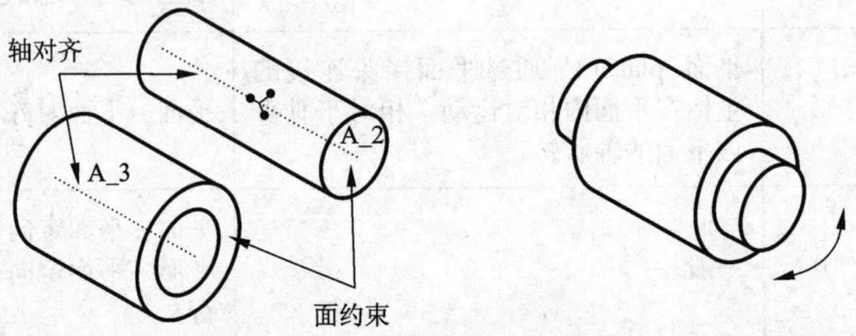

图 12 - 2　销钉连接示意图

2. 滑动杆连接

滑动杆连接仅有一个沿轴向的平移自由度，滑动杆连接需要一个轴对齐约束、一个平面匹配或对齐约束，以限制连接元件的旋转运动。与销连接正好相反，滑动杆提供了一个平移自由度，没有旋转自由度。

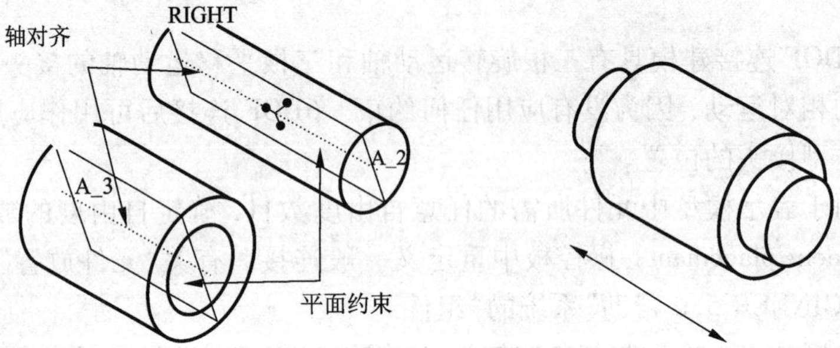

图 12 - 3　滑动杆连接示意图

3. 圆柱连接

连接元件即可以绕轴线相对于附着元件转动，也可以沿着轴线相对于附着元件平移，只需要一个轴对齐约束。圆柱连接提供了一个平移自由度，一个旋转自由度。

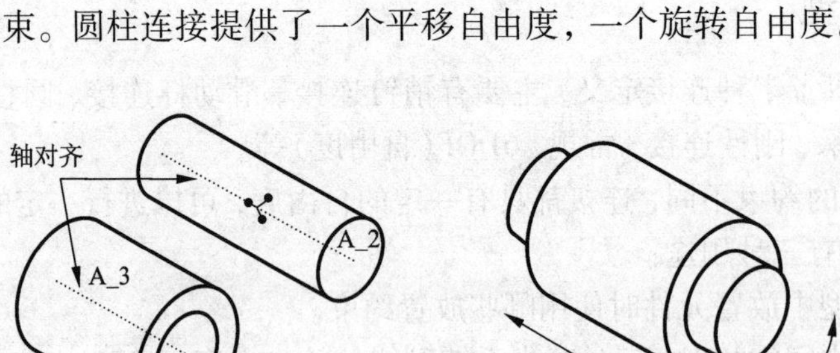

图 12 - 4　圆柱连接示意图

4. 平面连接

平面连接的元件既可以在一个平面内相对于附着元件移动，也可以绕着垂直于该平面的轴线相对于附着元件转动，只需要一个平面匹配约束。

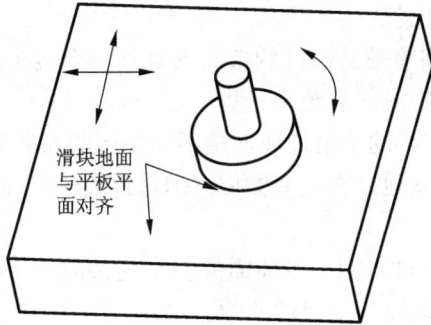

图 12 - 5　平面连接示意图

5. 球连接

连接元件在约束点上可以沿附着组件任何方向转动，但只允许两点对齐约束。球连接提供了一个平移自由度，三个旋转自由度。

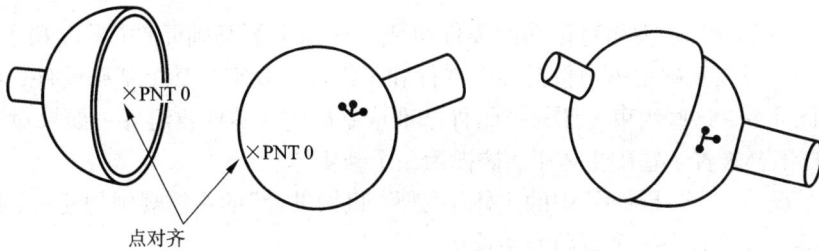

图 12 - 6　球连接示意图

6. 轴承连接

轴承连接是通过点与轴线约束来实现的，可以沿三个方向旋转，并且能沿着轴线移动，需要一个点与一条轴约束。轴承连接具有一个平移自由度，三个旋转自由度。

图 12 - 7　轴承连接示意图

357

7. 刚性连接

连接元件和附着元件之间没有任何相对运动，六个自由度完全被约束。

8. 焊接连接

焊接将两个元件连接在一起，没有任何相对运动，只能通过坐标系进行约束。

刚性连接和焊接连接的比较。

(1)刚性接头允许将任何有效的组件约束组聚合到一个接头类型。这些约束可以是使装配元件得以固定的完全约束集或部分约束子集。

(2)装配零件、不包含连接的子组件或连接不同主体的元件时，可使用刚性接头。

焊接接头的作用方式与其他接头类型类似。但零件或子组件的放置是通过对齐坐标系来固定的。

(3)当装配包含连接的元件且同一主体需要多个连接时，可使用焊接接头。焊接连接允许根据开放的自由度调整元件以与主组件匹配。

(4)如果使用刚性接头将带有"机械设计"连接的子组件装配到主组件，子组件连接将不能运动。如果使用焊接将带有"机械设计"连接的子组件装配到主组件，子组件将参照与主组件相同的坐标系，且其子组件的运动将始终处于活动状态。

12.4　主体

12.4.1　关于主体与加亮主体

主体是由一个或几个不相对移动的零件组成。机构中的基础元件(零件和子组件)不相对于组件移动。可在基础主体中包括多个零件和子组件。要定义某个基础元件，可使用约束来完全约束此元件，这些约束参照缺省组件基准或基础中的零件或组件。如果对元件的约束不足，则它将不会被置于基础主体中，被视为一个新主体。

在缺省情况下，"设计动画"中的主体是按照"机构设计"的主体规则创建的，即在其间有一个约束的零件被放置在一个单独的主体中。

在"机构"和"组件"模式下，可以通过打开"机构模型树"下的"主体"(bodies) 文件夹来查看主体。在机械模块环境下，单击 或"视图"(view)"加亮主体"(highlight bodies)可加亮组件中的主体。基础总是加亮为绿色，只能使用一个限定的调色板：如果机构中存在许多主体，则某些主体可能会以相同的颜色加亮显示。

12.4.2　重定义主体

重定义主体，即移除组件约束以重定义组件中的主体。

利用"重定义主体"功能可以实现以下目的：

• 查明一个固定零件的当前约束信息。
• 删除某些约束，以使该零件成为具有一定运动自由度的主体。

在 Pro/E 5.0 中重定义主体的具体操作方法如下，选择下拉菜单"编辑"→"重定义主体"命令 此时弹出重定义主体的对话框，如图 12 - 9 所示。

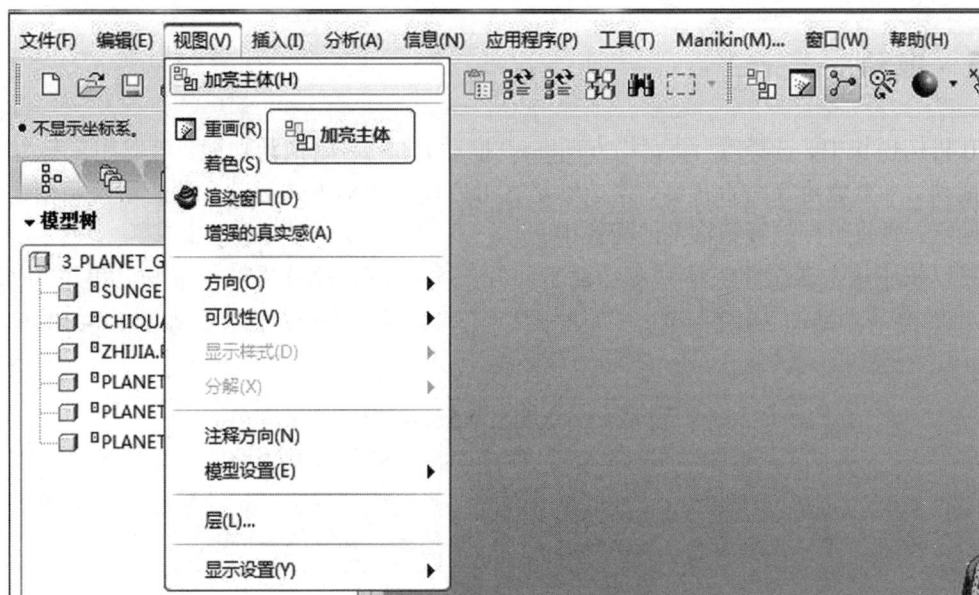

图 12 – 8　加亮主体下拉菜单

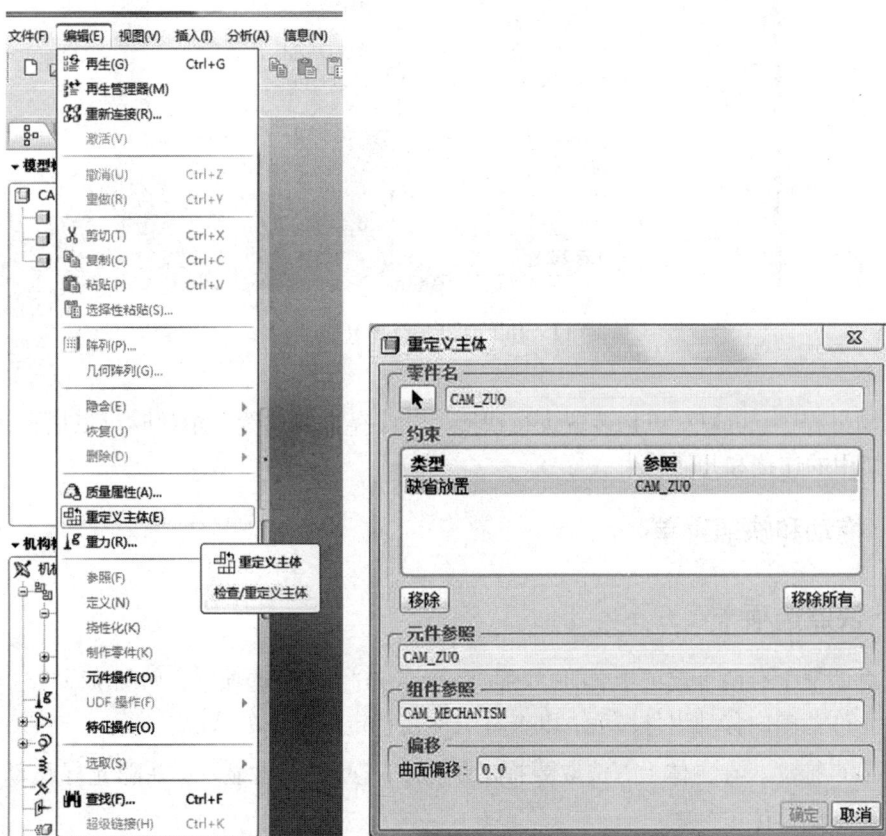

图 12 – 9　重定义主体对话框

12.5 拖动

在机构模块中,选择"视图"→"方向"→"拖动元件"启用拖动功能,可以用鼠标对主体进行拖动,来查看定义是否正确,连接轴是否可以按设想的方式运动。可使用快照创建分析的起始点,或将组件放置到特定的配置中。

可以使用接头禁用和主体锁定功能来研究整个机械或部分机械的运动。单击"应用程序"→"机构"→"拖动"或直接单击工具栏图标 ![icon] 可以进入拖动对话框。如图 12 - 10 所示。

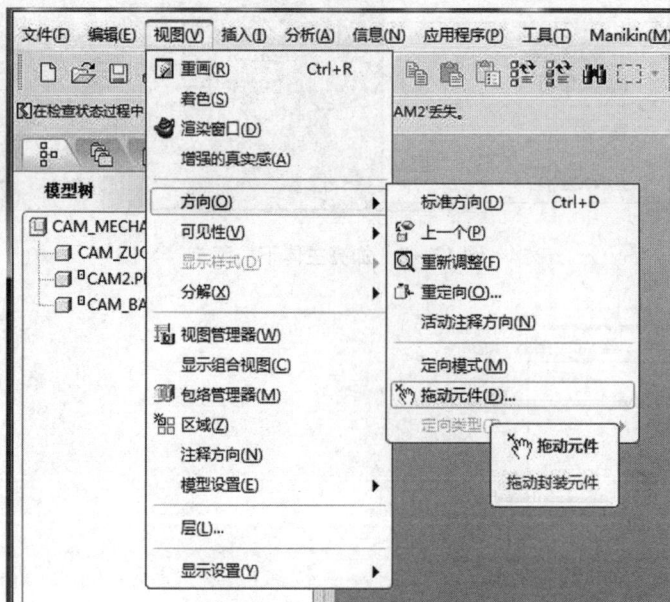

图 12 - 10 拖动元件下拉菜单

在拖动过程中,可以对机构装置进行快照,以保存重要位置。拍照时可以捕捉现有的锁定主体、禁用的连接和几何约束。

12.5.1 拖动和快照菜单

12.5.2 快照选项卡

拖动对话框中有两个选项卡,即"快照"选项卡和"约束"选项卡,如图 12 - 13(a)所示,在运动的允许范围内移动组件图元,以查看组件在特定配置下的状况。

![icon] A:点拖动。在主体上,选取要拖动的点,该点将突出显示,并随光标移动。注意,该点不能为基础主体上的点。

![icon] B:主体拖动,选取一个主体,该主体将突出显示,并随着光标移动。注意,不能拖动基础主体。

360

C：单击该按钮后，系统立即给机构装置拍一次照，并在下面框中列出该快照名，如 snapshot1。

D：单击此标签，可打开如图 12 - 13 所示快照选项卡。

E：单击此按钮，将显示所选取的快照，快照配置出现在主窗口中。

F：单击此按钮，"快照构建"对话框随即打开，可从其他快照中借用零件位置。

G：单击此按钮，将选定快照更新为当前屏幕上的位置。

H：单击此按钮，选取的快照可成为分解状态。此分解状态可用在工程图中的视图中。

I：从列表中删除选定的快照。

高级拖动选项 J：单击此标签，可显示下部的高级拖动选项。

K：单击此按钮，选取一个元件，打开"移动"对话框，可进行封装移动操作。

L：为高级拖动操作指定当前坐标系。通过选择主体来选取一个坐标系，所选主体的缺省坐标系是要使用的坐标系。X、Y 或 Z 轴的平移或旋转将在该坐标系中进行。分别单击这些按钮后，选取一个主体，可使主体仅沿按钮中所示的坐标轴方向运动（平移或转动），其他方向的运动则被锁定。

单击 指定沿当前坐标系的 X 方向的平移。

单击 指定在当前坐标系的 Y 方向的平移。

单击 指定沿当前坐标系的 Z 方向的平移。

单击 指定绕当前坐标系的 X 轴旋转。

单击 指定绕当前坐标系的 Y 轴旋转。

单击 指定绕当前坐标系的 Z 轴旋转。此对话框中还有（reference coordinate system）：可使用选择器箭头在模型中选取坐标系。

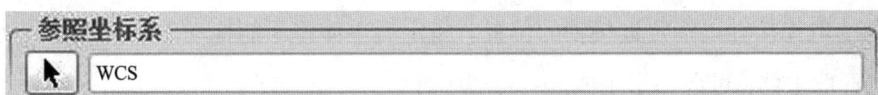

图 12 - 11　参照坐标系

M：如图 12 - 11 中参照坐标系单击此按钮，可通过选取主体来先取一个坐标系（所选取的主体默认坐标系是要使用的坐标系）主体将沿着该坐标系的 X、Y、Z 方向平移或者旋转。

图 12 - 12

N：如图 12 - 12 中拖动点位置（drag point location）。实时显示拖动点相对于选定坐标系的 X、Y 和 Z 坐标。

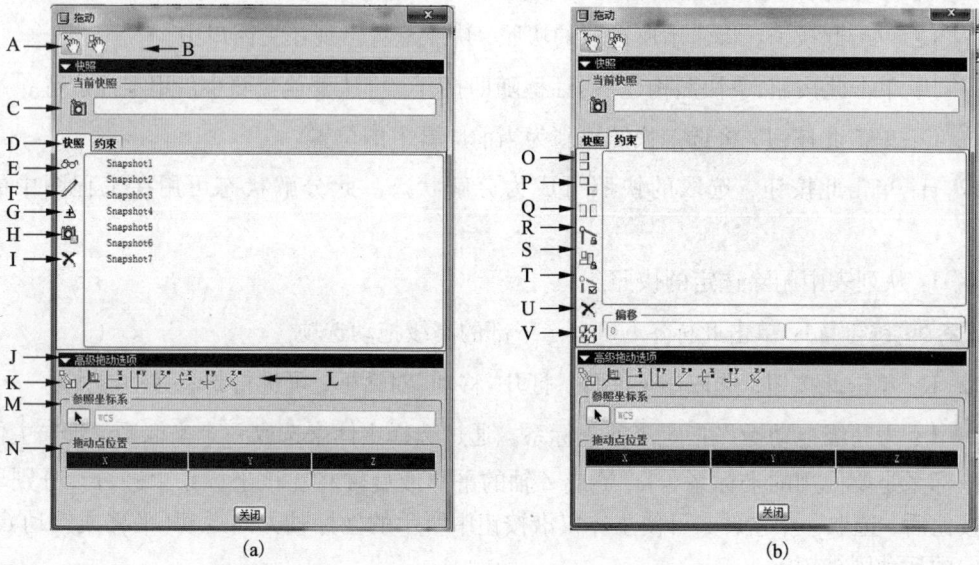

图 12 - 13　拖动对话框

12.5.3　约束"选项卡：

应用约束后，机构会将其名称放置于约束列表中，通过选中或清除列表中约束的复选框，可打开和关闭约束，也可选择如下选项进行临时约束，如图 12 - 13(b)所示。

O：选取两个点、两条线或两个平面。这些图元将在拖动操作期间保持对齐。

P：选取两个平面。两平面在拖动操作期间将保持相互匹配。

Q：为两个平面定向，使其互成一定角度。

R：选取连接轴以指定连接轴的位置。指定后主体将不能拖动。

S：选取主体，可以锁定主体。

T：选取连接，连接被禁用。

U：从列表中删除选定临时约束。

V：可使用临时约束来装配模型。可为所有匹配或对齐的约束输入偏移值。如果已经选择了定向约束，则输入角度或距离值。

12.6　运动仿真实例

12.6.1　创建新的装配文件

按照设计要求组装好各零件后，单击菜单"应用程序"→"机构"，如图 12 - 14 所示。系

362

统进入机构模块环境，呈现如图 12 - 15 所示的机构模块主界面，菜单栏增加如图 12 - 16 所示的"机构"下拉菜单，模型树增加了如图 12 - 17 所示的"机构"一项内容，窗口右边出现如图 12 - 18 所示的工具栏图标。下拉菜单的每一个选项与工具栏每一个图标相对应，用户既可以通过菜单选择进行相关操作，也可以直接点击快捷工具栏图标进行操作。

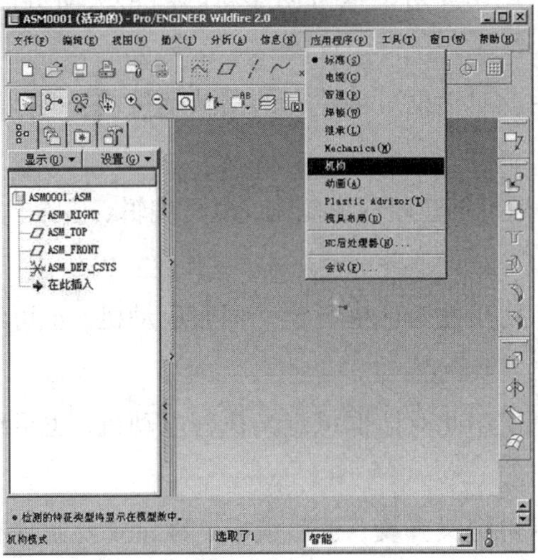

图 12 - 14　由装配环境进入机构环境图

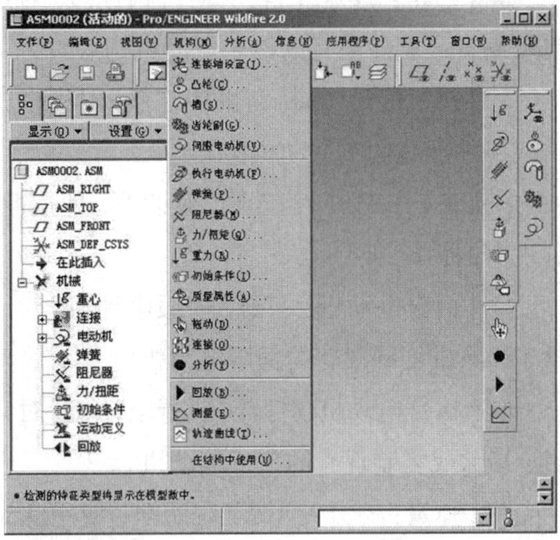

图 12 - 15　机构模块下的主界面图

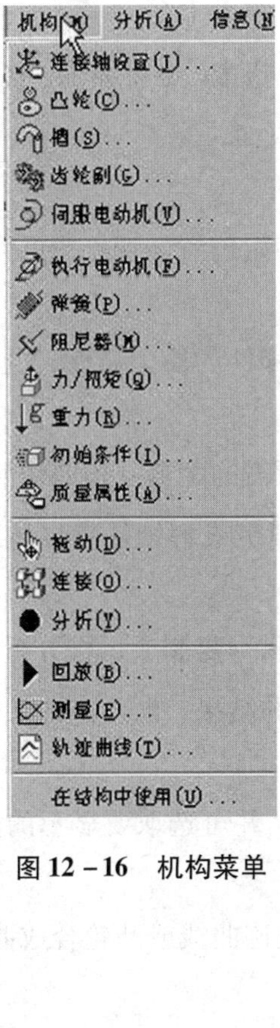

图 12 - 16　机构菜单

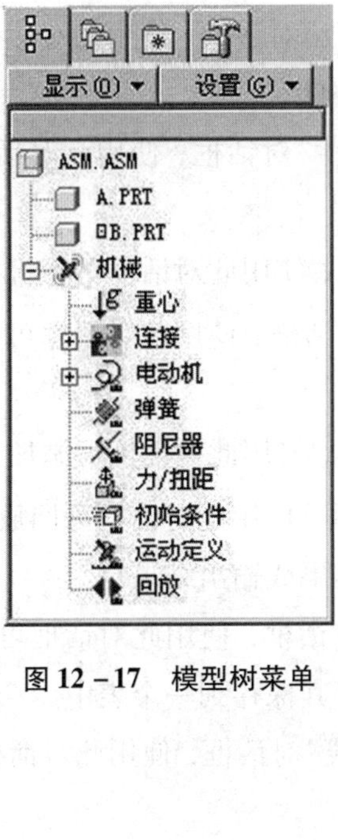

图 12 - 17　模型树菜单

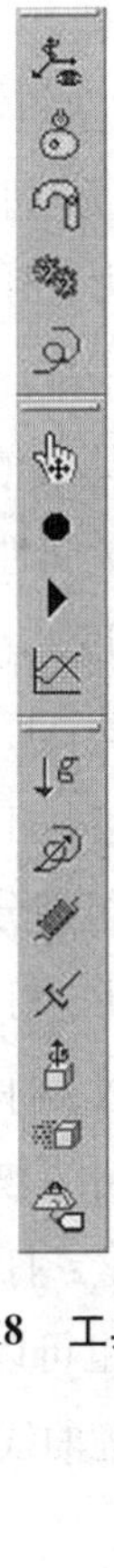

图 12 - 18　工具栏图标

如图 12-18 所示的"机构"工具栏图标和图 12-16 所示的下拉菜单各选项功能解释如下。

连接轴设置：打开"连接轴设置"对话框，使用此对话框可定义零参照、再生值以及连接轴的限制设置。

凸轮：打开"凸轮从动机构连接"对话框，使用此对话框可创建新的凸轮从动机构，也可编辑或删除现有的凸轮从动机构。

槽：打开"槽从动机构连接"对话框，使用此对话框可创建新的槽从动机构，也可编辑或删除现有的槽从动机构。

齿轮：打开"齿轮副"对话框，使用此对话框可创建新的齿轮副，也可编辑、移除、复制现有的齿轮副。

伺服电动机：打开"伺服电动机"对话框，使用此对话框可定义伺服电动机，也可编辑、移除或复制现有的伺服电动机。

执行电动机：打开"执行电动机"对话框，使用此对话框可定义执行电动机，也可编辑、移除或复制现有的执行电动机。

弹簧：打开"弹簧"对话框，使用此对话框可定义弹簧，也可编辑、移除或复制现有的弹簧。

阻尼器：打开"阻尼器"对话框，使用此对话框可定义阻尼器，也可编辑、移除或复制现有的阻尼器。

力/扭矩：打开"力/扭矩"对话框，使用此对话框可定义力或扭矩，也可编辑、移除或复制现有的力/扭矩负荷。

重力：打开"重力"对话框，可在其中定义重力。

初始条件：打开"初始条件"对话框，使用此对话框可指定初始位置快照，并可为点、连接轴、主体或槽定义速度初始条件。

质量属性：打开"质量属性"对话框，使用此对话框可指定零件的质量属性，也可指定组件的密度。

拖动：打开"拖动"对话框，使用此对话框可将机构拖动至所需的配置并拍取快照。

连接：打开"连接组件"对话框，使用此对话框可根据需要锁定或解锁任意主体或连接，并运行组件分析。

分析：打开"分析"对话框，使用此对话框可添加、编辑、移除、复制或运行分析。

回放：打开"回放"对话框，使用此对话框可回放分析运行的结果，也可将结果保存到一个文件中，恢复先前保存的结果或输出结果。

测量：打开"测量结果"对话框，使用此对话框可创建测量，并可选取要显示的测量和结果集；也可以对结果出图或将其保存到一个表中。

轨迹曲线：打开"轨迹曲线"对话框，使用此对话框可生成轨迹曲线或凸轮合成曲线。

除了这些主要的菜单和工具外, 还有几个零散的菜单需要注意。

12.6.2 编辑菜单

在"编辑"菜单中与"机构"模块有关的菜单主要是: 重定义主体和设置。

重定义主体: 打开"重定义主体"对话框, 使用此对话框可移除组件中主体的组件约束。单击箭头选择零件后, 对话框显示已经定义好的约束、元件和组建参照, 设计者可以移除约束, 重新指定元件或组件参照, 如图 12 – 19 所示。

设置: 打开"设置"对话框, 使用此对话框可指定"机构设计"用来装配机构的公差, 也可指定在分析运行失败时"机构设计"将采取的操作。如是否发出警告声, 操作失败时是否暂停运行或是继续运行, 等等。该配置有利于设计者高效率的完成工作, 如图 12 – 20 所示。

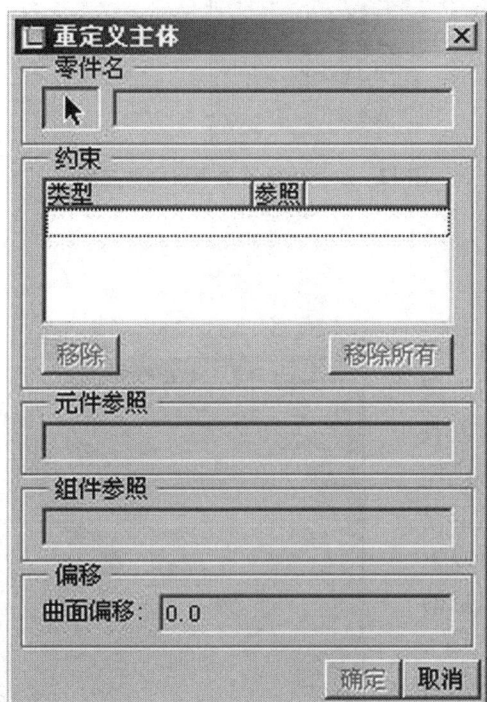

图 12 – 19　重定义主体对话框　　　　图 12 – 20　设置对话框

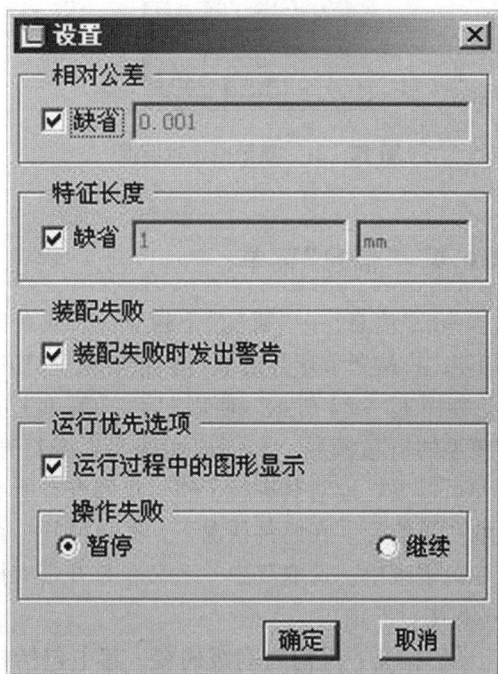

12.6.3 "视图"菜单

在"视图"菜单中与"机构"模块有关的菜单主要是: 加亮主体和显示设置。

加亮主体: 以绿色显示基础主体。

显示设置: 机构显示, 打开"显示图元"对话框, 使用此对话框可打开或关闭工具栏上某个图标的可见性。取消勾选任何一个复选框, 则该工具在工具栏上不可见, 如图 12 – 21 所示。

图 12 – 21　显示图元对话框

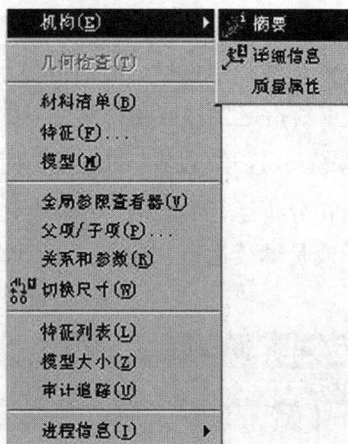

图 12 – 22　信息菜单中机构信息图

12.6.4　"信息"菜单：

单击"信息"→"机构"下拉菜单，或在模型树中右键单击"机构"节点并选取"信息"，系统打开"信息"菜单，如图 12 – 22 所示。使用"信息"菜单上的命令以查看模型的信息摘要。利用这些摘要不必打开"机构"模型便可以更好地对其进行了解，并可查看所有对话框以获取所需信息。在两种情况下，都会打开一个带有以下命令的子菜单。选取其中一个命令打开带有摘要信息的 Pro/E 浏览器窗口。

（1）摘要：机构的高级摘要，其中包括机构图元的信息和模型中所出现的项目数。如图 12 – 23 所示。

（2）详细信息：包括所有图元及其相关属性。如图 12 – 24 所示。

（3）质量属性：列出了机构的质量、重心及惯性分量。如图 12 – 25 所示。

机构为"模型树"中每个"机械设计"图元都提供了一个"信息"选项。选中某个特定图元后，单击右键，系统会打开一个带有针对该图元的详细摘要的浏览器窗口。

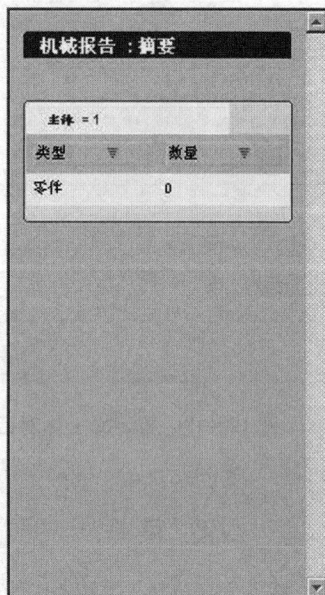

图 12 – 23　摘要信息图

图 12 -24　详细信息图

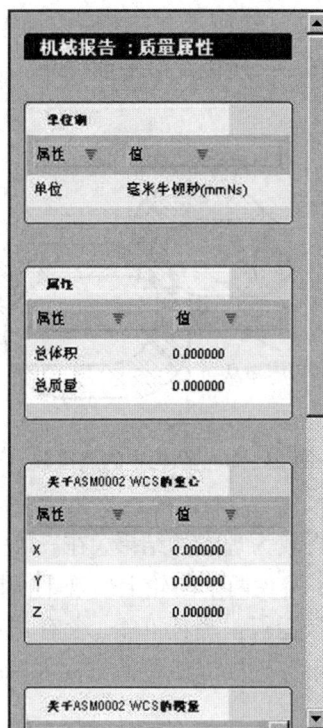

图 12 -25　质量属性信息图

12.7　特殊运动装置

在 Pro/E 5.0 中有三种特殊的连接，可以设置特殊连接后进行各种分析，这三种连接分别为凸轮副连接、槽连接、齿轮运动副连接，下面分别介绍。

12.7.1　凸轮副连接

凸轮连接就是用凸轮轮廓去控制从动件的运动规律。Pro/E 5.0 里的凸轮连接，使用的是平面凸轮。但为了形象，创建凸轮后，都会让凸轮显示出一定厚度（深度）。

要成功设计凸轮从动机构连接，必须了解工作面的概念。执行分析时，会将所有通过曲面或曲线创建的凸轮视作二维凸轮。选取曲面时，软件会将该曲面解释为在深度方向上无限延伸的对象。选取曲线时，必须指定深度方向，而且会在此方向上拉伸凸轮以实现可视化的目的。工作面与深度或拉伸方向正交。

设计凸轮从动机构连接时，最好直观地在工作面内以二维图形的形式表示凸轮。如果两个凸轮在工作面内的某个点处相接触，将会获得较为理想的结果，尽可能避免连接沿工作面中一条线分布的设计。

如图 12 -26 所示，假定工作面与视图平面重合，拉伸方向指向（垂直于）视图平面内。在顶部图像，工作面中两个凸轮之间的连接出现在一点上。在三维视图中，连接是垂直于工作面的一条线。

如图 12－27 所示，工作面中两个凸轮之间的连接出现在位于该工作面内的一条线上。在三维视图中，连接是沿平面分布。

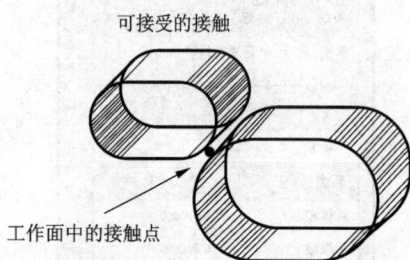

可接受的接触

不可接受的接触

工作面中的接触点

工作面中的接触线

图 12－26 凸轮中的点接触　　　　　　　图 12－27 凸轮中的线接触

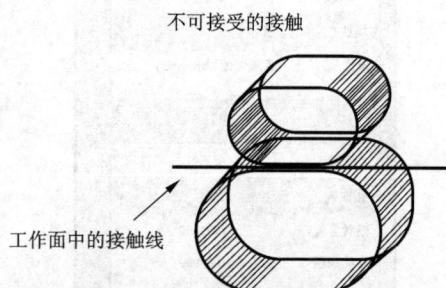

要获得较为理想的结果，在三维空间中建模凸轮时，应使它们沿一条垂直于工作面的直线相接触，避免两个凸轮上出现平面接触。

为确保运行正确且可靠，含有二维凸轮的工作面应始终保持平行，应在凸轮主体之间定义约束或附加连接以使拉伸方向保持平行。

12.7.2　创建凸轮从动机构连接

可在机构的两个主体上的曲面或曲线间创建凸轮从动机构连接，如图 12－28 所示。开始此过程前，不必将某一主体定义为凸轮。

点击"机构"→"凸轮"或直接点击图标 进入凸轮机构连接对话框，点击"新建"弹出"凸轮从动机构连接定义"对话框，名称编辑框内显示系统缺省定义的凸轮名称。

（1）"凸轮 1"选项卡：定义第一个凸轮。

● "曲面/曲线"：单击箭头选取曲线或曲面定义凸轮工作面，在选取曲面时若勾选自动选取复选框，则系统自动选取与所选曲面相邻的任何曲面，凸轮与另一凸轮相互作用的一侧由凸轮的法线方向指示。如果选取开放的曲线或曲面，则会出现一个洋红色的箭头，从相互作用的侧开始延伸，指示凸轮的法向。

图 12－28　创建凸轮从动件连接

若选取的曲线或边是直的，"机构设计"模块会提示选取同一主体上的点、顶点、平面实体表面或基准平面以定义凸轮的工作面，如图 12－29，所选的点不能在所选的线上，如图 12－30 所示。工作面中会出现一个洋红色箭头，指示凸轮法向。

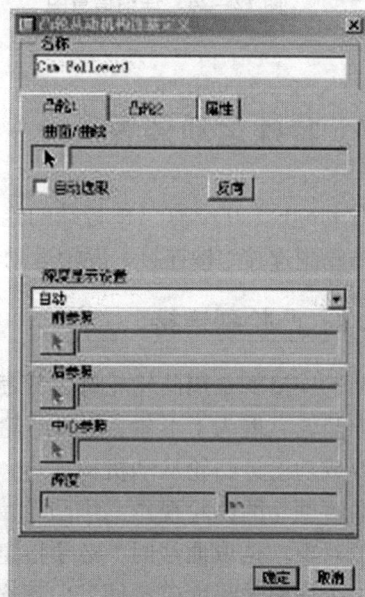

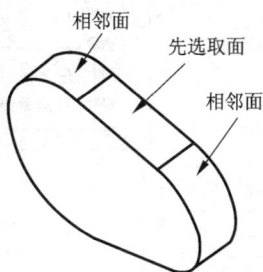

图 12 - 29　通过曲面选取方式

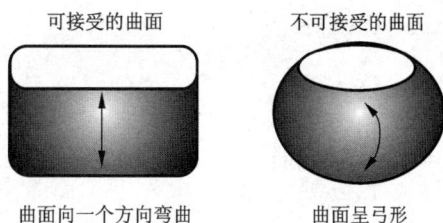

图 12 - 30

可接受的曲面　　不可接受的曲面

曲面向一个方向弯曲　　曲面呈弓形

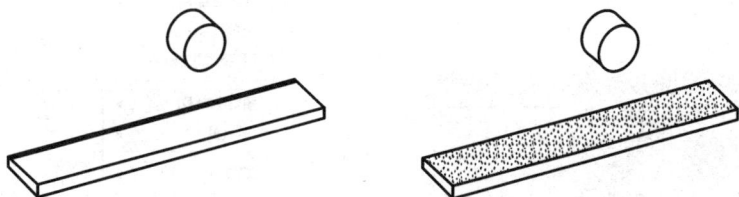

图 12 - 31　通过直线选取方式

（2）"凸轮 2"选项卡：定义第二个凸轮，与"凸轮 1"选项卡类似。

（3）"属性选项卡"，如图 12 - 32 所示。

● 升离：启用升离即允许凸轮从动机构连接在拖动操作或分析运行期间分离，e
为 0 ~ 1。

● 摩擦：μs 静摩擦系数，μk 动摩擦系数。

图 12 - 32　定义凸轮从动机构属性

凸轮连接例子。

单击下拉菜单"文件"→"设置工作目录"→"选取文件目录"→"确定"。

（1）点击"文件"下拉菜单→点击"新建"→"组件"→输入名字 asm→不使用缺省模板→选
取 mmns_asm_design→确定，如图 12 - 33 所示。

369

图 12 -33　新建凸轮装配组件

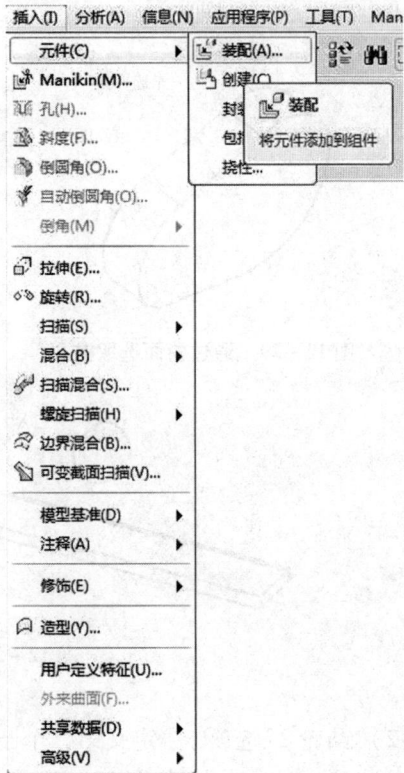

图 12 -34　插入元件

（2）点击"插入"下拉菜单→点击添加元件→装配如图 12 -34 所示，选取 fixplate. prt→弹出"打开"对话框，如图 12 -35 所示，在弹出的放置对话框中选取"用户自定义"→选择"缺省"，如图 12 -36 所示，单击选择 ✓。

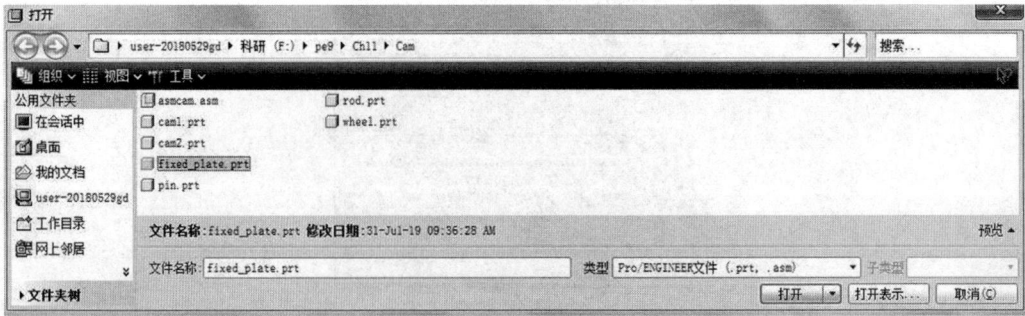

图 12 -35　打开文件选择要插入元件

（3）添加元件→选取 cam. prt→打开→选取连接→设置连接类型为销钉连接→选取fixplate. prt 的轴 A_5 与 cam. prt 的 A_1 对齐→选取 fixplate. prt 的拉伸平面与 cam 的拉伸平面重合对齐→单击选择 ✓ 确定，如图 12 -37 所示。

370

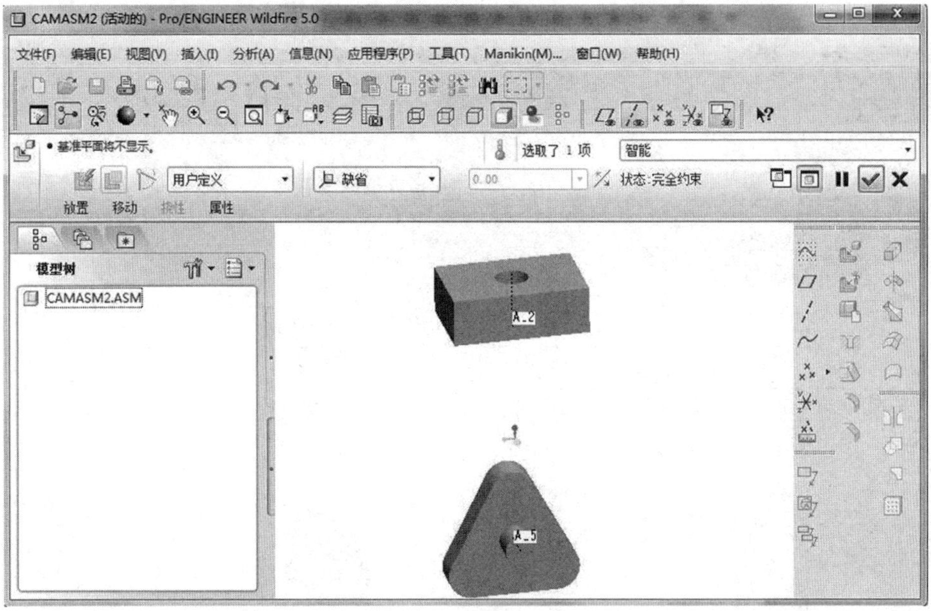

图 12 – 36　插入第一个元件

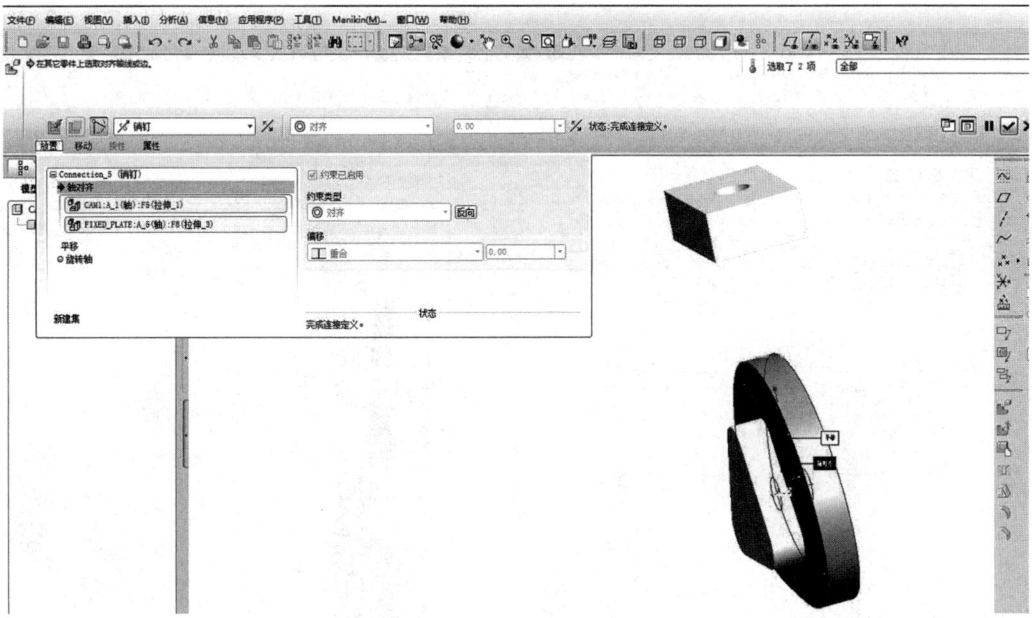

图 12 – 37　添加凸轮

（4）添加元件→选取 rod. prt→打开→选取连接→设置连接类型为"滑动杆连接"→选取 fixplate. prt 的轴 A_2 与 rod. prt 的 A_4 对齐，如图 12 – 38 所示，单击放置选项中的"旋转"→选取 rod. prt 的 front 平面与 asm – front 平面重合对齐→单击选择 ✔ 确定，如图 12 – 39 所示。

（5）添加元件→选取 wheel. prt→打开→选取连接选项卡→设置连接为销钉连接→选取 wheel. prt 的轴 A_3 与 rod. prt 的轴 A_6 对齐→选取 wheel. prtt 的 RIGHT 面与 rod. prt 的

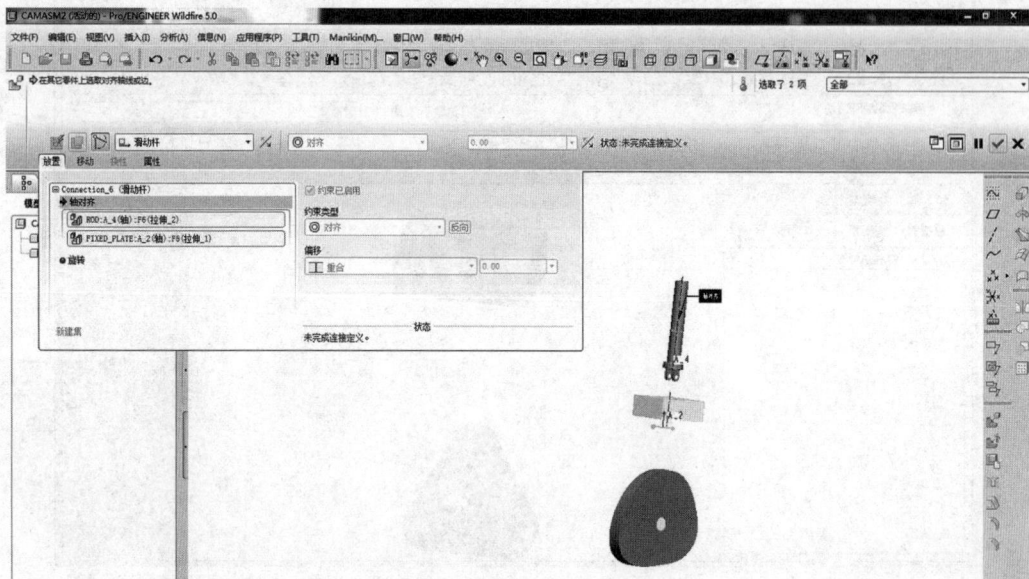

图 12 – 38   插入凸轮顶杆选择轴对齐

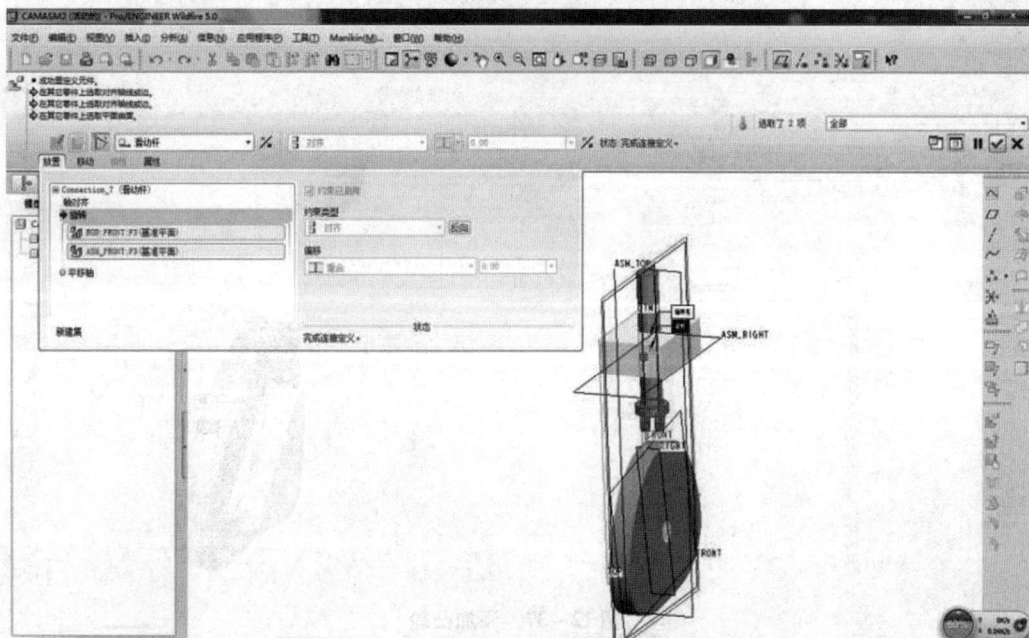

图 12 – 39   设置旋转选项

FRONT 平面重合对齐→单击选择 ✔ 确定，如图 12 – 40 所示。

（6）隐藏 wheel.prt。添加元件→选取 pin.prt→打开→选取连接选项卡→设置连接为刚性连接→选取 pin.prt 的轴 A_2 与 rod.prt 的轴 A_6 对齐→选取 pin.prt 的 FRONT 面与 rod.prt

图 12 – 40　插入顶杆上的轮

的 front 平面重合对齐→单击选择 确定，如图 12 – 41 所示，取消隐藏 wheel. prt，装配效果如图 12 – 42 所示。

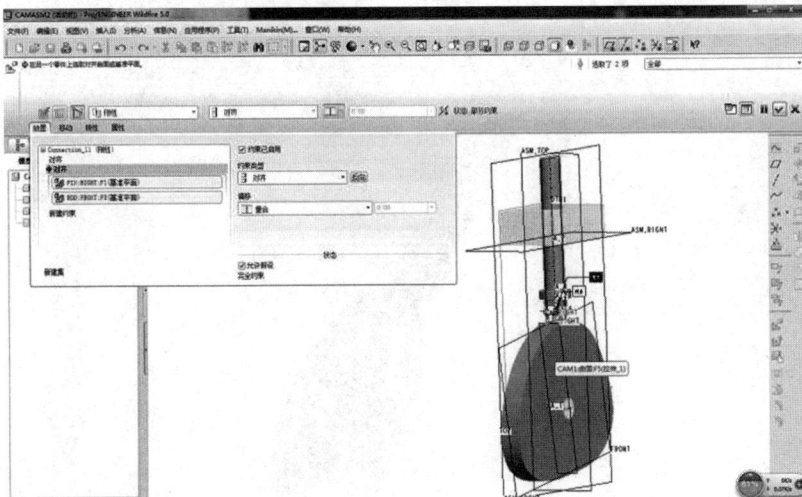

图 12 – 41　装配顶杆上的滑轮

图 12 – 42　凸轮装配完成

（7）下拉菜单"应用程序"→"机构"→按下凸轮→在弹出的"凸轮从动机构连接"对话框中点击"新建"→弹出"凸轮从动机构定义"对话框→在"凸轮 1"选项卡中勾选"自动选取"复

选框→选取凸轮的曲面/曲线→"确定"，如图 12 – 43 所示，点选"凸轮 2"选项卡→钩选"自动选取"复选框→选取 wheel 圆柱的外表面→确定→回到"凸轮从动机构连接"对话框→关闭。如图 12 – 44 所示。

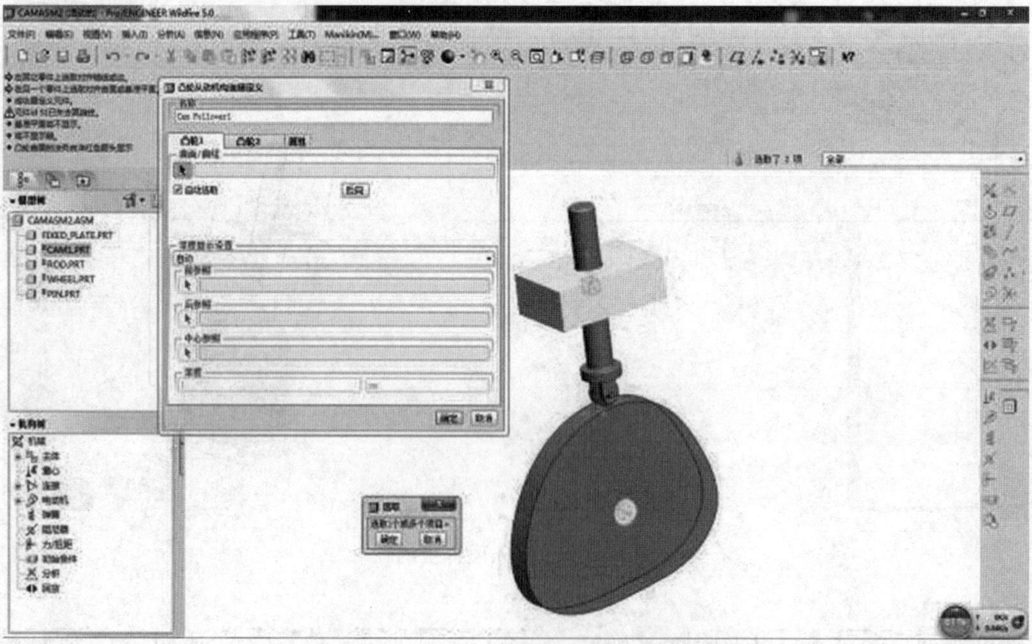

图 12 – 43　启用机构定义凸轮从动体

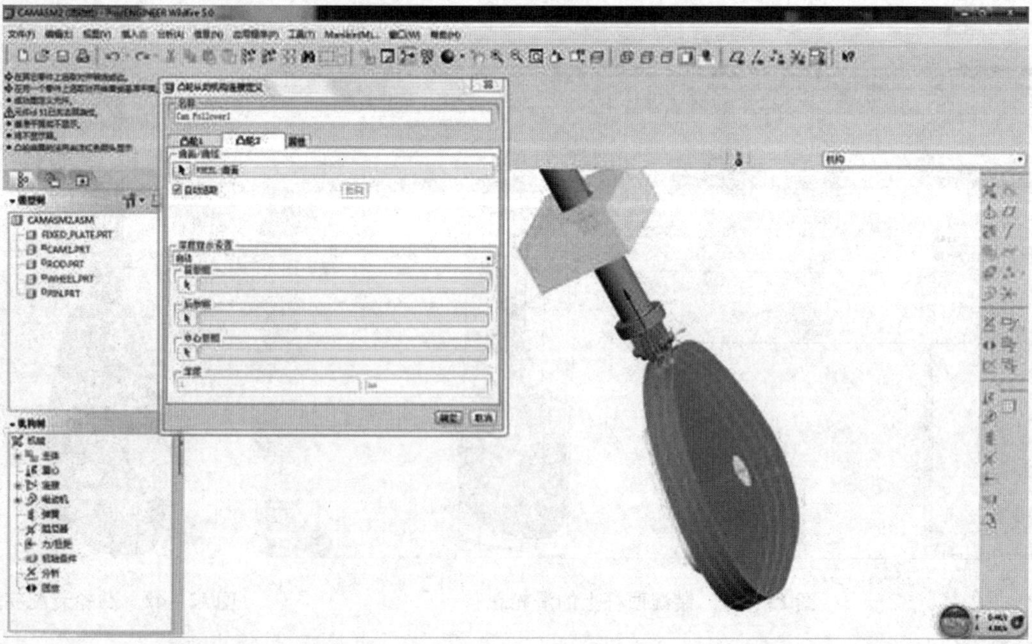

图 12 – 44　定义凸轮的从动件

（8）点击伺服电动机 →弹出"伺服电动机"对话框→点击"新建"→在"类型"选项卡中选取"连接轴"→选取 cam. prt 的 connection_5. axis_1，如图 12 - 45 所示。点击"轮廓"选项卡→在"规范"中选取"速度"→"模"选取常数→输入 A 为 20，如图 12 - 46 所示→确定→回到"伺服电动机"对话框→"关闭"。

图 12 - 45　定义伺服电机

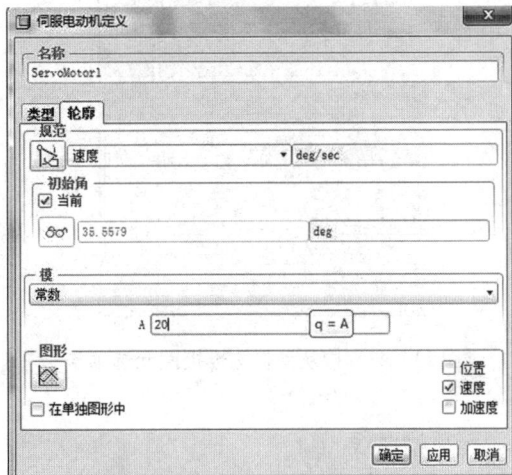

图 12 - 46　定义伺服电机速度

（9）点击 →弹出"分析"对话框→点击"新建"→接受默认的名称→选择分析类型为"运动学"→输入运行时间为 30→接受下面所有默认的选项→点击"运行"→运行完后点击"确定"→回到"分析"对话框→"关闭"。

（10）点击 进入"回放"对话框→点击 →弹出"动画"对话框→按 播放，察看运动情况。

12.7.3　槽从动连接机构

槽从动机构是两个主体之间的点 - 曲线约束。主体一上有一条 3D 曲线（槽），主体二上有一个点（从动机构）。从动机构点在整个三维空间中都随槽运动，可使用一条开放或闭合曲线来定义槽。槽从动机构会将从动机构点约束在定义曲线的内部，"机构设计"模块不检查包括从动机构点和槽曲线的几何上的干涉。不必确保槽和槽从动机构几何正好拟合在一起。

1. 图元选项卡

图元选项卡，如图 12 - 47 所示。

（1）从动机构点。

从动机构点必须在一个和槽曲线不同的主体上，可以选取一个基准点或一个顶点。基准点必须属于一个单独的主体，组件级基准点不能用作从动机构点。创建零件级基准点，不必关闭或再生组件→打开零件→定义点→关闭零件。关闭时，组件中的主体将包含刚创建的点。

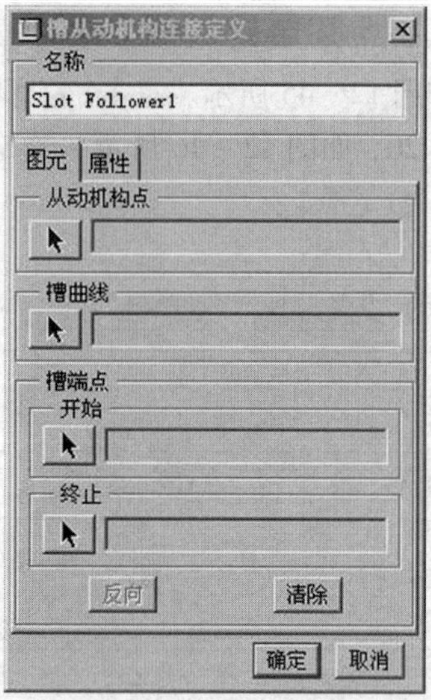

图 12 –47　槽从动机构连接图元选项卡

图 12 –48　槽属性选项卡

（2）槽曲线。

槽曲线可以为平面、非平面曲线、边、基准曲线、开放或封闭曲线，所选曲线必须相邻，但不必是平滑曲线，可选取多条不连续的曲线。

（3）槽端点。

可以为槽端点选取基准点、顶点、曲线/边及曲面。如果选取曲线、边或曲面，槽端点则位于所选图元和槽曲线的交点处。

如果不选取端点，槽从动机构的缺省端点就是为槽所选的第一条和最后一条曲线的最末端。如果为槽从动机构选取一条闭合曲线，或选取形成闭合环的一系列曲线，则不必指定端点，如果选择在闭合曲线上定义端点，则最终槽将是一个开口槽。

2. 属性选项卡

属性选项卡，如图 12 – 48 所示。

（1）恢复系数：用来定义冲击等，e 为 0 ~ 1。

（2）摩擦：用来定义摩擦。

槽连接实例。

（1）点击"新建"→"组件"→输入名字. Asm→不使用缺省模板→选取 mmns_asm_design→确定。

（2）按下 🖼 →选取 dizuo. prt 文件→打开→按下 🔲 接受缺省约束→确定。

（3）按下 🖼 →选取 guangpan. prt 文件→打开→弹出"元件放置"对话框→选取"连接"→接受缺省名称→选取连接类型为销钉→选取 guangpan. prt 的 A_5 轴与 dizuo. prt 的 A_5 对齐→如图 12 – 49 所示，两个面为平移面→单击"反向"使带曲线的一面朝外→确定。（注：其间要用到移动选项卡移动 guangpan. prt 以便选取平移面）

（4）按下 🖼 →选取 suo. prt→打开→弹出"放置"对话框→点击"约束"选项卡→设置如图 12 – 50 的约束。装配完成后效果如图 12 – 51 所示。

376

图 12 – 49　装配元件的约束

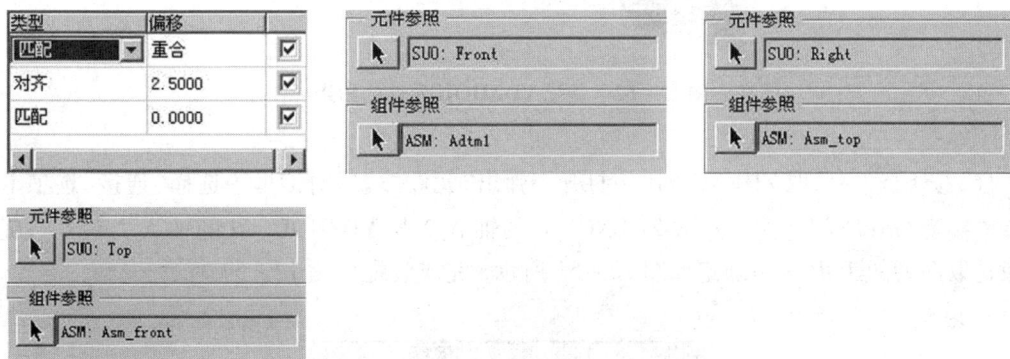

图 12 – 50　约束选项

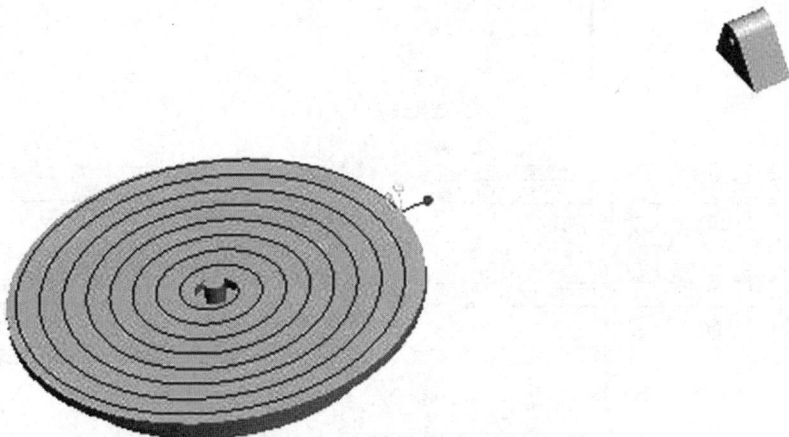

图 12 – 51　装配 guangpan. 元件

(5)按下 →选取 ydzhou. prt→打开→弹出"元件放置"对话框→选约束选项卡,如图12 – 52 所示。

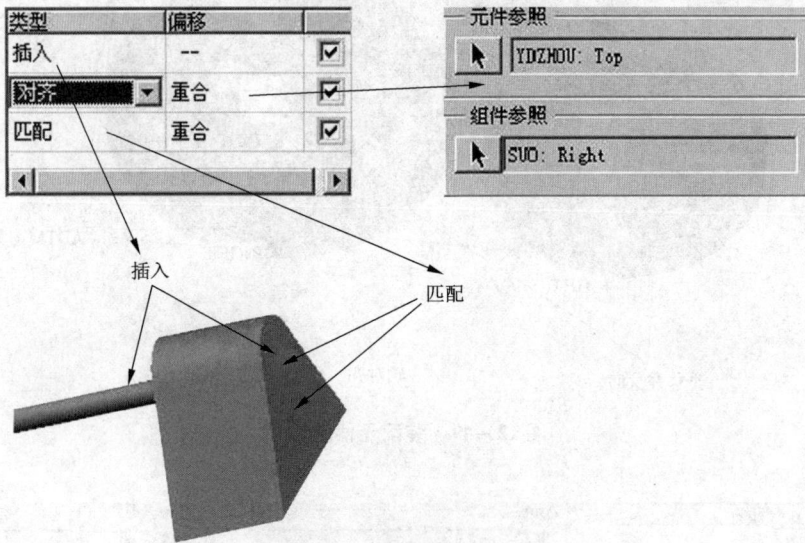

图 12 – 52   装配 YDZHOU 元件的约束

(6)按下 →选取 ZHENG. prt →打开→弹出"元件放置"对话框→选择"连接"选项卡→设置连接为"滑动杆"连接→选取 ZHENG. prt 的轴 A_2 与 YDZHOU. prt 的轴 A_2 对齐→旋转约束选取两者的 TOP 面→确定如图 12 – 53 所示,完成装配如图 12 – 54 所示。

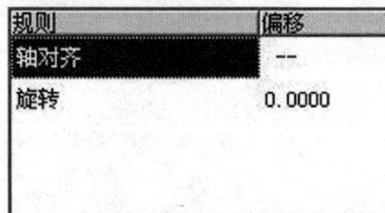

连接选项卡

轴对齐   旋转

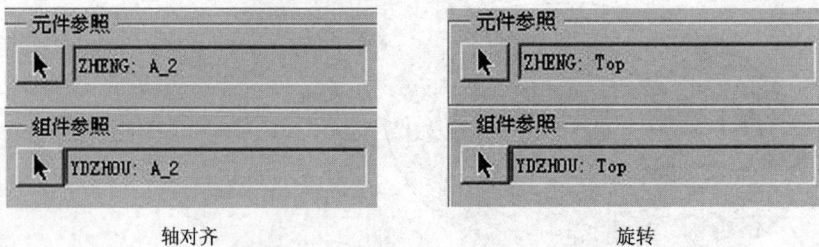

图 12 – 53   装配 ZHENG 元件的约束

378

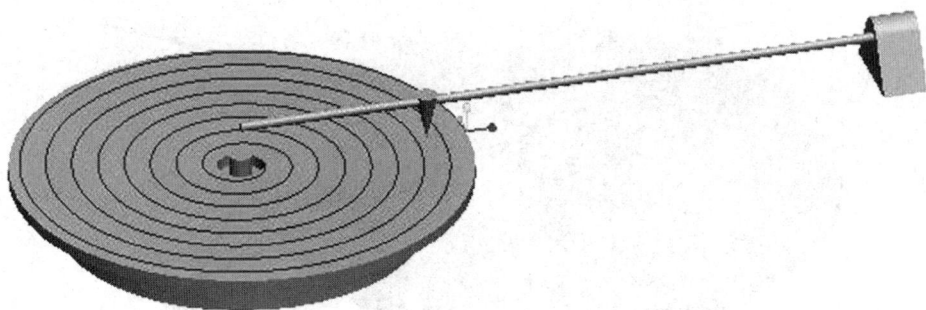

图 12 - 54　完成后的图

（7）下拉"应用程序"菜单→点击"机构"，进入机构环境→单击 [图标] 弹出"槽从动机构连接"对话框→单击"新建"→弹出"槽从动机构连接定义"对话框按图 12 - 55 所示选取→确定→回到"槽从动机构连接"对话框→关闭。（注：显示基准点需要按下 [图标]，另外可以通过"编辑"→"查找"→弹出"搜索工具"来查找）

图 12 - 55　槽连接从动设置

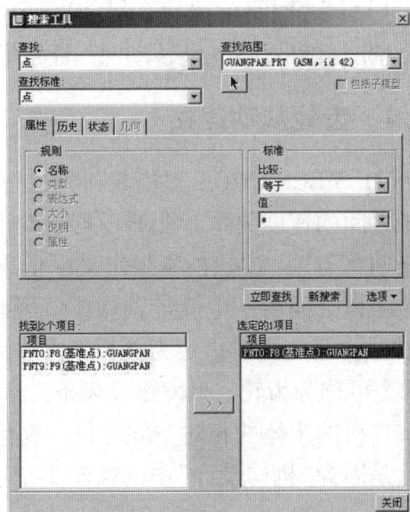

图 12 - 56　选择搜索工具查找槽端点

（8）单击"机构"→点击"连接轴设置"→选取滑动连接→在图 12 - 57 所示位置生成零点→在"属性"选项卡中启用限制→输入合适的数值（此数值依据具体情况会有不同数值）→确定。

（9）建立伺服电动机：单击伺服电动机 [图标] →弹出"伺服电动机"对话框→点击"新建"→在"类型"选项卡中选取"连接轴"→选取 guangpan. prt 上的连接轴→点击"轮廓"选项卡→"规范"选项卡中选取"速度"→"初始位置"接受当前位置→选取"模"为常数，A 输入为 20→确定→回到"伺服电动机定义"对话框→关闭。

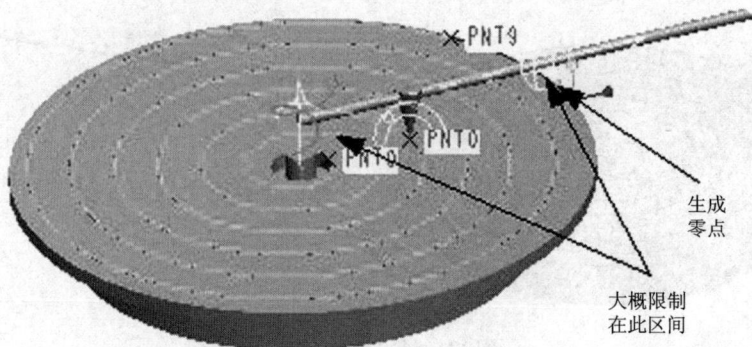

图 12 - 57　设置属性数值

(10)单击 ⬤ 弹出"分析"对话框→点击"新建"→接受默认的名称→选择分析类型为"运动学"→输入终止时间为 30→接受下面所有默认的选项→点击"运行"→运行完后点击"确定"→回到"分析"对话框→关闭。

(11)点击 ▶ 进入"回放"对话框→点击 ▶ →弹出"动画"对话框→按 ▶ 播放,查看运动情况可以看到光盘转动时,针是沿着轴作直线运动。单击"保存"按钮保存该结果。

12.7.4　齿轮从动连接

Pro/E MECHANICA 对齿轮机构进行仿真具有很强的应用价值。齿轮连接用来控制两个旋转轴之间的速度关系。在 Pro/E 中齿轮连接分为标准齿轮和齿轮齿条两种类型。标准齿轮须定义两个齿轮,齿轮齿条须定义一个小齿轮和一个齿条。一个齿轮(或齿条)由两个主体和这两个主体之间的一个旋转轴构成。因此,在定义齿轮前,须先定义含有旋转轴的接头连接(如销钉)。第一主体指定为托架,通常保持静止。第二主体能够运动,根据所创建的齿轮副的类型,可称为齿轮、小齿轮或齿条。齿轮副连接可约束两个连接轴的速度,但是不能约束由接头连接的主体的相对空间方位。在齿轮副中,两个运动主体的表面不必相互接触就可工作。这是因为"机构设计"中的齿轮副是速度约束,并非基于模型几何,因此可以直接指定齿轮比。

(1)"齿轮 1"选项卡,如图 12 - 58 所示。

● 连接轴:选取一个连接轴。

● 主体。

齿轮:选取一个旋转连接轴,接头上出现一个双向的着色箭头,指示该轴的正方向。旋转方向由右手定则确定。

托架:选取托架。

🔁 使齿轮和托架颠倒。

● 节圆:输入节圆直径后按 Enter 键改变节圆大小。

● 图标位置:显示节圆和连接轴零点参照,单击鼠标中键可接受缺省位置。

(2)"齿轮 2"选项卡:同上。

380

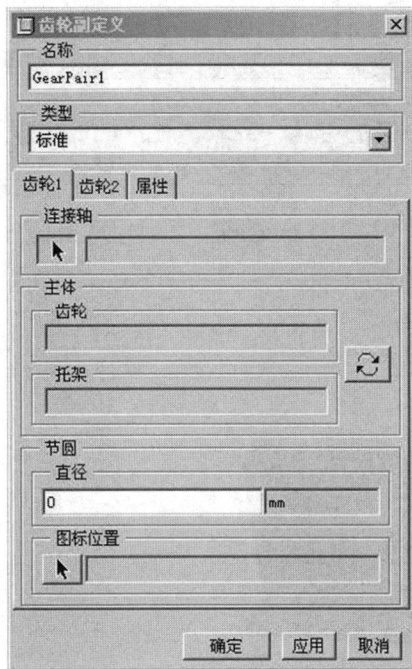

图 12 - 58　"齿轮 1"选项卡

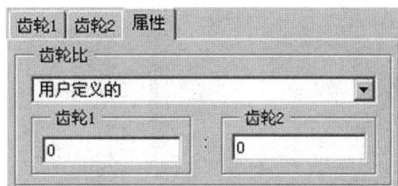

图 12 - 59　齿轮副属性

(3)"属性"选项卡, 如图 12 - 59 所示。

"齿轮比": 定义齿轮副中两个齿轮的相对速度。

● 节圆直径: 使用"齿轮 1"和"齿轮 2"选项卡中定义的节圆直径比的倒数作为速度比, $D1$、$D2$ 由系统自动根据前两个页面里的数值计算出来, 不可编辑改动。

● 用户自定义: 在"齿轮 1"和"齿轮 2"下输入节圆的直径值。齿轮速度比等于节圆直径比的倒数。即齿轮 1 速度/齿轮 2 速度 = 齿轮 2 节圆直径/齿轮 1 节圆直径 = $D2/D1$。齿条比为齿轮转一周时齿条平移的距离, 齿轮比选择"节圆直径"时, 其数值由系统根据小齿轮的节圆数值计算出来, 不可改动。选择"用户定义的"时, 其数值需要输入, 此情况下, 小齿轮定义页面里输入的节圆直径不起作用。

● 图标位置: 定义齿轮后, 每一个齿轮都有一个图标, 以显示这里定义了一个齿轮, 即一条虚线把两个图标的中心连起来。默认情况下, 齿轮图标在所选连接轴的零点, 图标位置也可自定义, 点选一个点, 图标将平移到那个点所在平面上。图标的位置只是视觉效果, 不会对分析产生影响。

齿轮副连接实例。

(1)下拉菜单"文件"→"设置工作目录"→"选取文件目录"确定。

(2)单击"文件"→"新建"→"组件"→输入名字. Asm→不使用缺省模板→确定→选取 mmns_asm_design→确定。

(3)单击 ⬚ →选取 dizuo. prt→打开→弹出"元件放置"对话框→选"用户自定义"选项卡 →设置为"缺省", 单击 ✔, 如图 12 - 60 所示。

381

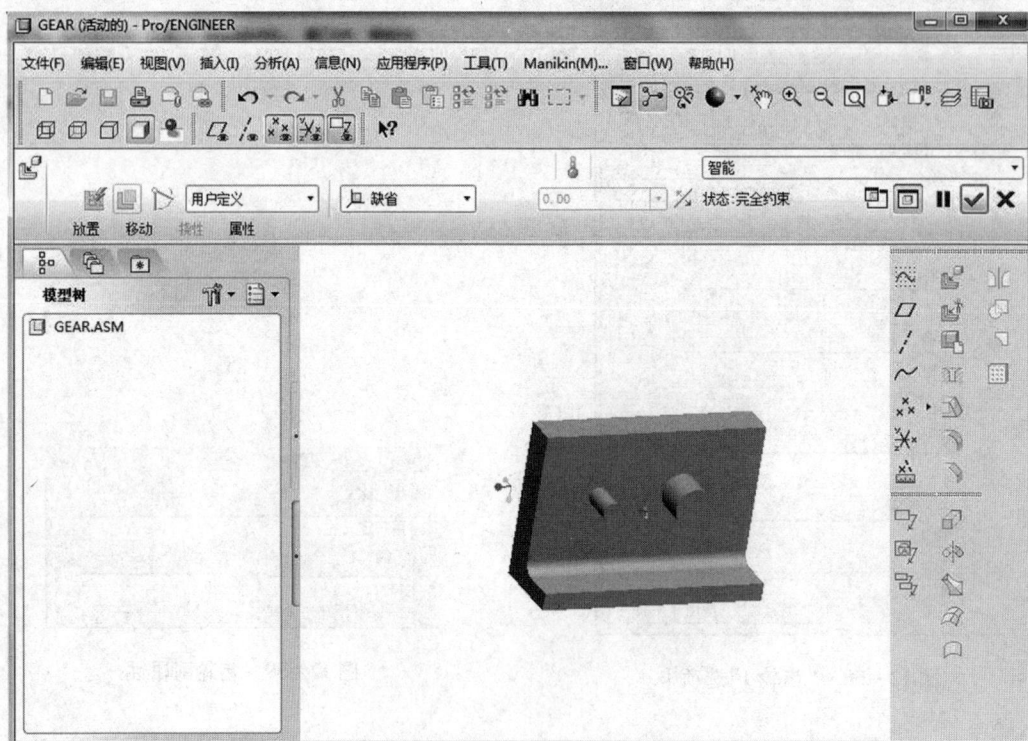

图 12 - 60　插入齿轮 dizuo. prt

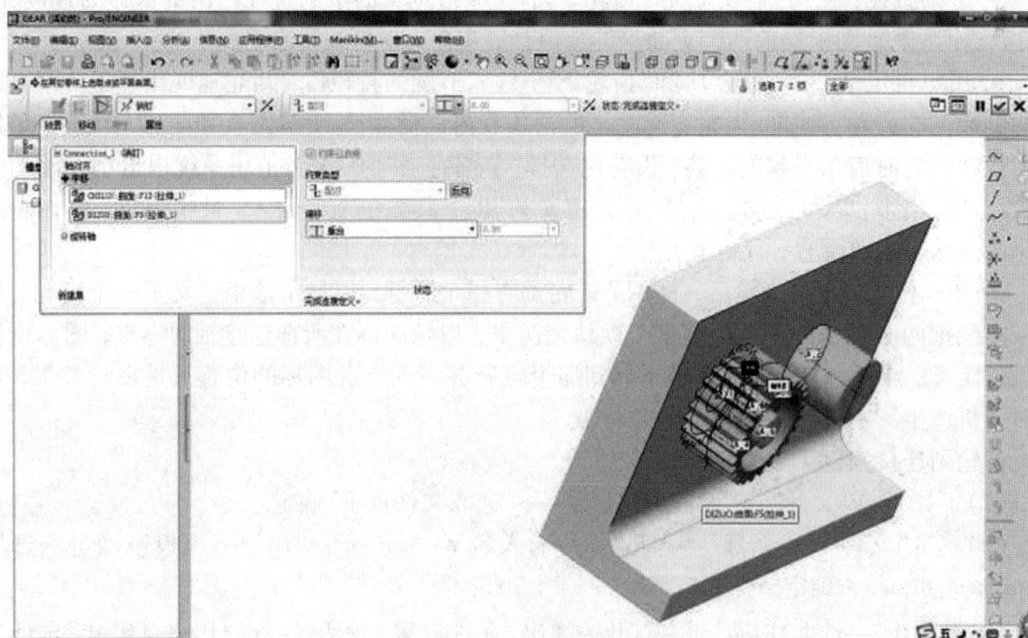

图 12 - 61　插入第一个齿轮

（4）单击 ↘→选取 chilun1.prt→打开→弹出"元件放置"对话框→选择"连接"选项卡→设置连接为"销钉"连接→选择 chilun1.prt 的 A_1 与 dizuo.prt 的 A_1 轴相对齐→在平移约束中选择 dizuo 轴的前垂直面与齿轮的后端面重合匹配→单击 ✔ 确定。

（5）单击 ↘→选取 chilun2.prt→打开→弹出"元件放置"对话框→选择"连接"选项卡→设置连接为"销钉"连接→选择 chilun1.prt 的 A_1 与 dizuo.prt 的 A_2 轴相对齐→在平移约束中选择 dizuo 轴的前垂直面与齿轮的后端面重合匹配→单击 ✔ 确定，如图 12 -59 所示。

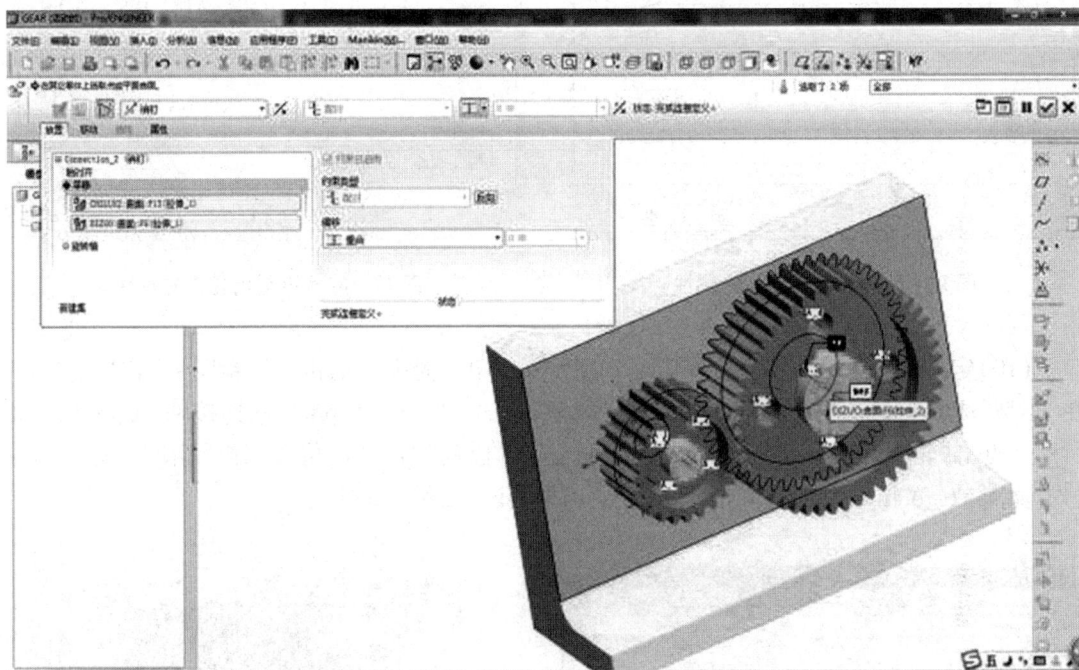

图 12 - 62　插入第二个齿轮

（6）单击下拉菜单"应用程序"→"机构"。

（7）单击 ⚙→弹出"齿轮副"对话框→在弹出的"齿轮副定义"对话框中接受缺省的名称→"类型"选择为"一般"→在齿轮 1 的选项卡中选取左侧齿轮 1 的连接轴→在"主体"选项卡中系统自动选取了齿轮和托架→输入节圆半径为 50（如图 12 -63 所示）→单击"齿轮 2"选项卡→选取右边齿轮 2 的连接轴→在"主体"选项卡中系统自动选取了齿轮和托架→输入节圆半径为 100（如图 12 -64 所示）→确定→回到"齿轮副定义"对话框→关闭。

（8）拖动调整查看齿轮运动。单击"拖动"任意选取齿轮上一点拖动齿轮可以查看运动状态。

（9）单击"机构"→单击"连接轴设置"→选取左边的连接轴→输入合适的数字使两齿轮刚好啮合并在此位置生成零点→单击"再生值"选项卡→并指定再生值为 0，则齿轮重新定位到刚好啮合状态→确定。

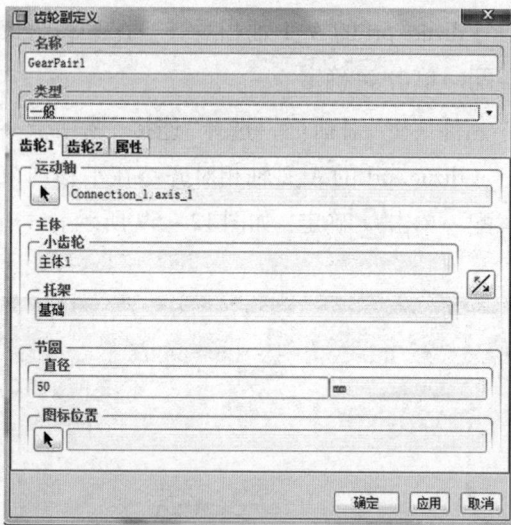

图 12 - 63　设置齿轮 1 的属性

图 12 - 64　设置齿轮 2 的属性

（10）定义伺服电动机：单击伺服电动机 →弹出"伺服电动机"对话框→点击"新建"→在"类型"选项卡中选取"连接轴"如图 12 - 65 所示，选取 chilun1. prt 上的连接轴，如图 12 - 66 所示。点击"轮廓"选项卡→"规范"选项卡中选取"位置"→"初始位置"接受当前位置→选取"模"为常数，A 输入为 0，如图 12 - 67，点击"确定"关闭对话框。

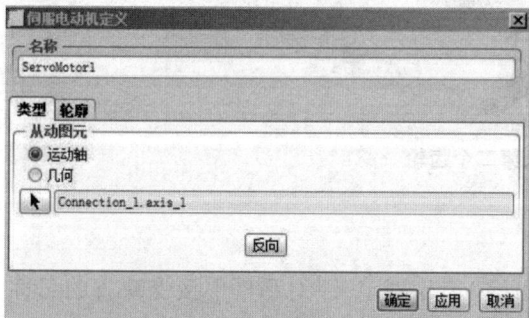

图 12 - 65　定义伺服电机"类型"选项卡

图 12 - 66　选择 chilun1 的轴为运动轴

（11）单击工具栏中的"机构分析" 按钮，弹出"分析定义"对话框如图 12 - 68 所示，接受默认的名称→选择分析类型为"位置"，"首选项"选项卡中在开始时间为 0→选择长度和帧频→终止时间输入 30，帧频输入 10，最小间隔输入 0.1，点击"运行"→运行完后确定→回到"分析"对话框→关闭。

（12）点击 弹出"回放"对话框如图 12 - 69 所示，继续按 →弹出"动画"对话框如图 12 - 70 所示按 播放，观看看运动情况。

384

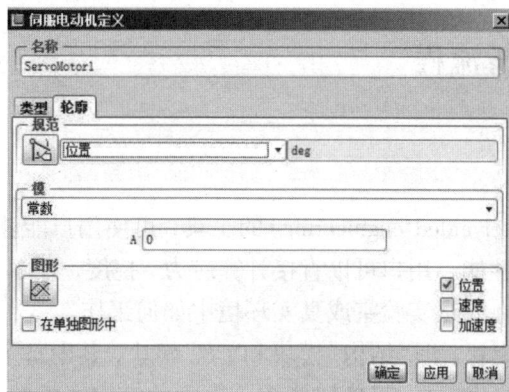

图 12 -67　定义伺服电机"轮廓"选项卡

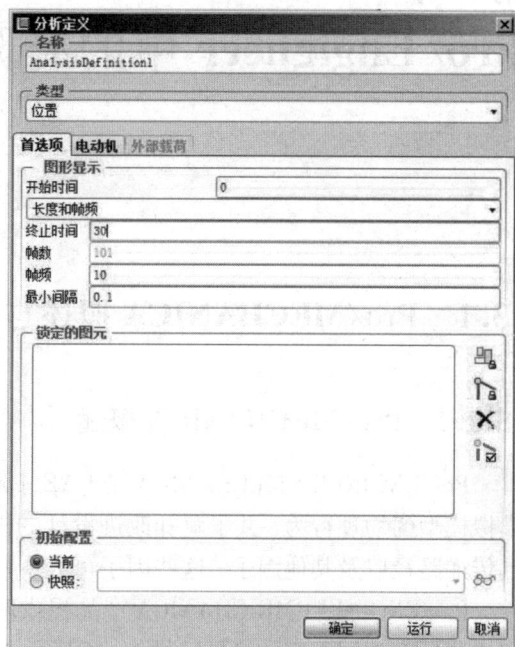

图 12 -68　分析定义对话框

图 12 -69　"回放"对话框

图 12 -70　动画对话框

练习题

1. 参照本书凸轮连接，设计凸轮机构，对其运动进行仿真分析，回放仿真结果。

2. 参照图 12 -62 设计齿轮传动机构，对其运动进行仿真分析，回放仿真结果。

3. 参照机械原理中的牛头刨床的机械结构，设计牛头刨床机构，并对其进行运动仿真分析，回放仿真结果。

第13章
Pro/Engigneer 中的有限元分析

13.1　Pro/MECHANICA 概述与分析流程

13.1.1　Pro/MECHANICA 概述

Pro/ENGINEER MECHANICA 是 CAE(computer aided engineering)的工具,可使用户能够模拟模型的物理行为,并了解和改进设计的机械性能。用户可以直接计算应力、挠度、频率、热传递路径以及其他因子,这些因子可表明模型在测试实验室或真实环境中如何工作。

Pro/ENGINEERME CHANICA 产品提供两个模块,即"结构"模块和"热"模块,其中每个模块都针对不同系列的机械特性解决问题。"结构 Structural"模块侧重于模型的结构完整性,而"热 Thermal Simulation"模块用于评估热传递特性。

1. Pro/MECHANICA 的主要功能

Pro/MECHANICA 的"结构"模块可使设计工程师评估、了解和优化其设计在真实环境中的静态和动态结构性能。"结构"模块特有的自适应求解技术支持系统自动进行快速准确求解,这有助于提高产品质量并降低设计成本。除自身固有的求解器外,"结构"模块的 FEM 模式还提供了专门分析,自动为第三方有限元求解器创建完全相关的 FEA 网格。利用"结构"模块可以完成如下工作:

● 通过对模型几何施加属性、载荷和约束,为设计设置真实环境。

● 控制 Pro/MECHANICA 网格化模型的方式,以确保最有效求解。

● 通过在运行模拟之前指定收敛性设置来预先定义求解精度级别,并在 Pro/MECHANICA 自动检查错误、收敛到精确求解并生成校验收敛性信息的过程中进行监视。

● 使用 Pro/MECHANICA 的自适应求解器功能或使用 FEM 模式,通过 NASTRAN 或 ANSYS 求解有限元模型。

● 选择一个或多个在某一范围内变化的敏感度参数,然后查看所需输出作为该变化参数的函数的图形。

● 优化设计以便最好地满足设计目标,如最小化设计成本或总应力。例如,可以通过"结构"模型将组件的质量最小化,同时使应力、一阶模态频率和最大位移保持在限制之内。

● 以条纹图、轮廓图和查询图的形式存储并查看所选模型图元上的位移、应力和应变。

● 查看位移和主应力的向量图,以及标准梁截面的结果、位移动画、振型和优化形状历史。

● 以条纹图、轮廓图和查询图的形式保存并查看位移、速度、加速度、应力和 RMS 量的结果。

- 以线性和对数格式评估各个步骤中某一测量的图形。
- 获得所有单值评估方法的汇总值(最小值、最大值、最大绝对值和 RMS)。

2. Pro/MECHANICA 操作模式

Pro/MECHANICA 具有两种基本的操作模式:集成模式和独立模式。在集成模式下,所有的 Pro/MECHANICA 功能都在 Pro/Engineer 内执行。

在装配环境或零件环境,选择菜单栏中的"应用程序"→"MECHANICA"命令,如图13-1所示。系统弹出"MECHANICA 模型设置"对话框,如图 13-2 所示。选中"FEM 模式"复选框,单击"确定"按钮,进入 FEM 分析模式。

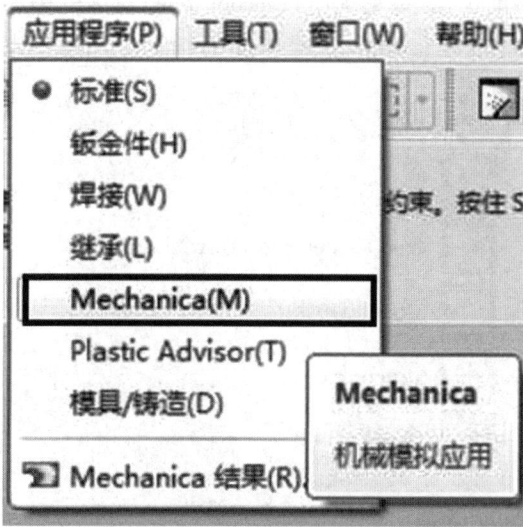

图 13-1　进入 MECHANICA 命令

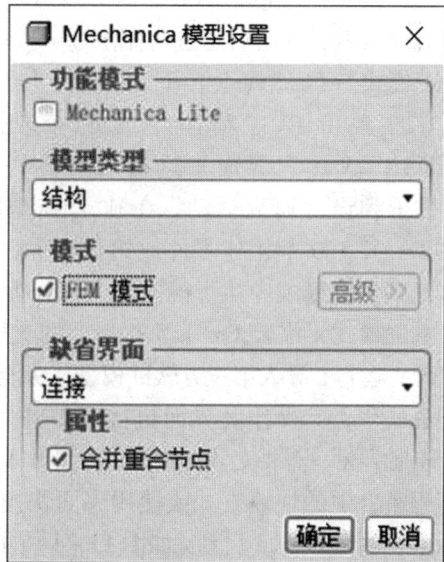

图 13-2　进入 FEM 分析模式

集成模式运行于 Pro/E 5.0 平台之上,操作界面与 Pro/E 5.0 相同,能够直接使用 Pro/E 5.0 的参数进行分析和优化。在装配环境或零件环境,选择菜单栏中的"应用程序"→"MECHANICA"命令,系统弹出"MECHANICA 模型设置"对话框,如图 13-3 所示。不要勾选 FEM 模式,单击"确定"按钮,直接进入 Pro/E 5.0 集成分析模式。

(1)集成模式下,将在 Pro/ENGINEER 中创建、分析和优化 Pro/MECHANICA 模型。因为不会启动 Pro/MECHANICA 用户界面,因此集成模式无须手动在 Pro/ENGINEER 和 Pro/MECHANICA 间来回切换。集成模式是进行零件或组件建模和优化的最简便的方法。集

图 13-3　Pro/MECHANICA 有限元集成模式

成模式包含两种子模式,即软件本身的固有模式和 FEM 模式。

● 固有模式:使用 Pro/MECHANICA 自适应 P 代码功能来运行集成模式。固有模式允许创建载荷、约束、理想化、连接、属性和测量等建模图元。在此模式中,Pro/MECHANICA 使用 P 代码元素网格化模型,并使用自身的自适应求解器求解。

● FEM 模式:FEM 模式没有求解器,只能完成对模型的网格划分、边界约束、载荷、理性化等前处理工作,然后借助第三方软件完成计算分析。

FEM 模式允许使用 Pro/MECHANICA 的有限元建模功能(而非 P 代码功能)运行集成模式,此功能允许创建载荷、约束和理想化等 FEM 建模图元。它还允许使用 H 代码元素网格化模型,以及运行包括 NASTRAN 和 ANSYS 等在内的各种类型的有限元分析并查看运行结果。在集成模式下,可在进入"结构"或"热"模型前选择"模型类型"(model type)对话框中的"FEM 模式"(FEM mode)开关来激活 FEM 模式。

(2)独立模式利用单独的全功能 MECHANICA 用户界面来进行所有零件建模、分析和设计研究活动。在独立模式下,可在 Pro/E 5.0 中构建零件或组件,然后将其传送到独立模式中执行模拟建模和分析。

独立模式不需要 Pro/E 5.0 平台的支持,可以独立运行,导入第三方软件模型,功能要比集成式强,其操作及界面更接近 UNIX 环境,较难掌握。需要安装 Pro/MECHANICA 后使用程序组中的快捷方式或使用桌面快捷方式 Structure、Thermal 启动,如图 13 - 4 所示。

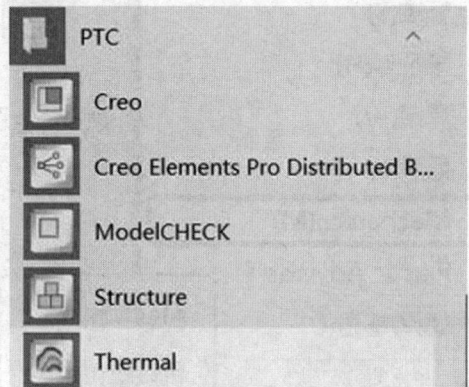

图 13 - 4 独立模式

本课程主要讲述 Structure(结构)有限元分析模块在工程结构方面的应用,以及主要集成模式。

3. Pro/MECHANICA 有限元分析的基本步骤

(1)建立几何模型:在 Pro/E 5.0 中创建几何模型。

(2)识别模型类型:将几何模型由 Pro/E 导入 Pro/MECHANICA 中,此步需要用户确定模型的类型,默认的模型类型是实体模型。为了减小模型规模、提高计算速度,一般用面的形式建模。

(3)定义模型的材料物性,包括材料、质量密度、弹性模量、泊松比等。

(4)定义模型的载荷。

(5)定义模型的约束。

(6)有限元网格的划分:由 Pro/MECHANICA 中的 Auto GEM(自动网格划分器)工具完成有限元网格的自动划分。上述(1) - (6)步为有限元分析前处理过程,其过程如图 13 - 5 所示。

(7)定义分析任务,运行分析。

(8)根据设计变量计算需要的项目。

(9)图形显示计算结果。

```
┌─────────────────┐
│   建立实体模型   │
└─────────────────┘
         │
┌─────────────────┐
│     定义材料     │
└─────────────────┘
         │
┌─────────────────┐
│     选择单元     │
└─────────────────┘
         │
┌─────────────────┐
│     定义载荷     │
└─────────────────┘
         │
┌─────────────────┐
│   定义边界条件   │
└─────────────────┘
         │
┌─────────────────────┐
│ 划分网格,生成有限元模型 │
└─────────────────────┘
```

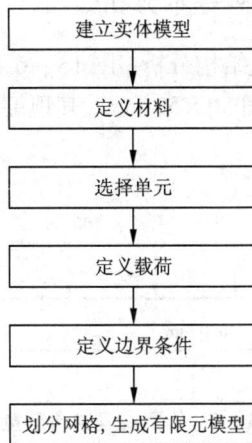

图 13 – 5　有限元分析前处理工作步骤过程

4. Pro/MECHANICA 分析任务分类

Pro/MECHANICA Structure 能够完成的任务可以分为两大类。

(1)第一类可以称为设计验证,或者称为设计校核,例如进行设计模型的应力应变检验,其他有限元分析软件也能完成此工作。在 Pro/MECHANICA 中,完成这种工作需要依次进行以下步骤。

- 创建几何模型。
- 简化模型。
- 设定单位和材料属性。
- 定义约束。
- 定义载荷。
- 定义分析任务。
- 运行分析。
- 显示、评价计算结果。

(2)第二类可以称之为模型的设计优化,这是 Pro/MECHANICA 区别于其他有限元软件最显著的特征。在 Pro/MECHANICA 中进行模型的设计优化需要完成以下工作。

- 创建几何模型。
- 简化模型。
- 设定单位和材料属性。
- 定义约束。
- 定义载荷。
- 定义设计参数。
- 运行灵敏度分析。
- 运行优化分析。
- 根据优化结果改变模型。

13.1.2 Pro/MECHANICA 结构基本分析过程

在 Pro/MECHANICA 模块中完成结构分析，图 13 – 6 所示为悬臂梁梁结构，模型材料为 STEEL，两端固定，长 1000 mm，截面 50×50 mm，其顶端受均布力作用 1000 N，试分析该结构的应力分布和应力变形。

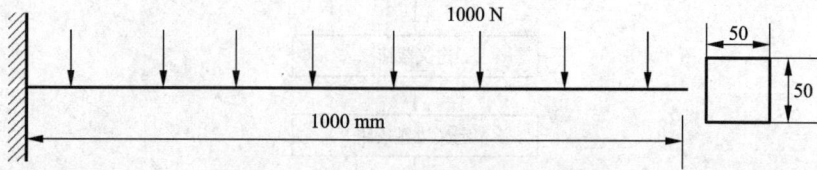

图 13 – 6 悬臂横梁结构示意图

横梁的三维实体图如图 13 – 7 所示。

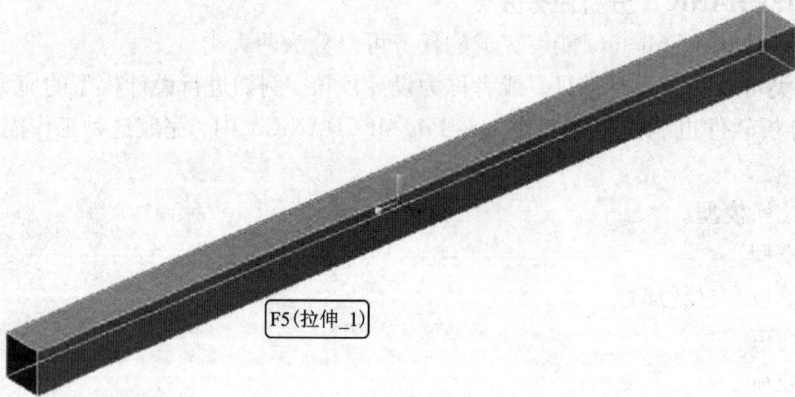

图 13 – 7 横梁三维实体图

在 Pro/E 5.0 中建好模型后，单击"应用程序"→"MECHANICA"，弹出图 13 – 2 所示模型设置对话框，启用 MECHANICA structure。

13.2 横梁静态分析

13.2.1 横梁模型有限元分析的前处理(采用理想化模型)

1. 简化模型

简化模型是指隐含与分析无关的特征或几何。这样可以加快 Pro/MECHANICA 分析的运行速度，也可以从零件中省略设计多余部分，减少影响其他参数的约束：如果开始就画简化零件，还可以分析结构来指导如何创建该模型的其他部分。在零件的不同设计阶段，被简化的设计也有很多好处。在零件的初期设计阶段，即使没有一个被修改充分的零件或组件，也可以进行可行性研究；当完成一个零件的有限元模型，或者几个关键点仍然未定时，可以变化零件的整个造型区域，不需要等到未画区域完成后再变化；也可以使用分析结果来引导设计未完成的区域；对于一个完整零件的分析，可以减少零件或组件在有限元表示方面的复杂度。对于零件和组件可以采用以下方法进行简化。

● 在模型树下将不需要的特征隐含起来。

● 利用图层功能将隐含起来的特征和要分析的特征分图层存放，先隐藏前者所在图层，然后利用 MECHANICA 进行分析，分析完成后再将隐藏部分恢复。

● 直接画一个可仿真分析的简单模型做分析，完成后再将分析结果应用到正式的零件或组件上。

● 简化时，以梁或薄壳来代替实体，可减少模型尺寸、磁盘空间、内存及分析时间。

运行 Pro/E 5.0 软件，新建零件并命名为"beam"，取消"使用缺省模板"复选框，单击"确定"按钮，系统弹出"新文件选项"对话框。在"新文件选项"对话框的列表框中，选中"mmns_part_solid"选项，单击"确定"按钮，进入零件设计平台。单击右侧草绘按钮 ，进入草绘界面，绘制一条长为 1000 mm 的直线，确认，其建模过程如图 13 −8 所示。

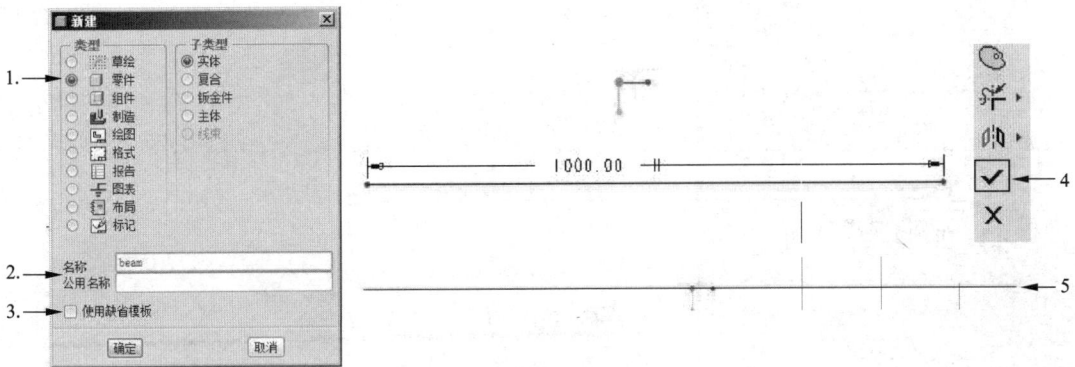

图 13 −8　创建简化模型

2. 创建梁理想化模型

理想化就是模型几何的数学近似值，Pro/MECHANICA 用它来模拟一个设计的行为。在对结果影响不大的前提下，对模型进行适当简化能够节约大量的运算时间，并且有利于模型的进一步评估。Pro/MECHANICA 会在已加入的每个理想化模型中，计算应力和其他物理量。因此 Pro/MECHANICA 提供了一些不同类型的理想化模型供选用，例如壳、梁、弹簧等，了解它们以及影响分析结果是很重要的。

单击应用程序，选择 MECHANICA(M)，在 MECHANICA 模型设置界面，模型类型选结构，点击"确定"进入 MECHANICA 界面，如图 13 −9 所示。

单击 图标，进入梁定义界面。

● 定义参照：参照选"边/曲线"后，点选草绘曲线。设置方向 Y 的数值为 1，X、Z 的数值为 0，如图 13 −10 所示。

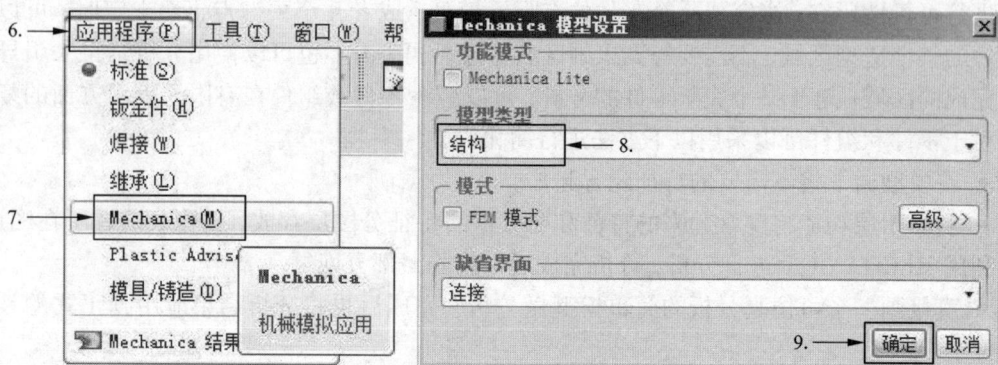

图 13 - 9 进入 MECHANICA 界面

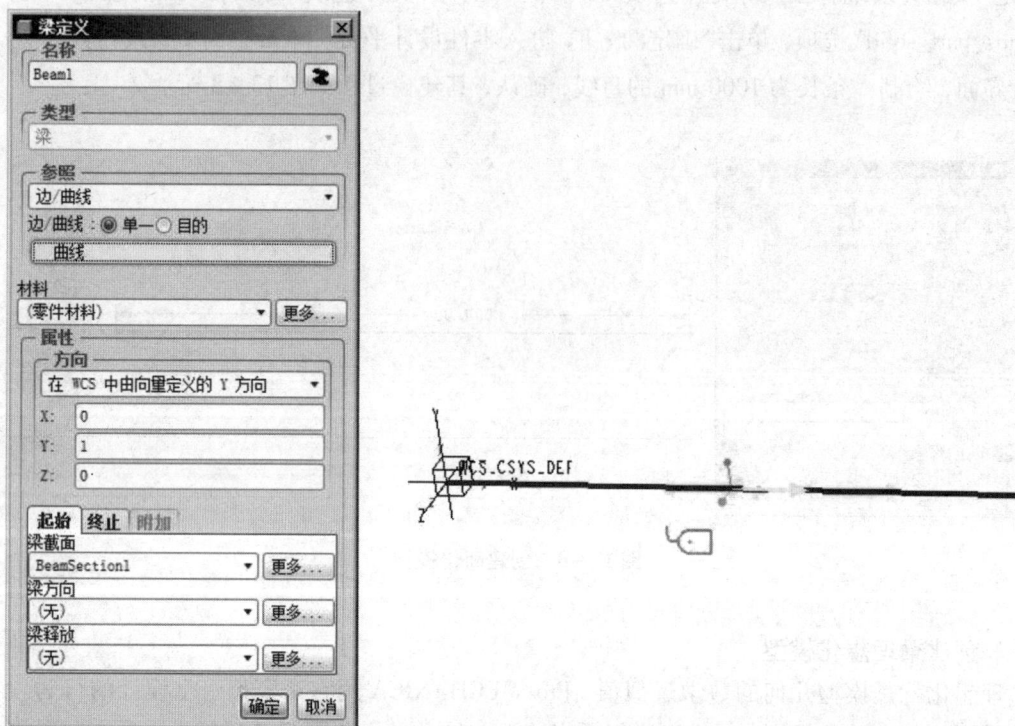

图 13 - 10 定义梁的参照与方向

● 定义材料：在下拉列表框中可以选择加载在当前模型中的材料。单击"更多"按钮系统弹出"材料"对话框，在材料库中为模型中添加所需材料，选择"steel"，点击 ▶▶ 添加，选择"确定"返回下拉列表框，此时能看到添加的材料且材料赋予的模型，如图 13 - 11 所示。

● 定义梁截面："起始"选项卡用于定义梁起始点的梁截面、梁方向、梁释放等参数。在"梁截面"下拉列表框中选择加载在当前模型中的梁截面，单击其后的"更多"按钮可以将截面库中的梁截面加载到当前模型中，也可以新建梁截面：新建梁截面，形状选择正方形，边长 a 设置为 50 mm，点击"确定"返回，梁方向与梁释放设置为无。如图 13 - 12 所示。

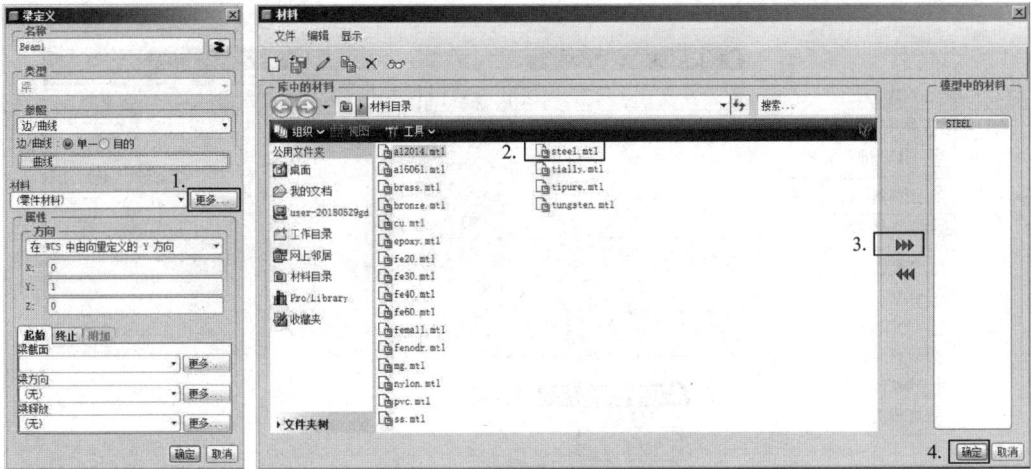

图 13 – 11　定义梁的材料属性

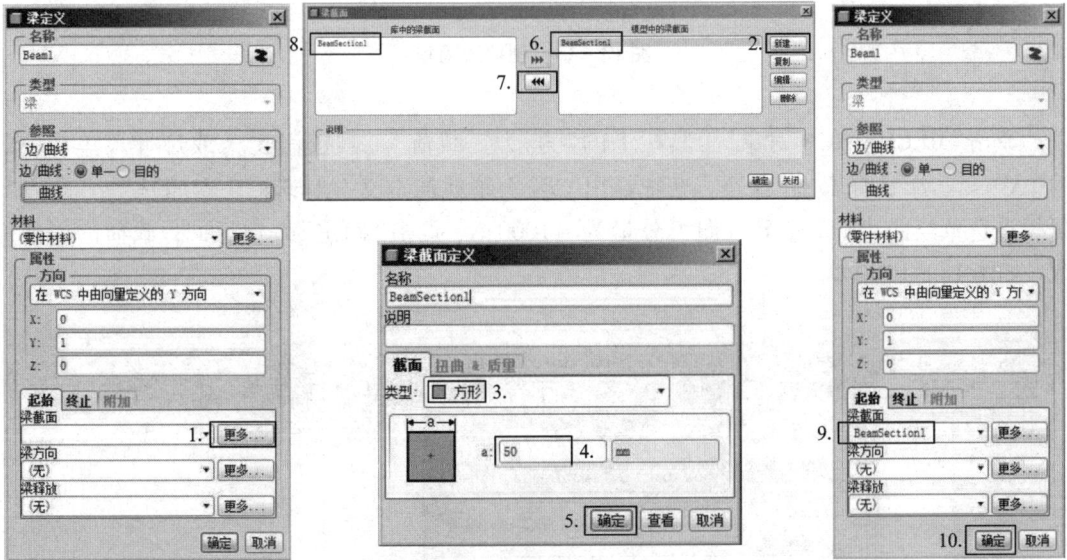

图 13 – 12　定义梁截面

3. 创建载荷

载荷就是一种施加到整个或部分结构的力、压力、速度、加速度或力矩。为了使 Pro/MECHANICA能够顺利运行大多数类型分析，必须至少在模型的一个区域中加上载荷。Pro/MECHANICA本身提供广泛而多样的载荷类型。根据实际物体的受载荷情况，对模型添加力/力矩载荷、压力载荷、承载载荷、重力载荷、离心载荷、全局温度载荷等影响模型结构的载荷因素。

选择"属性"→"载荷集"命令，系统弹出"载荷集属性"对话框，单击"新建"按钮，保持系统默认值，单击"确定"按钮，Loadset 1 载荷集就添加到列表框中，然后单击"关闭"按钮返回，完成载荷集的创建。如图 13 – 13 所示。

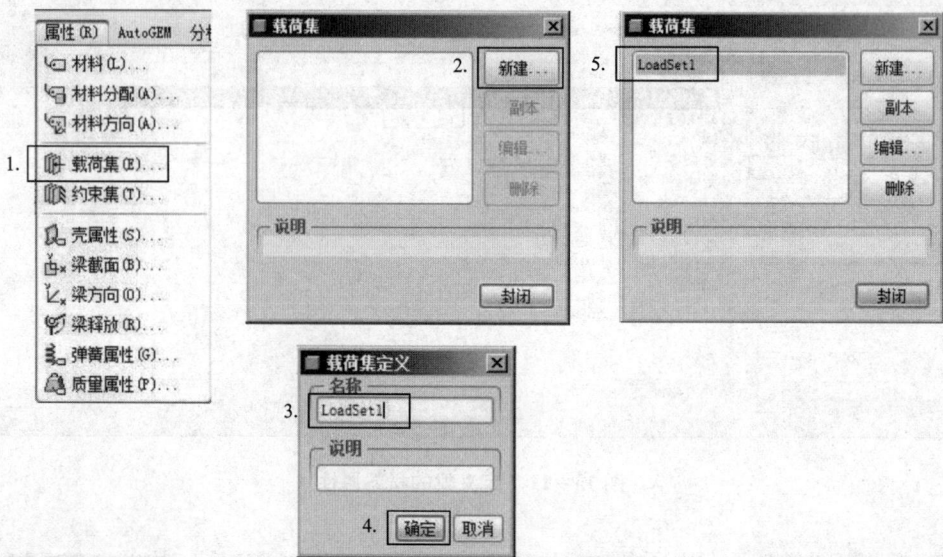

图 13 – 13   创建载荷集

单击"MECHANICA 对象"工具栏上的"力/力矩载荷"工具按钮⊬，或选择菜单栏中的"插入"→"力/力矩载荷"命令，系统弹出"力/力矩载荷定义"对话框。参照选"边/曲线"，鼠标点选草绘曲线，设置 Y 方向力分量为 – 1000 N，点击"确定"按钮返回，载荷的创建完成，如图 13 – 14 所示。

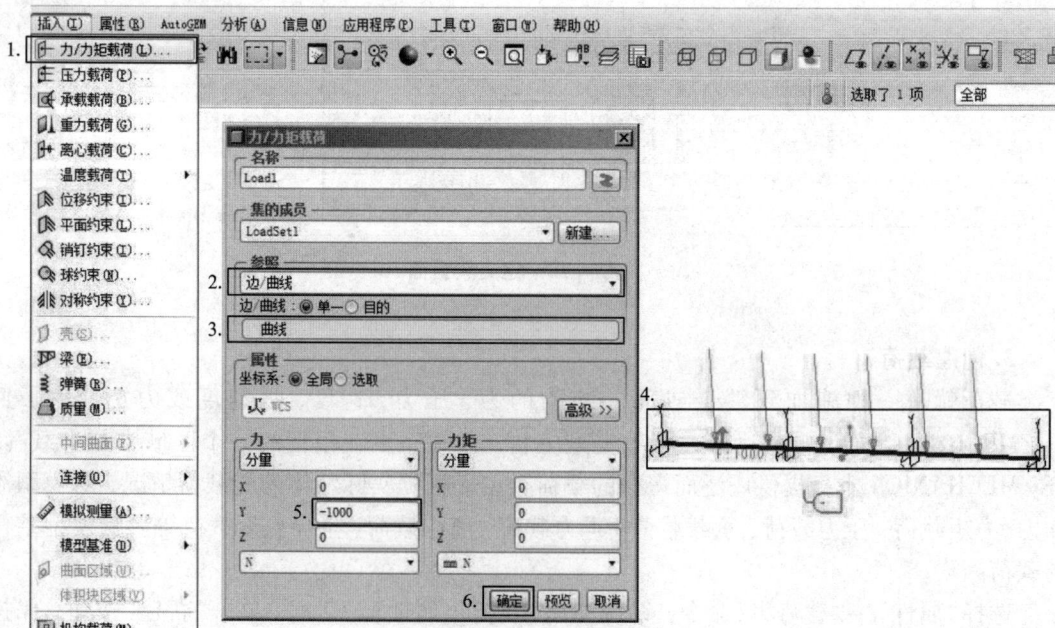

图 13 – 14   创建载荷

4. 创建约束

约束和载荷一样都是在 Pro/MECHANICA 里用来仿真实物的重要依据，而且是建立在分析和敏感研究的基础上。Pro/MECHANICA 使用这些信息进行模型仿真，所定义的约束和载荷将影响到分析结果。为了能够顺利运行多数类型的分析，必须至少约束模型的一个区域。"约束"是针对实际情况，对结构的点、线、面自由度进行约束。对模型增加约束之前，必须保证以下几何和参照存在。

（1）坐标系。

每一个约束都需要相对一个固定的坐标系，如果不想使用系统默认的系统全局坐标系（WCS），也可以定义坐标系，且让定义的坐标系变成当前的坐标系。

（2）基准点。

如果在曲线或表面上约束一个特定点，那么就要在那个位置包含一个基准点约束。

（3）区域。

如果约束曲面区域，那么模型就需要包含定义该区域的基准曲线轮廓。在为一结构模型定义约束时，目的是要固定部分零件的几何，使零件不能移动，或只能以预定的方式移动。Pro/MECHANICA 会假设零件任何未约束的部分都会按模型可利用的所有方向自由移动。

单击 MECHANICA 工具栏上的"位移约束"工具按钮🔊，或选择菜单栏中的"插入"→"位移约束"命令，系统弹出"位移约束"对话框。在"约束"对话框中，选择"参照"下拉列表框中的"点"选项，可在草绘曲线上选择两个端点，本例中悬臂梁只需固定梁的一端，如图 13－15 所示。固定 X、Y、Z 的平移旋转自由度，点击"确定"返回，位移约束的创建完成。

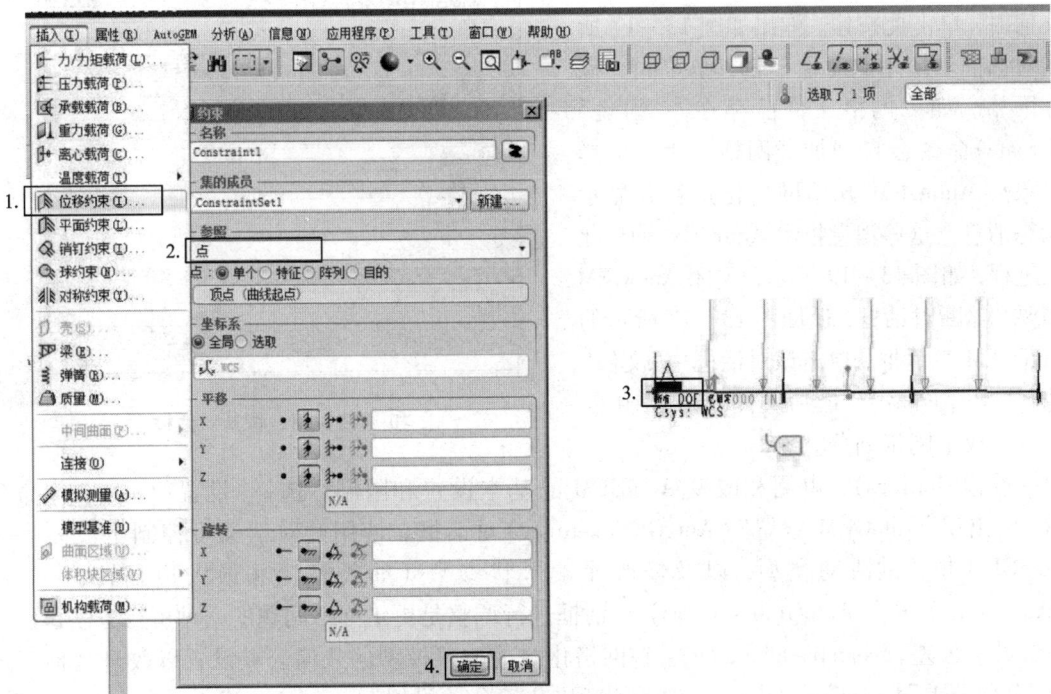

图 13－15　创建位移约束

5. 网格划分

Pro/MECHANICA 中单元网格划分在整个分析中所用的时间不多，可在集成模式中使用自动网格划分（AutoGEM）。AutoGEM 菜单中的命令有助于检验 Pro/MECHANICA 是否能够在分析之前成功网格化模型，并允许用户指示网格化期间要如何处理模型。使用 AutoGEM 菜单中的命令网格化模型时，AutoGEM 会创建可在以后计算位移、反作用、应力、热通量和温度时使用的网格元素。

AutoGEM 菜单下的 控制（control）为模型创建 AutoGEM 网格控制，如图 13-16 所示。选择"控制"（control）命令后，将出现"AutoGEM 控制"（AutoGEM control）对话框。使用此对话框对模型施加网格控制，可改进问题区域中的网格，如图 13-18 所示。

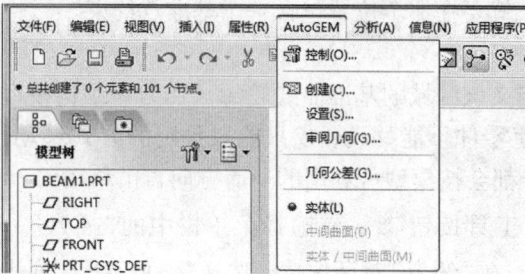

图 13-16　打开 AutoGEM 菜单

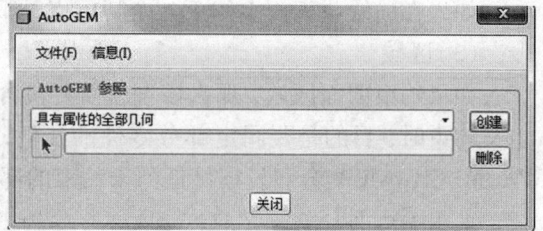

图 13-17　AutoGEM 对话框

创建（create）。准备好网格化所选几何时，单击此按钮，弹出如图 13-17 所示对话框。使用此对话框创建、审阅并保存网格。如果网格文件已存在，"创建"（create）命令会自动加载网格元素。选择对象后 AutoGEM 开始网格化过程并显示状态消息。这些消息指示 AutoGEM 网格化的进程，如图 13-19 所示，关闭 AutoGEM 摘要和诊断对话框，返回图 13-17 所示的 AutoGEM 对话框，单击该对话框中"文件"选择"保存网格"，最后关闭 AutoGEM 对话框完成了网格划分。

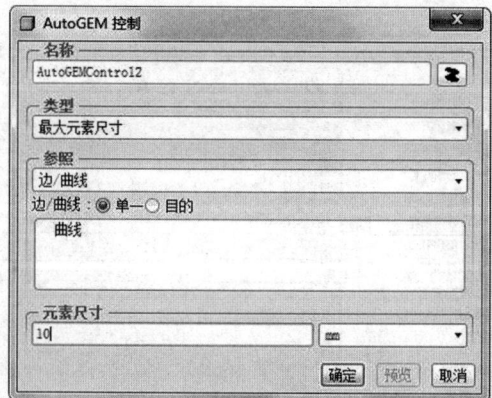

如图 13-18　按制对话框

设置（settings）：审阅和改变 AutoGEM 的基本设置和限制。选择"设置"（settings）命令后，将出现"AutoGEM 设置"（AutoGEM settings）对话框。使用此对话框可控制生成元素时 AutoGEM 执行的活动类型，以及修改元素形状参数（如长宽比和最大边翻转值）。对"AutoGEM 设置"（AutoGEM settings）对话框进行调整是更正网格问题的一种可行方法。

几何公差（geometry tolerance）：在网格化之前改善模型的几何公差设置以改进几何。选择"几何公差"（geometry tolerance）后，出现"几何公差设置"（geometry tolerance settings）对话框。通过此对话框可解决模型中的薄片、尖点和其他几何问题。

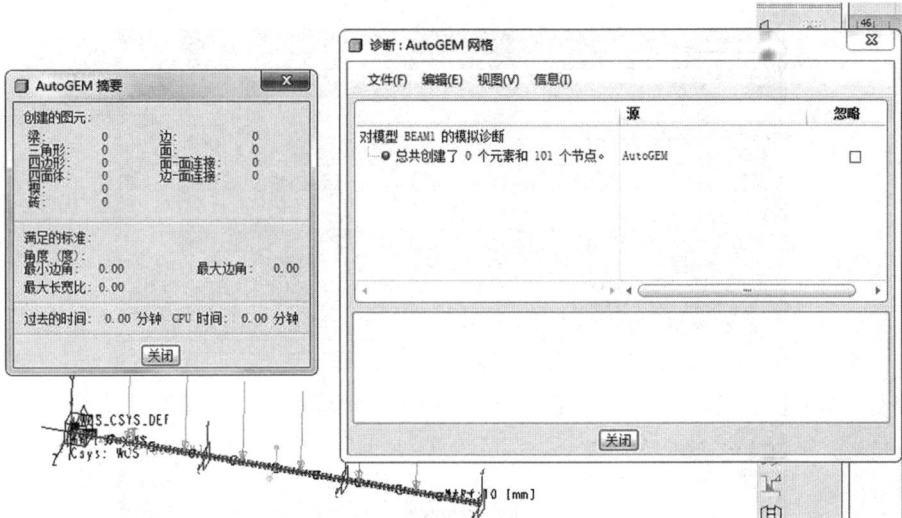

图 13 - 19　AutoGEM 消息和诊断信息

13.2.2　横梁模型静态分析的求解工作

1. 定义分析

上面我们已经建立起了有限元计算所需要的几何模型、材料、约束以及载荷边界条件，点击主菜单"分析"→"MECHANICA 分析/研究"，如图 13 - 20 所示，弹出如图 13 - 21 所示的分析和设计研究对话框。

点击"文件"下的"新建静态分析"，弹出如图 13 - 22 所示的静态分析定义窗口。选中上述定义的载荷集和约束集，在名称中输入 Analysisbeam 1，如图 13 - 23 所示。

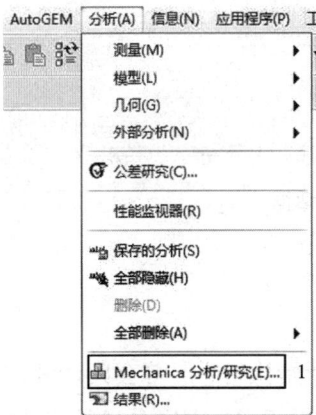

图 13 - 20　MECHANICA 分析/研究

图 13 - 21　分析和设计研究对话框窗口

定义完静力分析后，选择如图 13 - 23 所示的"运行"→"设置"进行分析运行时的各项设置，包括文件的存放路径以及分配的内存数量等(或者直接单击 ▤ 命令图标)，进行上述的

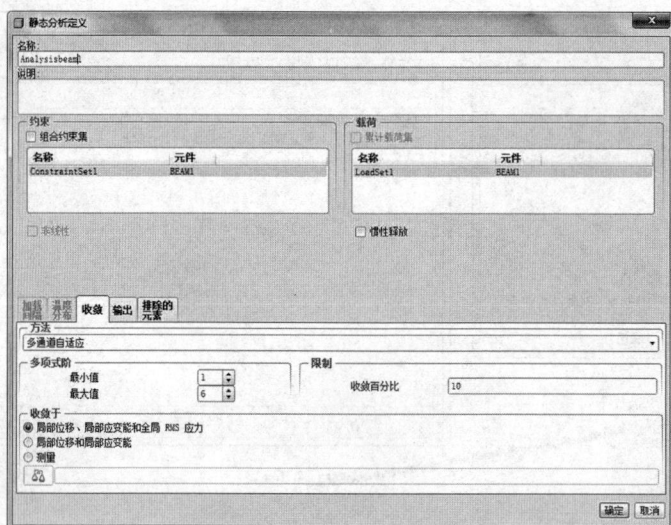

图13-22 静态分析定义窗口

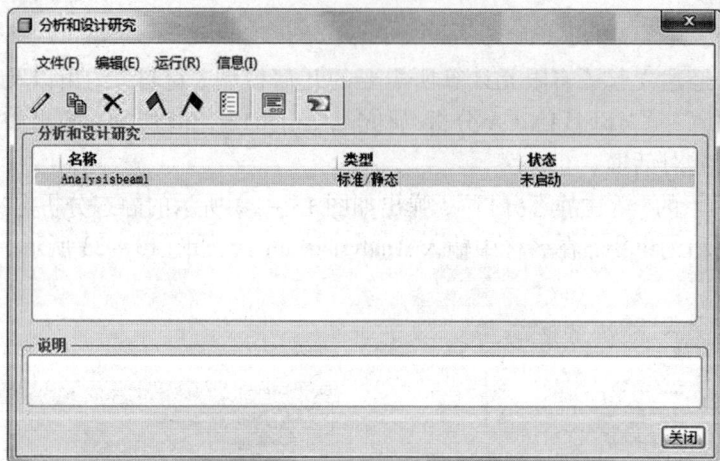

图13-23 分析设计研究对话框

设置，如图13-24所示。

2. 运行分析

点击图13-23中的 ⚋，开始分析计算。分析任务开始执行，屏幕会闪动几次，最终会在信息栏中出现"The design study has started."消息。接下来Pro/MECHANIC进行自动网格划分、建立方程、求解方程等一系列工作，这些工作是在后台进行的，对用户不可见，用户可以通过选择Info|Status…（或者单击 ⬚ 图标），查看运算过程信息，如图13-25所示。信息中显示计算完毕(run completed)后单击"关闭"按钮关闭对话框。

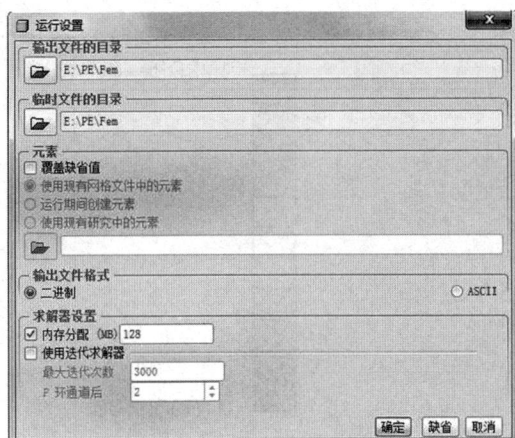

图 13 – 24　运行设置

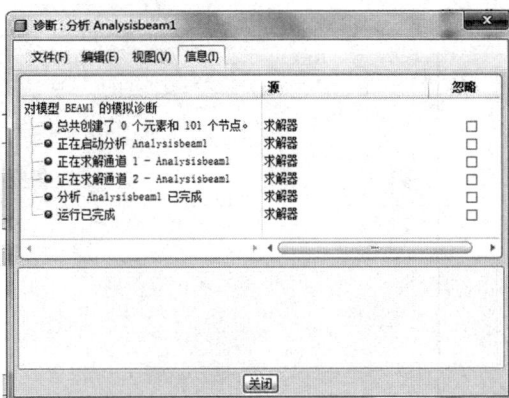

图 13 – 25　运算过程信息

13.2.3　横梁模型的静态分析结果显示

1. 查看分析结果

（1）直接点击图 13 – 23 中的 ![icon] 图标，弹出如图 13 – 26 所示的窗口。"显示类型"复选框中选择"条纹"即以云图形式显示结果，"量"→"位移"查看变形，在"显示选项"中勾选"已变形"，点击"确定并显示"即可显示位移结果，如图 13 – 27 所示。若要显示应力，可选择"量"→"应力"查看应力分布，如图 12 – 28 所示。同理可显示应变结果，如图 13 – 29 所示。也可将几个窗口同时显示在一个窗口，如图 12 – 30 所示。

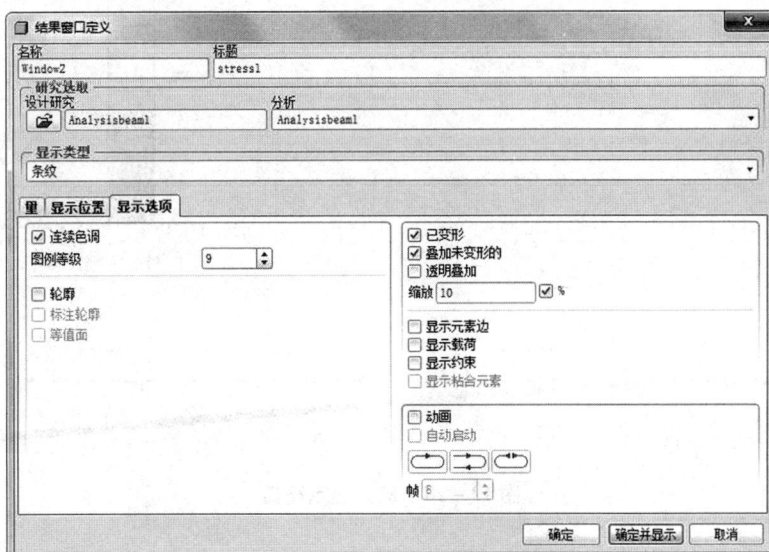

图 13 – 26　结果定义窗口

图 13 - 27　位移显示窗口

图 13 - 28　应力显示窗口

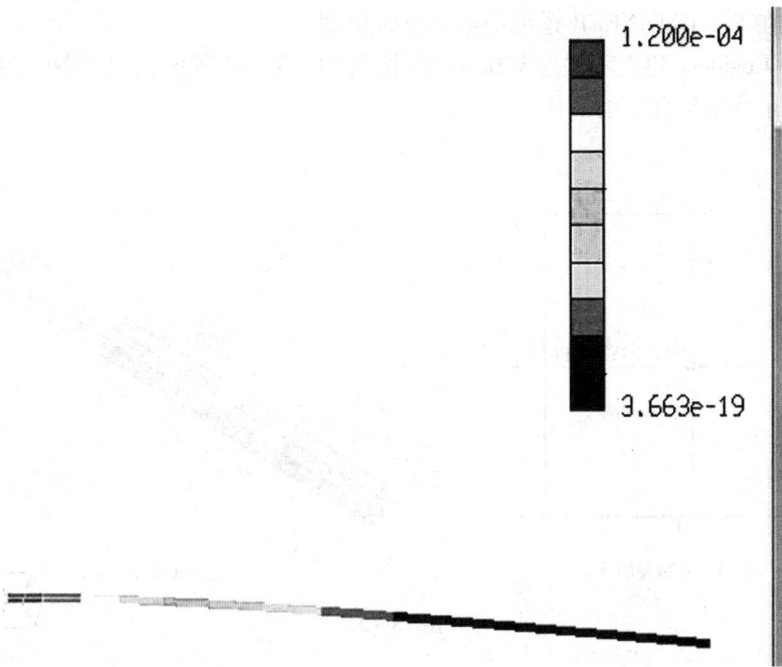

图 13 - 29　应变显示窗口

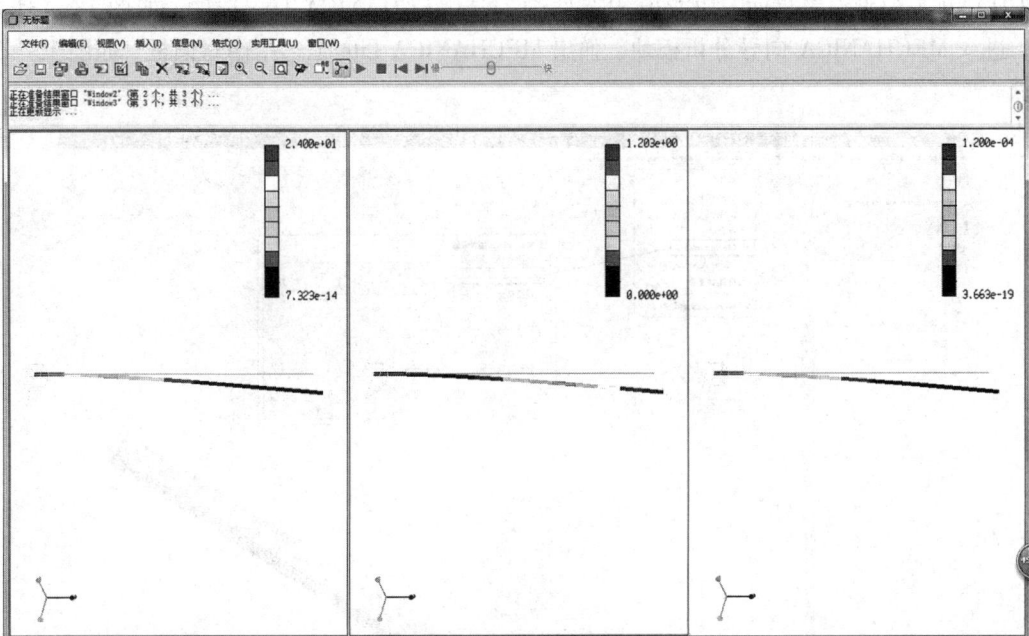

图 13 - 30　结果显示窗口

13.2.4 横梁模型有限元分析的前处理(采用实体模型分析)

(1)直接在 Pro/ENGINEER 模型中建立三维模型

打开 Pro/Engineer 建立零件模型 beam 2,按图 13-31(a)所示,建立梁模型的草绘,如图 13-31(b)所示生成梁模型的实体。

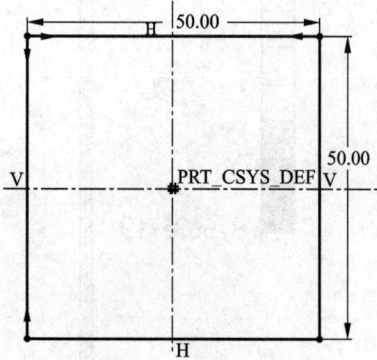

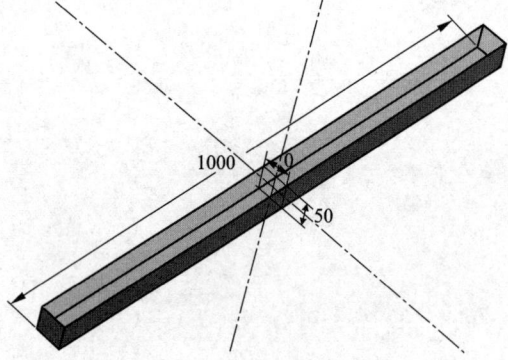

(a)建立梁模型的草绘   (b)生成梁模型的实体

图 13-31

(2)采用分析向导分析

单击应用程序,选择 MECHANICA(M),弹出 MECHANICA 模型设置界面,在 MECHANICA 模型设置界面、功能模式选项中勾选 MECHANICA Lite 选项,如图 13-31 所示。进入 MECHANICA 向导分析模块,弹出 MECHANICA Lite 工艺指南对话框,如图 13-32 所示。

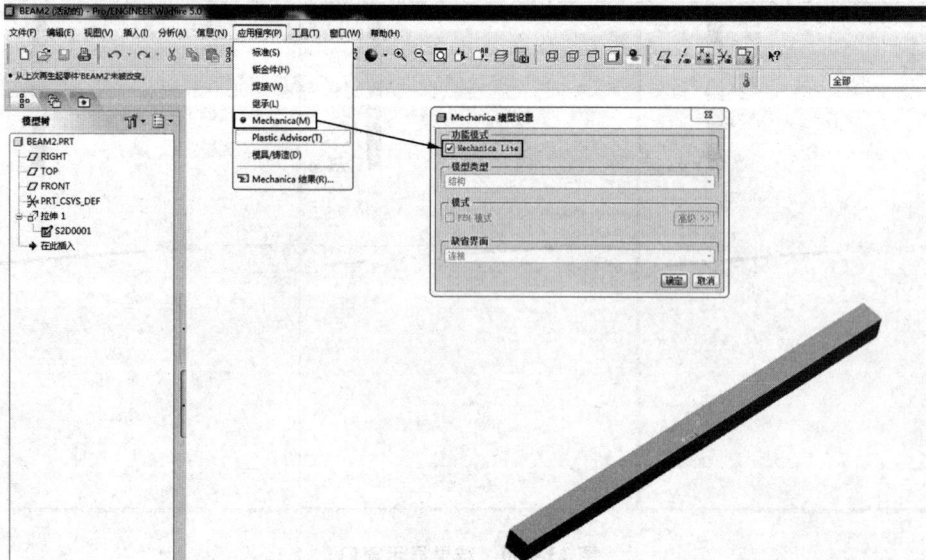

图 13-32 启用 MECHANICA 选择 MECHANICA Lite

MECHANICA Lite 是 MECHANICA 的试用版，它的功能比较有限，仅在集成、固有和结构模式下可用，可以创建一个模拟模型，然后对其运行静态分析并评估结果。MECHANICA Lite 可用于所含曲面数不超过二百个的零件或组件模型。MECHANICA Lite 的用户界面也可以通过工艺指南提供，这是一个初步的向导分析模块，提供以下功能：指定材料，施加约束，施加载荷，运行分析，查看分析结果。

- 指定材料，将材料指定给模型。MECHANICA Lite 将打开"材料指定"（material assignment）对话框。注意，在 MECHANICA Lite 中材料方向不可用。

在图 13 –33 所示的工艺指南对话框中单击"指定"，弹出材料指定对话框，如图 13 – 34 所示。在属性复选框中选择"更多"所示材料对话框。

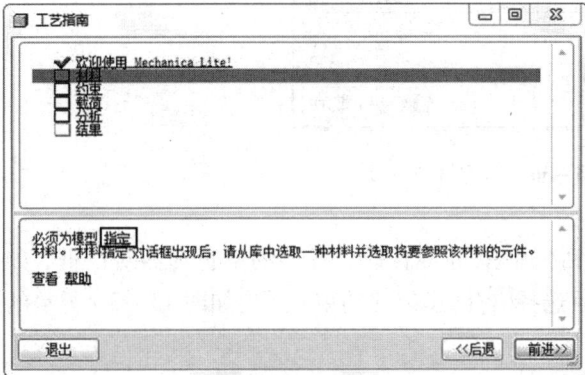

图 13 –33　工艺指南对话框

图 13 – 34　材料指定对话框

在图 13 –35 所示的材料对话框，选择材料 steel，双击或单击 ▶▶▶ 按钮即可添加到"模型中的材料"一栏，单击"确定"后返回材料指定对话框，如图 13 –36 所示。在属性复选框的材料中出现"steel"，即可将材料指定给所选零件。

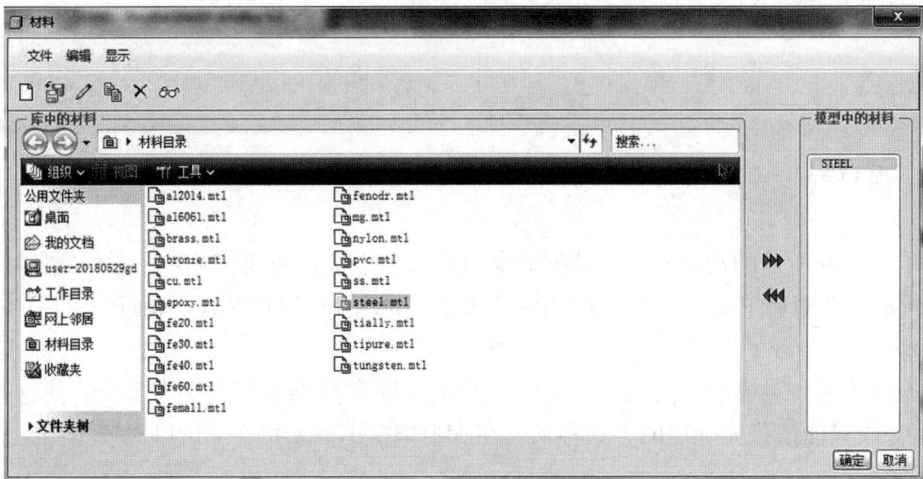

图 13 –35　材料对话框

403

图 13 – 36　指定材料

继续在图 13 – 37 所示的工艺指南对话框中单击"前进",弹出约束管理器对话框,如图 13 – 38 所示,在"当前集的约束"复选框后选择 创建位移约束,弹出如图 13 – 39 所示的约束对话框。

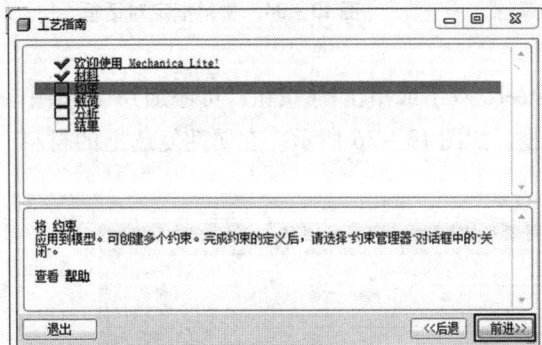

图 13 – 37　工艺指南对话框

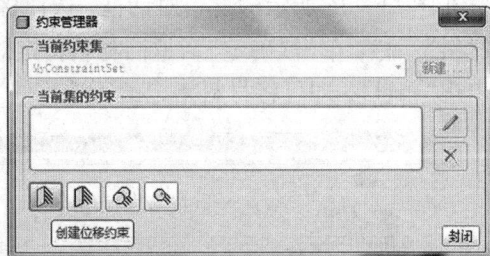

图 13 – 38　约束指定对话框

在图 13 – 39 所示的约束指定对话框的参照复选框中选择曲面,选中梁的一个端面,如图 13 – 40 所示。选中后单击"确定"返回约束管理器,如图 13 – 41 所示。端面约束后的梁,如图 13 – 42。

● 施加约束。对模型中的图元施加结构约束以固定模型几何的某些部分,使这些部分无法移动,或只能按预先确定的方式移动。在 MECHANICA Lite 中,可以对模型图元施加以下约束。

位移约束:控制模型中图元的平移。

平面约束:控制模型中曲面偏离平面的移动。

404

销钉约束：控制圆柱曲面的平移和旋转。

球约束：控制球形曲面的旋转。

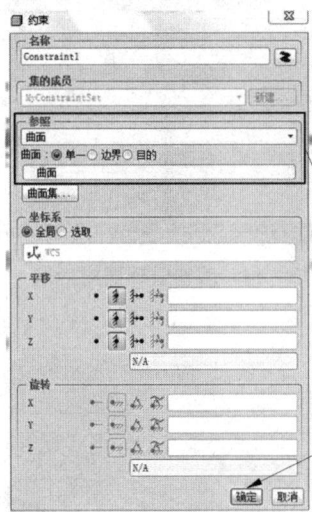

图 13 -39　约束指定对话框

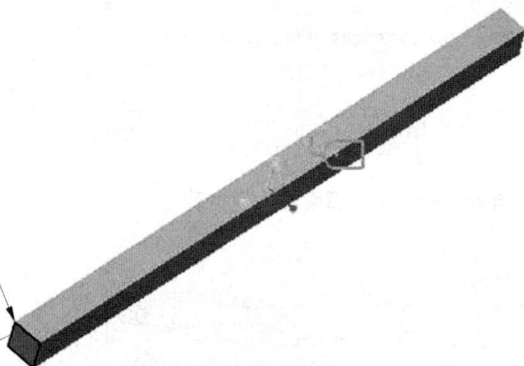

图 13 -40　端面约束

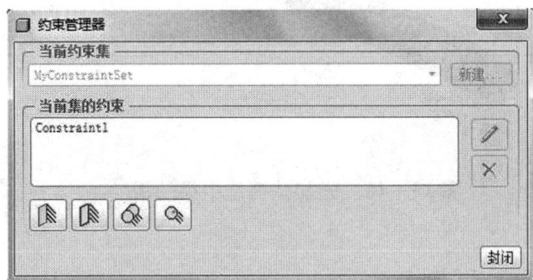

图 13 -41　约束管理器

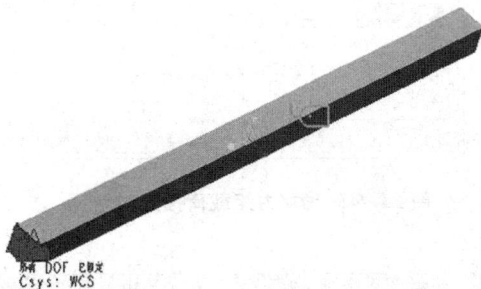

图 13 -42　端面约束后的梁

继续在图 13 -43 所示的工艺指南对话框中单击"前进"，弹出"载荷管理器"对话框，如图 13 -44 所示，在"当前集的载荷"复选框后选择 ⊞ "创建力/力矩载荷"，弹出如图 13 -45 所示的载荷对话框。

在图 13 -45 所示的"力/力矩载荷"对话框的参照复选框中选择曲面，并选中梁的一个上表面，如图 13 -46 所示，选中后在图 13 -45 所示力/力矩对话框的"力"的 Y 分量中输入 -1000，如图 13 -47 所示。单击"预览"则出现梁上施加载荷的预览图，如图 13 -48 所示。

单击图 13 -47 中的"确定"按钮，弹出如图 13 -49 所示的载荷管理器，在"当前集中的载荷"的文本框中输入"Load 1"，单击"封闭"按钮则加载成功。

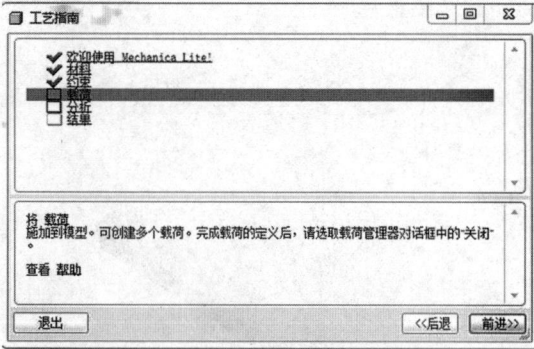

图 13 - 43　工艺指南对话框加载

图 13 - 44　载荷管理器对话框

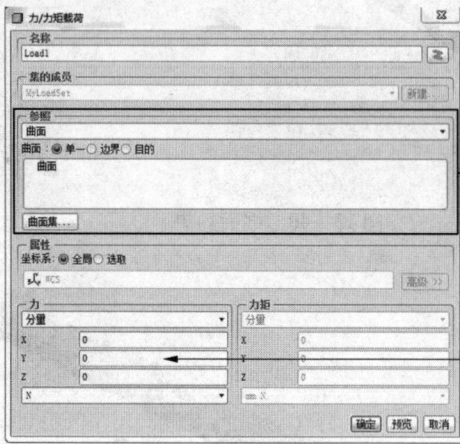

图 13 - 45　力/力矩载荷指定对话框

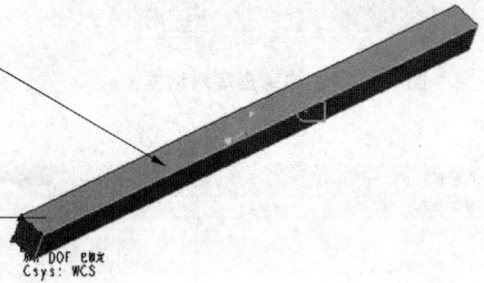

图 13 - 46　施加载荷选中梁的面

图 13 - 47　力/力矩载荷指定对话框

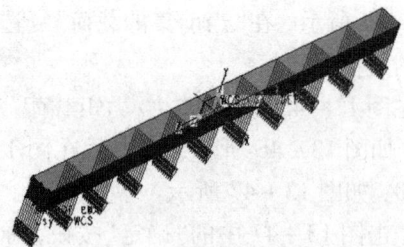

图 13 - 48　沿 Y 方向施加 - 1000 N 的力

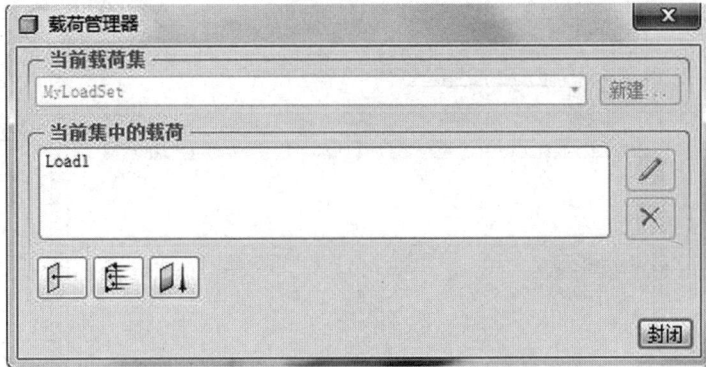

图 13 - 49　载荷管理器中载荷

● 施加载荷：对模型中的图元施加结构载荷来模拟模型会遇到的真实环境。在 MECHANICA Lite 中，可以对模型施加以下结构载荷。

力载荷：对模型上的所选曲面、边或点施加力载荷。

压力载荷：对模型中的所选图元施加压力载荷。

重力载荷：在模型上创建加速度载荷。

注意，在 MECHANICA Lite 模式下无法定义力矩载荷。

在图 13 - 50 所示的工艺指南对话框中单击"前进"，进入分析运行界面，单击"运行"按钮，弹出分析诊断对话框，如图 13 - 51 所示，诊断对话框显示运行已经完成时，单击"关闭"，返回图 13 - 50 所示的工艺指南对话框，单击"前进"按钮，弹出如图 13 - 52 所示的工艺指南对话框。

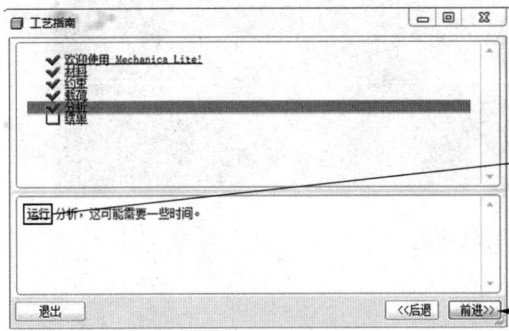

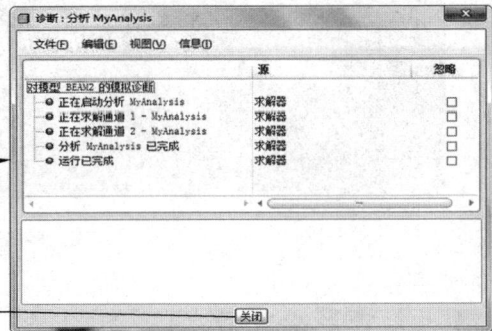

图 13 - 50　工艺指南对话框　　　　　　　图 13 - 51　分析诊断对话框

在图 13 - 52 所示的工艺指南对话框中单击"结果"，查看分析结果，弹出如图 13 - 53 所示的结果显示窗口，第一个窗口为梁受力后的位移云图，第二个窗口为应力云图，第三个窗口为应变窗口。

通过 Pro/E MACHANICAL 分析，采用理想化模型时，最大位移为 1.023 mm，约束端的最大主应力为 24.03 MPa。采用三维模型时，深的最大位移为 1.197 mm，约束端最大主应力约为 23.2 MPa。

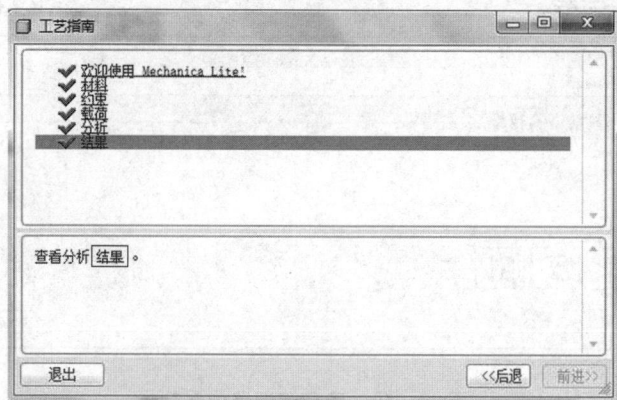

图 13 –52　工艺指南对话框显示结果

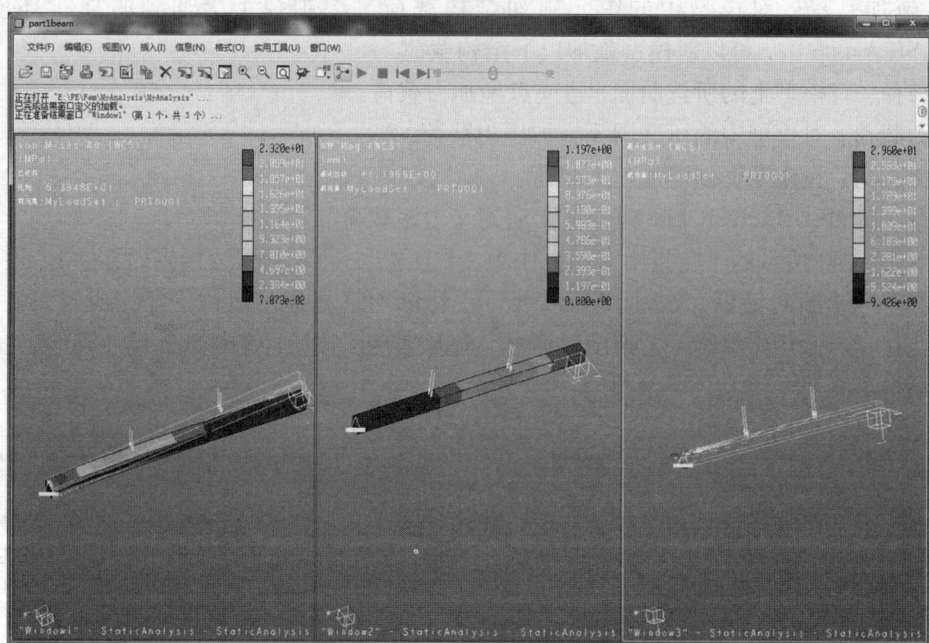

图 13 –53　分析结果

13.3　大变形分析实例

大变形分析用于计算几何或材料非线性分析,它分析结构在外载荷作用下由于结构形状变化导致的非线性响应。结构变形很大,已经不符合线性静态分析所设计的结构在载荷作用下变形很小的假设,导致非线性,因此大变形问题也称几何非线性问题。现实生活中典型的大变形实例如钓竿在末端受鱼的重力作用时发生弯曲,随着竿的不断弯曲,力臂明显减小,导致杆端显示出在较高载荷作用下,不断增长的刚性。

MECHANICA 执行大变形分析时,对约束和载荷有所规定。

(1)激活大变形选项时,如果存在强迫位移,可以不需要载荷,否则至少需要一个或一

408

个以上的载荷组。

（2）大变形分析不可以选择惯性释放项。

（3）大变形存在两种载荷状态：与位移无关载荷和与位移有关载荷。这两种载荷主要是从载荷方向考虑的。结构发生大变形，将导致与作业面垂直的载荷方向发生改变，如悬臂梁，在载荷作用下发生大变形而导致载荷方向发生改变。

MECHANICA 的大变形分析不允许有壳单元和梁单元，只支持实体单元和质量单元。

如何判定一个分析是属于线性静态分析还是非线性静态分析，执行如下几个步骤即可。

（1）构建模型，应用载荷及约束，并求解位移。

（2）构建另一个相似模型，其中包含与第一个模型的变形形状相对应的几何，对第二个模型施加载荷及约束，并求解位移。

注意：对于更复杂的模型，此操作相当重要。尽可能尝试简化模型以执行调查。如果两组位移十分一致，则问题是线性的。但如果两组位移间的比率不合理，则问题是非线性的。例如，如图 13 - 54 所示，考虑一个圆形铝板，其厚度为 1 mm，直径为 200 mm，在圆周上用销钉固定且受均匀压力载荷的作用。

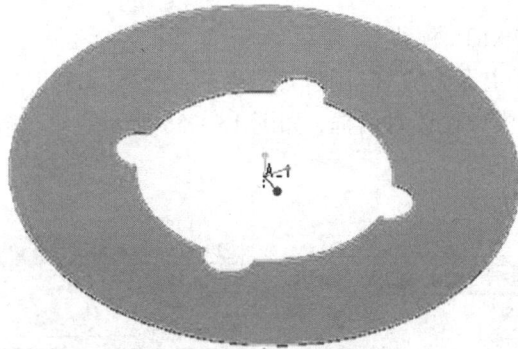

图 13 - 54　均匀受压力载荷的平板

表 13 - 1　圆型铝板受载荷与位移

压力载荷/MPa	初始平板的最大位移/mm	初始弯曲板的最大位移/mm
0.005	4.58	0.026
0.0001	0.0916	0.0888

表 13 - 1 中，受 0.005 MPa 压力载荷作用的铝板，结果是非线性的。为使结果在物理上有意义，初始弯曲板的位移不应比初始平板的位移小 200 倍。受 0.0001 MPa 压力载荷作用的铝板的结果显示，初始弯曲板的位移结果仅比初始平板的位移小 3%。因此，在压力很小的情况下，线性分析是相当好的近似方法。

为使响应为线性，板和壳的一般准则是挠度小于厚度。

如图 13 - 54 所示的直径为 200 mm、厚度为 1 mm 的圆形对称平板，材料为 AL6061，平板受到 0.005 MPa 的均匀压力载荷，求出平板在这样的载荷作用下的变形。

（1）直接在 Pro/ENGINEER 模型中建立三维模型

打开 Pro/Engineer 建立零件模型 plate，如图 13 – 55 所示，建立圆板模型的草绘，如图 13 – 56 所示拉伸生成圆板模型的实体。

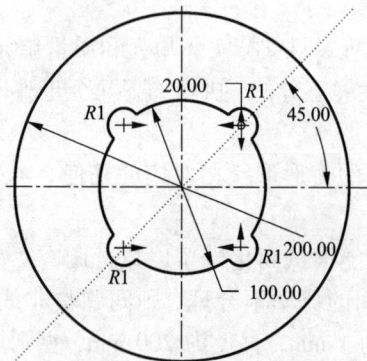

图 13 – 55　建立圆板草绘

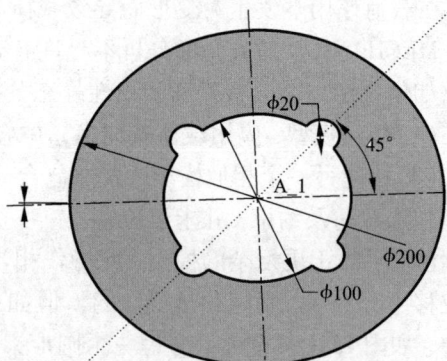

图 13 – 56　生成圆板实体模型

（2）进入 Pro/MECHANICA 模式

打开 Pro/ENGINEER 主界面的"应用程序"菜单，选择"MECHANICA"，如图 13 – 57 所示。系统弹出 Mechanica 模型设置对话框，如图 13 – 58 所示。单击确定进入 Mechanica 环境如图 13 – 59 所示。

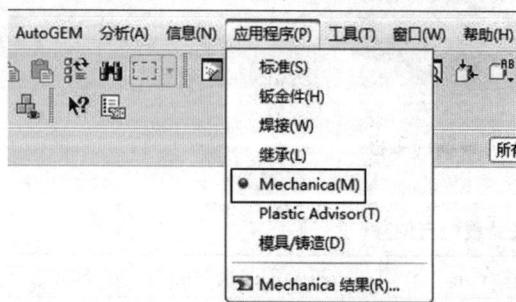

图 13 – 57　MECHANICA 菜单

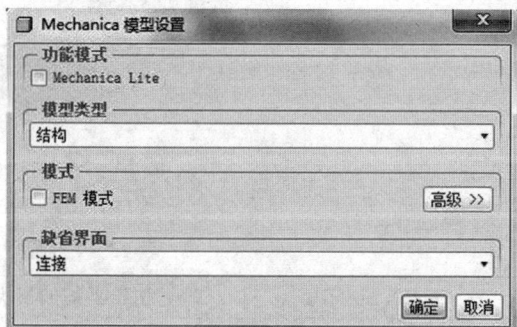

图 13 – 58　MECHANICA 模型设置

（3）设置模型材料

如图 13 – 60 所示选择"属性"菜单→单击"材料"系统弹出"材料"定义对话框。在材料对话框左侧的 Materials in Library 列表框中选择 AL6061，单击 ▶▶▶ 按钮，将 AL6061 添加至右侧模型中的材料列表框中，如图 13 – 61 所示，单击确定。

选择"属性"菜单→单击"材料分配"，如图 13 – 62 所示，弹出如图 13 – 63 所示的"材料指定"对话框，在"属性"复选框的"材料"中出现刚刚选中的"AL6061"，单击"确定"，即将材料指定给所选模型。

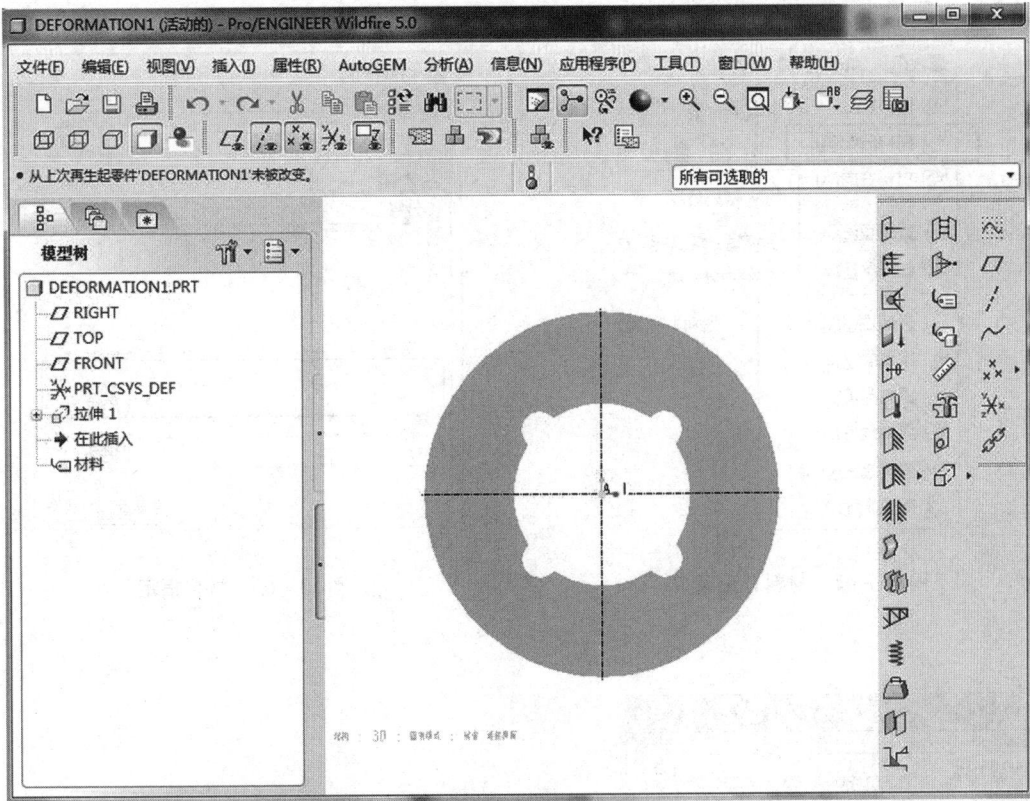

图 13 – 59   模型在 MECHANICA 环境

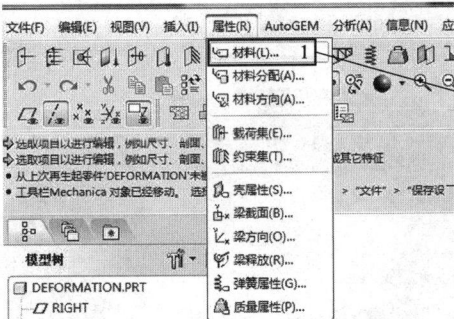

图 13 – 60   设置模型材料属性

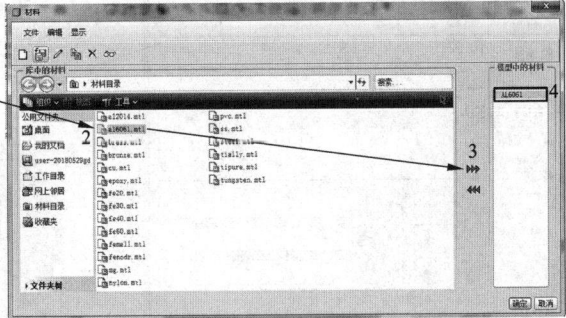

图 13 – 61   选择材料库

(4)定义约束

要将圆板的周边固定即在圆周面定义约束。在图 13 – 62 中选择"属性"菜单→单击"▣" 约束集 T",弹出如图 13 – 64 所示的约束对话框,选择圆的周边(柱面),如图 13 – 65 所示。 在图 13 – 64 所示的约束对话框中单击"确定",完成对圆板的约束定义。

(5)施加载荷

选择"属性"菜单→单击" ▥ 载荷集(E)... " 载荷集" 如图 13 – 66 所示,弹出如图 13 – 67 所示的载荷管理器对话框,单击封闭,在模型树中出现如图 13 – 68 所示的载荷集。

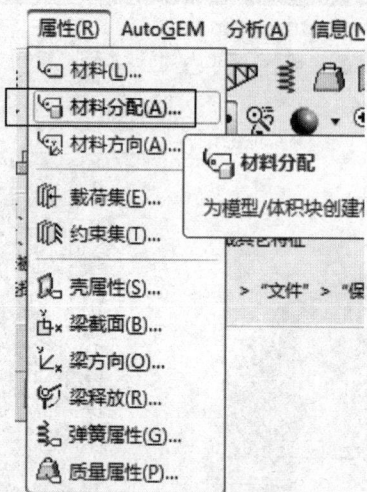

图 13 – 62　材料分配菜单

图 13 – 63　材料指定

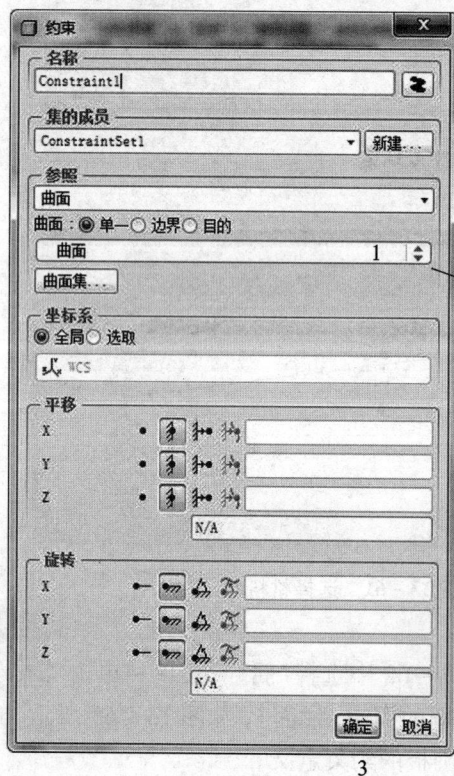

图 13 – 64　约束对话框

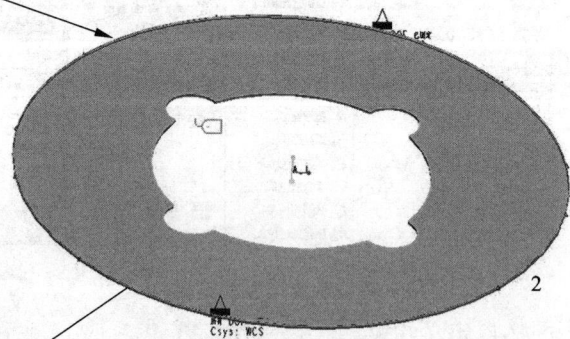

图 13 – 65　在模型中添加约束

412

选择"插入"菜单→单击"压力载荷"如图 13 - 69 所示，弹出如图 13 - 70 所示的压力载荷对话框，然后在用鼠标左键选中圆的上表面，如图 13 - 71 所示，在图 13 - 70 压力载荷对话框的压力复选框内输入压力值"0.005"MPa，单击"确定"即完成载荷的定义。

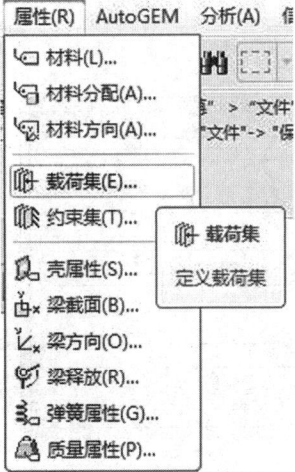

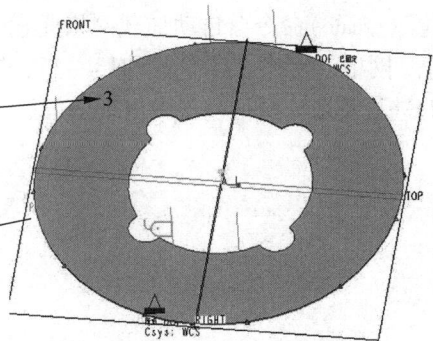

图 13 - 66　选择载荷集　　　图 13 - 67　载体管理器　　　图 13 - 68　模型树中的载体集

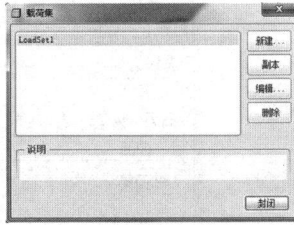

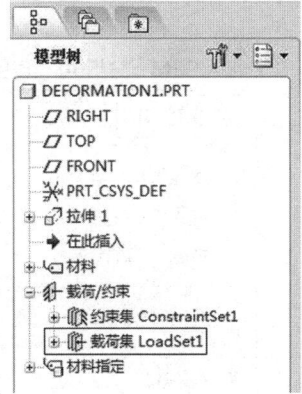

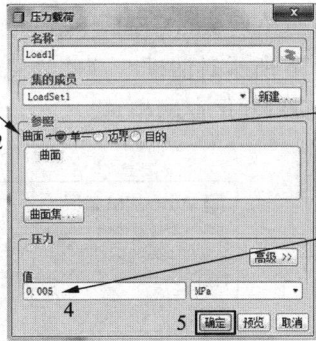

图 13 - 69　压力载荷　　　图 13 - 70　压力载荷对话框　　　图 13 - 71　模型中加载压力载荷

(6)划分网格

如图 13 –72 所示，在 AutoGEM 菜单下的 ⊞ 控制（Control）为模型创建 AutoGEM 网格控制。选择"控制"（Control）命令后，弹出"AutoGEM 控制"（AutoGEM Control）对话框。使用此对话框对模型施加网格控制，如图 13 –73 所示，在"元素尺寸"中输入"20"，设置模型的网格尺寸，单击"确定"完成网格尺寸的设置。

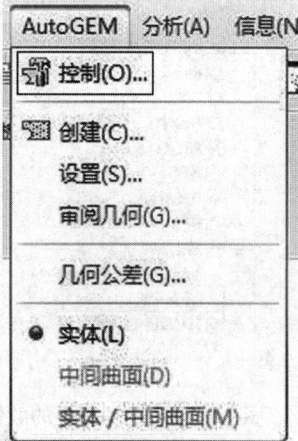

图 13 –72　AutoGEM

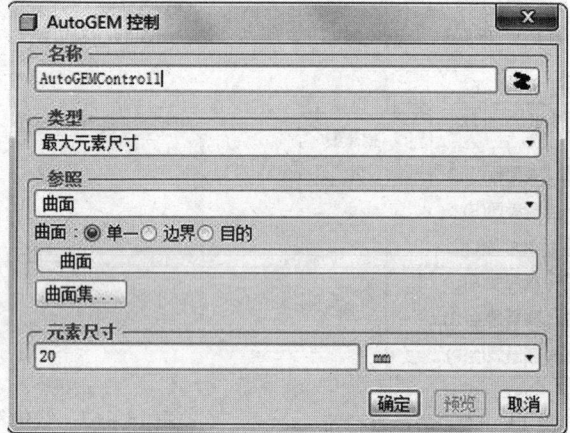

图 13 –73　按制对话框

⊞ 创建（Create）：准备好网格化所选几何时，单击此按钮，弹出如图 13 –74 所示对话框，单击"创建"按钮，完成模型的网格创建、审阅并保存网格。如果网格文件已存在，"创建"（create）命令会自动加载网格元素。选择对象后 AutoGEM 开始网格化过程并显示状态消息，网格创建完成后弹出图 13 –75、图 13 –76 所示对话框。这些消息显示 AutoGEM 网格化的进程及划分网格过程中出现的问题，关闭窗口并保存网格。

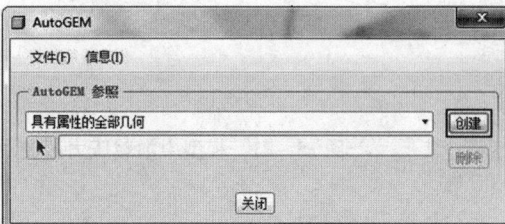

图 13 –74　AutoCEM 参照创建

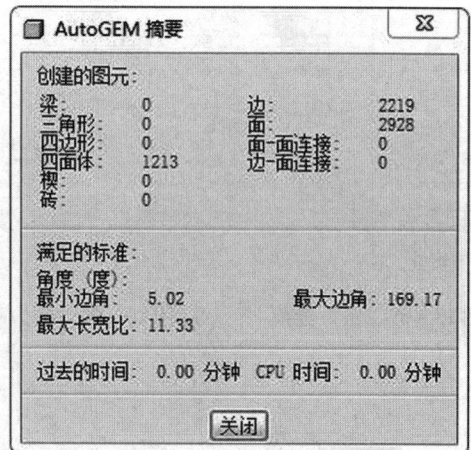

图 13 –75　AutoGEM 摘要

414

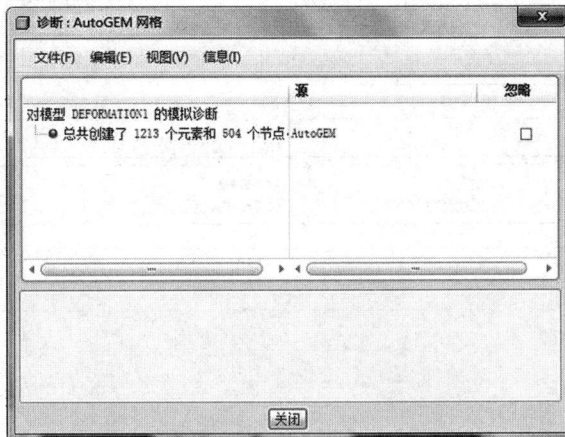

图 13 - 76　诊断：AutoGEM 网络

（7）定义分析

建立起有限元计算所需要的几何模型、指定材料、定义约束以及施加载荷后，可以定义分析。点击主菜单"分析"→"Mechanica 分析/研究"，如图 13 - 77 所示，弹出图 13 - 78 所示的"分析和设计研究"对话框窗口。单击"文件"→"新建静态分析"，弹出如图 13 - 79 所示的静态分析定义窗口，在名称栏中输入 deformationAnalysis1，选中已定义的载荷集和约束集，勾选"非线性"复选框及"非线性选项"中的"计算大变形"，在加载间隔栏中选择"间隔数"为10，并单击"等间距"，其他选项接受默认项即可，最后单击"确定"，如图 13 - 79 所示。

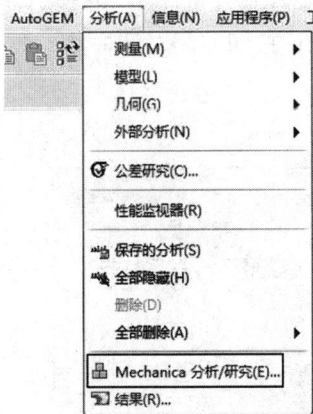

图 13 - 77　MECHANICA 分析/研究

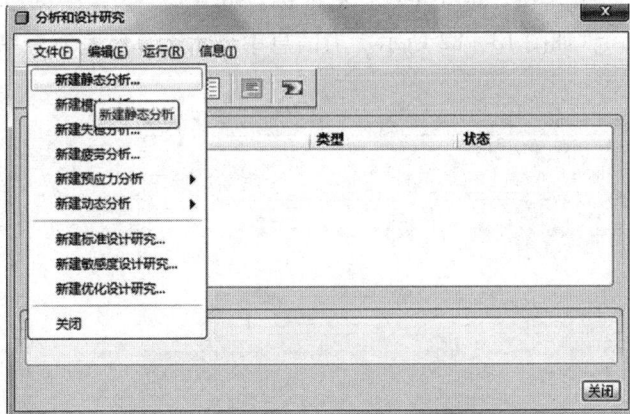

图 13 - 78　分析和设计研究对话框窗口

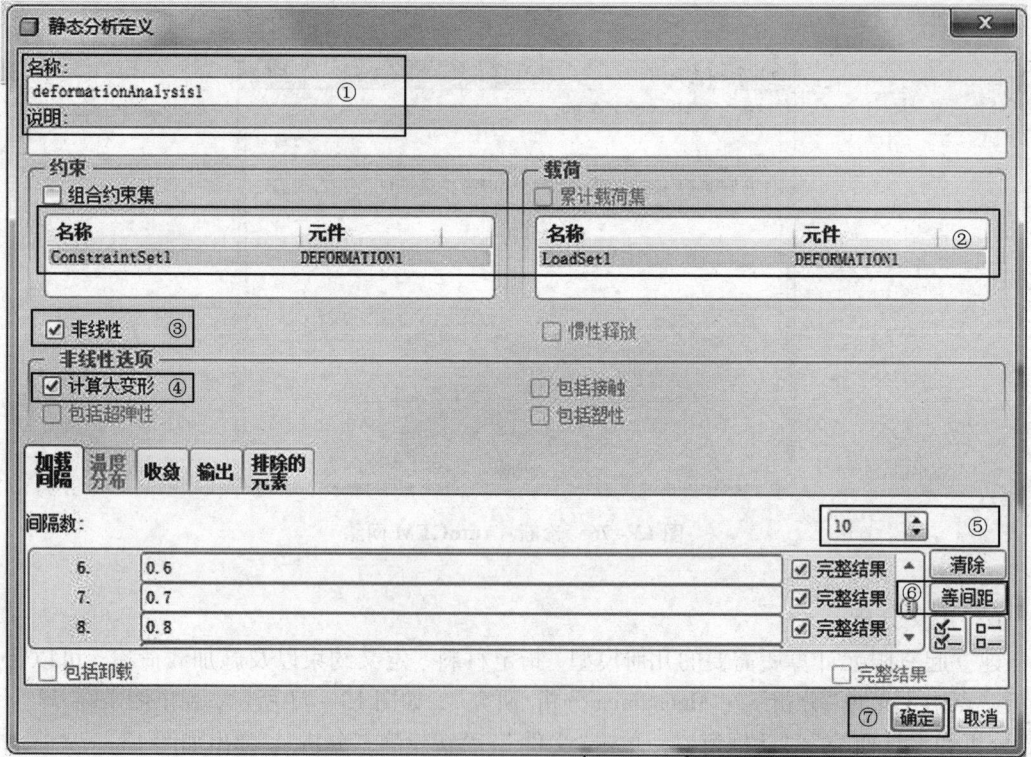

图 13 –79　大变形分析计算对话框

（8）运行分析

定义完大变形分析计算对话框后，返回分析和设计研究对话框，如图 13 –80 所示。点击图中 ∧ 按钮，弹出"问题"对话框，如图 13 –81，单击"是"，系统开始分析计算，并弹出诊断对话框如图 13 –82 所示。当信息中显示运算已完成后单击"关闭"按钮关闭对话框。

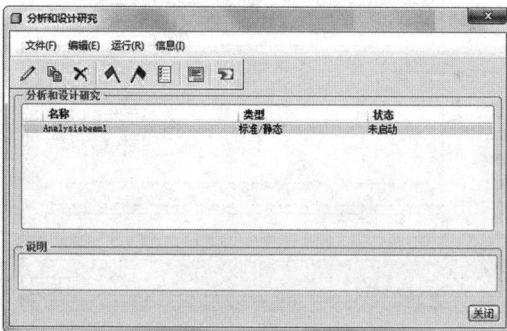

图 13 –80　分析研究对话

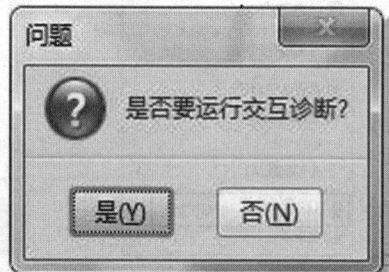

图 13 –81　问题对话框

（9）查看分析结果

直接点击图 13 –80 中的 ↘ 图标，弹出图 13 –83 所示结果窗口定义对话框，在标题栏中输入显示结果的名称 stress1，在"步长"中选择"1"，"显示类型"中选择"条纹"即以云图形式

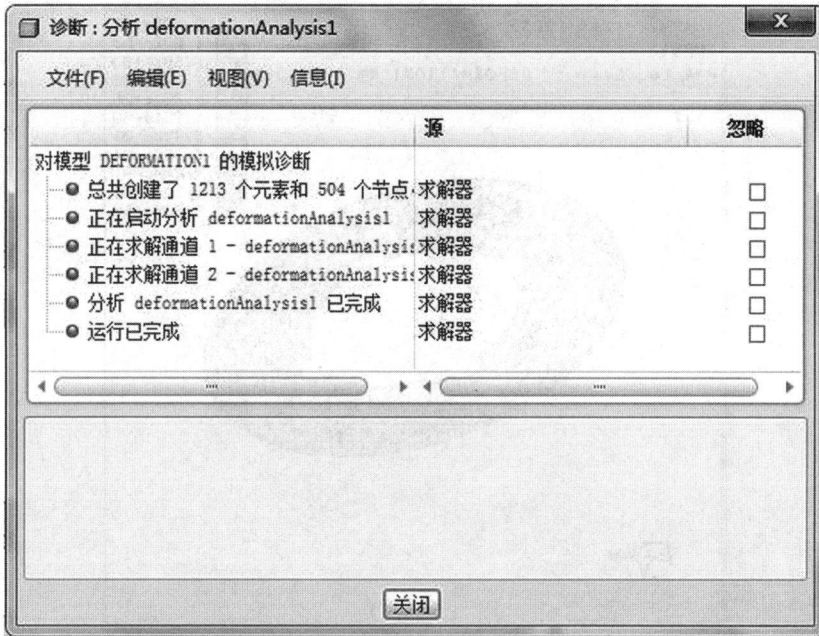

图 13 - 82　运算过程诊断对话信息

显示结果，选择"量"→"应力"查看应力，在"显示选项"中勾选"变形"，点击"确定并显示"即可在第一个窗口中显示第 1 步时的应力结果，如图 13 - 84 所示。

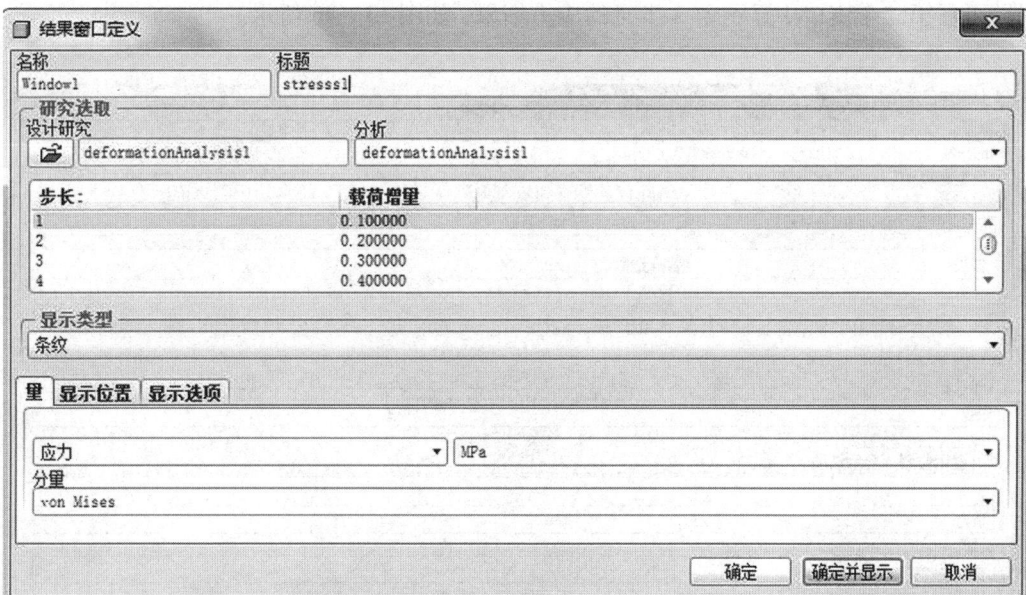

图 13 - 83　定义显示中间步长计算

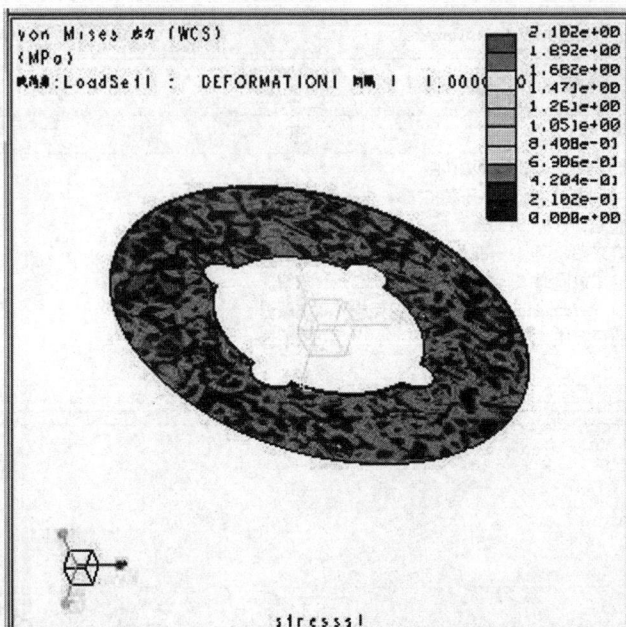

图 13 –84　显示中间步长应力计算结果

继续点击图 13 – 80 中的 ⤵ 图标，弹出图 13 – 85 所示的结果窗口定义对话框，在标题栏中输入显示结果的名称 stress3，在"步长"中选择"3"，"显示类型"中选择"条纹"即以云图形式显示结果，选择"量"→"应力"查看应力，在"显示选项"中勾选"变形"，点击"确定并显示"即可在第二个窗口中显示第 3 步时的应力结果，如图 13 – 86 所示。

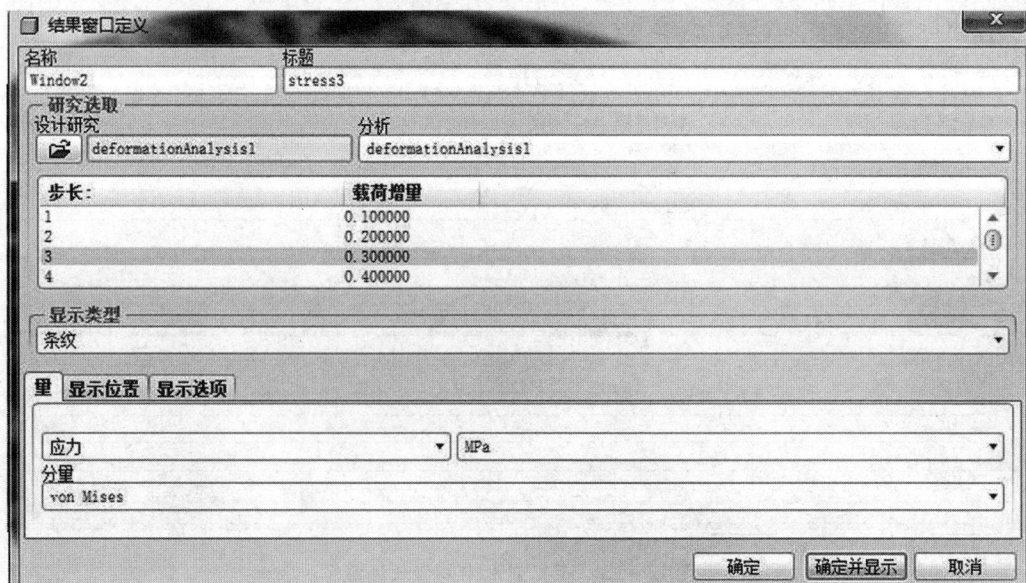

图 13 –85　定义显示中间步长计算

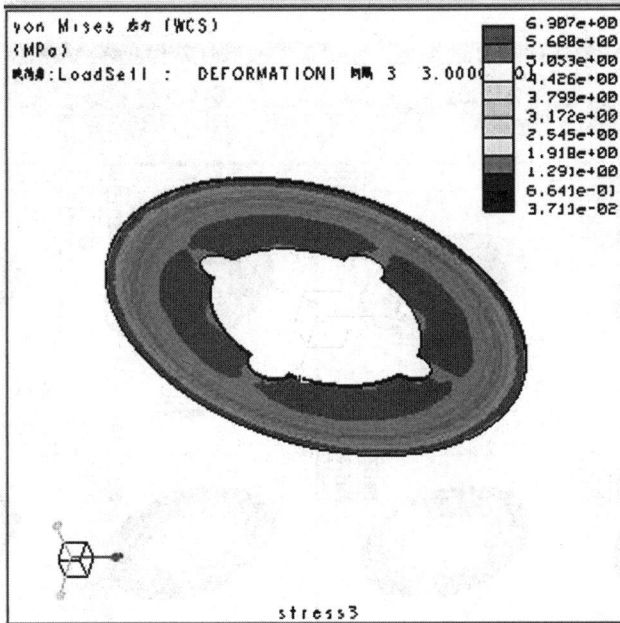

图 13 - 86　显示中间步长应力计算结果

如想显示多步长计算结果，可以在显示工具条中，单击 ▨ 按钮，如图 13 - 87，弹出如图 13 - 88 所示的"显示结果窗口"对话框，将要显示的窗口选中，即可实现多窗口显示结果，如图 13 - 89 所示。

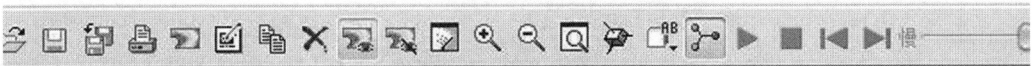

图 13 - 87　工具条

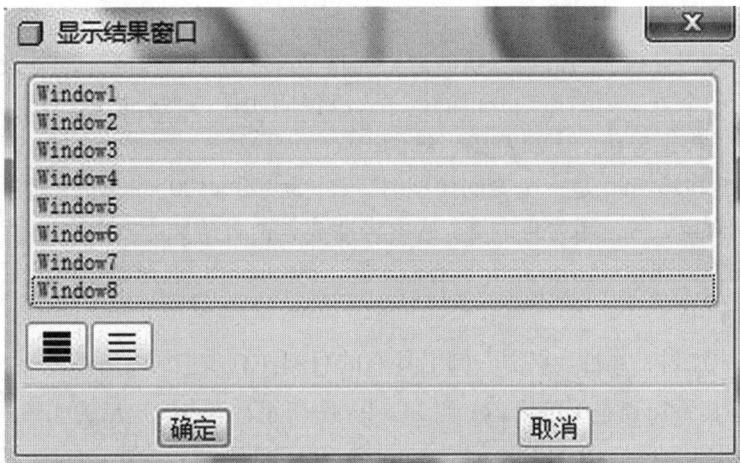

图 13 - 88　显示结果控制对话框

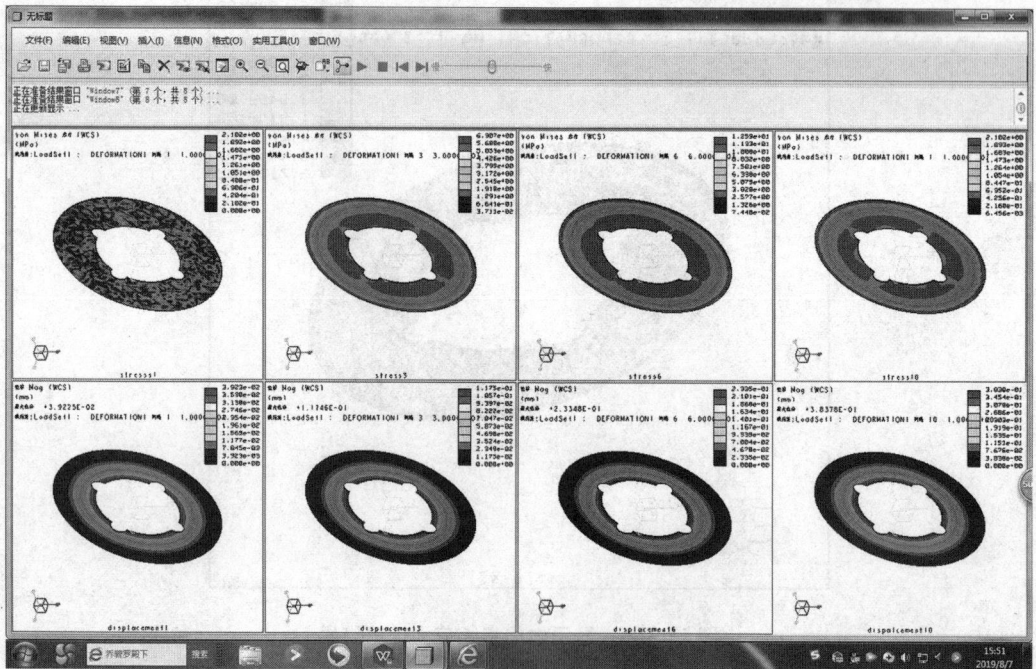

图 13-89　大变形分析结果的多步长多窗口显示

13.4　模态分析

了解结构的固有频率和振型是研究动力学问题的基础。分析机构是否会发生共振破坏，工作时的振动有多大，在动载荷之下的动力响应的大小等，都需要首先求出结构的固有频率和振型。对连续系统来说，它具有一系列的固有频率，每个频率对应一个振型,一般关心的是与最小频率对应的振型。

模态分析的有限元模型与静力分析的有限元模型除了对载荷要求不同外没什么区别。

本节将介绍一个悬臂梁的振动分析的例子，以说明实体模型分析的方法。实际上，对于所有的模型类型，模态分析的方法都是一样的。

（1）建模，如图 13-90 是一个梁的模型,其尺寸为 $100 \times 100 \times 900$,梁通过拉伸形成三维实体。梁的一端固定，另一端为自由端，这里将计算其前五阶频率和振型。模型采用的单位mm - n - s。创建完梁模型之后，点击"应用程序""Mechanica"，弹出下面的窗口，直接默认全部设置，点击确定。

（2）给模型添加材料属性，点击右侧工具栏的材料按钮 ，弹出图 13-91 所示对话框窗，选择 steel 将其添加到右侧的窗口，如 13-91 图所示，单击确定后关闭该对话框。

点击右侧工具栏材料分配按钮 ，弹出材料指定对话框，如图 13-92 图所示，在参照复选框中选择分量，点击"确定"后材料分析完成。

420

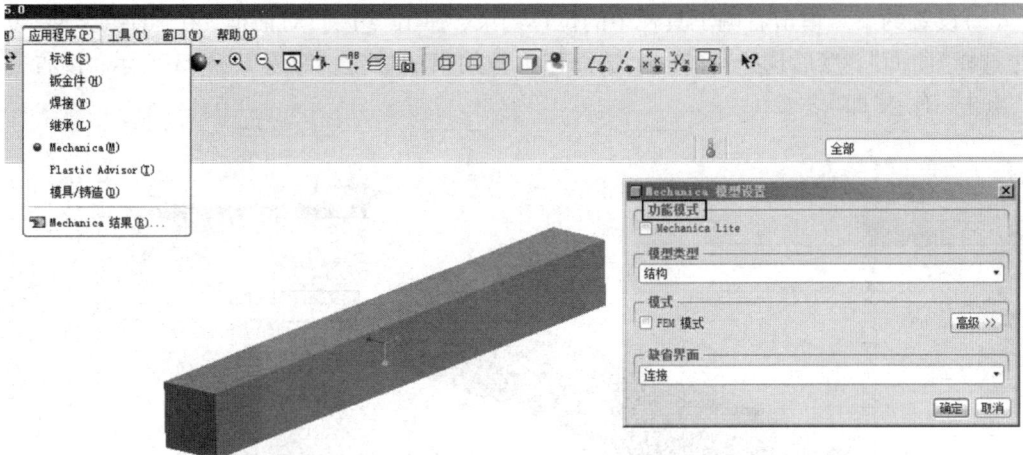

图 13 - 90　悬臂梁的实体模型

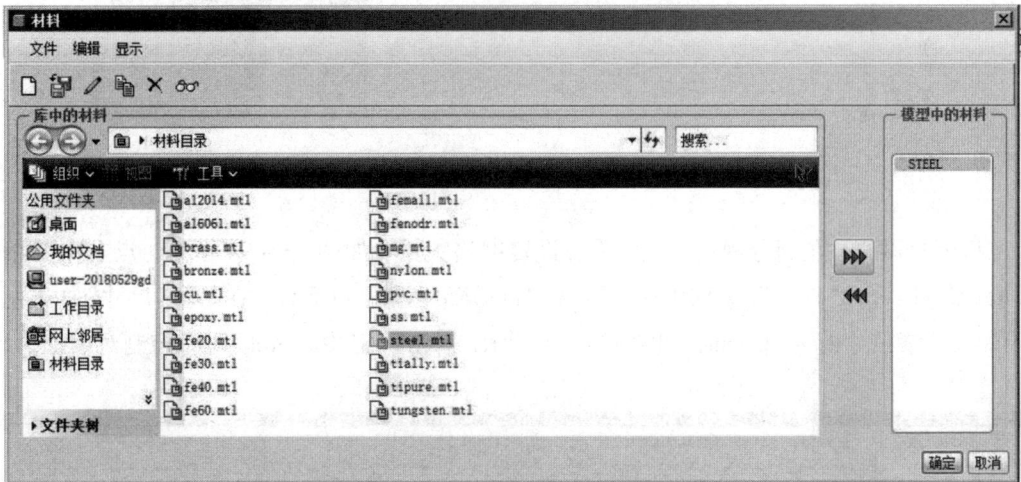

图 13 - 91　给模型添加材料属性

图 13 - 92　指定材料对话框

(3)设置约束。单击右侧工具栏中的位移约束，弹出"约束"对话框，在"参照类型"复选框中选择"曲面"，然后选择梁的一个端面作为被约束的位置，如图 13－93 所示，设置完成后，点击"确定"即可。

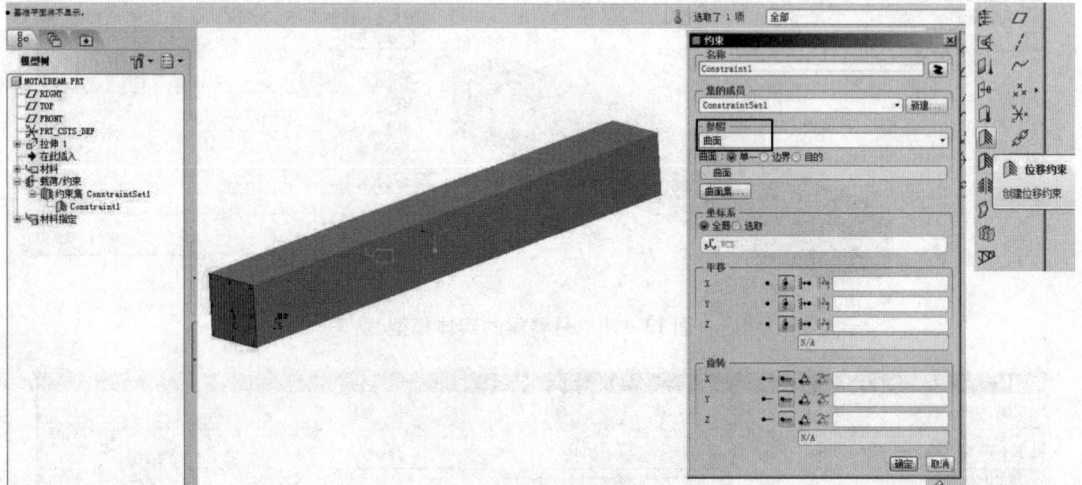

图 13－93　设置约束

(4)划分网格，在划分网格之间，需要设置网格大小，如图 13－94 所示，点击主菜单中的"AutoGEM"选择"控制" 控制(0)，弹出"AutoGEM 控制"对话框，在"元素尺寸"复选框中输入最大元素尺寸值为 10 mm，如图 13－94 所示，单击确定关闭 AutoGEM 控制对话框。

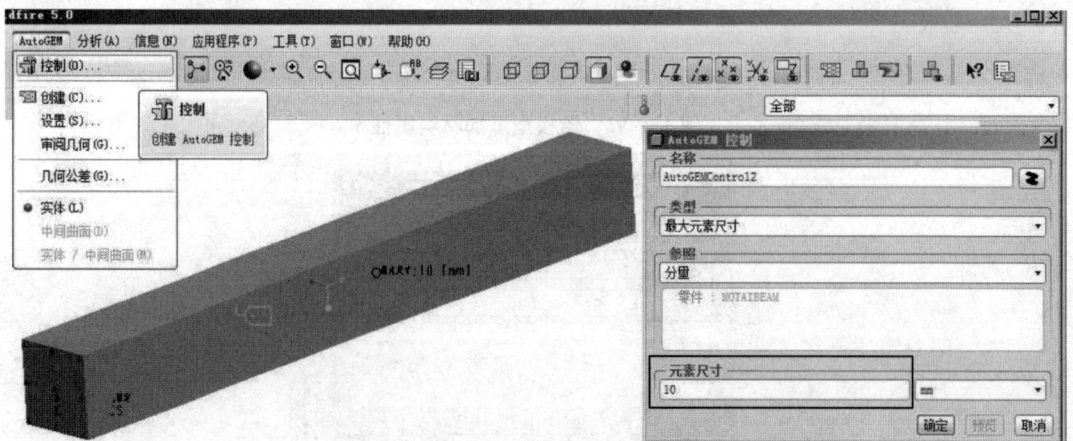

图 13－94　AutoGEM 控制网格元素尺寸

点击图 13－94 中 的按钮。弹出图 13－95 所示对话窗，点击"创建"，系统开始进行网格划分。划分完成后，弹出图 13－96 所示 AutoGEM 摘要诊断网格对话框，关闭这两个对话框完成网格划分，返回 AutoGEM 对话框，打开"文件"选择保存网格，如图 13－97 所示。

422

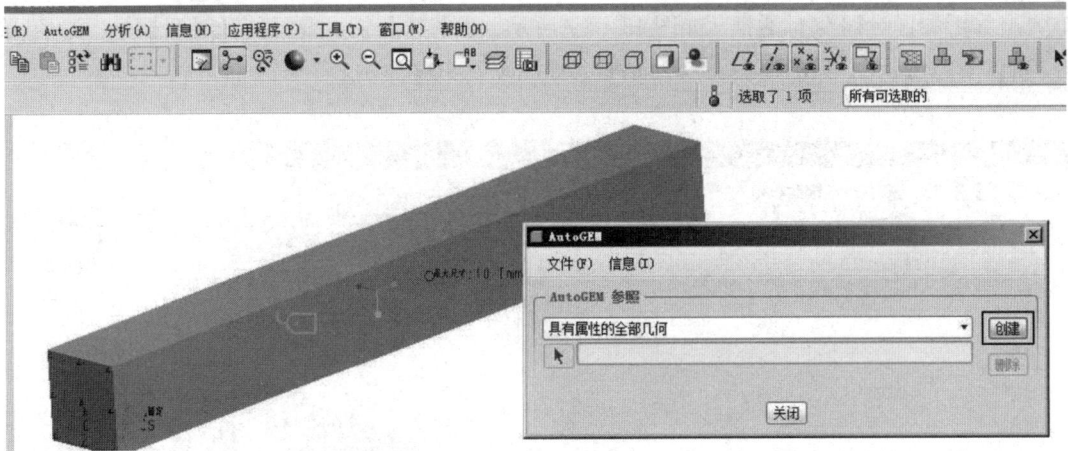

图 13 – 95　创建网格

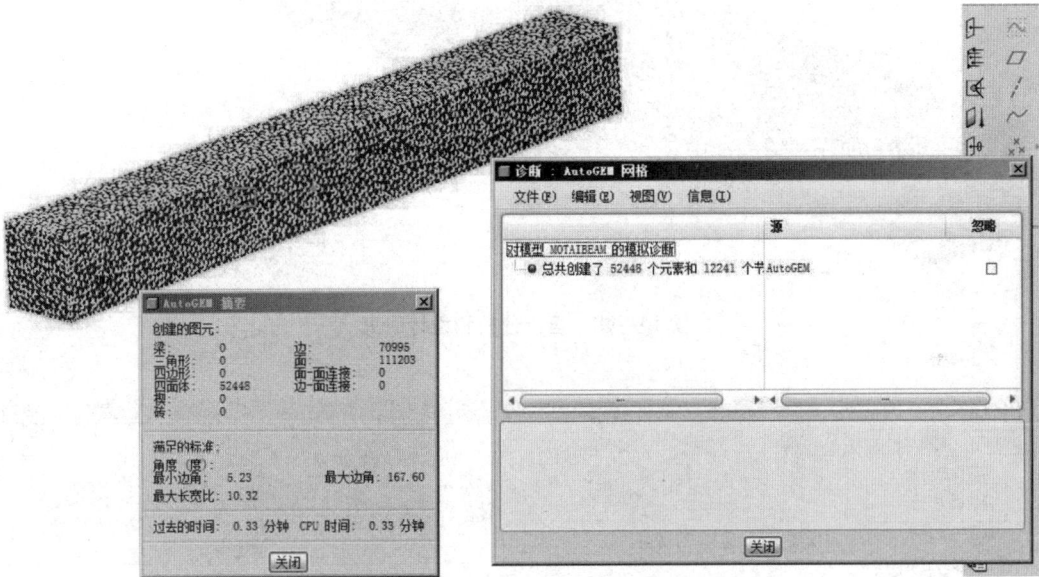

图 13 – 96　创建网格完成

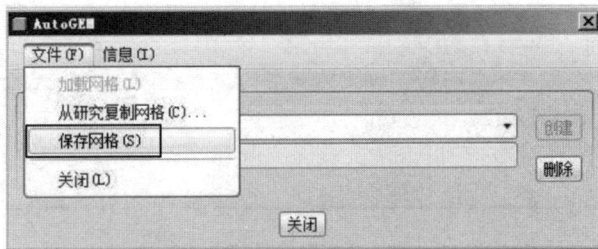

图 13 – 97　保存网格

（5）创建分析。网格划分并保存完后,点击工具条中的分析按钮 ,图 13 - 98 所示,系统弹出分析和设计研究对话框,如图 13 - 99 所示,要创建分析,需要打开对话框中"文件"单击"新建模态分析",弹出模态分析对话框,如图 13 - 100 所示。

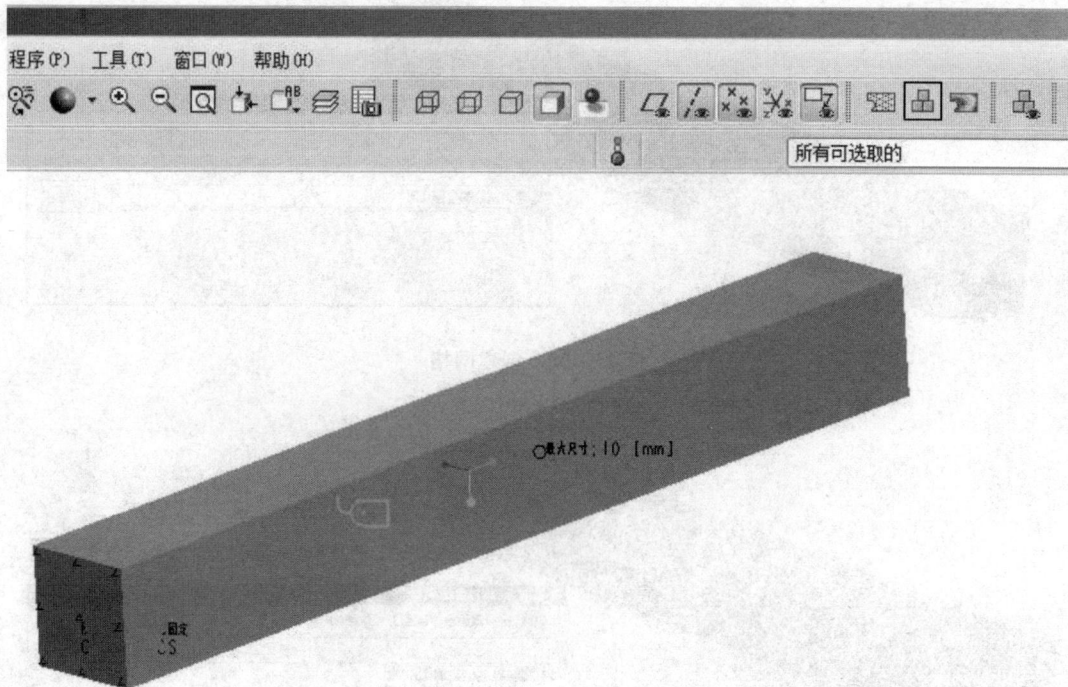

图 13 - 98　运行分析和设计研究

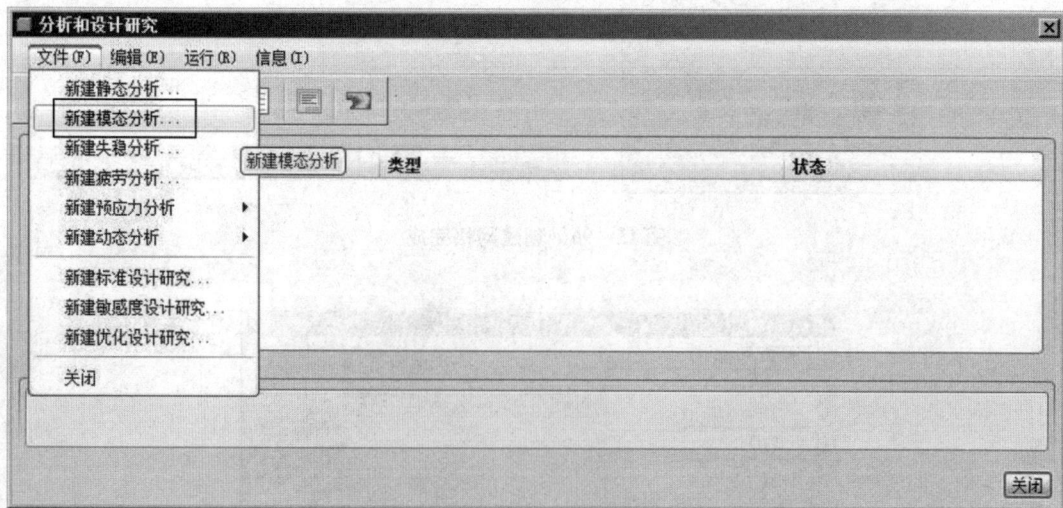

图 13 - 99　分析和设计研究对话框

首先在"名称"中输入模态分析的名称 Analysisb1，模式选项卡中点选模式数，模式数复选框中选择模械数为 5，其余的设置接受默认设置，点击确定。

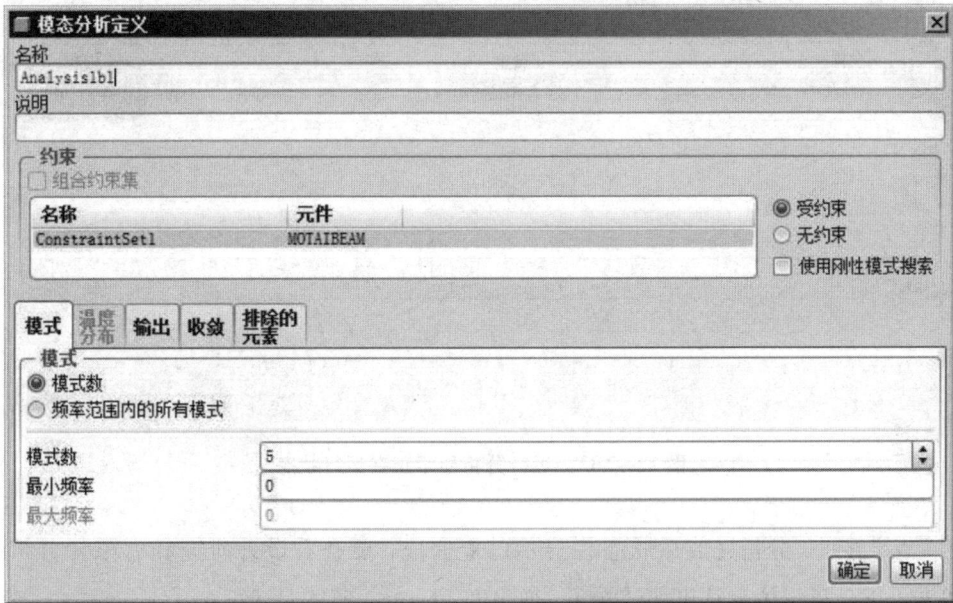

图 13 – 100　模态分析对话框

（6）运行分析。在分析和设计研究对话框中点击的"运行分析研究"按钮 ◢。弹出问题窗口如图 13 – 101 所示，选择是开始运行。在分析过程可能需要花费一定的时间，分析运行窗口中状态栏中显示正在运行，如 13 – 102 图所示。

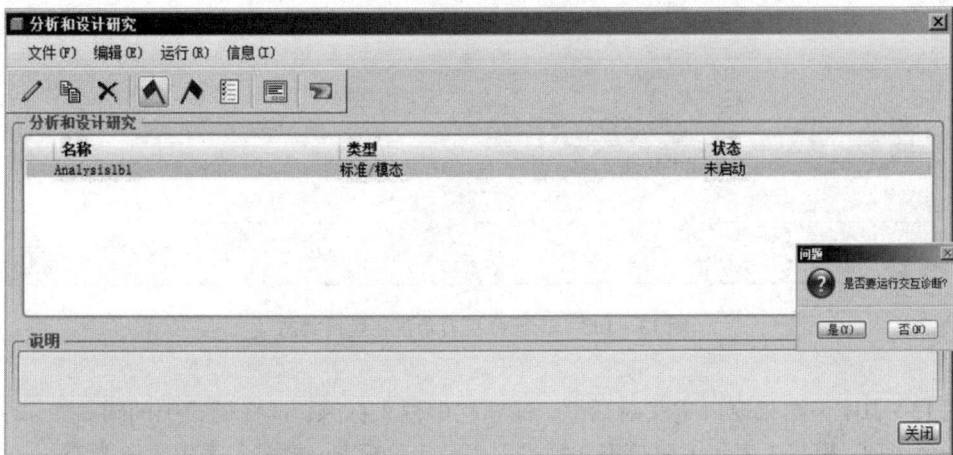

图 13 – 101　运行分析开始弹出问题窗口

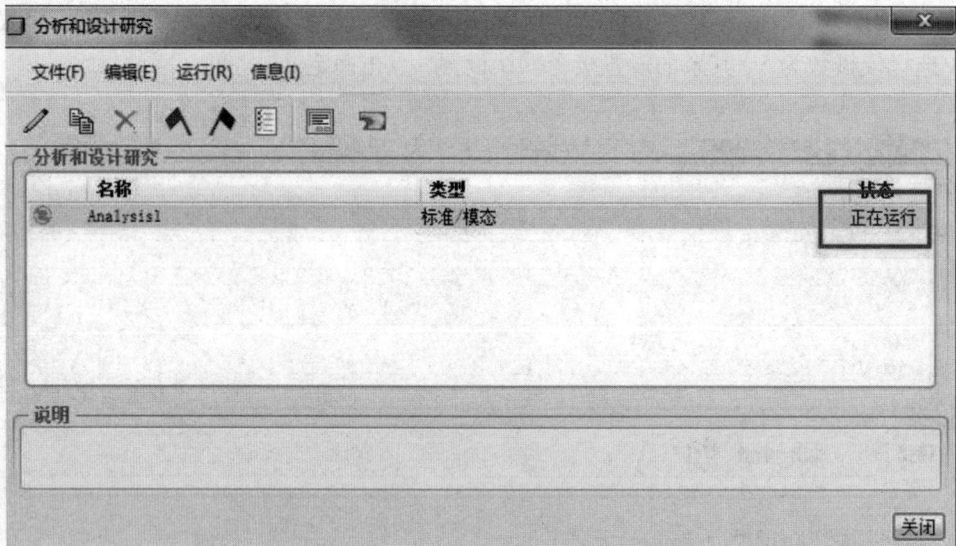

图 13 - 102 运行分析显示正在运行状态

（7）结果显示，分析完成后状态栏显示已经完成，要查看设计研究和有限元分析结果，点击图 13 - 103 显示仿真结果按钮 ，弹出图 13 - 104 所示对话框。

图 13 - 103 运行分析显示正在运行状态

图 13 - 104 为结果窗口定义对话框，标题栏中输入标题，选择模式中的模式 1，2，3，4中的一个选项，模式 1 表示 1 阶模态，模式 2 表示 2 阶模态，模式 3 表示 3 阶模态……，"显示类型"复选框中选择"条纹"采用云图来显示结果。"量"选项卡中选择要显示的计算结果的量，模态分析中可显示的量有"位移"和"P 级"，本设置中选择"位移"。"显示位置"选项卡接受默认选项即可。

426

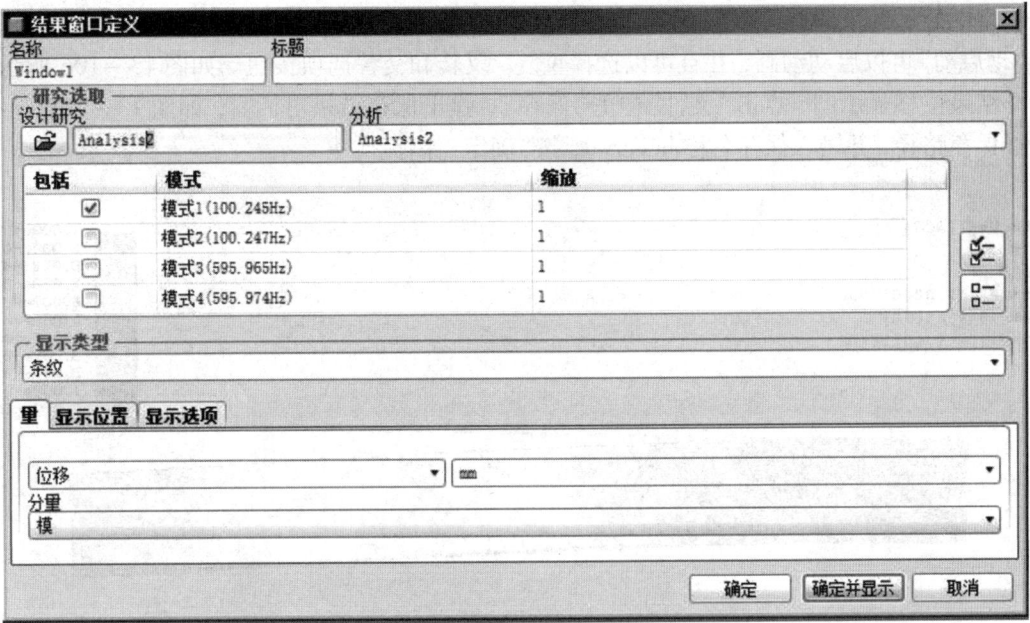

图 13 - 104　结果窗口定义对话框

"显示选项"选项卡设置如图 13 - 105，选择连续色调，选择此项时，在条纹之间以平滑过渡的连续色调显示条纹，如果不选择此项，条纹将以离散颜色显示。勾选"已变形"它表示在变形状态下显示模型，同时可以显示叠加到变形模型上的未变形线框或透明版本模型。

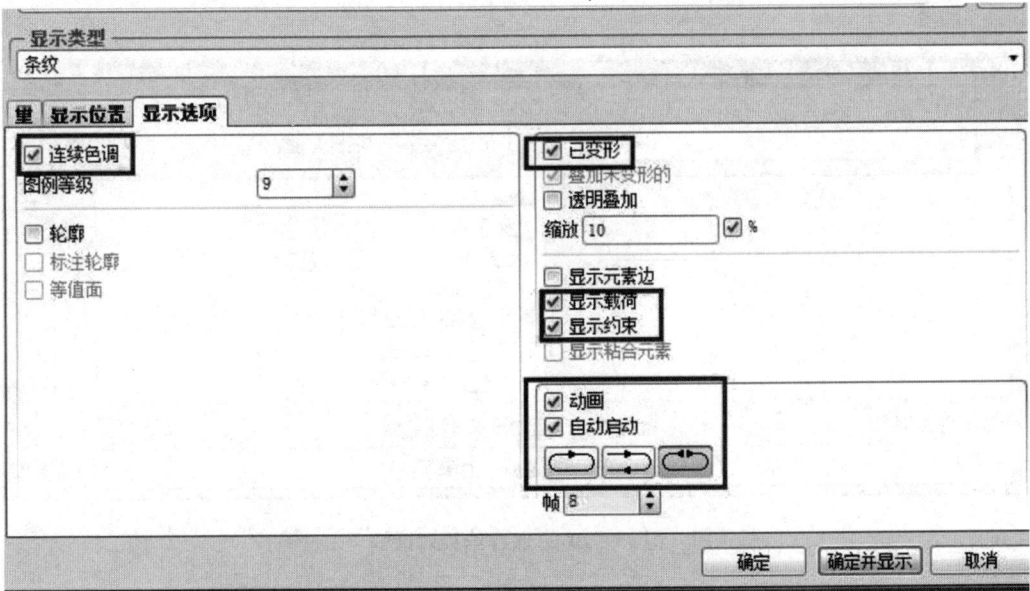

图 13 - 105　显示选项"选项卡"

勾选"显示载荷"显示结果时,在模型中显示载荷图标,勾选"显示约束"(显示结果时,在模型中显示约束图标。同时勾选"动画"表示在结果窗口中,对结果显示进行动画演示。"自动启动"可以启动动画,并且可以选择重复、反转和交替选项按钮。如图 13 – 106 所示为计算结果位移显示图,点击"文件"中的"保存",弹出保存结果对话窗,如图 13 – 107 所示,选择保存路径,并输入保存名称 be1. rwd,按"确定"保存。

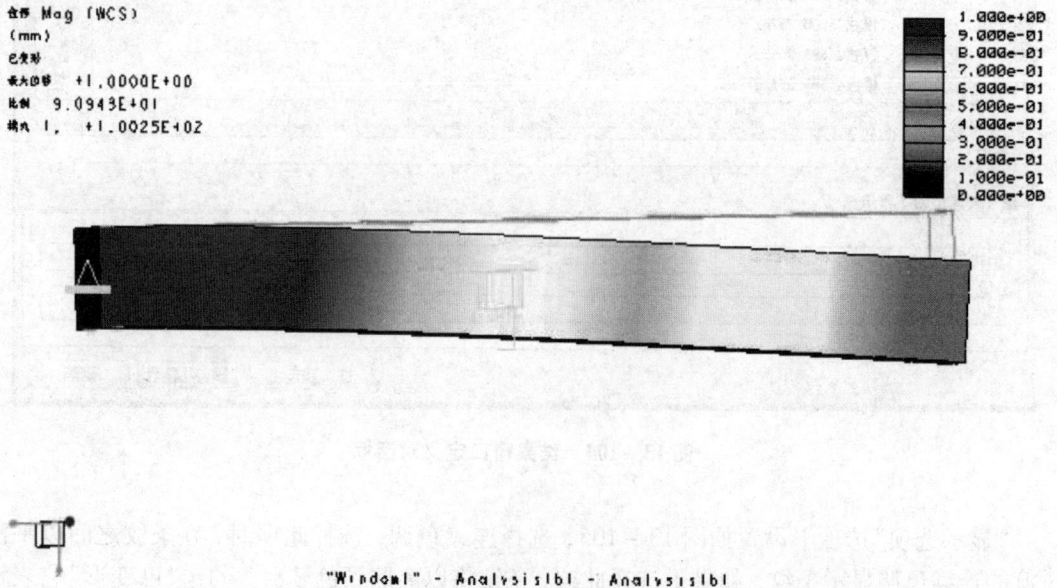

图 13 –106　模式 1 的位移计算结果

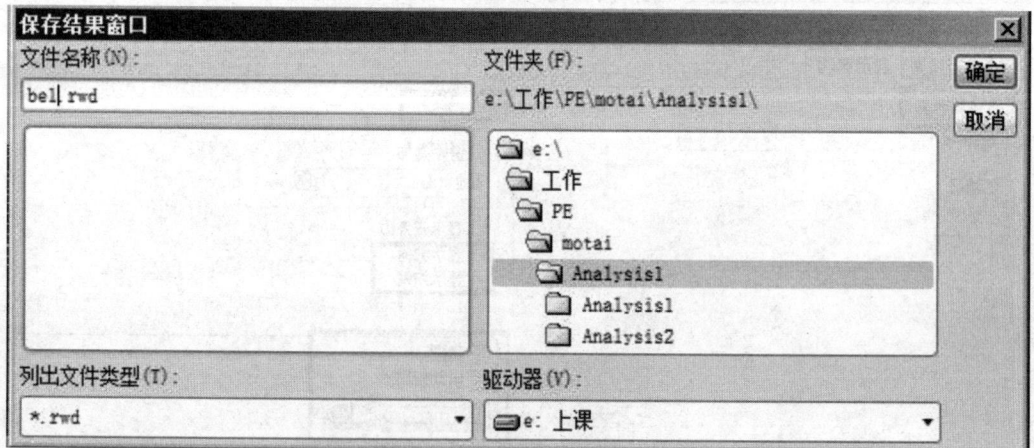

图 13 –107　保存结果对话框

如果要显示其他计算结果,可以按菜单栏中的"编辑"→"结果窗口"按钮如图 13 – 108 所示,将弹出结果窗口定义对话框,取消勾选模式 1,勾选模式 2,如图 13 – 109 所示,点击

428

确定并显示可以看到二阶模态分析的位移计算结果如图 13 - 110 所示。

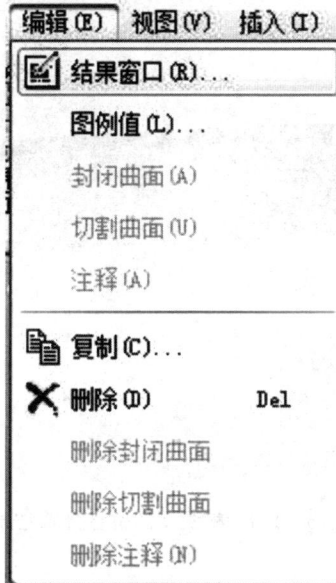

图 13 - 108

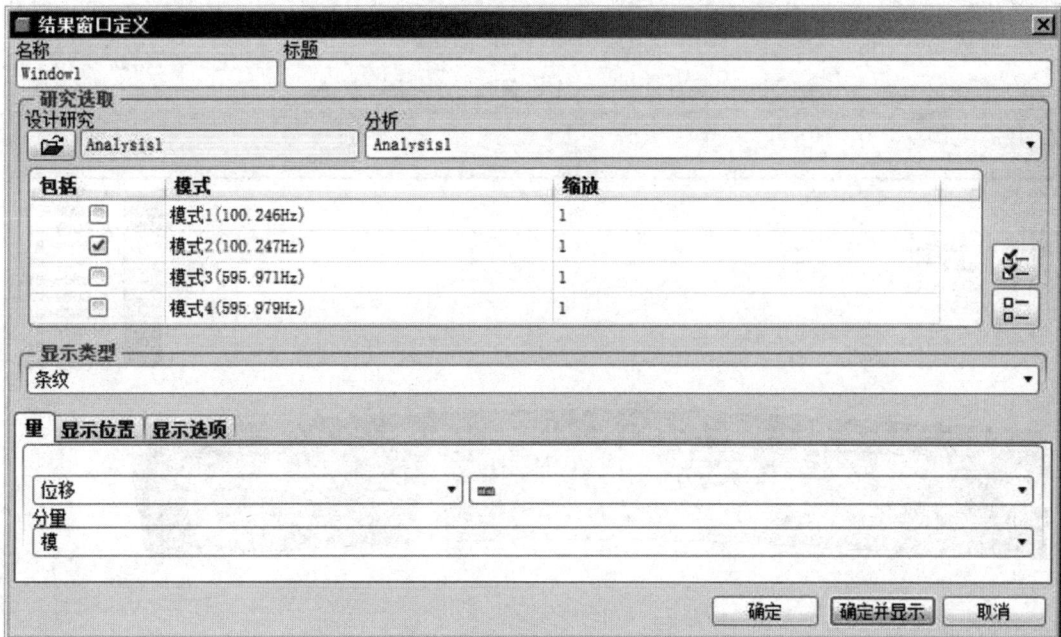

图 13 - 109　结果定义窗口选择显示模式 2

选择模式 2 后, 可以看到图 13 - 110 所示的位移计算结果, 保存其计算结果, 文件名为 be2. rwd。

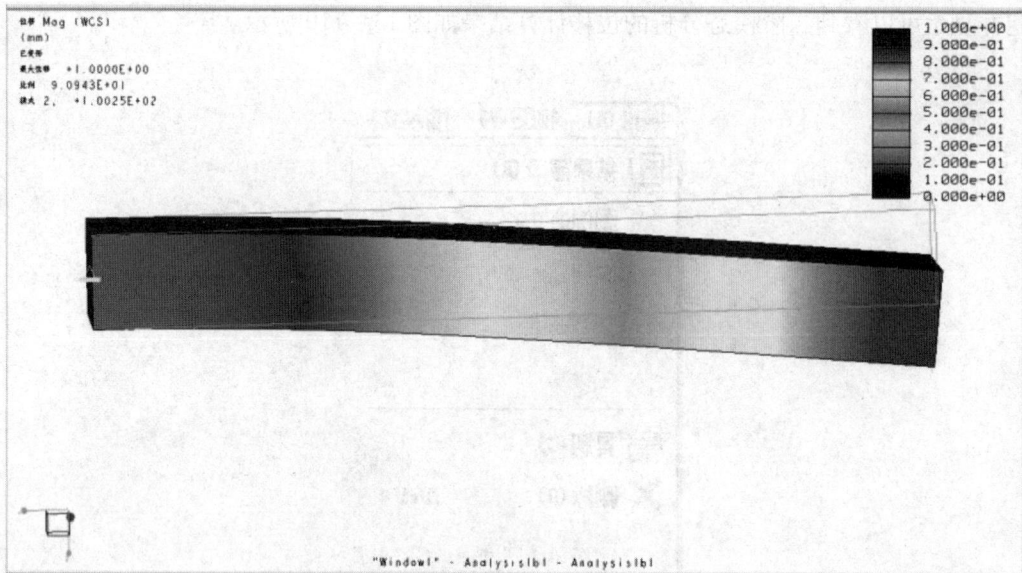

图 13 - 110 模式 2 的位移计算结果

同样的方法,选择模式 3 和模式 4 点击确定并显示如图 13 - 111,图 13 - 112 所示。同样进行保存文件,名称为 be3. rwd, be4. rwd。

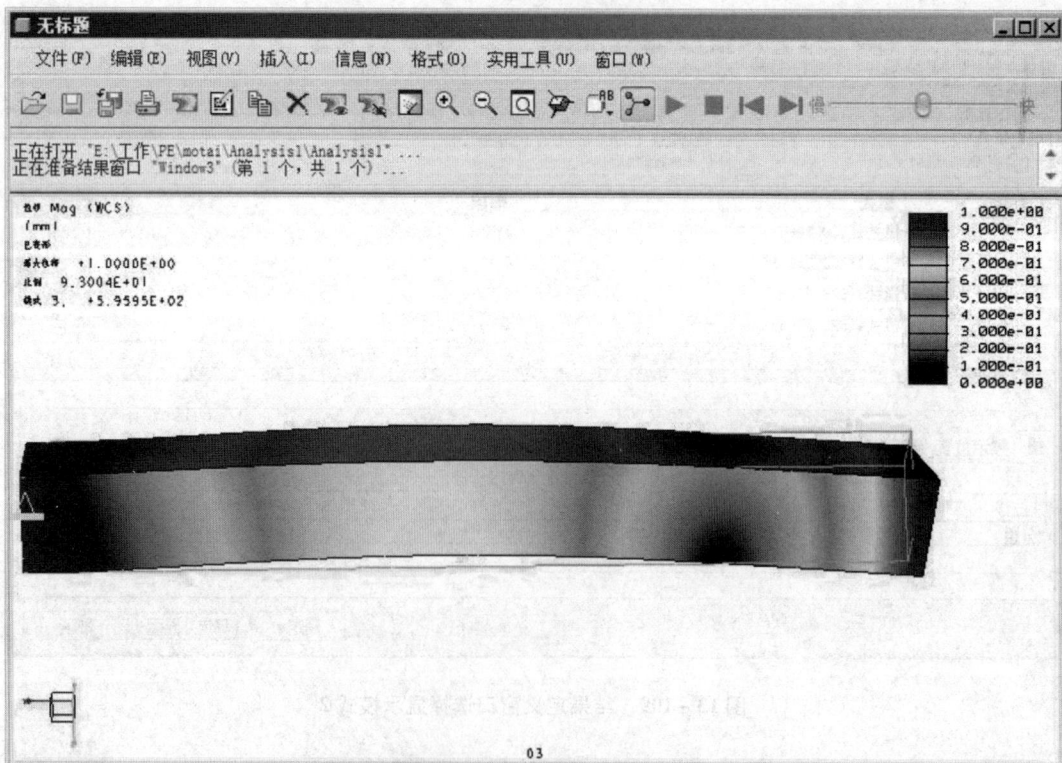

图 13 - 111 模式 3 下的位移计算结果显示

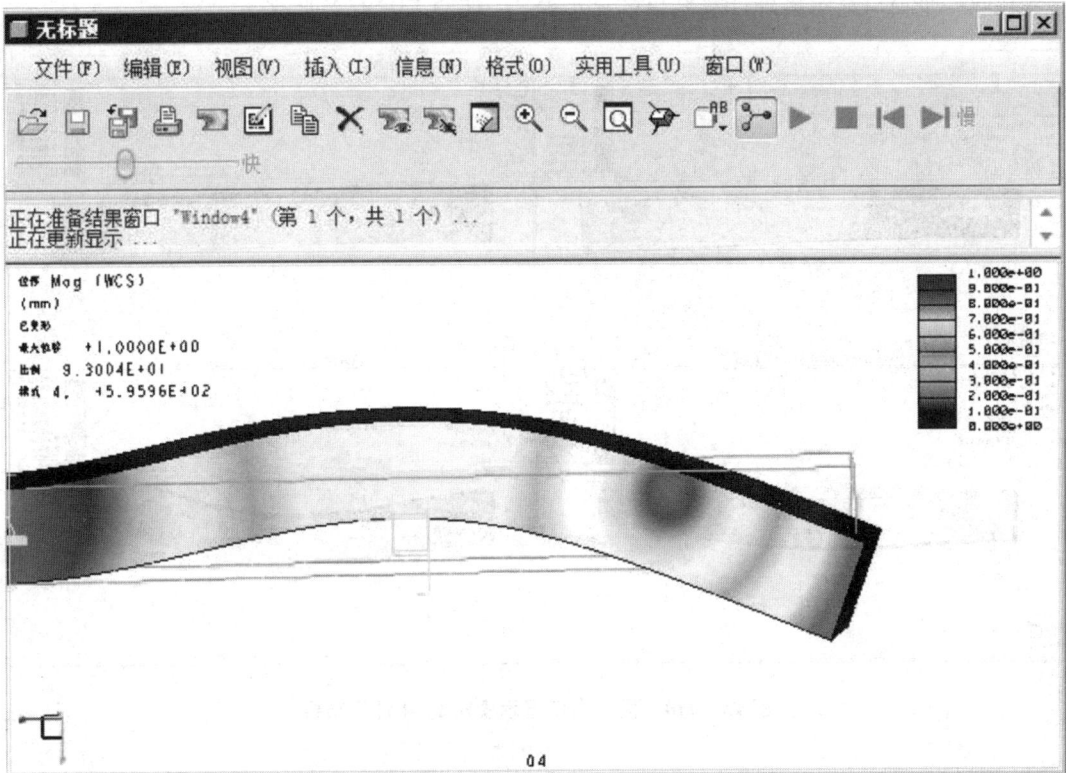

图 13 – 112　模式 3 下的位移计算结果显示

　　若想把 4 种模式在一个窗口中进行显示。可以点击菜单栏中的"插入"→"结果窗口来自文件"弹出图 13 – 113 所示的载荷结果窗口对话框，选择 be1, be2, be3 点击"确定"，在同一窗口中显示几个计算结果如图 13 – 114 所示。

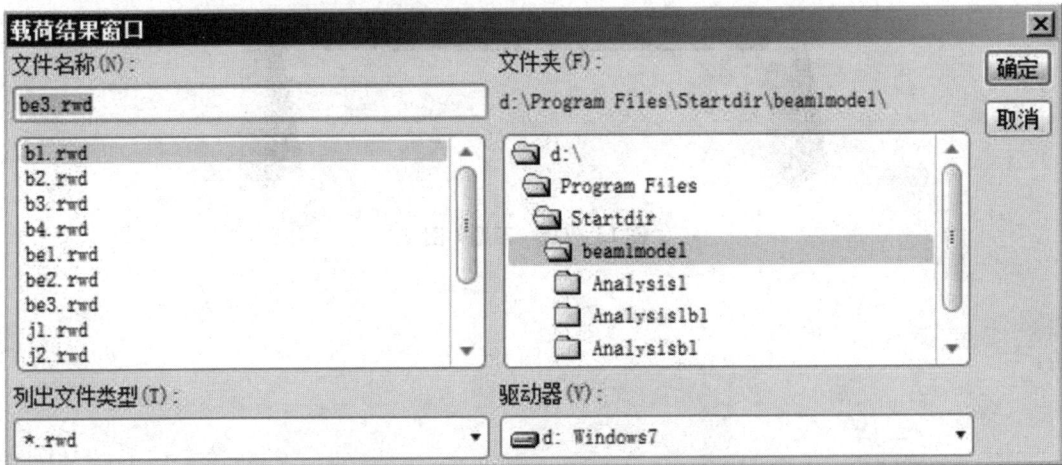

图 13 – 113　所示的载荷结果窗口对话框

在同一个窗口显示多外计算结果的显示模式, 如图 13 - 114 所示。

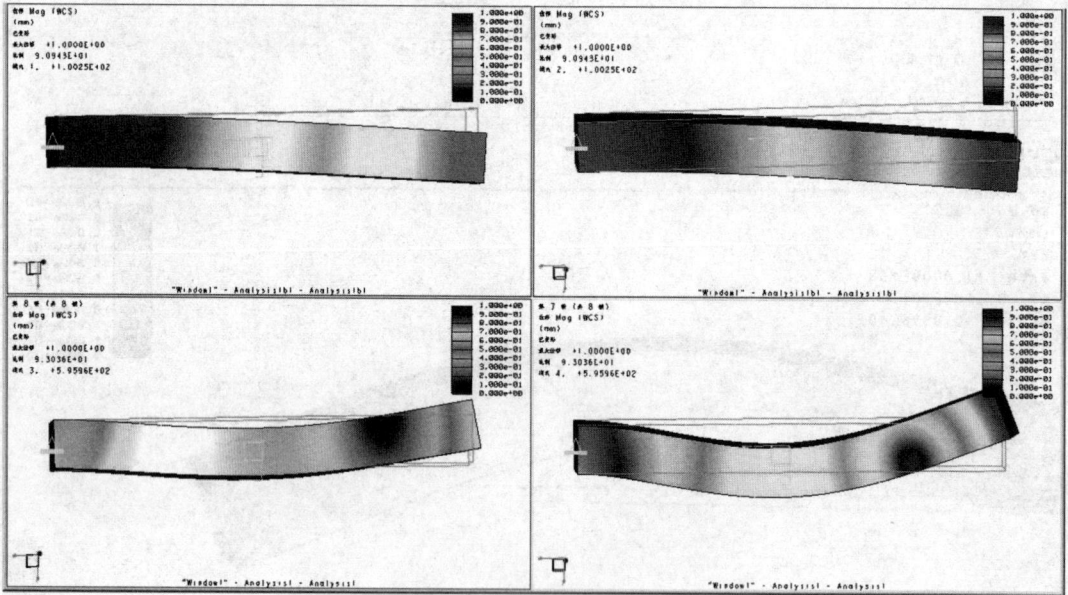

图 13 - 114　同一窗口显示模式 1 - 4 计算结果

练习题

1. 参照本书中的梁的有限元分析, 分析图 13 - 115 所示的中圆柱形钢轴直径为 30 mm, 在中点处受到的与重力方向的相同的力 2000 N 的请对其进行静态分析和模态分析, 查看其应力, 应变和位移。

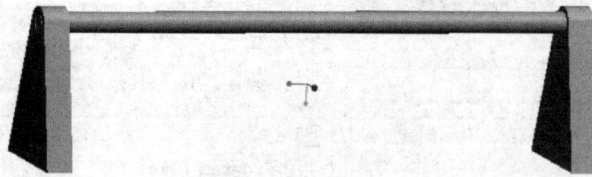

图 13 - 115　习题 1 图

参考文献

［1］吴勤保，等.CAD/CAM 应用软件——Pro/ENGINEER 实例教程［M］.北京：清华大学出版社，2009.

［2］刘晓红，等.Pro/ENGINEER Wildfire 4.0 野火版基础教程［M］.第二版.北京：清华大学出版社，2010.

［3］魏加兴.Pro/ENGINEER Wildfire 4.0 中文版零件设计［M］.北京：电子工业出版社，2010.

［4］史翠兰.CAD/CAM 技术与应用［M］.北京：电子工业出版社，2009.

［5］武志明，等.Pro/ENGINEER Wildfire 5.0 机械设计基础及应用［M］.北京：人民邮电出版社，2013.

［6］二代龙震工作室.Pro/ENGINEER Wildfire 5.0 进阶提高［M］.北京：清华大学出版社，2010.

［7］刘力.机械制图［M］.北京：高等教育出版社，2000.

［8］孙小捞，祁和义，赵敬云.Pro/ENGINEER Wildfire 5.0 中文版实用教程［M］.北京：化学工业出版社，2015.

［9］陈彩萍.工程制图习题集［M］.第二版.北京：高等教育出版社，2008.

图书在版编目 (CIP) 数据

Pro/ENGINEER Wildfire 5.0 机械设计及应用 /
龙东平, 龚俊, 陈海锋主编. —长沙: 中南大学出版社,
2020.12 (2023.8 重印)

ISBN 978-7-5487-0417-1

Ⅰ. ①P… Ⅱ. ①龙… ②龚… ③陈… Ⅲ. ①机械设
计—计算机辅助设计—应用软件—高等学校—教材 Ⅳ.
①TH122

中国版本图书馆 CIP 数据核字 (2020) 第 086470 号

Pro/ENGINEER Wildfire 5.0 机械设计及应用

主 编 龙东平 龚 俊 陈海锋
副主编 李 实 文跃兵 刘 煜

□责任编辑	谭 平	
□责任印制	李月腾	
□出版发行	中南大学出版社	
	社址: 长沙市麓山南路	邮编: 410083
	发行科电话: 0731-88876770	传真: 0731-88710482
□印 装	长沙艺铖印刷包装有限公司	

□开 本	787 mm×1092 mm 1/16	□印张 28	□字数 709 千字
□版 次	2020 年 12 月第 1 版	□印次 2023 年 8 月第 2 次印刷	
□书 号	ISBN 978-7-5487-0417-1		
□定 价	65.00 元		